U0415385

全国高等农林院校教材

苗木培育学

沈海龙　主编

中国林业出版社

内 容 提 要

苗木培育学传统上叫做种苗学，是研究良种壮苗培育原理与技术的科学。本教材是在继承和发扬相关传统教材的基本内容和特色基础上，充分考虑了现代苗木培育学的发展热点和研究进展编写而成。全书由种子生物学、良种品质保障技术、苗木生物学、苗木培育技术、苗圃建立与经营管理等五大主题组成。其中，种子生物学包括林木结实、种子发育与成熟、种子寿命、种子休眠与萌发、无性繁殖生物学等内容，良种品质保障技术包括良种基地、采种、调制、贮藏、催芽和无性繁殖材料预处理等内容，苗木生物学讨论苗木的形态建成和生长发育规律及其与光照、温度、水分、湿度、二氧化碳、土壤、有害生物、有益生物等）的关系等，苗木培育技术详细讨论苗圃土壤和水份管理、裸根苗和容器苗培育、有害生物控制、有益生物应用、苗木出圃及苗木质量评价等内容，苗圃建立与经营管理对苗圃功能与布局、苗圃建立和苗圃经营管理进行讨论，还列举了一些典型育苗实例。

本书以高等农林院校林学专业学生为主要读者对象编写，同时也适合森林保护、园林、城市林业、种子科学与工程、药用植物、生物科学等专业本科生、研究生、函授生、高职生使用，农林行业相关科技工作者和种苗培育人员也可以参考使用。

图书在版编目（CIP）数据

苗木培育学/沈海龙主编. —北京：中国林业出版社，2009.3（2020.8 重印）
全国高等农林院校教材
ISBN 978-7-5038-5571-9-01

Ⅰ. 苗… Ⅱ. 沈… Ⅲ. 苗木－育苗－高等学校－教材 Ⅳ. S723.1

中国版本图书馆 CIP 数据核字（2009）第 042425 号

中国林业出版社·教材建设与出版管理中心

策划编辑：牛玉莲　　**责任编辑：**肖基浒

电话：（010）83143555　　**传真：**（010）83143516

出版发行　中国林业出版社（100009　北京市西城区德内大街刘海胡同 7 号）
E-mail:jaocaipublic@163.com　电话:(010)83143500
http://www.forestry.gov.cn/lycb.html

经　　销　新华书店
印　　刷　三河市祥达印刷包装有限公司
版　　次　2009 年 3 月第 1 版
印　　次　2020 年 8 月第 5 次
开　　本　850mm×1168mm　1/16
印　　张　20.25
字　　数　431 千字
定　　价　40.00 元

高等农林院校森林资源类教材

编写指导委员会

《苗木培育学》编写人员

主　　编　沈海龙
副 主 编　丁贵杰　高捍东　徐程杨
编写人员（按姓氏笔画排序）
丁贵杰（贵州大学）
韦小丽（贵州大学）
李志辉（中南林业科技大学）
杨　玲（东北林业大学）
沈海龙（东北林业大学）
张　鹏（东北林业大学）
张　健（四川农业大学）
林思祖（福建农林大学）
高捍东（南京林业大学）
徐程杨（北京林业大学）
曹帮华（山东农业大学）
韩有志（山西农业大学）

序

苗木培育是森林培育的一项基础性工作，学会培育苗木是每一个森林培育工作者的一项基本功，因此，苗木培育学（也可称为林木种苗学）是森林培育学的一个重要组成部分。当我在上世纪末组织编写《森林培育学》教材（2001 年版）时，为了全书结构的调整和篇幅的紧凑，以适应林学类多个专业的需要，曾有意识地把“林木种子”和“苗木培育”从原来《造林学》中的两篇压缩为两章，减免了许多实际操作技术的阐述。当时就曾想，如果个别专业有需要，苗木培育学是可以独立开课的；而一般专业的学林大学生只要掌握基本原理和技术要点，学会使用规程性或技术手册类的参考资料就可以了。后来的教学实践证明，对大多数林学类非林学专业的学生来说，《森林培育学》中林木种苗方面的内容就可以满足了，但对林学类中的重要专业——林学，特别是在一些重点营林地区苗木培育科技有了很多新发展的情况下，确实需要单设苗木培育学或林木种苗学课程以反映林学科技的新成就，扩充森林培育的教学内容，为此急需一本与此相适应的新教材。本教材正是在这样的形势和需求下应运而生，可以说是《森林培育学》的一个很好的补充和发展。

编写这本教材的教授们，大多是林学界的后起之秀，其中作为主编和副主编的沈海龙教授和徐程扬教授都还曾是我直接指导过的博士生。他们经过不暇的努力，收集了大量资料，消纳了丰富的科技成果，进行了很好的归纳，提升了理论性的认识，编写出了这本新型的《苗木培育学》教材。我认为这是一本很好的教材，值得大家一起来参考、研究、推介和应用。通过这本教材的编写，我为森林培育学科的发展后继有人而感到欣慰，也为他们取得的显著成绩而表示祝贺！

沈国舫

2009 年 3 月 20 日

前 言

苗木培育学传统上叫做种苗学，是研究良种壮苗培育原理与技术的科学。苗木培育学既是森林培育学的一个重要组成部分，又是一门相对独立、有着自身发展规律、学术特色和学科体系的科学。随着苗木培育科学的发展和苗木培育产业对专门人才需求的增长，目前，很多学校已经将苗木培育学独立出来，成为林学专业的核心专业课程之一，同时也是经济林学、森林保护、水土保持与荒漠化防治、园林、农学、药用植物等专业的重要辅助课程。因此，苗木培育学教材建设受到森林培育教育工作者的重视。

除了注重引进国外已有教材外，早在20世纪50~60年代，北京林学院、东北林学院和南京林学院等农林院校就开始了我国自己的教材建设，这些教材既有将种苗内容融合到《造林学》教材中，如1959年中国林业出版社出版的由华东华中区高等林学院（校）教材编委会编写的《造林学》，1961年农业出版社出版的北京林学院造林学教研组编写的《造林学》；也有单独作为《种苗学》教材出现的，如1968年东北林学院林学系编写的内部教材《林木种子》和《苗木培育》，1980年周陛勋和齐明聪在此基础上编写的《森林种苗学》，以及1975年山东农学院编写的内部教材《苗木培育学》等。在这些成果基础上，1981年孙时轩主编了《造林学》（1992年出版了第2版），1992年齐明聪主编了《森林种苗学》和1995年梁玉堂主编了《种苗学》。这些教材其共同特点是把种子和苗木作为两个相对独立部分来阐述。这种编法适应了当时我国林业生产实际和学科发展的需要，深受好评。

随着我国林业生产实际的变化、苗木产业及学科建设的发展，这些教材的内容和体系已经不能满足苗木培育科学的发展和教学的需要，需要进一步充实、修改和更新完善，全国农林院校的种苗学教学也急需一本更加适宜的教材。正是在这种背景下，2004年8月在南昌全国森林培育学教学研讨会上，笔者提出了编写一本新的种苗学教材的设想，引起与会专家的共鸣和响应。2005年，中国林业出版社将本教材纳入“十一五”教材规划。在出版社和全国同行专家的支持和参与下，我们编写了这本《苗木培育学》。之所以采用“苗木培育学”而不是“种苗学”这个名字，是因为“种苗学”这个名字是把研究和生产经营对象作为学科名称而命名，而本教材所涉及各部分内容都是围绕“苗木培育”这一主题而进行的，种子部分的内容，也主要是为苗木培育服务的，并不是林木种子研究和生产经营的全部（育种内容和育苗外其他种子特性和用途的内容这里不涉及），所以把本教材定名为“苗木培育学”。

本教材继承发扬了国内外苗木培育相关传统教材（特别是1992年孙时轩《造林学》第2版和1992年齐明聪《森林种苗学》）的基本内容和特色，也克服了传统苗木培育学教材存在的“理论与技术混杂、理论上繁简不当、技术上引领性不足”等问题，考虑了现代苗木培育学的发展热点和研究进展，对苗木培育学理论与技术进行了综合和提炼，引入了新概念、新技术、新理论及新成果。具体表现如下：

理论与技术分开讨论　构建了由种子生物学、良种品质保障技术、苗木生物学、苗木培育技术、苗圃建立与经营管理等五大主题组成的苗木培育学基本框架。其中，种子生物学只对林木结实、种子发育与成熟、种子寿命、种子休眠与萌发、无性繁殖生物学等与良种品质保障有明显直接关系的内容加以简要的讨论；良种品质保障技术对林木良种播种品质（繁殖品质）保障和促进技术进行讨论，包括良种基地管理，适时合理采种、调制和贮藏，科学催芽处理以及无性繁殖材料的适当处理等内容；苗木生物学讨论苗木生长发育规律及其与苗木培育环境的关系，包括苗木的形态建成和生长发育规律及苗木培育的环境因子（光照、温度、水分、湿度、大气成分、土壤、有害生物、有益生物等）与苗木质量高低的关系等内容；苗木培育技术详细讨论壮苗培育技术，涉及裸根苗培育和容器苗培育两大系统中的土壤管理或/和栽培基质管理系统、水分/湿度管理系统、苗木繁殖系统、有害生物控制系统、育苗环境控制系统、苗木营养调控系统、有益生物应用系统等内容；苗圃建立与经营管理对苗圃建立与经营管理的有关问题进行了讨论；最后，列举了一些典型育苗实例。

基础理论上繁简适当　对种子生物学和苗木生物学的内容不面面俱到、不平均分配，而是突出重点，大胆取舍，重新组合。种子生物学部分突出与良种保障技术相关的内容，如林木生殖发育与结实关系、种子休眠类型与原因等；简化了关系不大或在相关专业基础课程中有详细介绍和系统学习的内容，如花芽分化和种子发育的一般过程。苗木生物学简要叙述了在相关专业基础课中已经详细讨论的大气和土壤环境因子，增加了幼苗形态、二氧化碳、水分性质、人工基质、有益生物等内容，系统化了各类苗木生长节律的内容。另外，把实验实习和苗圃规划设计等相关的内容进行了大幅度简化，而将其详细的内容放入与实验实习和苗圃规划设计课程相对应的单独配套教材中。

技术和管理上增强引领性　好的教材不仅应该对具有现实应用和指导意义的技术与管理内容有系统翔实的阐述，也应该摒弃那些现实中已没有应用或虽有应用但不符合现代苗木培育发展方向的内容，更应该有现实中应用不普遍或尚未应用但是符合现代和未来苗木培育发展方向的内容。本教材对苗圃土壤管理、苗木个体发育时期育苗技术关键、播种苗培育、扦插繁殖、苗木移植、施肥、化学除草、苗圃地选择、档案管理等内容进行了系统翔实的阐述，对一些不再使用的消毒、灭菌和杀虫药剂的应用方法等进行了删除，对灌溉水水分性质调节、灌溉施肥、嫁接育苗、容器育苗、微繁育苗、苗木质量检测、苗圃布局、经营管理目标、苗圃经理素质、苗圃生产管理和销售管理等多方面内容的引领性进行了增强、更新或添加，目的是以先进的苗木培育技术引领苗木培育实际的发展。

本教材共分7章，沈海龙提出整体编写思路、框架和基本材料构成，经编委会讨论确定。其中第1章由沈海龙和丁贵杰编写；第2章第1、2、3节由曹帮华编写，第4节由高捍东和张鹏编写，第5节由沈海龙编写，第6节由徐程杨编写；第3章第1、2节由高捍东和杨玲编写，第3节由韦小丽和高捍东编写，第4节由杨玲和韩有志编写；第4章第1节由高捍东编写，第2节由丁贵杰和韦小丽编写，第3节由林思祖、李志辉和沈海龙编写，第4节由张健和沈海龙编写；第5章第1节由韩有志和张鹏编写，第2节由韩有志编写，第3节由韦小丽、丁贵杰和曹帮华编写，第4节由丁贵杰、韦小丽、沈海龙和高捍东编写，第5节由杨玲编写，第6、7节由张鹏编写，第8节由沈海龙和张鹏编写，第9节由李志辉和沈海龙编写，第10节由徐程杨和沈海龙编写；第6章第1节由沈海龙编写，第2节由丁贵杰和徐程杨编写，第3节由沈海龙、丁贵杰、徐程杨和曹帮华编写；第7章杉木由林思祖编写，马尾松由丁贵杰编写，杜仲由李志辉编写，红松由张鹏和沈海龙编写，落叶松由韩有志和张鹏编写，水曲柳和云杉由张鹏编写，柠条由韩有志编写，栎类由杨玲编写，光皮桦由张健编写，杨树由徐程杨编写，香樟和猴樟由韦小丽编写，刺槐和泡桐由曹帮华编写，桉树和樟子松由沈海龙编写。编写完成后，经主编、副主编和出版社组成的审稿委员会开会审查，会后根据审查意见分别由丁贵杰对第1、2、3章，高捍东对第4章，徐程杨对第5章，沈海龙对第6、7章进行了修改完善，最终由沈海龙统稿后形成了现在的结构和内容。

本教材中引用了大量国内外许多有关论文和教材的资料和图表，对顺利完成本书编写任务发挥了重要作用；本教材资料收集和编写过程中，著名林木育苗专家美国奥本大学教授 David South 博士、美国林务局前任育苗首席专家 Thomas Landis 博士和现任首席专家 Kasten Dumroese 博士，著名植物繁殖学专家美国肯塔基大学教授 Robert Geneve 博士、俄亥俄州立大学教授 Daniel Struve 博士和英国 Warwick 大学 Bill Finch - Savage 博士等都给予了很多帮助并提供资料；东北林业大学张羽教授、北京林业大学刘勇教授、山东农业大学邢世岩教授、南京林业大学喻方圆和洑香香博士等给予关心和资料上的帮助。吉林森工集团露水河林业局、黑龙江省五营林业局、南岔林业局、带岭林业局、朗乡林业局、孟家岗林场、宾西林木种苗基地、广州南方林木种苗基地、湛江国家林业局桉树研究中心、雷州林业局等，以及国际植物繁殖者学会（IPPS）北美东部分会的一些会员苗圃都给予资料收集上的方便；东北林业大学林学2004、2005和2006级学生试用了本教材各阶段的初稿并提出宝贵意见；中国工程院院士沈国舫教授欣然为本教材作序，在此一并表示诚挚的谢意。

本教材的编委会成员，密切协作，精益求精，力图使本教材结构上清晰合理、内容上系统先进、体系上便于理解，编成一本特色鲜明、经得起考验的苗木培育学教材。但由于受时间、精力和篇幅的限制，特别是受编者学识水平的影响，本教材肯定存在许多不足之处，恳切希望同行专家和广大读者提出批评和建议，以便修订时参考，共同促进本教材结构和内容的改善及学术水平的提高。

编 者

2009 年 2 月

目录

第5章 苗木培育技术

Contents

第1章　绪　论

林木种苗(Tree seeds and seedlings)是植树造林的物质基础，承担着负载林木遗传基因、进行森林世代繁衍和促进森林资源可持续发展的重要使命，是森林资源培育和生态环境建设顺利进行的保障。我国的林木种苗事业是伴随着造林绿化运动的兴起和林业的大发展而不断发展起来的，特别改革开放30年来，我国林木种苗事业得到了长足发展。目前，种苗生产基地初具规模，形成了以国有种苗基地为骨干，多种所有制共同发展的林木种苗生产格局。林木种苗科技含量不断提高，林木良种、新技术在生产中得到推广应用。林木种苗生产、经营、使用已步入法制化轨道，种苗质量监管不断加强。截至2005年，全国有良种基地28.5万hm^2、采种基地158.1万hm^2，苗圃48.71万hm^2，年种子生产能力达2 500万kg，苗木产量接近300亿株。2006年，全国共采收林木种子1 736万kg，其中良种169万kg，占种子采收量的9.7%；良种中，种子园产种量36万kg，母树林产种量133万kg；全国采穗圃生产穗条3亿条(根)、无性系繁殖圃生产穗条产量达15亿条(根)；全国共完成育苗面积60万hm^2，用于造林绿化的苗木240亿株，形成了国有、乡村集体和个体苗圃共存，以国有苗圃为骨干、乡村集体苗圃为辅助、个体苗圃挑大梁的局面。林木种苗事业的发展为保障林业和生态环境建设的顺利进行，做出了重要贡献。

林木种苗不仅要满足社会对数量的需求，更要满足品种多样化、品质优良化的需求。目前，困扰我国林木种苗发展的问题还较多，其中林木种质资源尚未得到有效保护，种子基地规模小、科技含量低、供需结构性矛盾突出，基地供种率、良种使用率低，育苗技术水平低，苗圃生产管理粗放等问题尤为突出。因此，必须高度重视和加强林木种苗科学和应用技术研究，提高林木种苗的科技创新能力；建立和完善科研与生产相结合的良种推广体系，加速推广良种繁育、壮苗培育、种苗包装、贮藏和运输等种苗生产、经营、流通环节的先进实用技术，提高林木种苗的科技含量；开展种苗技术和苗圃管理培训，加强林木种苗科技领域的国际交流与合作，提高种苗工作者的整体科技素质。

1.1　基本概念

种子、苗木和苗圃是进行林木种苗学习首先应该了解和掌握的基本概念。

1.1.1　种子

种子(Seeds)在植物学上是指由胚珠发育而成的繁殖器官。在林业生产上，种子是最基本的生产资料，其含义要比植物学上的种子广泛得多。凡是林业生产上可直接更新造林或培育苗木的繁殖材料都称为种子。为了与植物学上的种子有所区别，常将其称为林木种子。

林木种子指一切可以用于直接更新造林或培育苗木的繁殖材料，包括植物学意义上的种子，果实，枝、叶、茎尖、根等营养器官，组织，细胞，细胞器，人工种子等。但对于大多数树种来说，主要的繁殖材料还是植物学意义上的种子或果实。林木种子大体上可分为以下几类：

(1)真种子

系植物学上所指的种子，是由胚珠发育而成的，如刺槐、相思、银杏以及松柏类的种子等。

(2)类似种子的干果

某些树种的干果，成熟后不开裂，可以直接用果实作为播种材料，如山毛榉科(板栗和麻栎)的坚果、蔷薇科的内果皮木质化的核果、槭树和白蜡树属树种的翅果等。

(3)用来繁殖的营养器官

该类包括种条、地下茎、匍匐茎、根系、叶片、腋芽、针叶束等。

(4)植物人工种子

该类指将植物离体培养中产生的胚状体(主要指体细胞胚，也包含其他可以发芽生长成植株的培养材料)，包裹在含有养分和具有保护功能的物质中而形成的，在适宜条件下能够发芽出苗，长成正常植株的颗粒体。

上述几类中，真种子和类似种子的干果在林业生产上经常通称为种实。

1.1.2　苗木

苗木(Nursery stock)是指由林木种子繁殖而来的具有完整根系和茎干的造林材料。随着林业生产和科学技术的发展，苗木已经不再是单一类型，概括起来，有如下几种类别。

(1)根据苗木繁殖材料不同划分

可分为实生苗和营养繁殖苗两类。实生苗是直接用种实繁殖而来的苗木；营养繁殖苗是利用树木根、枝、叶等营养器官和组织繁殖而来的苗木。根据使用的器官或组织不同及技术手段不同，营养繁殖苗又分为插条、插根、压条、埋条、根蘖、插叶、嫁接苗等。插条苗是切取树木枝条的一部分，通过扦插在土壤(基质)中生根而繁殖得到的苗木；插根苗是切取树木根的一部分，通过扦插在土壤(基质)中生根而繁殖得到的苗木；压条苗是将树体上正在生长的枝条的一部分压埋在土壤(基质)中或用土壤(基质)包裹，待这部分生根后，再从母树上切下培育而得到的苗木；埋条苗是将整个树木枝条水平埋在土壤(基质)中，使其生根而培育成的苗木；根蘖苗是对根部萌蘖性强的树种，在其根部附近破土或挖沟，对其根部造成机械损伤，促使其根部产生大量萌蘖而培育的苗木；插叶苗是利用阔叶树树叶或树叶的一部分、针叶树的针叶束扦插在土壤（基质）中生根而繁殖得到的苗木。嫁接苗是切取树木枝条的一部分枝或只切取芽为接穗，连结在同种或异种树木的树干、根桩等砧木上，使二者愈合成为一体而得到的苗木。

(2)根据苗木培育方式不同划分

可分为裸根苗和容器苗。裸根苗是在大田中培育、出圃时不带有基质与根系一起形成的根坨、根系裸露没有保护的苗木；容器苗是在装有育苗基质（土壤、营养土、草炭、稻壳、蛭石、珍珠岩及它们的混合物等）的育苗容器中培育、出圃时带有由育苗基质与根系一起形成的根坨的苗木。

(3)根据苗木培育年限划分

可分为1年生苗和多年生苗。1年生苗是通过播种或插条等有性或无性繁殖方法繁殖获得的当年生苗木，其中通过播种育苗而得到的1年生苗称为播种苗。多年生苗木指在苗圃中培养2年或2年生以上的苗木，按育苗过程中有无移栽而分为留床苗和移植苗。留床苗指在原育苗地上未经移栽继续培育的苗木，也叫留圃苗；移植苗则是经过1次或数次移栽后再培育的苗木，又叫换床苗。林业苗圃中移植苗多为实生苗，插条等无性繁殖苗木很少进行移栽。园林苗圃中的大苗多次移栽不属本书所指的育苗范畴。

(4)根据育苗环境是否受人工控制划分

可分为试管苗、温室苗、大田苗。试管苗是在实验室内试管（或其他容器）中无菌环境下的人工培养基上培养而成的苗木，也称组织培养苗或微繁苗；温室苗是在温室中培养而成的苗木，北方的容器苗基本上都是温室苗；大田苗是在露天圃地上培育而成的苗木，裸根苗多为大田苗。

(5)根据苗木规格大小划分

可分为标准苗和大苗。标准苗即为当前生产上普遍使用的苗木，针叶树多为1~4年生苗，阔叶树多为1年生苗；大苗则是在苗圃中培育多年的苗木，过去多见于园林用苗，近年也有用7~10年生针叶树大苗进行特殊造林。园林用大苗由于在培育过程中多数要整形，所以又叫形体苗或定型苗。

(6)根据苗木培育基质不同划分

可分为有土育苗和无土育苗。常规育苗都属于有土育苗。无土育苗通常指水培育苗，即用营养液直接培育苗木的方法；采用人工培养基培养苗木也属于无土育苗。

(7)根据苗木质量不同划分

可分为等外苗、合格苗、目标苗和最优苗。等外苗指苗木规格和活力等指标没有达到育苗技术规程或标准规定的要求，不能出圃用于造林的苗木；合格苗指苗木规格和活力等指标达到育苗技术规程或标准规定的要求，能够出圃用于造林的苗木；目标苗指苗圃中试图大量培养的能够出圃造林的苗木，或生理、形态、遗传特性等适应造林地立地条件的苗木；最优苗木则指可以使造林整体成本最低、却能达到造林成活率和早期生长量要求的苗木。目标苗的概念在欧美国家被广泛接受和使用，最优苗木的概念是20世纪末由北美提出的，目前已经在生产中开始使用，但这两个概念在我国目前还没有被广泛接受和使用。

此外，许多树种都有了苗木质量标准，在标准中根据苗木的生长性状，把苗木还划分为Ⅰ级、Ⅱ级、Ⅲ级苗，并明确规定只能用Ⅰ级、Ⅱ级苗造林；对于速生丰产林只能用Ⅰ级苗造林。

1.1.3 苗圃

苗圃(Nursery)是培育苗木的场所。过去，我国苗圃的概念没有商业性质，因此一般把苗圃称作生产优良苗木的基地。国外的苗圃通常是一个企业，因此，苗圃为通过无性、有性或其他途径生产各种苗木(果树、观赏木本植物和森林树种的苗木)的园艺企业或林业企业。市场经济条件下，我国的苗圃性质也在发生变化，逐步成为或已经成为一个独立的生产经营单位，因此，我国苗圃定义为：苗圃是培育和经营各类树木苗木的生产单位或企业。

根据育苗用途或任务、苗圃的使用年限和面积大小，苗圃可分为不同的类型。

(1)根据苗圃生产苗木的用途或任务的不同划分

苗圃可以分为森林苗圃、园林苗圃和其他专门苗圃，如果树苗圃、特种经济林苗圃、防护林苗圃及实验苗圃等。

森林苗圃的任务以生产营建森林用苗为主，苗木的年龄一般为1~4年生。在林业生产上，苗圃一般为森林苗圃；园林苗圃是培育城市、公园、居民区和道路等绿化所需要的苗木的，苗木种类多、年龄大，且需要有一定的树形；果树苗圃以生产果苗为主，多为嫁接苗；特种经济林苗圃是以专门培育特用经济林树种苗为主，如桑苗、油茶苗、油橄榄苗、橡胶苗等；防护林苗圃是以生产营造各种类型防护林用苗为主；实验苗圃主要是学校、科研单位专门从事教学、科研用的苗圃。一个大型苗圃，可能会综合上述各苗圃的功能。目前，生产实践中除了森林苗圃和园林苗圃外，其他专一性很强的苗圃已经很少见，其任务多数融合在前述两类苗圃中，很多地方甚至建立了综合性的苗木繁育中心。

(2)根据使用年限的长短划分

苗圃可以分为固定苗圃和临时苗圃。

• 固定苗圃 使用年限可在十几年或几十年的苗圃。现在为了提高工作效率，实现机械化生产，固定苗圃已向大型苗圃的方向发展。特点是：①面积大，便于集约经营，技术先进，机械化程度高；②投资较大，现代化育苗设施较齐全；③能有计划地大量生产苗木；④有利于开展科研工作；⑤便于培养技术人员；⑥距造林地较远，运输所需投入大。

• 临时苗圃 是为完成某一地区的造林任务，在造林地附近临时设置的苗圃。使用年限短，当完成任务或因圃地土壤肥力消耗，不能继续育苗时即停止使用。特点是：①距造林地近，减少运输时间，苗根失水少，故造林成活率高，运输成本也低；②圃地与造林地的环境相同，培育的苗木易适应造林地条件，故造林成活率和保存率高；③面积小，使用时间短，难以实施科学的肥水管理和保护措施，致使优质苗木产量低。

(3)根据苗圃育苗面积的大小划分

苗圃可以分为大型、中型和小型苗圃。大型苗圃面积在 $20hm^2$ 以上(不含 $20hm^2$)；中型苗圃苗积在 $7\sim20hm^2$(含 $20hm^2$)；小型苗圃面积在 $7hm^2$ 以下(含 $7hm^2$)。

1.2 苗木培育学的研究内容和学科特点

1.2.1 苗木培育学的研究内容

苗木培育学(Nursery stock growing)是研究良种壮苗培育原理与技术的科学，是林学专业的核心专业课程之一，也是经济林学、森林保护、水土保持与荒漠化治理、环境科学与工程、种子科学与工程、农学、药学、园林等专业的重要辅助课程。

苗木培育学涉及种子生物学、良种品质保障技术、苗木生物学、苗木培育技术、苗圃建立与经营管理等方面的内容。

种子生物学(Seed biology)是研究植物种子的特征特性和生命活动规律的科学。林木种子生物学应该包括林木发育与开花结实、种子形态构造、种子化学成分组成、种子形成与发育、种子成熟、种子寿命、种子休眠与萌发、种子活力、种子脱水耐性、种子吸水特性、种子呼吸、种子后熟、种子劣变等方面的内容。作为苗木培育的种子生物学基础，本书只对与林木良种繁育、种子品质调控、种子贮藏、种子催芽等与苗木质量有明显直接关系的种子生物学内容加以简要的讨论。要更深入地了解种子生物学知识，需要参阅相关专业论著。

良种品质保障技术(Assuring the properities of improved seeds)是研究林木良种播种品质(繁殖品质)保障和促进技术的科学。良种是指遗传品质和播种品质都优良的林木种子。其中，遗传品质指繁殖材料的遗传背景，主要通过引种、选种、杂交育种和遗传转化来实现，并建立良种基地来承载，属于林木遗传育种的研究范畴。播种品质主要指种子物理性状、种子生活力、种子发芽能力等(也包括无性繁殖，如扦插、嫁接后的成活情况)，通过良种基地合理经营，适时采种、调制和贮藏，科学地催芽处理等，以及无性繁殖材料的适当处理来实现，属于良种品质保障技术的研究范畴。

苗木生物学(Nursery stock biology)是研究苗木生长发育规律及其与苗木培育环境的关系的科学。苗木是在苗圃中培育的、具有完整根系且在绝大多数情况下具有完整茎干的造林或园林绿化用木本植物材料。无论年龄大小，只要还在苗圃中培育，就是苗木。苗木始终是造林和园林绿化最主要的植物材料。苗木质量好坏直接影响着造林绿化的成功与否。苗木的形态建成和生长发育规律及苗木培育的环境因子(光照、温度、水分、湿度、大气成分、土壤、有害生物、有益生物等)与苗木质量高低有着直接的重要关系，而这正是苗木生物学的研究内容。

苗木培育技术(Nursery stock growing technology)是研究壮苗培育技术的科学。苗木培育技术是指各个树种从繁殖材料获取到成苗出圃为止的全部培育过程中所涉及的各项技术措施。苗木培育技术虽然内容庞杂，且因时因地不同而异，但整体上可以划分为两大系统，即裸根苗培育系统和容器苗培育系统。而土壤管理/栽培基质管理系统、水分/湿度管理系统、苗木繁殖系统、有害生物控制系统、育苗环境控制系统、苗木营养调控系统、有益生物应用系统等，都共同或分别镶嵌在这两大系统中，构成苗木培育技术体系。苗木培育技术要求精准化，即各项培育技术措施实施过程中要做到规范化、标准化，严格按照最新的技术标准或技术规程进行操作，并且在实施过程中积极开发和应用新型高效技术，以达到最佳的苗木培育效果。苗木培育技术的精准化，具体包括种子(繁殖材料)处理精准化、育苗土壤(栽培基质)制备精准化、环境(水分、光照、温度、湿度、气体等)控制精准化、生产作业(播种、扦插、嫁接、施肥、切根、起苗、苗木贮藏和运输等)精准化，而苗木质量调控的精准化贯穿于以上各个过程中。

苗圃建立与经营(Nursery establishment and management)是研究苗圃建立与经营管理技术的科学。苗木培育工作是一项需要集约经营的事业，有较强的季节性，要求以最短的时间，用最低的成本，培育出优质高产的苗木。苗木的产量、质量及成本等都与苗圃所在地各种条件有密切的关系。因此，在建立苗圃时，要对苗圃地的各种条件与培育的主要苗木种类和特性，进行全面的调查分析，综合各方面的情况，选定适于建立苗圃的地方，并进行科学合理的规划设计。同时，苗圃作为一个生产经营单位，无论其体制如何，苗木的生产和销售、苗圃业务和从业人员等都需要合理的经营和管理。这些都是苗圃建立与经营要解决的问题。

此外，由于树种特性不同、地区特点不同及苗木培育目的不同，各树种育苗都有它们的特殊性，这也是苗木培育学的组成部分。

1.2.2 苗木培育学的学科特点

苗木培育学传统上称为“种苗学”，它既是森林培育学(Silviculture)的一个重要组成部分，又是一门相对独立、有着自身发展规律、学术特色和学科体系的科学。苗木培育学作为一门栽培科学，与作物栽培学、果树栽培学、花卉栽培学等有许多共同之处，但也有许多不同，如涉及的种类多、培育目标多样、对自然环境依存度大等。

苗木培育学之所以是森林培育学的一个重要组成部分，是因为森林培育学是涉及森林培育全过程的理论和实践的学科(沈国舫　2001)，种苗培育与森林营造、森林抚育及改造、森林主伐更新等部分一样，都是森林培育学的组成部分，是其分支学科。在我国学科分类方案中，森林培育学是林学以及学科下的二级学科，而种苗学是森林培育学科下的三级学科。

苗木培育学之所以又是一门相对独立，有自身发展规律、学术特色和学科体系的科学，是由如下特点所决定的：

——林木种子种类多、类型多，生物学背景极其复杂，如种子的休眠种类多种多样，同一树种就有多种休眠类型，这就决定了与森林培育学其他分支学科如森林营造、森林抚育及改造等相比，苗木培育学在基础理论和基本知识方面需求更多，如涉及植物生物化学、细胞生物学、生殖生物学、分子生物学等方面；与作物栽培学、果树栽培学、花卉栽培学等相比，研究对象的生物学特性、对环境条件的要求和经营管理技术（如采种、调制、贮藏、催芽等）等差异较大，且更为复杂，因此，研究和生产经营难度也就更大。

——培育的对象——苗木，处于从种子（无性繁殖材料）向植物体转化的阶段，与森林培育学其他部分的对象相比，生命力脆弱、受环境条件等的影响很大，要求细致精微的管护经营；而与作物栽培学、果树栽培学、花卉栽培学等相比，林业工作者对研究对象的生物学特性、对环境条件的要求和经营管理技术（如采种、调制、贮藏、催芽等）等了解相对较少，因此，研究和生产管理的力度更应加大。

——对于培育苗木的载体和固定场所——苗圃，在其经营和管理过程中，集约经营程度更高，要求投入的人力、物力和财力也更多。

——苗木是产品的主要形式，苗木属于全植物体利用，即苗木连带茎干根系全部利用，为苗圃地留下的生物量微乎其微，而且同时带走大量土壤。与森林培育学其他分支的对象相比，苗圃没有自肥能力，肥力补充调节完全依赖外力。与作物栽培学、果树栽培学、花卉栽培学等的对象相比，苗圃土壤改良力度和养分补充力度需要更大。

——苗木培育学已经形成了自己的学科体系，而且某些部分已经发展成为独立的学科，如树木容器育苗、树木繁育生物学等。

1.3　学习苗木培育学的意义与方法

1.3.1　学习苗木培育学的意义

人类来自森林，人的生活与森林息息相关。森林对于人类的效益表现在多个方面，其中以其产品效益、生态效益、社会效益、服务效益为主。这些效益的发挥需要足够的森林资源做支持。但目前我国乃至全世界的森林资源（Forest resources）的数量和质量都不能满足人们的需求，必须不断增加森林资源的数量，提高森林资源的质量，才能使人类充分享用森林的多种效益。

森林资源增加的途径主要有两条：即天然更新（Natural regeneration）和人工更新（Artificial regeneration）。但是，天然更新的数量和质量，特别是商品功能远不能满足快速扩大发展森林资源的需要，因此，在快速发展森林资源方面，人工更新成为了首选途径。

人工更新的主要方法有：①直播造林；②插条、埋干造林；③植苗造林。

其中，直播造林需要大量种子；插条、埋干造林需要大量优良种条；植苗造林需要用各种繁殖材料培育出的各种苗木。要想造林成功，必须使用良种、培育壮苗。这从图 1-1 中可以看出：在其他因素得到保证的条件下，使用良种壮苗，就能使造林效果达到最大；否则，会降低造林效果。

图 1-1 影响造林效果的关键措施

要获得足够的良种壮苗，除了需要加强良种选育外，关键是要做好良种的品质保障和壮苗培育工作。这些都需要我们具有良好的苗木培育理论知识和精湛的苗木培育技能，而这些知识和技能只有通过系统的学习和训练才能获取。因此，广大森林培育工作者都需要学习"苗木培育学"的知识和技能。

1.3.2 学习苗木培育学的方法

通过本课程的学习，要求学生掌握种子生物学、良种品质保障技术、苗木生物学、苗木培育技术、苗圃建立与经营管理等方面的基本理论和技术，这样才能解决森林资源培育和生态环境建设中遇到的苗木培育问题；结合种苗实验实习和苗圃设计的学习能够进行种子检验和苗圃总体设计与育苗作业设计，能够进行苗圃生产和技术管理、种苗科学研究和技术推广等。

苗木培育学既是一门科学(Science and technology)，也是一项技艺(Art)。

苗木培育学作为一门科学，需要我们首先学好树木学、土壤学、气象学、生态学、树木生理学、林木遗传育种学、林木病理学、森林昆虫学等方面的基础知识，打下坚实的基础；在苗木培育学的学习中，要综合运用这些专业基础知识，并与苗木培育的实际相结合，切实掌握苗木培育的理论与技术体系。

作为一门技艺，苗木培育学是由实践能力或经验、悟性而得来的特殊技术、技巧所组成，因此，不能只在书本上学习或只在课堂上讲授，必须坚持理论和实践相结合，在掌握苗木培育学的系统理论与技术体系的基础上，通过各种实践环节的学习和钻研、体会和感悟，掌握先进生产技术和技艺。还要在实践应用中不断创新，努力提高自己的生产、经营管理和苗木培育技术水平。

1.4 苗木培育发展与展望

1.4.1 我国苗木培育发展简史

(1)古代的苗木培育发展

早在远古时代，我国就出现了苗木培育的萌芽，相传黄帝轩辕"时播百谷草木"，表明当时已经知道树木可以通过播种的方法繁殖，而且播种要适时。而到了夏、商、周时期，可能就有了实际的播种育苗、植苗造林方法。随后经历春秋战国、秦、汉、三国至南北朝，已经积累了丰富的种苗资料。北魏贾思勰参阅书籍160多种，收集前人资料、传说和谚语，并通过访问和实践，撰写了《齐民要术》，对这一时期积累的有关树木种子采集和处理、树木种子催芽、播种、苗圃抚育管理等进行了系统的整理。隋、唐、宋至元代，种苗技术进一步发展，在这时期的农书中出现以前没有记载的松柏播种育苗法(《农桑辑要·竹木》)、桧的扦插(《农桑辑要》卷六)、泡桐和枸杞的压条及泡桐的留根繁殖(《桐谱·种植》)等，且这一时期的苗木抚育管理技术(灌溉、遮荫、防寒等)更趋完善(《农桑辑要·竹木》《玉祯农书》《务本新书》《博闻录》等)。至明、清，种苗技术进一步发展，比较有代表性的《种树书》和《群芳谱》对这些技术和经验进行了记载，如松柏类针叶树的采种、浸种、育苗，杉木的插条繁殖，核桃的播种法，楂(油茶)的采种、选种、催芽、播种育苗等。

(2)近代的苗木培育发展

鸦片战争之后的清朝末年和民国初年，中国门户开始开放，西方的思想和技术开始传入，中西方种苗技术开始出现交融。这时期比较有代表性的是陈嵘先生的工作。他博采中国古代，日本、欧美等国精华，加上自己的观察、实验和研究，对很多树种的种子及其发芽特性、催芽技术、播种育苗中的播种季节、温湿度控制、播后管理等方面都有详细的总结，其代表作为《造林学各论讲义》。这一时期云南实业厅编撰的《种树浅说》，也结合中西知识全面讲述了有关采种、选种、播种、育苗、分秧(移植)等方法，高秉坊的《造林学通论》则引用欧美资料较多，介绍了他们的林木种子考验(检验)、林木种子采集和贮藏、苗圃区划、苗圃施业(轮种、休闲)的理论与技术以及相关作业工具。

国民党政府时期，林业生产有所发展，也促进林业科技发展。北平研究院植物研究所等成立，开始林业试验研究工作，中央大学等5所大学和专科学校相继设立森林系，《林学》杂志出版，开始了一些林业学术活动。这一时期相继出版的陈嵘的《造林学概要》和《造林学概论》系统介绍了林木种子采集和检验、树苗培养法；郝景盛的《造林学》对林木种子取得、整理收藏、发芽率及重量测定、苗圃经营等进行了较为完整的介绍，并首次介绍了苗圃化学除草技术；杨开渠翻译的日本近藤万太郎著《农林种子学》，介绍了欧美和日本关于农林种子性状、发芽、检查、贮藏、采集和调制等知识。

(3)现代的苗木培育发展

新中国成立后，造林绿化成为国家重大建设内容，国家给予了极大重视。建国伊始，即成立了林垦部(后改为林业部)，建立国营林场，大力保护、利用和营造森林。1952年成立林业部林业科学研究所(现为中国林业科学研究院)，一些省建立了林业试验研究机构；调整林业教育体系，成立北京、东北和南京3所林学院，在13所农学院内设林学系；1953年又建立20所中等林业学校；同时还派遣青年学生赴苏联留学。此时中国才真正开始建立自己的林业研究和教育体系，以及自己的林业科学技术体系。

种苗作为造林绿化的基础与整个林业发展同步，且很多时候处于优先发展的位置。20 世纪 50 年代，开始了林木种子休眠和贮藏生理、苗木矿质营养和水分生理、种苗生理生态和苗木光合、蒸腾，以及育苗小气候等方面的研究，重点进行了播种苗和插条苗培育技术，以及埋条苗、插根苗培育技术和育苗施肥、灌溉、移植及分级包装运输等方面的研究，尤其在定量评价苗木质量指标体系方面进行了有益的探索。这一时期开始引进苏联的有关科学技术，同时加强了采种育苗的技术管理，制定了《国营苗圃育苗技术规程》《采种技术规程》《林木种子品质检验技术规程(草案)》等，并设置林业部种子检验总站(设在林业部林业科学研究所内)。

20 世纪 50 年代末“大跃进”开始到 70 年代中期的“文革”结束，是种苗科学研究发展的曲折时期。尽管受到各种干扰，但由于有大批执着的种苗生产和科研工作者的努力，种苗科学技术还是在很多方面取得了一些成果，如杉木育苗技术、苗木与环境因子关系、苗木物候、苗圃施肥、容器育苗应用、苗圃病虫害防治等，还建设了一批林木种子库、采种基地等。其成果集中体现在 1978 年出版的《中国主要树种造林技术》，以及一些内部资料和培训教材中。

20 世纪 70 年代末期到 90 年代初期，可以说是种苗科技大发展的时期。体现在林木种子生理、种苗生理生态、播种育苗、无性繁殖育苗、容器育苗、良种基地建设、种子调制技术、自动喷灌技术、化学除草技术、苗木质量检测管理、苗圃标准化管理等诸多方面。这一时期一些种苗学专著的出现，如 1982 年，孙时轩主编的《林木种苗手册》(上、下册)、齐明聪主编的使用近十年的东北林学院内部教材《种苗学》(1992 年以《森林种苗学》之名由东北林业大学出版社出版)，1985 年，金铁山编著的《苗木培育技术》等，表明苗木培育作为一门相对独立的学科已经初见端倪。

(4)当前苗木培育最新进展

进入 20 世纪 90 年代中期以后，由于许多常规育苗技术已趋于成熟，在苗木生产中也得到广泛应用，所以对常规育苗技术的研究力度有所减少，而加强了以前重视不够的内容，如苗圃灌溉、容器育苗、组培育苗等技术研究，以及对提高苗木质量作用大的现代育苗技术。工厂化育苗得到了蓬勃发展，特别是工厂化育苗技术及设备，如组织培养技术，全光喷雾嫩枝扦插技术，容器育苗技术，温室苗架及自动喷灌设备的设计等方面的研究已取得显著成果。有关苗木培育方面的研究专著和论文、成果也大量涌现。大规模的工厂化育苗以其生产的苗木遗传品质好，数量和质量高，便于集约化经营以及生产成本低等优点，而成为今后优质苗木生产发展的主要方向。化学制剂和生物制剂的广泛应用使我国育苗工作上了一个新的台阶。ABT 生根粉的推广应用，以及稀土微肥、生长调节剂、生物制剂和化学除草剂等的应用提高了苗木产量和质量，为工厂化育苗奠定了技术基础。另外，在苗木质量评价方面，在以前单纯形态指标评价的基础上，建立了生理指标和形态指标相结合的更为可靠的评价体系，为苗木质量的定量评价和苗木生产规格的标准化开辟了新的途径。

1.4.2 我国苗木培育中存在的问题

我国的苗木培育技术虽然取得了较快的进步，但与先进国家的育苗技术相比，还存在许多重要科技问题亟需解决。

(1)良种生产量低，生产中良种化水平低

种子生产基地情况：美国主要造林树种如火炬松、湿地松、花旗松等多在二代或三代种子园采种育苗；日本主要造林树种柳杉和扁柏，已经实现二代种子园采种育苗，其他树种也至少实现优良林分或优树采种育苗；芬兰的云杉和欧洲赤松实现一代种子园采种，桦树实现二代种子园采种，育苗播种材料已经全部实现良种化；加拿大种子园，部分树种已经进入到三代或四代。而我国除桉树基本实现用优良无性系造林外，其他育种进展较快的主要用材树种如杉木、马尾松等也只能少量在二代或改良代种子园采种。多数树种生产上用种，仍以母树林和优良林分的种子为主体。

育苗良种应用情况：林业发达国家良种使用率已达80%，美国达到86%，日本100%(良种由国家供给，其费用在苗木销售时抽取)，芬兰100%良种(种子园种子为主、少量优树)。而我国仅为43%，且地区间极不平衡，大部分地区良种使用率低于20%，个别地区甚至只有2%。

(2)种子生物学研究不够深入，良种经营精准化不够

与国外及我国农业领域的种子生物学研究相比，林木种子生物学研究非常不深入。目前大多数研究尚处于种子播种品质和理化性状分析上，关于种子发育的分子生物学机理、种子脱水耐性、种子休眠与萌发机理、种子活力、林木结实与产量形成机理等方面的研究还很不深入。良种品质保障技术方面尚处于比较粗放的程度，精准化程度严重不足，新技术新工艺开发力度不够。如种子催芽过程的精准调控，种子超干贮藏、种子引发的机制与技术等都严重滞后于国外和农业领域。

(3)苗木培育技术水平低，尤其是容器育苗技术水平低，培育的苗木质量不高，对苗木质量的研究不够深入全面

我国裸根苗培育技术虽然比较成熟，但仍有许多尚需改进的方面，如平衡施肥技术、适量灌溉技术、灌溉施肥(Fertigation)技术、有害生物控制技术、苗木早期速生增壮技术等都需要加强和开发。

20世纪末至今，我国在容器育苗环境控制设施方面投资力度很大，但这些设施在很多地方并没有发挥出其应有的效益，甚至成为一种“鸡肋”。究其原因虽然很多，但是环境控制下的容器育苗技术极其落后是重要原因之一。我国虽然开发了很多适合于低成本、劳动力密集型的小规模生产用容器育苗技术，但对环境高度控制、机械化自动化程度高的大规模容器育苗技术方面的开发力度非常低，包括精准播种技术、规模化扦插技术、基质调配技术、容器生产技术、精准灌溉施肥技术、灌溉水和基质酸碱度精准调控技术、环境温湿度控制技术等都未形成可操作性强的体系。

目前我国苗木质量存在下列问题：苗木分化大；根系不发达，发育不匀称；有些树种发育不健壮。传统的苗木质量评价普遍建立在形态学基础上，缺乏生理指标（如碳水化合物总量等）和活力指标的有效配合，而且与造林后成活率及早期生长状况的关联评价基本被忽略。

（4）缺乏优良珍贵品系的配套规模化生产性无性繁殖技术

我国在很多树种上虽然都进行了无性繁殖技术研究，但绝大多数未达到商业化应用水平，除桉树和杨树外，其他树种的适合于规模化生产性应用的无性繁殖配套技术严重缺乏。这严重阻碍了优良珍贵品系的快速繁殖利用。

（5）针叶树体胚苗培育和阔叶树腋芽微繁技术比较落后

体胚苗在针叶树优良品系扩繁和筛选、腋芽微繁技术在阔叶树优良品系扩繁和筛选方面具有广阔的应用前景。美国的火炬松体胚苗已经达到生产性检验（中试）阶段，国外其他许多树种如白云杉、黑云杉、挪威云杉、欧洲赤松、辐射松等也都进行了体胚苗试验栽培，而我国目前还仅处于体胚发生系统的建立阶段。国外很多树种实现了腋芽微繁的规模化生产，而我国除了桉树和部分速生杨树品种外，其他树种也大部分处于腋芽微繁系统的建立阶段。

（6）苗圃商业化、种苗产业化、科研合作化不够

虽然很多苗圃已经名义上商业化，但是很多并没有真正实现商业化运营，种苗产业化水平不高。种苗科学研究和技术开发的产学研长期稳定合作机制尚未形成。

（7）苗圃从业人员中相关专业技术人员比例低，知识更新程度不够

据统计，美国苗圃经理中，10%具有博士学位，20%具有硕士学位，100%具有学士学位；苗圃高层经营管理人员中，绝大部分为相关专业本科毕业。在我国，大型苗木繁育中心具有本科学历的人员比例不高，中小型苗圃能有高职、中职毕业生已经属于很好的了，且有些人员并非相关专业出身，缺乏长期稳定的苗圃从业人员技术培训机制。

1.4.3 苗木培育发展展望

可持续发展是人类社会发展史上的一场深刻革命，也是21世纪人类社会发展的必然选择。作为陆地生态系统的主体，森林将在实现社会及生态环境可持续发展中发挥不可替代的作用。森林培育学是构建森林资源的技术和理论支撑，将面临前所未有的机遇和挑战。作为森林培育学重要分支学科的苗木培育学，是森林培育前提——良种壮苗培育的技术和理论支撑，同样面临着前所未有的机遇和挑战。纵观国际国内苗木培育学发展现状和我国苗木培育存在的问题，近期内重点要在以下几个方面做出努力。

（1）大力加强林木种子生物学研究

种子生物学理论与知识是良种品质保障的基础，特别是其中的生殖生物学（花芽分化、性别控制、开花、传粉、受精、胚胎发育等）与良种繁育和种实产量调控关系密切，种子脱水耐性和成熟前后发育过程与适时采种、适当贮藏关系

密切，种子休眠和萌发特性与种子催芽(含种子引发)的关系密切，这些方面也都是国际上种子生物学研究上的热点问题。我国林木种子这方面的研究极不平衡，整体上落后于国外、落后于农业，应该大力加强。

(2)大力加强良种繁育与品质保障技术的精准化研究

我国在良种基地经营管理、采种、调制、贮藏、催芽等方面虽然取得了很大成绩，生产上应用了很多成熟的技术，但总体上还比较粗放，有些方面仅有初步研究。如现代环境控制育苗要求精确控制种子催芽程度，现在还做不到；种子超干贮藏、种子引发等研究还仅有少数例子等。今后一段时期，应该适应现代育苗精准调控的需要，加强常规技术的精准化研究。

(3)广泛深入开展苗木生物学研究

也许有人觉得，苗木生长发育规律现在已经掌握得很好了，这方面没必要加强了。但实际上我们这方面的知识远远不够支撑苗木培育技术的有效提高。如苗木各个生长阶段的生长发育状况与土壤(基质)物理性状，与土壤和灌溉水酸碱度，与氮磷钾等各种肥料元素施用量和施用比例，与光照、温度、二氧化碳、空气湿度、菌根菌、杂草密度等各方面的关系研究都不够深入，而这些是苗木速生优质、特别是环境控制育苗必需的基础理论与知识，所以必须广泛深入研究。

(4)重点加强规模化生产性苗木培育技术的配套化、精准化研究

商业化生产前提下，只有规模化才有效益，而规模化生产要求有适合的配套化、精准化技术体系，因此，近期应该加强以下方面研究。

- 珍贵阔叶树种播种育苗技术　针对主要珍贵阔叶树种的生物学特性，分析种子结构和成分，以及种子休眠萌发特性，研究打破种子休眠、促进种子萌发所需的环境条件，采用相应的种子处理方法，并开发包括其最适播种期、播种方法、覆土厚度等指标的播种技术和苗期管理等一系列技术。

- 主要树种扦插繁育技术　为了更好地保持母本的优良特性，对于结实稀少，不易采到种子或种子发芽力不易保存的树种，采用硬枝扦插技术进行扩繁；针对一些扦插生根困难的树种，用半木质化的绿色枝条作插穗进行嫩枝扦插育苗；研究其采穗母树的标准、插穗采集时间、插穗规格、贮藏方法、基质配方选择、扦插时间、扦插技术及扦插环境控制等一系列技术。

- 主要阔叶树种腋芽增殖微繁技术和主要针叶树种体细胞胚胎发生与人工种子技术　实践证明：腋芽增殖微繁在阔叶树大规模扩繁、体细胞胚胎发生配合人工种子技术在针叶树大规模扩繁中具有不可估量的潜力，我国应该大力加强生产性腋芽增殖微繁技术和体胚发生与人工种子技术的开发研究。

- 珍稀濒危树种综合扩繁技术　对一些濒危的珍稀树种，材料特别少，要研究综合采用种子繁殖、扦插繁殖和组织培养繁殖的综合扩繁技术，为其资源扩展提供技术支撑。

- 环境控制条件下容器苗培育技术　对一些主要树种和在一些困难地造林的苗木，采用容器育苗方法培育苗木。研究容器类型、基质配方、容器苗控根技术、容器苗播种和移栽及相应灌溉施肥和人工环境控制技术。

• 逆境条件下抗逆性苗木的培育技术 为了提高苗木在盐碱地和干旱少雨的沙地的造林成活率，在苗木培育期间人为创造逆境，进行苗木抗盐性和抗旱性诱导驯化，逐渐提高苗木的抗盐性和抗旱性，培育出适合在盐碱地区和干旱地区造林的抗逆性苗木。

(5) 强化种苗产业化运营研究，切实促进种苗业的商业化进程

这方面已经有很多论述，这里不复多言。要强调的是，苗木培育工作者要自觉主动参与这方面的研究，推动产业化发展。

(6) 积极引进国外先进成熟的苗木培育理论与技术，加以充分消化吸收和再创新，在苗木培育生产中大力推广

国外林业发达国家已经开发出来很多先进成熟的苗木培育理论与技术，要积极引进，结合我国苗木培育实际加以充分消化吸收和再创新，并应用于我国的苗木培育生产，加速我国种苗产业发展步伐。

(7) 加强苗木质量评价和控制技术的研究

苗木形态指标直观、易于测量，但有时不能真实反映苗木活力状况；生理生化指标可以反映苗木活力的真实状况，但不直观，经常需要专门仪器或较长时间。因此，要针对每个树种研究其形态指标与生理生化指标的相关关系，找出最能承载苗木活力状况的指标，用于苗木质量评价。同时加强研究苗木质量指标与培育技术的关系，全程调控苗木质量。

(8) 大力提高苗木培育从业人员的理论和技术水平

先进的技术需要得到正确的使用和规范的操作才能发挥出其作用，而苗木培育从业人员的素质将在很大程度上影响苗木培育技术的使用效果。因此，必须通过各种途径，大力提高苗木培育从业人员的理论和技术水平。

(9) 苗木培育的基础研究要“顶天”，应用研究要“立地”

苗木培育的相关基础研究一定要深入，要赶超世界先进水平；而应用技术研究一定要实用，要配套化、规模化、生产化，且一定要产、学、研有机结合，在研究中应用，在应用中研究。

此外，还须加大育苗投入比重，要从营林生产整个过程考虑育苗成本和森林培育成本，而不是孤立地分段控制；要加快良种化进程，控制良种化应用水平；既要向国外学习，更要走自己的路，创自己的特色，要敢于领先、勇于领先。

本章小结

本章介绍了种子、苗木和苗圃的概念，苗木培育学的研究内容和学科特点，学习苗木培育学的意义与方法，我国苗木培育发展简史，并评述和展望了苗木培育的发展。目的是让读者对苗木培育学的学科体系和本教材的内容有一个整体的了解，便于后面的学习和掌握。其中种子、苗木和苗圃的概念，苗木培育学的研究内容和学科特点是本章的重点内容，需要充分理解和掌握；学习苗木培育学的

意义和方法，对读者理解苗木培育学的重要性及如何学好苗木培育学具有指导意义，需要反复阅读和思考体会；关于苗木培育发展简史、存在问题及发展展望的内容，对于读者了解苗木培育学的发展历程和努力方向具有启示作用，需要了解并在以后的学习和应用中不断体会和感悟。总之，作为绪论，本章内容主要是为以后的学习打基础的，要反复领悟和思考。

复习思考题

1. 林木种子、苗木和苗圃的定义和内涵是什么？

2. 苗木培育学的研究内容和学科特点是什么？为什么要学习苗木培育学？如何学习苗木培育学？

3. 我国苗木培育领域都存在哪些问题？近期的努力方向是什么？

第2章 林木种子生物学

林木种子是指可以用于直接更新造林或培育苗木的繁殖材料，包括植物学意义上的种子、果实、枝、叶、茎尖、根等营养器官及组织、细胞、细胞器、人工种子等。本章内容以植物学意义上的种子或果实的生物学为主，也包含一些无性繁殖材料的生物学内容。

林木种子担负着上下世代间遗传物质传递的重要使命。种子生物学是研究植物种子的特征特性和生命活动规律的科学，林木种子生物学应该包括林木发育与开花结实、种子形态构造、种子化学成分组成、种子形成与发育、种子成熟、种子寿命、种子休眠与萌发、种子活力、种子脱水耐性、种子吸水特性、种子呼吸、种子后熟、种子劣变，以及无性繁殖材料生物学等方面的内容。限于篇幅和课时，本章只对与林木种子生产、种子品质调控、种子贮藏、种子催芽等有明显直接关系的种子生物学内容和无性繁殖材料生物学加以简要的讨论。要更深入的了解种子生物学知识，可参照相关专业论著。

2.1 林木发育时期与结实

林木属于种子植物，经过开花、传粉和受精、胚的发育、成熟，最后产生种子，利用种子繁衍后代。林木是多年生多次结实的植物，从种子萌发开始到植株衰老死亡，大体上经历幼年期、青年期、壮年期和老年期。林木必须达到一定年龄和发育阶段，并经过适当光照周期和季节性温度变化(春化)，使林木顶端分生组织能接受开花诱导，并朝着成花方向发展，在出现花原基后，才有开花能力，最后进入结实阶段。进入结实阶段意味着林木接近成熟和进入成熟期。成熟后还要经过很多个结实周期，才进入衰老阶段，直至死亡。由于林木每个时期的生长和结实特点不同，因而对良种繁育及育苗造林的意义也不同。因此，应掌握林木种子发育过程及各发育时期的特点及其影响因素，以便控制林木结实向人们希望的方向发展。

2.1.1 林木生殖发育时期

林木生殖发育时期(Developmental stages with fruiting and seeding)，是以林木生殖生长特点和结实特性为基础划分的时期，与森林经营学和植物学中发育时期的划分方法有所不同。

(1)幼年期

幼年期(Juvennile phase)是从种子萌发开始，形成幼苗，长成幼树，直到开始结实为止的时期。它又称为营养生长时期或花前幼龄阶段，在果树栽培中称为童期。本期特点如下：

• 形体建造阶段，纯粹营养生长　此时营养生长旺盛，没有生殖生长。地上和地下部分生长迅速，形成主干、骨架枝、树冠和根系，从而形成一定大小和形状的树体。这使得树木光合面积不断增大，营养物质积累不断增多，为开花结实做好了形态上和生理上的准备。

• 发育阶段年幼，可塑性大、适应性强、抗性弱　此时经历从种胚到幼树的一系列阶段，树木组织幼嫩，对环境反应敏感，易受环境或人为影响，树体形态和生理性状变化大；适应于不同的环境条件，形成不同的形态和生理特点。

• 适于做营养繁殖材料　此时无性繁殖能力强，因此适于做营养繁殖材料。

本时期不结实的原因：①形态未建成；②营养物质积累不足；③环境条件不满足，其中最主要的可能是光照不足。如天然林中生长的红松，要 80 ~ 120 年生才能结实，主要原因是幼年期的红松处于林冠下，得不到充足的上方光照；而全光照下种植的红松 7 年生(不含苗龄)就有结实(齐鸿儒 1991)。

(2)青年期

青年期(Youth phase)是从第一次开花结实开始到大量结实为止，又叫结实初期或初果中龄阶段。本时期特点如下：

• 继续形体建造阶段，营养生长旺盛，生殖生长开始　此时树体生长仍然非常旺盛，分枝大量增加，树冠迅速扩大，最后建成基本树体结构。生殖生长开始，并逐渐由弱变强，达到与营养生长的平衡状态。

• 树体可塑性变小、种子可塑性大、引种最适期　这时树体形态和构架已经基本形成，如果没有外力(如修剪、风害等)影响，则树体只是增大，构架不会有大的变化。由于结实刚刚开始，尚处于发展变化时期，可能会受环境条件的影响而在某些特性上发生变化，所以比较适合于引种。

• 结实量不多，果实和种粒大，空粒多　此时由于个体发育不一致、树体较小、花芽分化不均匀等原因，传粉和受精都会受影响，因此结实量少、空粒比较多。由于果实少，营养相对集中，所以果实和种粒比较大。

(3)壮年期

壮年期(Mature phase)是从大量结实开始到结实开始衰退为止，又叫结实盛期或盛果壮龄阶段。本时期特点如下：

• 形体建造结束，营养生长趋缓　此时无论是地上部分还是地下部分均已经生长扩大到极限，主干、树枝、树冠的生长扩大已经很小。

• 生殖生长旺盛，适于更新造林用种的采种　此时开花结实量大而稳定、种子质量好、产量高，是造林绿化用种的采种最佳期。

• 树体可塑性弱、抗性强，对养分、水分和光照要求高　此时树体形态和构架已经稳定，看不出有什么明显的变化，对不良环境条件的抗性强；由于生殖生长需要，要求有充足的养分、水分和光照供应。

(4)老年期

老年期(Senescence phase)是从结实衰退开始到树木死亡为止，又叫结实衰退期、衰老期或衰老更新期等。本时期特点如下：

- 营养生长趋于停止　此时，主干、树枝、根系等完全停止扩大生长，并逐渐衰弱，出现枯梢和“负生长”，直至枯死为止。
- 生殖生长趋弱　此时结实量由多趋少，种子质量差，不能应用于造林绿化。

在正常有人工经营的情况下，在本时期到来之前，就应对林分进行采伐更新。

以上是实生来源的树木的生长发育时期；无性起源的树木，根据无性繁殖材料的不同，生长发育的时期可能不同。如果使用的无性繁殖材料本身处于前面所述的幼年期，如采自树干基部萌条的插穗、来自 1 年生实生苗的插穗、来自体细胞胚的苗木等，则生长发育时期与前面所述的基本相同。如果使用无性繁殖材料来自成年树木，如插穗或接穗来自树冠上部，则无真正意义上的幼年期，第一个时期要称作幼树期，其他时期与前述相同。幼树期(Young phase)和幼年期相同的是形态都未建成，不同的是幼树期树木生理上已经具备花芽分化和开花结实能力，而幼年期树木生理上就不具备花芽分化和开花结实能力。

2.1.2 林木开始结实年龄

林木幼年期不能接受开花诱导，只有进入青年期才开始开花结实，而幼年期长短因树种而不同。一般喜光、速生的喜光树种幼年期较短，开始结实早；耐荫的、生长缓慢的树种幼年期较长，开始结实晚。如桉树、油桐的幼年期为 3 ~ 6 年，杉木 6 ~ 8 年，华北落叶松 14 年左右，而银杏 20 年左右，冷杉、云杉的幼年期更长，为 50 ~ 60 年。灌木开始结实早，如紫穗槐和荆条等一般是 2 ~ 3 年开始结实。表 2-1 是我国部分树种开始结实年龄。

同一树种也会由于环境条件、林木起源及生长发育状况等条件的改变，其开始结实的年龄而不同。在气候土壤条件好的情况下，开始结实早；孤立木比林内树木结实早；人工林比天然林结实早；用营养繁殖法营造的林分比实生林结实早；生长健壮的林木比生长差的结实早。

尽管林木开始结实的年龄存在差异，但通过改善营养条件和光照条件，可促进林木提早结实。也可以通过调节营养条件和光照条件，延迟结实。

在某些特殊情况下，如土壤贫瘠、干旱、病虫害、火灾等的影响，林木也会过早结实。这是因为营养生长受到强烈抑制，个体早衰的结果，属不正常现象。

表 2-1 我国部分树种的开始结实年龄与间隔期

树 种	林木状况	开始结实年龄(年)	结实间隔期(年)	备 注
苏铁 *Cycas revoluta*	—	10	1~5	
银杏 *Ginkgo biloba*	实生	20	—	
冷杉 *Abies fabri*	—	40~50(80)*	4~5	*括号内为林木，括号外为林缘木或孤立木
黄果冷杉 *A. ernestii*	—	30~40(60)*	3~5	
杉松冷杉 *A. holophylla*	—	40	3~4	
雪松 *Cedrus deodara*	栽培	18~30	2~3	
兴安落叶松 *Larix gmelinii*	—	15~20	3~5	黑龙江
长白落叶松 *L. olgensis*	—	15	2~4	吉林
华北落叶松 *L. principis-rupprechtii*	—	8~10	2~5	河北围场
红皮云杉 *Picea koraiensis*	—	30~35	3~5	
青海云杉 *P. crassifolia*	—	30(40~60)*	4	*括号内为林木，括号外为林缘木或孤立木
云杉 *P. asperata*	—	30~40(80)*	2~4	
红松 *Pinus koraiensis*	天然林	80~140	2~3	
	人工林	15~20	2~3	
华山松 *P. armandii*	—	10~15	2~3	
马尾松 *P. massoniana*	—	5~6	2~3	
樟子松 *P. sylvestris* var. *mongolica*	人工林	15	2~4	
油松 *P. tabulaeformis*	—	6~10	2~4	
火炬松 *P. taeda*	—	8~15	无	
云南松 *P. yunnanensis*	—	8~11	2~3	
铁杉 *Tsuga chinensis*	—	30~40	3~4	
杉木 *Cunninghamia lanceolata*	—	6~8	1~4	
柏木 *Cupressus funebris*	—	10	—	
鹅掌楸 *Liriodendron chinense*	—	15~20	不明显	
樟树 *Cinnamomum camphora*	—	8~10	1	
花楸 *Sorbus pohuashanensis*	—	5~15	2~3	每年结实
紫穗槐 *Amorpha fruticosa*	—	2	无	
锦鸡儿 *Caragana* spp.	—	2~4	无	
刺槐 *Robinia pseudoacacia*	—	3~5	无	
毛白杨 *Populus tomentosa*	—	10	—	北京
大青杨 *P. ussuriensis*	—	8~9	—	黑龙江植物园
白桦 *Betula platyphylla*	—	15~20	1~2	
麻栎 *Quercus acutissima*	—	10	1~2	北京植物园
紫椴 *Tilia amurensis*	—	15	0~1	
黄檗 *Phellodendron amurense*	—	15~20	2~3	
五角枫 *Acer mono*	—	10	不明显	
水曲柳 *Fraxinus mandshurica*	—	6~8	1~3	
柚木 *Tectona grandis*	—	6~8	—	
毛泡桐 *Paulownia tomentosa*	—	2~4	—	

注：根据国家林业局国有林场和林木种苗工作总站《中国木本植物种子》(2001)整理。

2.1.3 林木结实周期性

已经开始结实的林木，每年结实的数量也不完全一样，有的年份结实多，有的年份结实少。结实多的年份称为大年(种子年或丰年，Seed year)；结实少的年份称为小年(歉年，Off year)；结实量中等的年份称为平年(Common year)。林木结实丰年和歉年交替出现的现象叫做林木结实周期性(The periodicity of seed bearing)，而两个丰年之间的间隔年数称为结实间隔期(Seed bearing interval)，也称为种子生产周期(Seed-bearing periodicity)(马大浦等 1981)。

间隔期的长短，因树种或环境条件不同而异。如杨、柳、榆、桉等树种丰歉年不明显，各年种子产量比较稳定；马尾松、杉木、泡桐、刺槐等树种结实间隔期短，一般是 1 ~ 2 年。大多数高寒地带的针叶树，如红松、落叶松、云杉、冷杉等树种丰歉年现象明显，各年种子产量很不稳定，结实间隔期一般为 2 ~ 5 年。灌木如胡枝子、紫穗槐等结实间隔期不明显。部分树种结实间隔期如表 2-1。

林木出现结实周期性现象的原因较多，一般认为是营养问题，另外还受内源激素和环境因子的影响。

林木体内营养物质的积累达到一定程度后才能成花。在林木种子丰年年份，由于消耗了大量的营养物质，不仅消耗了当年所合成的营养物质，还消耗了林木体内过去所积累的营养物质，因而造成下一年结实所需的营养物质不足，使当年的花芽分化不能正常进行。即使分化了花芽，数量也少，使下年开花结实少，形成小年。但是当年花芽少又会使叶芽和枝芽的形成增多，使林木个体得到了生长，为下一次的大年作了物质准备，因而形成了林木结实的丰歉年。

林木体内含有成花激素(如促进针叶树花芽分化的 $GA_{4/7}$，促进阔叶树花芽分化的 GA_3)和抑花激素，二者在林木体内的含量达到平衡状态时，有利于花芽分化。种子中抑花激素含量高，所以种子丰年时不利于花芽大量分化，从而影响翌年的结实量。

林木生长受环境条件影响很大。如气候条件好，土壤肥沃，则树体营养物质积累快，结实间隔期就会缩短。灾害性天气会扰乱与破坏林木的正常生理功能，从而延缓结实。如 1991 年冬季极限低温超低，使得很多树木已经形成的花芽被冻死，严重影响了 1992 年的结实量；2005 年和 2008 年的春季低温，使得小兴安岭和长白山林区水曲柳果实基本绝产。

人为活动，如掠夺式的采种，过多折断母树枝条，也会加长间隔期。如东北林区采集落叶松球果或花楸种子时，常有人用镰刀把一株母树的结果枝全部砍下，严重影响翌年甚至数年该株母树的结实。

实践证明，林木结实的丰歉年现象，并不是不能改变的，只要为树木创造良好的营养条件，实行集约栽培，科学管理，减轻或消除不利影响，就可以缩短甚至消除结实的间隔期。

2.2 树木种子发育与成熟

2.2.1 种子发育的一般过程

种子的形成和发育一般经历花芽分化、传粉、受精、种子发育、成熟、脱落等过程，本节重点阐述与林木种子生产关系较大的种子成熟与脱落过程。

树木每年形成的顶端分生组织，开始时不分叶芽与花芽。进入开花结实阶段，芽要分化成叶芽和花芽。顶端分生组织分化成叶芽和花芽的过程称为花芽分化(Reproductive bud initiation)。影响花芽分化的因素主要有母树营养状况(氮、磷、钾、碳水化合物)、激素种类与含量(GA_3、$GA_{4/7}$)及环境条件，如光照、温度、水分、养分等。

多数树种的花芽分化是在开花前一年夏季到秋季之间进行的，如泡桐在7月前后开始花芽分化，杉木的雄球花与雌球花6月开始分化。但也有的树种在春季进行花芽分化，如油茶在4月。也有的树种每年多次花芽分化、多次开花，如柠檬桉和八角，一年有2次。

林木开花习性因树种而不同。有些树种如刺槐、泡桐、油茶等是两性花。多数树种是单性花，如松科、杉科、栎类、核桃、桦等。有些树种是雌雄异株，如杨、槭、水曲柳等。

针叶树一般在春季开花。阔叶树的种类多，从全国来说，在春、夏、秋三季都有开花树种，而南方的常绿阔叶树种在秋冬开花，如油茶和茶树等。

树木的花期，因树种不同而异(表2-2)。针叶树，一般为春季开花；阔叶树，春、夏、秋、冬都有。种子形成、发育至成熟所需时间也因树种而异。有的开花后1~2个月成熟，如杨、柳、榆；大多数针阔叶树种开花后当年秋季成熟，如杉木、柳杉、侧柏、落叶松、香樟、苦楝等；有的开花后翌年成熟，如麻栎、栓皮栎及多数松科树种；有的开花后第3年结实，如杜松。

传粉方式有风媒、虫媒、鸟媒、水媒等，树木的传粉以风媒和虫媒为主。传

表2-2 主要树种开花和种子成熟期

树 种	地 区	开花期	种子成熟期	种实成熟的简要特征
银杏 *Ginkgo biloba*	华北	5月	9~10月	果皮杏黄色,淡黄色或有红晕,外被白粉
	华东	3月下~4月上	10月	
冷杉 *Abies* spp.	东北	4~5月	10月	球果紫黑色
云杉 *Picea asperata*	西南	4月下旬	9~10月	球果淡褐色或栗褐色
红皮云杉 *P. koraiensis*	东北	5~6月	9~10月上	球果黄褐色或褐色
长白落叶松 *Larix olgensis*	东北	4月下~5月上	8月下~9月	球果褐色或淡黄色
落叶松 *L. principis-rupprechtii*	华北	5月	8月下~9月	球果黄褐色或紫褐色
红松 *Pinus koraiensis*	东北	6月	翌年9月下旬	球果黄绿或灰绿色,果鳞干裂

（续）

树 种	地 区	开花期	种子成熟期	种实成熟的简要特征
樟子松 *P. sylvestris* var. *mongolica*	东北	5~6月	翌年9~10月	球果灰褐色或黄褐色
华山松 *P. armandi*	西南	4~5月	翌年9~10月	球果黄褐色，种鳞微裂，白粉增多
马尾松 *P. massoniana*	华东	3~4月	翌年10~11月	球果黄褐色或栗褐色，微裂
油松 *P. tabulaeformis*	华北	4月下~5月上	翌年9~10月	球果灰褐色或黄褐色，微裂
杉木 *Cunninghamia lanceolata*	华东	3~4月	10月	球果黄褐色，微裂
柳杉 *Gyptomeria fortunei*	华东	2月下~3月上	10~11月	黄褐色
侧柏 *Platycladus orientalis*	华北	3~4月	9~10月	黄褐色
圆柏 *Sabina chinensis*	华东	3月	翌年3~6月	球果暗紫色或紫褐色，被白粉
樟树 *Cinnamomum camphora*	华东	4月	10月	果皮紫黑色
楠木 *Phoebe* spp.	华东	4~5月	10~11月	果皮黑色
檫木 *Sassafras tsumu*	中南	1~3月	7~8月上旬	果实紫黑色
油茶 *Camelia oleifera*	华东	10月	翌年9~10月	果实黑褐色
紫椴 *Tilia amurensis*	东北	7月	9月	果实褐黄色、密被褐色绒毛
梧桐 *Firmiana simplex*	西南	4月	8~9月	种皮黄褐色，有皱纹
油桐 *Vernicia fordii*	华东	4月	10~11月	果皮紫红色
乌桕 *Sapium sebiferum*	中南	5~6月	11月	果皮呈黑褐色
台湾相思 *Acacia confusa*	华南	4月	9月上旬	果荚黄褐色
合欢 *Albizzia julibrissin*	华北	6月	9~10月	果荚黄褐色
皂荚 *Gleditsia sinensis*	华北	5月	10月	果荚紫黑色
刺槐 *Robinia pseudoacacia*	华北	5月	9~10月	果荚赤褐色
紫穗槐 *Amorpha fruticosa*	华北	5~6月	9~10月	果实红褐色
杜仲 *Eucommia ulmoides*	中南	4月	9~10月	果翅褐色
杨树 *Populus* spp.	华北	3~4月	4月下旬~5月	果穗褐色
桦木 *Betula* spp.	华北	4月	8~9月	果穗褐色
板栗 *Castanea mollissima*	华北	5~6月	10月上旬	壳斗黄褐色
麻栎 *Quercus acutissima*	华东	4月	翌年9~10月	果实灰褐色
栓皮栎 *Q. variabilis*	华北	5月	翌年9~10月	壳斗黄褐色
木麻黄 *Casuarina equisetifolia*	华南	4月	9~10月	果实黄褐色
榆树 *Ulmus pumila*	华北	3~4月	5月	果翅浅褐色
朴树 *Celtis sinensis*	华东	5月上旬	10月中旬	果实红色
桑树 *Morus alba*	华北	4~5月	6月	桑椹紫黑色
黄波罗 *Phellodendron amurense*	东北	5月中旬	9~10月	果实黑褐色
臭椿 *Ailanthus altissima*	华北	5月中旬	9月	果翅黄褐色

注：引自孙时轩《林木种苗手册》(上册)表3-1，本书作者添加拉丁名，并根据《中国木本植物种子》做了部分调整。

粉后，花粉萌发，精卵结合，实现受精作用。之后，经过种胚发育、胚乳发育和种皮发育等过程的种子发育过程，进入成熟过程。

多数树种是在春季开花受精的，在这以后几个月里种子陆续成熟。另一些树种如松属的马尾松、油松等，花粉达到卵细胞后，一般要经过1年左右才受精，因而种子成熟要到第2年秋季。有的甚至要到第3年秋季，如欧洲五叶松。栎类种子的成熟期也是不一致的，槲栎类是1年成熟，而麻栎类要2年才成熟。

种子一般由胚、胚乳和种皮组成，胚由胚根、胚轴、胚芽、子叶组成(图2-1)。种子的生命集中体现在胚上。在适宜的条件下，胚芽发育成植株的主茎尖，胚根发育成根；子叶和胚乳贮存了种子萌发所需的糖类、蛋白质、脂肪、酶类等物质；种皮则保护种子免受侵害。

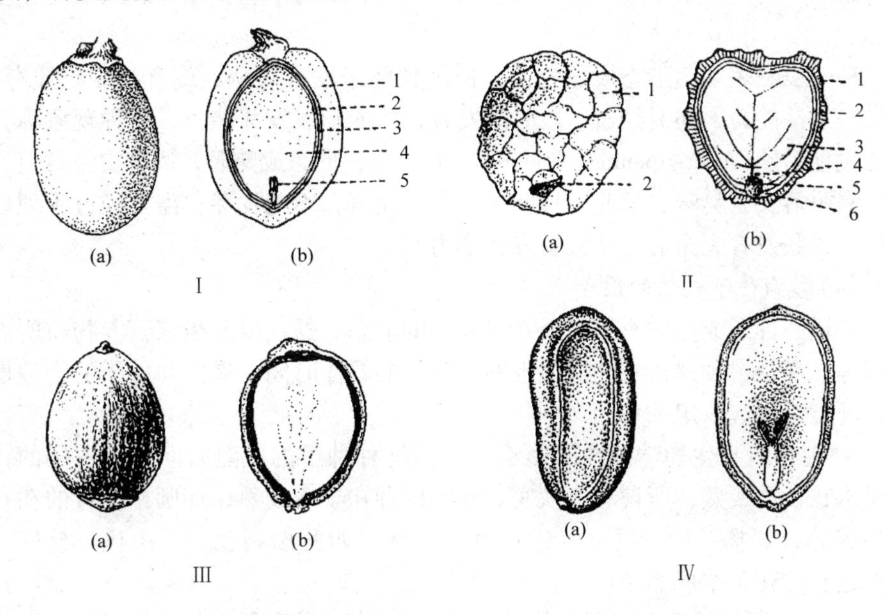

图2-1 种子及其剖面(马大浦等 1981)

Ⅰ. 银杏(*Ginkgo biloba*)的有胚乳种子 (a)外形 (b)剖面：1. 外种皮 2. 中种皮 3. 种皮 4. 胚乳 5. 胚

Ⅱ. 梧桐(*Firmiana platanifolia*)的有胚乳种子 (a)外形 1. 种皮 2. 种脐 (b)剖面：1. 种皮 2. 胚乳 3. 子叶 4. 胚芽 5. 胚轴 6. 胚根

Ⅲ. 栎类(*Quercus* spp.)的无胚乳种子 (a)外形 (b)剖面(示子叶)

Ⅳ. 合欢(*Albizzia julibrissin*)的无胚乳种子 (a)外形 (b)剖面(示子叶及幼胚)

2.2.2 种子的成熟

(1)种子的生理成熟

种子的各个器官如种胚、子叶、种皮形成，种胚具有发芽能力，种子即达到生理成熟(Seed physiological maturity)。

此时有些树木种子的胚乳已形成，如裸子植物油松、白皮松等；有些树木的胚乳在种子形成过程中则被吸收、消失，如刺槐、板栗、核桃等。

生理成熟的种子虽然具备了发芽能力，但种子含水量高，营养物质处于易溶状态，生物化学反应活跃，种皮还不致密，保护能力还不强。

种子的生理成熟过程是一个复杂的生物化学反应过程，是由树木的生物学特性决定的，同时受环境因子的影响，适宜的环境因子对种子成熟有利。

(2) 种子的形态成熟

种子的胚发育完全后，种子的外部形态也发生变化，呈现出该树种种子特有的成熟特征，称为形态成熟(Seed morphological maturity)。

(3) 种子的生理后熟

生理成熟和形态成熟的先后因植物种类不同而不同。一般种子先生理成熟后形态成熟，有些种子生理和形态几乎同时成熟，而另一些种子形态成熟后才生理成熟。

种子虽然表现出形态成熟特征，但因种胚未发育完全，或有抑制物质存在，不具备发芽能力，还需经过一段时间发育，才能形成发芽能力，这种现象称为种子的生理后熟(After-ripening of seeds)。如银杏，形态成熟时，假种皮呈黄色、变软、易脱落、有臭味，但此时种胚还未发育完全，不能发芽，需要经过生理后熟阶段，种胚发育完全后，才具备发芽能力。

(4) 影响种子成熟的因子

各树种种子成熟的季节，成熟时果实的形态、颜色以及积累营养物质所需的时间等，都是树种遗传特性所决定的。成熟的具体时间、果实和种子的物理性状等，环境条件起一定的作用。

- 树种自身生物学特性的影响　不同树种种子的成熟时间是不一样的，多数树木在秋季成熟，所谓春华秋实。有的树种在早春成熟，如圆柏；有的在春末夏初成熟，如杨、柳、榆；有的在夏季成熟，如西伯利亚杏、山桃、桑树、构树；还有的在冬季成熟。

- 树种所处的地理位置的影响　同一种树种一般在南方成熟得早，在北方成熟得晚。而有些则相反，在北方由于生长期短，种子提前成熟，南方由于生长期长而推迟种子成熟期，如侧柏。

- 立地条件的影响　同一个地区同一树种，生长在光照好的地方比光照差的地方成熟早，生长在低海拔地方比生长在高海拔的成熟早，生长在瘠薄地方比肥沃地方成熟早，干旱年份比雨水多的年份成熟早。

(5) 判断种子成熟的方法

在生产中，判断种子成熟期可由感官根据种实的外部形态来确定，也可用比重、发芽试验、生化分析、解剖等方法判断。

- 根据种实成熟的外部形态特征　不同的树种、不同的种实类型其成熟特征表现不一样。一般种子成熟时球果或果实由绿色变为深暗的颜色，据此可以判断种子是否成熟。球果类的果鳞硬化、干燥、微裂、颜色变深，如油松、侧柏、白皮松变为黄褐色。干果类的荚果、蒴果、翅果等果皮由绿变白色、褐色，果皮干燥、硬化、紧缩，如刺槐、五角枫变为褐色，榆树变为白色，皂荚变为黑色或褐色。浆果类的浆果、核果、仁果等，果皮软化，颜色因树种不同由绿色变为不同的颜色，如银杏、山杏为黄色，毛樱桃、金银木、火棘为红色，樟树、楠木、女贞为紫黑色。

• 根据味觉判断　一些种实可用品尝的办法进行判断。果实成熟后，酸涩味下降，甜香味增加。果实在成熟过程中，有机酸转变为糖，单宁被氧化为无涩味的物质。

上述两种方法是简单易用的方法，但要在实践中认真观察，积累经验，才能准确判断。另外，比重法、发芽试验法、解剖法、生化测定法是几种更精确的判断方法，但因太复杂，目前在生产中不多用。一些种子的成熟期及成熟的简要特征见表2-2。

2.2.3 影响种子产量和质量的因子

树木开花、传粉受精、种子发育和成熟，都受植株内在因素及外界条件的影响，因而影响到种子的产量和质量。

(1)影响树木种子产量和质量的内在因素

• 树木的年龄　树木的年龄不仅关系到种子的产量，而且对种子的品质也有一定的影响。树木的开始结实时期，取决于年龄。各树种开始结实有一定的比较窄的年龄范围。这个范围在属间、甚至在种间相差有时都是很大的，如梓树、对年桐1年开花结实，而银杏、水杉需10余年才开花结实。同一属中，梓树只1年，黄金树需5、6年开花结实，而楸树10年左右才开花，花多而结实少，甚至只开花而不结实。多数树种在生命的前期，一般仅少量结实。在这个阶段，它们的营养生长很旺盛，把所得到的同化物集中到高生长。它们在前期形成的繁茂枝叶在中年时转为开阔的树冠，高生长延缓。树木从同化作用得到的营养物，在前期用于营养生长的需要，在中年以后，则主要转为供应生殖的需要。种子的生产在树木出现过熟的生理和病理现象时下降。只有那些因受机械损害、虫灾或不正常的气候危害时，偶尔大量结实者为例外。总之，高质量的种子大多数是在壮年或在丰年产生的。有些树种在幼年产生的种子多是瘪粒，即使是较饱满的种子，长出来的幼苗也比较柔弱。

• 树木的生长发育状况　同种、同龄母树的结实量，一般发育级大的树比小的树要多些；但树体大小影响种子的产量主要表现在中年以后。在结实盛期，种子产量受树冠大小的影响较大，受树高及直径的影响较小。植株或林分因立地条件不良或其他原因使生长停滞衰退，就会影响到结实。在同龄林中，生长旺盛的优势树的树冠上层受光多，结实也多；生长势弱的树木没有这样的优势条件，营养生长和生殖的过程都会受到阻滞。但过量的营养生长和过盛的枝叶常导致低结实量。

• 授粉和受精　结实必先着花，树木开花多的年份，往往比结实丰盛的年份频繁。其原因很多，但主要是由于授粉不好或自体受精的影响，以及鸟类、昆虫为害的缘故。杂交较自交为优越，第一代杂种的生活力都较强。松类自交后代表现为种子发芽率低，幼苗死亡率高，植株生长停滞，发生畸形等。通常孤立木(自交机会多)所产生的种子及所育成的苗木都不如由林中木采种育苗(杂交机会多)造林后生长得好。许多树种的性状适于杂交而不适于自交。如雪松是雌雄同株而异花的，雌花常居树的顶部，便于异株授粉；水杉在同一株树上雌雄花开放时间有先后，也有利于异株授粉。雌雄异株树种，雌株只有靠近雄株，才能授粉结实。

• 种子的成熟时期　种子成熟所需时间越长，其果实受昆虫、病菌、不良气候及其他为害的机会越多，对种子产量就会有影响。多数树种自开花、授粉到种子成熟，只需1个生长季节，但有的需要2个或3个生长季节。在后一种情况，第1个生长季中，果实发育很小。松类中一般在授粉后受精需要1年，圆柏类中有的在第1年球果体积虽已长成，但要到第2年才成熟。

此外，丰年所产的种子，不但数量较多而且品质也较好。形态端正的植株一般产种量高、质量好。

(2)影响树木种子产量和质量的外界因素

• 气候的影响　种子生产和树木营养生长所需要的气候条件是一致的，要求有适宜的温度、光照、水分(湿度)等。但种子的丰产年常出现在较营养生长所需的最适条件为差的年份。温度高、湿度低、日照强的气候适宜花芽的分化，而花芽分化状况是种子产量形成的基础。花期的气候对种子产量的影响也很大。风媒花树种在花期如遭到连阴雨，花粉传播直接受到影响；虫媒花树种遇到连阴雨，也会因昆虫活动影响而导致传粉不良。受精以后，需要适宜的气候果实才能成熟。气候过湿、过冷或过干，常招致大量落果。暴风强雨对于落果的影响更大。在北纬地带，树冠南侧比北侧结实要多些，最好的果实在树冠的中部和上部，说明光照和温度(热量)条件与结实关系密切。

• 土壤的影响　当土壤的物理性质适宜，养分供应丰富时，树木可大量结实。土壤良好的颗粒结构有助于空气的通畅、水分的吸收和微生物的活动，也就有利于营养物质的分解和合成，对种子的生产也有利。土壤中各项要素必须趋于平衡。氮的有效量过多会招致过盛的营养生长和较低的生殖机能。土壤肥力对树木的结实影响较大，土壤只有在能够提供林木生长所需的各种营养物质的前提下，树木才能生产种子。因此，在其他条件相同时，立地条件好的林分，种子产量较高，质量较好。适当施肥，可以提高种子产量和质量，特别是施以磷肥，对树木结实常有良好的影响。

• 生物的影响　森林中因植株间树冠互相荫蔽，接受光照的程度各不相同，受光多的植株上升到适宜的冠层，受光不足的植株则生长落后。树木生长在空旷地，由于有开阔的树冠，能结较多的果实。而在较密集林分中，由于单株营养面积较小，所以其种子产量较低。林内种子生产绝大部分集中在优势木和次优势木上，林冠下层受光少的林木是不能结实的。

昆虫对种子生产的利弊影响有3个方面：①可为虫媒花传授花粉；②为害树木，使树木受损伤或凋萎；③以种子为食料，损害种子。其他动物，如啮齿类动物、松鼠、鸟类等，也通过为害树木或以种子为食料等影响种子的产量。

2.3 树木种子寿命

2.3.1 种子寿命的概念

通常把生长发育正常、没有机械损伤的种子，在一定环境条件下能维持生命力的年限称为种子寿命。

种子的寿命是一个相对的概念，种子寿命的长短受树木本身生理特性和遗传特性的影响，也受采种调制方法和贮藏条件的影响。种子在一定条件下保持生命力的最长期限，就是种子的寿命。超过这个最长期限，种子的生命力就丧失，也就失去了萌发的能力。不同种子的寿命长短也不一样。长的可达百年以上，短的仅能存活几周。如杨、柳树的种子，一般只能存活 1 周，经过特殊保护，也只能存活 2～3 个月；而红松种子 2～3 年没有问题，密封保存可以长达 50 年以上。

种子寿命也是一个群体概念，这是因为每粒种子的生存期限是无法测定的。只能根据抽取的少量样品的测定结果，判定一个群体的平均寿命。生物学上，种子寿命一般指一批种子的半衰期，即一批种子的发芽率降低到 50% 时所需要的时间。农林业生产上，种子寿命是指种子生命力在一定条件下能够保持 90% 发芽率的年限。

2.3.2 影响种子寿命的因子

(1)影响种子寿命的内在因子

树木的遗传特性是影响种子寿命的主要的内在因子，遗传特性决定了种子的形状、结构和养分构成。如杨、柳种子小，种皮薄而柔软，在同样环境条件下，它们比种皮致密、种粒较大的皂角、刺槐寿命短。

• 种子的养分状况　含脂肪、蛋白质多的种子寿命较长，如松科、蝶形花科树木种子；含淀粉多的种子寿命较短，如壳斗科树木种子。脂肪和蛋白质释放的能量比淀粉高，维持种子休眠所需的微弱的呼吸作用时间就长，因此富含脂肪和蛋白质的种子寿命比含淀粉多的种子寿命长。

• 种皮的结构　一些种子的种皮结构致密或有蜡质，透气透水性差，种子内部不易吸水和获得氧气，能维持种子代谢活动最低水平所需的条件，种子容易保持休眠状况且维持微弱的呼吸，保持生命力。种皮致密的种子，如皂荚、山楂、椴树、圆柏、红松、合欢、刺槐、相思树等，种皮带蜡质的种子，如花椒、漆树、牡丹等的寿命较长。有些种子种皮薄、膜质、质地薄而柔软，氧气和空气中的水分容易进入种子，使代谢作用加强，营养物质消耗较多，种子寿命较短。如杨树、柳树、榆树、桦树等种子属于这类，寿命很短。种子较小时，含营养物质较少，寿命相对较短。但有些种子种皮比较厚，致密，而种皮的某些部位易吸水通气，种子寿命也相对较短，如山桃。有些种子如核桃虽富含脂肪，但种皮木质化、有孔，使呼吸作用加强，故而缩短种子寿命。

● 种子含水量　种子含有适当的水分，是维持生命活动的必要条件，但是水分过多则容易引起种子内部酶的活动，增强呼吸作用，进而消耗种子内含贮藏物质，使种子寿命缩短。利于贮藏期间维持种子寿命、可以保证种子安全贮藏的最适含水量范围称为种子安全含水量(Optimum seed moisture contents for storage)。在安全含水量范围的种子本身干燥，不利于微生物活动，不易使种子糜烂变质。由于处在安全含水量的水分是以胶体状态与蛋白质、脂肪、淀粉结合的，在温度很低时不使种子受冻害。种子含水量过低，低于安全含水量则导致种子会干燥收缩，使种子失去生命力、缩短寿命。种皮薄、膜质的种子容易吸水，也容易失水，如杨树、柳树、榆树种子等。银杏在干燥环境中，种仁很快收缩变形，失去生命力。核桃种皮木质化，有孔，干燥状态下易失水失去生命力。需要注意的是，种子安全含水量与贮藏时的温度、贮藏方法和期限等有关。部分树种种子安全含水量见表 2-3(温度 0 ~ 25℃，常规干藏或湿藏)。

表 2-3　部分树种种子的安全含水量　　%

树　种	安全含水量	树　种	安全含水量
赤松、黑松、樟子松、落叶松类、	8 ~ 9	柚木	5 ~ 7
台湾相思、杜梨、沙棘		皂荚、心叶椴、喜树、皂荚	10 ~ 12
杉木、红松、云杉类、臭椿	7 ~ 9	西南桦、柏木	8 ~ 12
冷杉类、水杉、槐树、白桦、黄桦、	8 ~ 10	扁柏	<10
黑桦、黄波罗		柳杉	<12
白榆	7 ~ 8	茶条槭、复叶槭、元宝枫、楝树	10
杨树、旱柳	4 ~ 6	黄檀、合欢	20
马尾松、油松、木麻黄、云南松	7 ~ 10	水青冈、银杏	20 ~ 25
桑树、桉树	6 ~ 7	油茶、栎类	30
刺槐、白花泡桐	6 ~ 8	油桐	30 ~ 40
圆柏、杜松、刺柏、侧柏、紫穗槐、	9 ~ 10	樟树类	>20
柠条、胡枝子、紫椴、糠椴、白蜡、		桢楠	12 ~ 20
水曲柳		檫树	25 ~ 32

注：根据国家林业局国有林场和林木种苗工作总站《中国木本植物种子》(2001)及本书作者部分资料整理。

● 种子成熟度和机械创伤　未成熟的种子含水量高，营养物质还未完全转化成耐贮藏、不易溶解的脂肪、蛋白质、淀粉等物质，种皮还不具有保护功能；种子呼吸作用强，大量消耗营养物质；种子外部湿度大，易受微生物的侵害。因此，未充分成熟的种子寿命短，不耐贮藏。机械创伤的种子，种皮不完整，不能起到保护作用，种子易遭微生物的伤害，且因种子伤呼吸而消耗养分，使种子生活力降低。

(2)影响种子寿命的外部因子

影响种子寿命的外部因子有温度、湿度、通气条件和生物因子。

• 温度 温度是影响种子生命力的主要外部因素之一。种子在低温条件下(0～5℃)呼吸作用微弱，营养物质消耗少，种子寿命长。在一定范围(0～55℃)内，温度升高，种子内部代谢作用增强，营养物质转化、消耗加快，种子寿命短。温度过低容易冻坏种子，温度过高使种子代谢活动紊乱，都会使种子失去活力，缩短种子寿命。大多数种子贮藏最适温度为0～5℃。

温度对种子的作用，因种子含水量多少而不同。含水量低的种子，因细胞液浓度高，抵抗高温和低温的能力强，温度的变化对种子的影响不明显。含水量高的种子自由水多，对温度的变化敏感，温度高时呼吸作用增强很快，温度低时冻伤种子。

• 湿度 种子具有吸湿作用，为种子萌发创造了必要条件。但吸湿作用对种子贮藏不利。种子是一种多孔毛细管的胶质体，吸湿作用很强，能直接从空气中吸收水气。种子有一定的含水量，当含水量保持不变，即种子吸收的水分和释放的水分相等时的含水量叫做平衡含水量。平衡含水量因树种不同而有差异，主要是种子的化学成分、种皮结构、种粒大小引起的。在种子的各种成分中，蛋白质吸水力最强，淀粉和纤维次之，脂肪吸水力最弱。富含脂肪的种子吸湿力最弱，较容易贮藏。种子吸湿后，酶活性增强，代谢活动加快，种子内部营养物质消耗快，种子寿命缩短。

空气相对湿度是影响种子贮藏和种子寿命多种因素中的一个主要因素。空气相对湿度大，种子含水量增大，平衡含水量提高，种子代谢活动增强，种子寿命降低。同时种子的呼吸代谢活动使贮藏环境湿度提高，微生物活动加强，容易使种子发霉变质。为了降低相对湿度对种子寿命的影响，贮藏库或贮藏室的空气相对湿度最好控制在25%～50%。

• 通气条件 种子贮藏环境通气与否对种子寿命的影响与种子含水量和贮藏环境的温度有关。安全含水量低的种子，经过干燥后呼吸活动微弱，不需要过多的氧气就能保持生命力。安全含水量高的种子，代谢活动较强，需要氧气进行呼吸，需要良好通气条件；尽管较强的代谢会缩短种子寿命，但这是必需的。呼吸作用产生二氧化碳、水分和热量，如果通气不良，这些东西排不出去，积累在种子周围，阻隔了种子呼吸所需的氧气，使种子缺氧呼吸，产生乙醇等有害物质，对种子产生危害。

• 生物因子 采集的种子虽经过净种、选种，但不可避免的带有一些真菌、细菌。微生物寄生在种子上会对种子产生危害，微生物呼吸也会产生二氧化碳，使种堆发热、生潮而影响种子寿命。

虫卵孵化、昆虫咬食会对种子产生很大危害，同时昆虫的排泄物、昆虫的活动对种子周围环境产生不良影响，进而对种子产生危害。温度高、湿度大、通气不良有利于微生物活动，这些因素不仅直接影响种子，还通过影响微生物间接影响种子。

影响种子生命力的因子是多方面的，各种因子也是综合地起作用。实践表明，在各种因子中，湿度是主要的作用因子。在生产中，不要使种子含水量过高，更不要使种子受潮。在种子处理、贮藏的各个环节要严格把关，为延长种子寿命、保持种子发芽率提供保障。

2.4 树木种子休眠

种子成熟后，种皮坚硬致密，含水量较低，细胞内含物发生了深刻变化，内部营养物质转化为难溶状态，新陈代谢微弱，进入静止(Quiescent)或休眠(Dormancy)状态。种子静止或休眠是指有生活力的种子，由于某些内在因素或外界条件的影响，而使种子一时不能正常萌发或萌发困难的自然现象，它是一种防止在不利条件下发芽生长的机制。种子静止是指干的成熟种子具备发芽能力，但由于环境条件如温度、水分、通气条件等不具备，而一时不能萌发的现象；种子休眠则是指即使环境条件具备，种子也不能发芽的现象。它是植物长期自然选择的结果，即植物在系统发育中形成的适应特殊环境而保持物种不断发展进化的生态特性(使种子在有利条件下发芽、在自然界建立“种子库”、使发芽同步化等)，是植物为了种的传播、繁衍，在长期的进化发育过程中形成的自我保护机制，以此来适应不利的外部环境。种子在休眠过程中，内部保持着微弱的生命活动。这种特性对树木种的保存和繁衍是十分有利的，但在育苗过程中却带来很大麻烦。为了做到高效合理的催芽，培育优质壮苗，必须了解种子休眠特性、休眠机理及打破休眠的方法。

2.4.1 种子休眠类型

很多人对种子休眠的类别给予关注，并且做出了卓越的贡献(Crocker 1916；Harper 1957；Nikolaeva 1969，1977，2001；Lang 1987；Lang 等 1987；Baskin 和 Baskin 1985，1998，2004)。Crocker(1916)基于解除休眠的方法将种子休眠分为未成熟的胚、种皮的不透水性、种皮的不透气性、种皮对胚生长的机械阻碍、胚内发生代谢失调、混合类型和次生休眠7种类型。Harper(1957)的分类方法曾经被广泛使用，尤其是在种子生态和种子生理研究中使用非常广泛。他将种子休眠分为先天休眠、强迫休眠(静止)和诱导休眠(次生休眠)3种类型，这种分类方法由于限制性太强而不能包含形式多样的休眠种类(Baskin 和 Baskin，1985，1998；Thompson 等 2003)。Lang(1987)提出将休眠分为生态休眠、外源休眠和内源休眠3种类型。这种分类方法适用于各种形式的植物休眠，并不单纯用于种子休眠，而且这是一种完全基于生理学研究的分类方法。同时，他的分类体系对于不发达的胚以及种皮(或果皮)不透水性没有给予足够的重视。此外，他的分类系统没有对休眠级别以及解除休眠的模式进行进一步划分，还存在一些弊端(Simpson 1990)。Nikolaeva(1969)提出了一种新的种子休眠分类体系：①由于胚的覆盖物存在而引起的类型，可再分为种皮不透水性、不透气性、种皮中抑制物的作用，以及种皮对胚生长的机械阻碍；②由于胚的发育不完全而引起的；③由于胚本身的生理状态所决定的；④由于混合的特征特性所引起的。我国的教科书过去基本上是遵循这一体系进行种子休眠分类的。

1977 年 Nikolaeva 进一步对此分类体系进行了修改，该种子休眠分类体系至今仍然是应用最为普遍的，国际种子检验协会(ISTA)在其《乔灌木种子手册》中采用了这个分类体系，即把休眠分为外源性休眠(物理休眠、化学休眠、机械休眠)、内源性休眠(形态休眠和生理休眠)及形态生理综合休眠(深休眠和上胚轴休眠)。Baskin 和 Baskin(1998，2004)将 Nikolaeva 关于种子休眠的分类方法进行了扩展，又增加了一些特殊的休眠类型，提出了一套完整的种子休眠分类方法。他们这一分类体系已被许多种子生物学领域的科学家所接受。他们使用类别(Class)、程度(Level)和类型(Type)作为分类系统的 3 个层次，将种子休眠分为生理休眠(Physiological dormancy，PD)、形态休眠(Morphological dormancy，MD)、形态生理休眠(Morphophysiological dormancy，MPD)、物理休眠(Physical dormancy，PY)和综合休眠(PY + PD)5 种休眠类别。PD 可以进一步划分为深度(Deep)生理休眠、中度(Intermediate)生理休眠和浅性(Nondeep)生理休眠 3 个程度。对于浅性生理休眠，基于种子破除休眠过程中的生理变化对温度的响应模式可将其分为 5 种类型。MD 没有进一步的分级，但值得注意的是，胚尚未分化完全的种子不属于此种休眠类型，他们将这类种子作为一个特殊的研究领域来对待。对于 MPD，基于破除休眠的途径划分为 8 个程度。

基于便于生产实践使用和遵循习惯的原则，本书参照 Hartmann 等(2002)描述的、在上述分类方法基础上调整的、与我国习惯分类方法内容上相近的分类体系来介绍主要的休眠类型，并将强迫休眠(静止)作为一个休眠类型处理(生产上这种类型也需要催芽)，同时引入了次生休眠和双休眠的概念，并加以简要介绍。各休眠类型及其原因、解除途径和代表性树种见表 2-4。

2.4.2 强迫休眠

种子已经具有发芽能力，但由于未得到发芽所需要的基本条件(适宜的温度、水分、氧气、光等)，种子被迫处于静止状态(Quiescent)；条件满足时，就能很快发芽。这种现象称为强迫休眠。强迫休眠不是真正意义上的休眠。樟子松、黑松、赤松、侧柏、落叶松、杉木、柳杉、马尾松、油松、杨、柳、榆、桦、栎等都属于强迫休眠的树种。这类种子只要具备适宜的条件，种子就能很快发芽。

2.4.3 初生外源休眠

初生外源休眠(Primary exogenous dormancy)指种胚的被覆物(外种皮、果皮、胚乳等)引起的休眠。包括种子覆被结构的阻碍效应、种皮的物理或化学特性以及对水、气或溶质透性的变化，以及向胚提供抑制物质或组织胚所含的抑制物质的溶滤等。

(1)外源物理休眠

外源物理休眠(Exogenous physical dormancy，Seed coat dormancy)主要包括种皮或果皮透水性差或不透水引起的休眠，种皮阻碍气体交换或氧气渗透率低引起

表 2-4 种子休眠类型及其原因、解除途径和代表性树种

休眠类型			休眠原因	解除休眠途径	代表性树种
初生休眠	强迫休眠		不具备萌发外界条件	给予适宜萌发条件	樟子松等二针松、落叶松、杉木、杨、柳、榆、桦、栎
	外源休眠：由胚外因素导致	物理休眠	种皮透性差	擦破种皮	合欢、刺槐、皂荚、山楂
		化学休眠	种子被覆物中抑制性物质存在	去除种实被覆物或溶滤掉抑制物质	桉树、榛子、桃、沙枣、色木、水曲柳、红松
	内源休眠：由胚自身因素导致	形态休眠	成熟时胚发育不全	暖层积或冷层积	
		胚发育不足	胚未充满胚腔	冷层积和硝酸钾处理	欧洲白蜡、水曲柳、黑梣
		胚分化不全	胚发育小于1/2	暖层积和赤霉素处理	楤木、刺人参、银杏、刺楸
		生理休眠	胚内因素阻碍萌发		
		浅休眠			
			无光照导致	照射红光	秋海棠
			有光照导致	暗处理	胡枝子
			干藏后熟	短期干藏	日本落叶松、云杉类
		中度休眠	去掉种皮胚能萌发，经常对赤霉素处理有反应	8周以内中期冷层积处理	复叶槭、色木槭
		深休眠	去掉种皮后胚不萌发或萌发形成生理性矮化	8周以上长期冷层积处理	红松、水曲柳、花楸、苹果、梨
	综合休眠：不同休眠因素共同作用	形态生理休眠			
		单纯形态生理休眠	胚发育不足或胚分化不全与生理因素共同导致	暖冷层积交互处理	木兰、白蜡树属、红豆杉、椴树、山楂、蔷薇、红松
		上胚轴休眠	温度水分条件具备时胚根生长，但上胚轴休眠	先暖后冷层积处理	栎树、牡丹
		上胚轴和胚根休眠（双休眠）	上胚轴和胚根都要求冷处理，但胚根第1次处理后即解除休眠，而上胚轴还需第二次低温处理	冷层积之后暖层积，之后再冷层积	欧洲荚蒾
		内外源休眠	内外源休眠的综合类型，如硬种皮物理休眠与中度生理休眠的结合	不同休眠解除方法连续处理	红松、水曲柳、花楸、紫荆、椴树、漆树、山楂、蔷薇、山茱萸
次生休眠	热休眠		初生休眠解除后，高温导致	生长调节物质处理或冷层积处理	欧洲白蜡、水曲柳
	条件休眠		一年中不同时期休眠程度不同	低温层积处理	很多内源休眠的种显示条件休眠

注：主要根据 Hartmann 等（2002）表 7-2 调整。

的休眠，种皮的机械阻碍引起的休眠和胚乳的机械阻碍等引起的休眠等。

种皮或果皮透水性差或不透水的种子，一般均有坚实而不透水的种皮或果皮。如豆科、锦葵科、藜科、旋花科、茄科、美人蕉科等植物的种皮或果皮都阻碍水分的透过。由不透水性引起胚对水利用的不足，是种子休眠期长和寿命较长的重要原因。

种皮内阻碍水分透过的物质，因植物种类而异。杜仲果皮内含有橡胶，种子既不易吸水，又不易胀裂，去果皮后可显著提高发芽率。元宝枫(*Acer truncatum*)果皮(或种皮)外表的角质层和紫椴(*Tilia amurensis*)栅栏组织排列紧密并有一条不透水的明线等。豆科的刺槐、皂荚、凤凰木、合欢等，种皮角质层下有坚硬的栅状组织。

种皮不仅能阻止水的透过，而且还能主动地控制水分进出。豆科的羽扇豆、车轴等在种脐处有一小缝，在潮湿的环境中种脐附近的细胞吸湿膨大使小缝关闭，阻止外界湿气进入；在干燥时，细胞收缩使小缝张开，内部水分可以逸出。这种脐部结构犹如控制种子湿度的活门。

种皮阻碍气体交换或氧气渗透率低的种子虽然种皮能透水，但不能透气，不能满足种子发芽对氧气的需要，同时种子内部呼吸作用产生的二氧化碳又无法排出，气体交换受阻，从而妨碍胚的生长，种子不能萌发。据 Shull 等人的研究证明，苍耳果实内含两个形态不同的种子，其透气性能各不相同。高位种子(小种子)对氧气的需要高于低位种子。在21℃时，低位种子萌发所需的最低氧气浓度为6%，而高位种子需60%；在30℃时，则分别为4%和30%。若剥去两者的种皮，则发芽迅速而整齐。椴树的种皮内部有一层“珠心周膜”，它是气体交换的主要障碍，去掉它以后，种子的萌发率显著提高。

水曲柳种子的果皮及种皮能限制氧气的进入，休眠种子除去果皮后，其耗氧量增加了3倍，表明果皮存在明显阻止氧的进入。Villiers 和 Wareing(1964)证实欧洲白蜡的完整不裂的果皮可限制胚的氧气供应，从而影响胚的生长。Tinus(1982)研究结果表明，洋白蜡去翅种子萌发率明显高于未去翅种子，据此也认为果皮会限制氧气的供应。刺楸种子的种皮透气性也较差，刺破种皮后比对照种子的耗氧量多3倍以上。色木槭去掉内外种皮后比休眠种子的耗氧量大70多倍，说明内外种皮是阻止氧气进入的障碍物。

种皮起机械阻碍作用的种子，种皮的透水性和透气性都较强，但种皮(在许多情况下为内果皮)非常坚硬，成为一种机械约束力量，使胚不能顶破种皮向外伸长，种子长期处于吸胀饱和状态。在这种情况下，胚扩张力和种皮强度之间的平衡决定了种子休眠能否解除。这种平衡可以通过各种处理方法(光照、激素、氧气、渗压剂、有机物或其他物理、化学、机械的处理)而改变。属于这一类型的有桃、李、榛子、橄榄等。近年来的研究发现，胚乳也可能成为抑制发芽的机械障碍(图2-2)。

Steinbauer(1937)和 Asakawa(1956)研究黑梣(*Fraxinus nigra*)和日本水曲柳(*F. mandshurica* var. *japonica*)时都认为，胚由于受被覆组织(果皮、种皮和胚

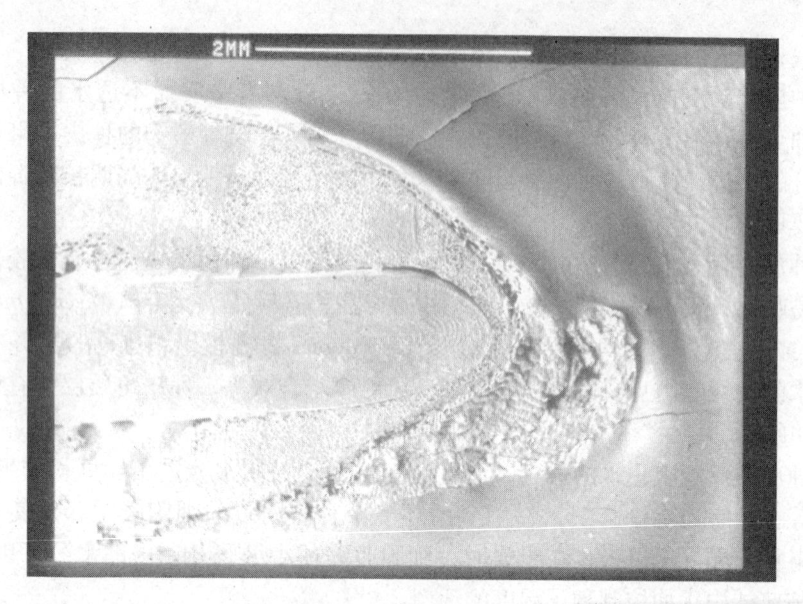

图 2-2　欧洲白蜡包围着胚的胚乳(引自 Finch-Savage)

乳)的机械阻碍而不能萌发。Finch－Savage 和 Clay(1997)根据测定层积过程中欧洲白蜡种子胚根穿透被覆组织所需力的变化结果认为，种皮和胚乳对胚萌发有阻碍作用，采用低温层积减弱胚根端被覆组织的阻力是种子解除休眠、顺利萌发的必需过程。邢朝斌等(2002)的研究表明，接种在含 6-BA 和蔗糖的 MS 或 1/2MS 培养基上的水曲柳完整种子，培养 38 d 后没有发芽，而子叶端切掉 1/3 的水曲柳种子则可以发芽，说明种皮或胚乳对发芽都有阻碍作用。Preece 等(1995)和 Wagner(1996)以及 Raquin 等(2002)的研究也得到了相同的结论。

由外种皮或果皮引起的外源物理休眠，可以通过擦破种(果)皮，高温浸种，冰冻处理，酸、碱、盐类和有机溶剂等化学药剂处理等方法破除休眠。由胚乳机械障碍引起的外源物理性休眠需要低温层积方法破除。

(2)外源化学休眠

外源化学休眠(Exogenous chemical dormancy)指在发育和成熟过程中积累或残留在果实或种子被覆物中的化学物质引起的休眠。这些物质可能是萌发抑制物或阻碍进入胚的气体交换而导致休眠。

柑橘、苹果、梨等的新鲜果实或其果汁，可能会严重阻碍种子萌发。同样，银胶菊、狼尾草和小麦的壳，芥菜的荚等，也都有这样的作用。

澳大利亚高山生长的一些桉树，种皮中存在化学抑制物质，使得发芽率低且不规律(MacMillan　1975)，低温层积 2～6 周可以破除这种休眠。对香蕨木种子的研究发现，引起休眠的抑制物质(可能是 ABA)在化学上牢牢地束缚在薄薄的种壳中，不易淋溶出来。去除种皮和果皮可以使发芽率由零提高到 71%(Del Tredici 和 Torrey　1976)。Asakawa(1956)还认为，果皮内含有的抑制物质会影响胚的生长。凌世瑜和董愚得(1983)根据水曲柳果皮浸出液抑制离体胚，以及果皮限制胚生长和种子内外气体交换的结果认为，果皮内含抑制物质阻碍氧气透入，从而延迟胚的发育。叶要妹等(1999)认为对节白蜡(*Fraxinus hupehensis*)种子果翅能透水，不是引起种子深休眠的原因，但能阻碍种子所含发芽抑制物的渗出，因而种子能保持深休眠状态。

2.4.4 初生内源休眠

初生内源休眠(Primary endogenous dormancy)指由胚自身的形态或生理上的原因导致其不能萌发的现象，或称为胚休眠(Embryo dormancy)。一个有生命力的成熟种子的胚，即使把它从种子或传播单位上剥离下来，也不能萌发，即为胚休眠，可分为形态的、生理的或两种方式同时存在所引起的休眠。此类休眠常见于木本植物，如苹果、蔷薇、红豆杉等。

(1)内源形态休眠

内源形态休眠(Endogenous morphological dormancy)指胚发育不足(Rudimentary)或胚器官分化不完善(Linear)引起的休眠。有些林木种子如银杏、七叶树、冬青、油椰子等，外部形态上虽已成熟，但胚发育不足或胚器官分化不完善而不能发芽。这类种子多数需要在暖温或低温结合较高的湿度中完成其形态后熟过程，在这个过程中完成器官分化或物质转化。

一个完善的胚有子叶、胚根、胚轴、胚芽。有些植物如刺楸、人参、南天竹、白蜡等种子(果实)在外部形态上虽已表现成熟，但它们的胚尚未分化完善，需在适当的条件下继续完成分化。刺楸种子为典型的带胚乳种子，形态成熟时种子几乎完全被胚乳所充满，胚极小，仅0.2~0.4mm，几乎没有分化，只能看到两个子叶原基，呈心形或半月形。因此，刺楸必须完成胚的继续分化和生长，以完成形态后熟，种子才能具有萌发的基本条件。15~20℃的温暖条件有利于胚的继续分化和生长，经3~4个月层积处理，胚基本分化完全，具有萌发能力。其中，前2~3个月胚分化出子叶、胚轴、胚根和芽，后1个月是胚的生长，达到种子长度(在胚分化同时，胚的大小也在增加)。水曲柳种子采收时，胚已分化出肉眼可见的子叶、胚芽、胚轴和胚根，但整个胚仅占胚腔的60%左右。层积处理后，在适宜条件下胚继续发育直至充满整个胚腔，胚的干重也相应发生变化，由最初占5%增加到16%左右，与此同时胚乳的干重比例下降。

香榧种子在秋季采收时，胚仍在原胚时期，胚长仅1.43mm，在10~20℃下层积处理2个月后胚分化完善，体积增大，胚长10.44mm，才能萌发。人参刚采收时胚长仅0.3~0.4mm，在自然条件下经8~22个月或在人工控温18~22℃中3~4个月，胚即完成器官分化，长度可达3mm。但人参在完成胚的器官分化达形态后熟以后，尚需经过3~4个月低温层积，完成生理后熟。南天竹、白蜡、黑梣、欧洲白蜡、水曲柳等种子成熟时胚仅充满胚腔的2/3，需要一定时期的暖温处理，胚才能长满胚腔。

(2)内源生理休眠

内源生理休眠(Endogenous physiological dormancy)指因为胚生理抑制因素导致的休眠。可以分为浅性生理休眠(Nondeep physiological dormancy)、中度生理休眠(Intermediate physiological dormancy)和深度生理休眠(Deep physiological dormancy)3 种程度的休眠。

浅性生理休眠是最常见的种子休眠，可以分为光休眠(Photodormancy)和干藏后熟(After-ripening)2 类。光休眠的种子萌发时需要或不需要光，并且和温度有交互作用，短期低温层积催芽即可使其萌发。很多具有小粒种子的树种如欧洲桦和欧洲赤松属于这种类型。干藏后熟的种子多存在于农作物中，在采收后经 1 ~ 6 个月的干藏，即可解除休眠。

中度和深度生理休眠的种子需要 1 ~ 3 个月低温层积催芽才能解除休眠。多数乔灌木树种种子属于这种类型。中度生理休眠在如下 3 个方面与深度生理休眠有明显区别：①中度生理休眠的种子的胚在去除其周围被覆物时萌发；②需要低温层积处理的时间远少于深度生理休眠；③可以使用赤霉素处理代替低温层积催芽解除中度生理休眠完整种子的休眠，但不能解除深度生理休眠种子的休眠。

中度生理休眠种子的被覆物是主要的萌发障碍。一定时期的低温层积改变了膜的流动性和酶活性，贮藏脂类减少，糖和氨基酸增多，休眠解除。由于种皮机械障碍引起的外源休眠也许应该放在这类中，因为这类种子即使解除了机械障碍，也需要一定时间的低温层积才能萌发。一些针叶树种如白云杉的种子表现中度生理休眠，可能由包围胚的大孢子叶的阻碍作用导致。低温层积过程中酶活性增强，从而弱化大孢子叶，特别是包围胚根的区域，从而解除休眠。

一些植物的种子，胚已完成了分化，但去掉种皮在适宜的条件下也不能萌发；即使萌发，也会形成生理矮化植株，特别是蔷薇科树种(如苹果、梨、桃、李、杏)及水曲柳等。这类种子需在低温低湿的条件下经过几周到几个月之后，才能完成生理后熟，萌发生长。这类种子就属于深度生理休眠种子。

2.4.5　初生综合休眠

有些种子休眠是单一因素的影响，如种皮的机械阻力、不透水、不透气、种子(果皮)中含有抑制物质、胚的后熟等，去除这些因子即可萌发。但也有很多种子的休眠是由几种原因综合而成，如红松、水曲柳、刺楸等。初生综合休眠(Primary combinational dormancy，Primary double dormancy)是由 2 种或 2 种以上的休眠因素导致的休眠。要解除这种休眠，必须按适当的次序去除所有的引起休眠、阻碍萌发的因素。

(1)形态生理休眠

形态生理休眠(Morphophysiological Dormancy)又称为双休眠(Double dormancy)，指胚形态发育不全，同时具有生理休眠的类型，可分为简单形态生理休眠(Simple morphophysiological dormancy)和上胚轴休眠(Epicotyl dormancy)2 种。

简单形态生理休眠的种子要求先暖温(>15℃)后冷温(1 ~ 10℃)的条件下，先促进胚的发育，再解除生理休眠。不少树种胚性休眠都是形态和生理后熟共存的。水曲柳的果皮透性差；翅果自然落地时胚未有生长能力，胚长仅相当于整个胚腔的60%左右；种子中(种皮、胚乳、果皮)含有抑制物质，缺乏促进物质，因此必须先高温(20℃左右)2~3个月，后低温(6~7℃)3个月，果皮透性增加(层积1个月后)，胚充满胚腔，抑制物消失或降到最低水平，生长促进物质GA、CK含量增高至高峰，而后再降到一定水平，才能正常萌发。刺楸种子种皮透气性差，需层积1~2个月，种皮破裂透气，胚发育不完全，需高温层积3~4个月才分化完全；种子含有3种抑制物质，需3个月低温层积才能消除抑制作用。刺楸气干种子的深休眠，是种子成熟时，胚尚未完成形态和生理成熟。刺五加种子自然成熟时，胚处于刚分化的心形胚时期，仅占种子长度的1/20，必须经过胚形态和生理后熟两个阶段才能打破休眠。

上胚轴休眠(传统上称为双休眠)的种子，胚根和上胚轴都有休眠，但二者解除休眠的条件不同。有2种亚型：①在1~3个月的暖温阶段，种子萌发，胚根和下胚轴生长；之后需要1~3个月的低温阶段，促进上胚轴生长，包括牡丹、一些栎树等。②胚根和上胚轴都要求低温条件解除休眠，但是解除休眠的时间不同。要求先有一个低温阶段解除胚根休眠，之后是一个暖温阶段促使胚根生长；然后第二个冷处理使上胚轴的休眠解除，如荚蒾属于这类。

(2)内外源休眠

内外源休眠(Exo-endodormancy)的种子要求先解除外源物理休眠，之后给予解除内源生理休眠的条件。很多乔灌木树种属于这种类型，如紫荆、椴树、漆树等。

2.4.6 次生休眠

已经解除休眠的种子，因某种因素影响又进入休眠的现象，叫次生休眠(Secondary Dormancy)。如松树种子在临界期受到高温影响时，会再度进入休眠；欧洲白蜡解除休眠的种子，发芽前遇到20℃以上高温，会再度进入休眠(Finch-Savage，个人通讯)。诱导次生休眠的因素可能是光照条件、温度条件、水分条件、通气条件、抑制物质等，也可能是这些条件的综合。

由温度条件变化诱导的次生休眠叫热休眠(Thermodormancy)。热休眠与热抑制(Thermal inhibition)的区别在于热抑制导致的不萌发，当温度恢复到适宜温度时即可萌发；而热休眠的种子即使恢复到适宜温度时也不能萌发，必须解除这种休眠后才能萌发。水曲柳解除休眠的种子在高于20℃时会产生次生休眠，即属于热休眠(张鹏和沈海龙 2008)。

条件休眠(Conditional dormancy)指要解除休眠或开始进入次生休眠的种子，仅在一个很窄的温度范围内，渡过它们将要发芽的一个过渡阶段。很多杂草种子属于这种休眠类型。典型的条件休眠循环会遵循下列基本程序：①具有初生休眠特性的种子散落，不管温度如何都不能发芽；②种子被置于解除休眠的条件下逐渐解除休眠，解除休眠的种子仅在一个很小的范围内萌发；③非休眠种子可在很大幅度的温度范围内萌发；④如果因为环境不利而使非休眠种子不萌发，它们会重新进入条件休眠状态，仅在一个很窄的温度范围内萌发；⑤最后，条件休眠种子正式进入次生休眠，这时即使给予适当温度也不能萌发。

2.4.7 抑制物质或内源激素在种子休眠中的作用

(1)抑制物质的作用

许多种子或果实中往往有 1 种或几种抑制物质存在，这种物质可存在于果皮、果肉、果汁、种皮、胚乳、胚中，它们的性质与作用方式也各不相同。

20 世纪 20 年代，Oppenheimer 就发现烟草种子不能萌发是由于生长抑制物的存在。30 年代 Kockeman 发现了苹果、桃、榅桲、无花果等的汁液中存在可溶于水和乙醚的生长抑制物质。用 H_2O_2 和 NaOH 处理可破坏其抑制效应。最初认为诱导休眠的抑制物是香豆素。香豆素及其衍生物在自然界分布很广，如刺楸种子中含有这种物质。近二三十年来对抑制物质脱落酸(ABA)的研究更突出，红松种子各部位(内外种皮、胚乳、胚)均含有 ABA，以后又发现水曲柳、刺楸、色木槭等均含有 ABA。在混沙层积催芽过程中，ABA 含量下降；用流水浸或冲洗时，亦可使 ABA 含量下降。

除香豆素和脱落酸以外，在种子中还发现许多种抑制物质。这些天然的发芽抑制剂，大多数是一些简单的低分子量有机物，如氰氢酸(HCN)、氨(NH_3)、乙烯(C_2H_2)等。较复杂的，有挥发性的如芥子油、精油等；醛类化合物如柠檬醛、肉桂醛等；酚类化合物如水杨酸、没食子酸等；生物碱如咖啡碱、古柯碱等；不饱和内脂类如香豆素、花楸酸，还有阿魏酸和脱落酸等。

抑制物质对种子发芽的抑制作用是没有专一性的。蔷薇科植物的种子含扁桃苷，可放出氰化氢，对生长和萌发的抑制作用很强烈，只占种子体积 0.15/10 000即足以抑制豌豆苗生长，1/1 000 可抑制番茄发芽。以某些种子的浸出液(含有抑制物质)处理小麦、油菜籽及樟子松、云杉等种子，表现出明显的萌发抑制作用。在考虑抑制物质对种子休眠的作用时，不能简单考虑某种抑制物的作用，而要考虑多种抑制物协同作用的结果。

水溶性的抑制物质在低温层积过程中或经过浸种和淋洗，可使抑制物含量下降(提取液的抑制水平下降)，使种子休眠程度减轻。不少试验证明，抑制物含量和种子休眠程度有较为密切的关系。有些种子中的抑制物是挥发性的，在干燥或贮藏过程中可逐渐挥发而使种子的发芽率提高。而当这类种子和其他种子一起贮藏时，其他种子会受到影响而降低发芽率。

一些抑制物质对萌发的抑制作用并不是绝对的，在一定条件下，可能转化为刺激作用。例如，乙烯在不同浓度时对种子的萌发有不同的影响，在高浓度时起抑制作用，低浓度时起刺激作用。抑制剂在种子不同生理状态时也会转化，如色氨酸在种子萌发时可转化为吲哚乙酸，从而对萌发起促进作用。有些种子中同时存在生长刺激物质和抑制物质，前者如赤霉素、细胞分裂素，后者如脱落酸，两者的相对平衡控制了休眠。在休眠种子中抑制物质占优势。在许多植物中，休眠是由于存在生长抑制物质，缺乏生长刺激物质，或两种情况同时存在所致。

一些研究表明，光反应机理和抑制物质之间有相互反应。如香豆素对莴苣种子的抑制效应可通过照光而减弱。较低浓度的香豆素同红光结合可促进美国独行菜(*Lepidium virginicum*)种子萌发，比单用红光照射的效果更大，但较高浓度的香豆素则有抑制效应。存在于桦果皮上的溶于甲醇的抑制物可诱导胚对光的需要性。光敏性的莴苣种子则是由于香豆素的存在而引起种子对光的需要性。当胚周围的果皮、种皮、胚乳等被除去、破坏或受到化学伤害时，种子在暗中也能萌发，说明胚周围结构中存在着抑制物质。

种子中脱落酸含量和休眠深度之间存在相关性的例子很多，但也有报道说明种子未处于休眠状态也具有较高水平的ABA，如糖槭。正如一些研究指出的那样，种子休眠和休眠的解除还受激素的制约，而不能仅根据抑制物水平的升降来解释休眠。

(2)植物内源激素引起的休眠

对于种子休眠的产生与解除究竟属什么原因，长期以来存在各种看法。从20世纪60年代开始，学者们非常关注生长调节物质对种子休眠与萌发的控制研究(Wareing 1965，1969)，Villiers和Wareing以及Kentzetr和Khan等人的研究均证明了抑制物与促进物的相互作用具有控制胚休眠的功能，高水平的促进物可打破休眠。

在低温解除休眠的种子中，植物内源激素起着重要的调节作用。抑制物质在休眠中的作用，不能孤立地看抑制物的状况。刺楸种子3个月左右完成形态后熟，胚也基本解除休眠，但种子仍不能萌发，必须经过生理后熟，种子才能萌发。在这过程中，抑制物总量没有变化，而内源激素却表现明显变化。从打破刺楸种子休眠的整个后熟过程来看，根据激素的变化，分为3个阶段：①抑制物下降阶段(0~2个月)；②促进物上升阶段(2~4个月)，赤霉素和玉米素分别在第3和第4个月达到高峰，而抑制物脱落酸降低到最低水平；③激素变化平缓阶段(4~6个月)。

Khan根据试验结果，假设细胞分裂素(CK)起着“解抑作用”，赤霉素(GA)起着“原初作用”，而抑制物则起着“抑止作用”。根据这一假设提出了3种激素控制休眠与萌发的模式(图2-3)。GA、CK及抑制物是种子休眠与萌发的调节者，它们之间的相互作用决定种子休眠与萌发。在模式中提出8个组合，反映不同的激素状况和种子生理状况的关系。当GA不存在时，种子进入休眠，不论CK或抑制物是否存在，由于缺少GA的原初作用而诱导休眠；即使GA存在，但因抑制物的存在而没有CK，种子仍处休眠状态。如果GA存在而抑制物不存在时，有无CK均可萌发。这一休眠萌发三因子的调节说的基本点是：种子产生休眠不仅是由于抑制物的存在，也可能由于缺乏GA和CK，其中GA是主要的调节因子，只在ABA等抑制物存在时，CK的存在才是必要的。在不同时期中，种子内的各种激素分别处于生理有效浓度(图中+号)或生理无效浓度(图中-号)。此浓度的变化依赖于很多的代谢因子和外界条件。这一假说有效地解释了许多种子中激素的异常状况，如：高水平抑制物存在而种子仍可萌发和生长；虽有高水平的CK或GA，但种子仍处于休眠。

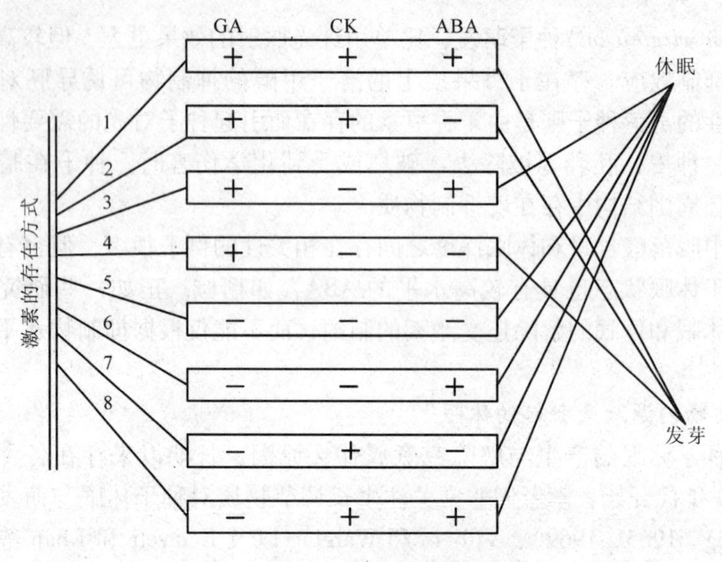

图 2-3 Khan 的三因子调控学说

关于种子休眠机理，除了上述激素调控学说(Khan 1971)外，还有呼吸途径调控学说(Roberts 1973)、光敏素调控学说(Borthwick 1952；Smith 1975)、能量调控学说(Khan 和 Zeng 1984)和膜相变化学说(Bewley 1982)等。近年来，分子生物学的发展也为种子休眠机制的研究开辟了新途径，如以拟南芥突变体从基因水平进行的研究，控制休眠基因的检测、定位及表达研究和 QTL 作图，DNA 芯片技术的应用等。

2.5 树木种子萌发

种子的萌发一般是指种胚恢复生长，胚根和幼芽突破种皮向外伸展，开始正常生命活动的现象，是从干种子开始吸胀到胚轴伸长为止的一系列生理活动过程。

2.5.1 种子萌发过程

种子萌发的过程通常分为吸胀(物理)、停滞(生物化学)和胚根生长发育(生理)3 个阶段。

(1)吸胀阶段

成熟收获经干燥脱水后的种子其水分含量很低(14%)，细胞的内含物呈干燥的凝胶状态，代谢作用非常微弱，处于静止状态；当种子与水分直接接触或在温度较高的环境中，种子的胶体很快吸水膨胀，产生很大的膨胀压力，许多种子这时会胀大 1 倍。

吸胀是因为种子内部贮藏有大量的亲水性物质，无论活种子还是死种子均能吸胀。种子吸胀过程是胶体吸水使体积膨大的物理过程，并非活细胞的一种生理过程，许多具有致密种皮的种子，吸水膨胀的时间比种皮松软的种子为长。

(2)停滞阶段

种子在最初吸胀的基础上，吸水一般要停止数小时或数天，进入吸水滞缓期。由于水分进入了种子，酶的活动加强，引起贮藏物质的分解和转化，将复杂的不溶性物质分解为简单的能为胚利用的可溶性物质，干燥时受损的膜系统和细胞器得到了修复，代谢旺盛起来，种胚开始生长。当种胚细胞体积扩大伸展到一定程度，胚根尖端就会突破种皮。有生命力的种子，外表处于停滞状态，但内部生化活动旺盛，所以又称为生物化学阶段。死种子保持在吸水滞缓期而不会继续生长，因此不能发芽。

(3)胚根生长发育阶段

当胚根、胚芽从其周围的结构(如种皮、胚乳)中生长出来，并发育到一定程度时，即达到可见的发芽状态。之后是胚的各部分开始生长，发育成为幼小的植物，萌发过程结束。此后的生长活动，如主要贮藏养分的降解，属于幼苗生长过程。这一过程是生长发育的过程，称为生理阶段。

处于生理休眠状态的种子，由于第一或第二阶段中某个过程受阻而不能萌发。

2.5.2 种子萌发的影响因素

种子发芽所需的外界基本条件是水分、温度和氧气。光对种子发芽的效果，因树种而异。

(1)水分条件

水分是种子发芽的首要条件。没有水分供应，种子就不能达到吸水膨胀和贮藏物质的分解、转化。水对于种子萌发的生理作用主要表现在：①使种皮膨胀软化，氧气容易透入，增加呼吸作用；②原生质吸水后由不活跃的凝胶状态转变为活跃的溶胶状态，酶活性加强，各种生物化学反应迅速进行；③参与种子贮藏物质的水解，并作为可溶性产物运输的媒介；④胚的生长需要充足的水分，细胞的分裂与伸长都离不开水。对种子发芽时所需最低限度水分(临界含水量)的研究发现，坡垒和青皮种子的临界含水量分别为31.7%和41.6%(宋学之等 1983)。一些板栗品种种子的临界含水量：接栗44.7%，灰栗40.18%，毛栗39.04%(谢耀坚等 1991)。对于这些安全含水量高的种子，发芽所需的临界含水量也较高；若水分低于临界含水量，则发芽率会迅速下降，甚至不发芽。充分吸水膨胀以后的种子，对水分需要逐渐减少。若此时水分过多反而会阻碍氧气的吸收，不利于呼吸作用的进行；过少也会使正常的生物化学过程延缓，甚至停滞下来。在种子吸水速度减低了一个时期以后，又会出现一次强烈吸水的时期，这可能与种子发芽过程正处于生理阶段有关。

种子吸水膨胀所需要的水量，因树种而异。如二针松类的种子在气干状态时，含水量为8%~10%，而在吸水膨胀时，含水量可达50%左右。所以对于多数针叶树种来说，浸种1~2昼夜，就有助于种子的发芽。

(2)温度条件

吸水速度受水的温度制约，在一定范围内，水的温度较高，水分通过种皮的速度就较快。故温水浸种比冷水浸种的效果要好些。

温度对种子发芽的影响也很大。每一树种的种子都有其最适宜的发芽温度，在适宜温度条件下，发芽最迅速，发芽率也最高。多数树种发芽最适温度是20～30℃，但不同树种也有差别。试验证明，种子发芽最适温度：油松、侧柏为20～25℃，马尾松为25℃，臭椿为30℃。而同一批马尾松种子中发芽温度在25℃时，发芽率为99%，在30℃时其发芽率为86%，在36℃时其发芽率为81%，至40℃时则全部丧失其发芽力。麻栎在冬季湿藏过程中，温度达到10～15℃时，即能发芽。

有利于种子发芽的温度，往往不是恒温而是变温。许多树种在比较固定的温度下发芽良好，但有些树种如榉树、凹叶厚朴、白蜡树等在恒温条件下发芽不良，而在变温条件下则发芽良好。

(3)通气条件

种子在发芽过程中，必须有氧气的供应，特别是在第二阶段(即生物化学阶段)，种子开始了旺盛的呼吸作用，释放能量而供应胚的生长。此时如氧气供应不足，会使呼吸过程受阻，同时，种子排出的二氧化碳积累过多，会使发芽受到抑制，甚至使种子霉烂。

一般情况下，氧气供给是不成问题的，但有时因为水分过多而隔绝氧气的供应。苗圃播种时覆土过厚，空气流通不畅，也会阻碍发芽过程。

(4)光照条件

光对发芽的影响，不同树种反应是不一致的。试验证明，在某些较暖地区，一些松树如马尾松种子的发芽，在散射光下较在黑暗中发芽迅速；另一些在较冷地区的松树如红松在黑暗中发芽却很正常。实际上在圃地育苗，种子一般都被土覆盖而处于无光状态。需光种子可用塑料薄膜覆盖，对萌发较为有利。因此，某些新树种的育苗，必须考虑到该树种种子的发芽对光的反应。

2.5.3 种子萌发的方式

在发芽的开始，一切种子植物都表现为种子的膨胀，随着出现下胚轴，由此发展为初生根。在此期间，发芽的方式基本上有 2 种，即出土萌发(Epigeal germination)和留土萌发(Hypogeal germination)(图 2-4)。

出土萌发的初期，可见弓形的下胚轴露出土面，随着下胚轴生长就伸直了。特别是无胚乳或少胚乳的种子如刺槐，会将种壳留于土内，将子叶顶出土面。但有时特别是有胚乳的种子如马尾松，子叶出土后还附有种壳。几日后，子叶受自身或内附的胚乳的营养，逐渐长大，将种壳脱落于地上。不久，幼芽在子叶之间长出。

留土萌发的种子的根生长和幼芽的生长同时发生。下胚轴不延伸或很少延伸，子叶留在土中并附在幼苗上至数周或数月。留土萌发的种子的幼苗较出土萌发的种子的幼苗初期生长快得多，因为前者种子贮存的养分多且幼芽发生早，增进了幼苗的同化作用。留土萌发的种子一般都是比较大的，但大的种子并不都是

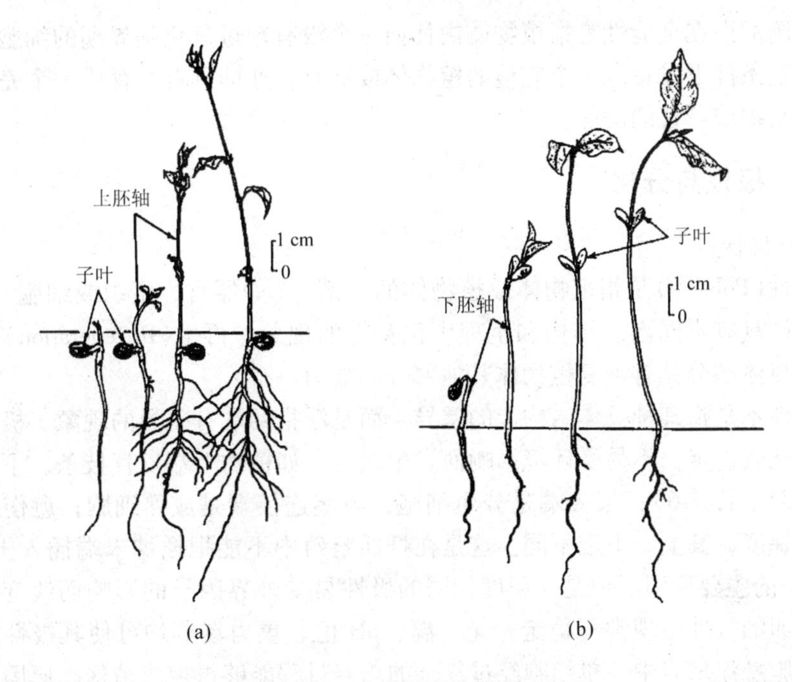

图 2-4 种子萌发类型

（根据 USDA《The Woody Plant Seed Manual》2008 版）

(a)子叶留土型 (b)子叶出土型

留土萌发的种子。

一般说同科树种的萌发方式是一致的，但也有例外，如松科除油杉属外，都为出土萌发，壳斗科除水青冈属外，都为留土萌发。同属异种的萌发方式也有不一致的，如无患子的子叶是出土的，而云南无患子的子叶则是留土的。其他如漆树属、槭树属、鼠李属也有同样情况。

另外，还有半出土萌发的种子，萌发时，下胚轴初不延伸，子叶最初留在土内，以后下胚轴稍延伸，子叶稍露出土表，露出的部分变为绿色，如黄连木、五角枫等属于这种类型。

此外，还有一种特殊萌发方式，如竹柏(*Podocarpus macrophyllus*)、油桐等种子，萌发时，下胚轴很发达，呈弓形，附在胚轴上的子叶，最后与植株脱离而留在土中，幼芽弹出土面。有时子叶从胚乳中抽出，由黄变绿，很像出土萌发。

2.6 无性繁殖生物学

无性繁殖又称营养繁殖，是利用植物营养器官(根、茎、叶等)的一部分为繁殖材料，在一定条件下人工培育成完整新植株的方法。营养繁殖的方法很多，包括传统的扦插、嫁接、埋条、压条以及组织培养等。目前，在林业育苗生产中，使用最为广泛的是扦插育苗。

植物之所以能够通过无性方式进行繁殖，主要由细胞潜在的全能性所决定的。细胞的潜在全能性是指植物体内任何一个没有超过分化临界期的细胞，都可以在一定条件下发育成一个完整的植物体或器官，亦即具有发育成一个完整植株或任何组织或器官的潜能。

2.6.1 极性与分化

(1)极性

极性(Polarity)是指植物体或植物体的一部分(如器官、组织或细胞)在形态学的两端具有不同形态结构和生理生化特性的现象。再生(Regeneration)是指植物体的离体部分具有恢复植物体其他部分的能力。

极性不是指某种具体结构上的差异，而是泛指两端有差异的现象。极性形成后一般比较稳定，不易受环境影响而发生改变，如植物上端发育枝条，下端发育根(图 2-5、图 2-6)；根尖端是分生细胞，与茎连接端是成熟细胞；愈伤组织具有极性梯度，其上、下端不同。这是在扦插繁殖中不能把插穗末端插入土壤(或基质)中的主要原因。但是，程度较弱的极性易受外界因子的影响而改变。孢子和受精卵的极性表现常不稳定，光、温、pH 值、重力场等均可使其极性发生改变。细胞悬浮培养中，单细胞经过复杂的培养过程能够再生成植株，原因是细胞极性在特定环境下发生改变，从而分化出不同的器官。

由于固着生活的植物的不同部位接受环境(尤其是光)的影响不同，从而影响到激素梯度分布，它是极性建立的重要原因。细胞电场的强度足以使带电的、自由浮动的膜蛋白定位分布，并影响细胞极性的建立。

(a) (b)

图 2-5 红茶藨子(*Ribes sativun*)倒插萌芽效果

(根据 Hartmann 等 2002)

(a)扦插数月后 (b)扦插 1 年后，中间芽上的萌条已经生根成为主要植株，恢复正常极性；顶部的芽虽然还活着，但因为极性错误而发育不正常

图 2-6 葡萄硬枝扦插的极性(根据 Hartmann 等 2002)

(a)倒插，根从形态学基端发出 (b)正插，生根正常

茎与根固有的极性在扦插中表现得最明显。茎端总是在远端(最接近茎端)形成新梢，近基端(离根端最近的一端)形成根。根插则总是在远端(离根端最近的一端)形成根，在近基端(离与茎连接的根基部最近的一端)形成芽。

(2)分化

狭义的分化是指细胞分化(Cellular differentiation)，即产生不同类型的细胞；广义的分化包括组织分化和器官分化，它与形态发生(Morphogenesis)在概念上很难区分，后者主要从整体上研究形态结构的形成，而前者则着重从细胞或分子角度研究植物体各部分如何发生差异。

在无性繁殖过程中，植物器官分化有内起源和外起源两类。内起源器官是指在植物生长发育过程中已经产生器官的原始体(如顶端分生组织、芽原基、叶原基、根原基等)，这些原始体在适宜条件下进一步发育形成茎(或枝)、叶、根。外起源器官是指细胞、组织、器官在特定条件下，通过分化、脱分化、再分化而形成的器官。

内起源器官原始体再生器官主要是应用于扦插繁殖。对于扦插繁殖容易生根的树种，在枝条和树干上通常有许多发育良好的潜伏不定根根原基，如杨、柳、侧柏、圆柏等。在枝条和年幼树干上表现为疣状突起。当枝条或年幼树干离体后在特定环境下培养时，这些原始体迅速发育形成不定根。对于扦插繁殖较难和难生根的树种，往往在枝条上没有潜伏不定根根原基，在无性繁殖育苗过程中必须采取特殊处理措施。

外起源器官原始体再生器官主要应用于扦插繁殖、细胞和组织培养。这种情况再生的完整植株或缺失器官，起源于特定细胞或细胞团的再分化，即愈伤组织的进一步分化。愈伤组织在适宜条件下通过单极性(Unipolar)或双极性(Bipolar)有 5 种途径分化形成缺失器官或整体植株(图 2-7)。

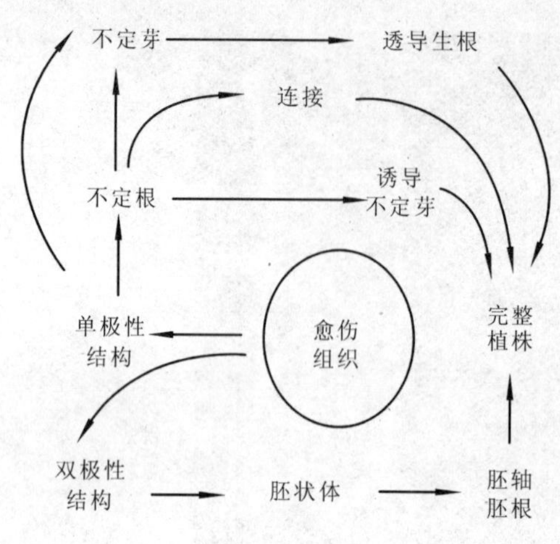

图 2-7 愈伤组织分化器官的途径

• 先形成胚状体 在旺盛生长的愈伤组织表面呈孤立化状态的散生分生组织细胞团，经过多次分裂形成球形原胚，其表面细胞精心垂周分裂形成原表皮。当原胚生长到一定大小，球形胚就进行纵向伸长，两端细胞向外突起形成心形胚，两侧的突起为子叶原基。子叶原基间细胞质浓稠的小细胞呈现出较强的分生能力，从而表现出极性。随后，子叶原基发育成子叶，胚状体下方伸长形成胚轴和胚根，胚状体长大发育成完整植株。

• 先形成不定芽 愈伤组织表面散生的分生组织细胞团首先发生单向极性，向外扩展至愈伤组织表面之上，形成芽端分生组织。此分生组织进一步分化出叶原基而形成不定芽。不定芽在生根培养基上培养生根而形成植株。

• 先形成根 愈伤组织生根往往是内起源的，多发生于管状分子团附近，若有巢状分生组织团则在其周围发生。外围局部形成层状分生组织细胞旺盛分裂，向外增生细胞，使其在某一方向呈单向极性迅速生长，形成根原基，根原基继续发育形成不定根(Adventitious root，在解剖学中指由中柱鞘以外的其他组织和器官发育出来的根)。将具有不定根的愈伤组织转入诱导芽的培养基上，可形成完整植株。

• 分别诱导出芽和根后再连成一完整植株 许多植物产生的愈伤组织转移到分化培养基后，向邻近部位愈伤组织分别分化出芽和根，再通过二者间存在的维管组织节(管状分子团)使它们的维管组织相连，建立统一的维管系统，形成完整植株。

• 特定器官的诱导 特定器官指花、果实、花柱状结构等。

2.6.2 生根生物学

扦插育苗是从母树上截取枝条、根段制成插穗扦插到一定基质中，在一定条件下培育成完整新植株的方法。根据枝条发育程度区分为硬枝(即完全木质化枝条)扦插和嫩枝(即半木质化枝条)扦插。

2.6.2.1 生根原理

插穗能否成活，主要取决于插穗能否生根。插穗生根的类型主要有皮部生根、愈伤组织生根和综合生根(图 2-8)。表皮、皮层组织、芽、胚轴、髓射线、形成层、未分化成熟的次生韧皮部和木质部细胞、维管射线等都可能发生不定根(图 2-9)。在木本植物中，已经存在次生维管组织，插条不定根多由生活的薄壁组织发生，最初是由幼小的次生韧皮部细胞形成，更经常的是由维管射线、形成

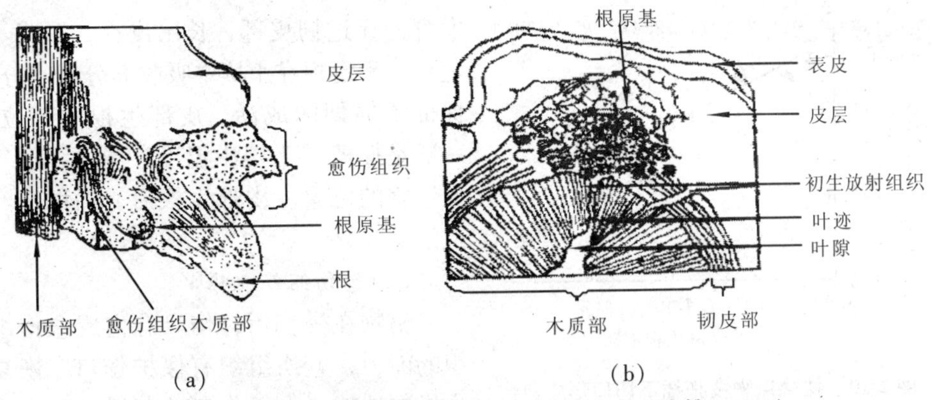

图 2-8 柳杉根原基模式图(根据森下义郎和大山浪雄 1988)

(a)愈伤组织形成的根原基和根纵断面 (b)插穗茎部形成的根原基

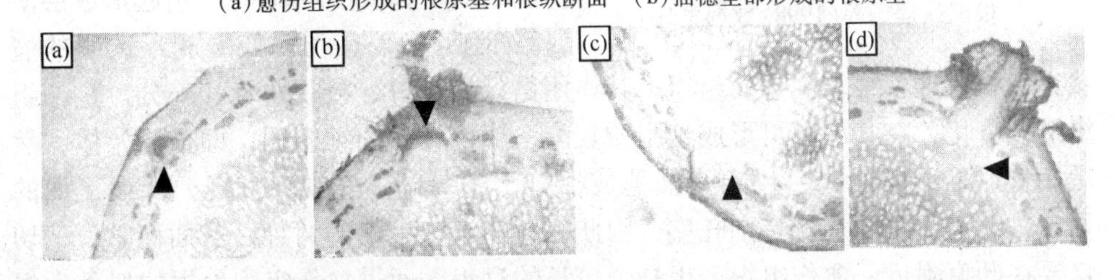

图 2-9 毛白杨插穗预成根根原基的解剖位置(引自余运辉等 1988)

(a)皮层薄壁细胞 (b)韧皮薄壁细胞 (c)木射线细胞 (d)髓射线

层、韧皮部、皮孔或髓等组织形成。多数树种愈伤组织的形成和不定根的形成是独立的，少数树种则必须先形成愈伤组织再形成不定根，如辐射松(*Pinus radiata*)。

(1)皮部生根

根原基是茎(枝)皮部生根的物质基础。它是在较宽的髓射线与形成层交叉处形成的薄壁细胞群，细胞质浓，排列紧密；外端通向皮孔，吸收氧气；内端通过髓射线与髓心相连，从髓心吸收营养，取得营养物质。根原基的形成时间因树种不同而有差异，一般为7月中旬至9月下旬。因此，硬枝扦插一般用1年生枝条，采穗时间一般在树木休眠期。

皮部生根的根原基可分为内起源和外起源2种。内起源皮部根原基是在插穗离体前就已经形成，当插穗离体后，这些根原基(也称潜伏不定根原基)在适宜的条件下迅速发育形成不定根，这种不定根也称为预成根(Preformed root)，或称潜伏根(Latent root)。如杨、柳、侧柏等易于扦插生根的树种，均以皮部生根为主，且为内起源根原基发育成根的树种。外起源皮部根原基是当插穗离体后，在激素的作用下，器官的营养物质迅速向切口附近转移，并在靠近切口部位形成根原基，这些根原基进一步发育形成不定根，这种不定根也称为愈伤根(Wound root)。在这种情况下，根原基多发生于有芽或叶的一侧，嫩枝扦插皮部根原基多属于此类。如栗、栎、核桃楸等树种，即使形成旺盛的愈伤组织也很难生根，几乎没有愈伤组织却容易生根(图2-10)，原因也是如此。

插穗插入基质后，在适宜的温度、湿度、通气条件下，根原基开始生长、

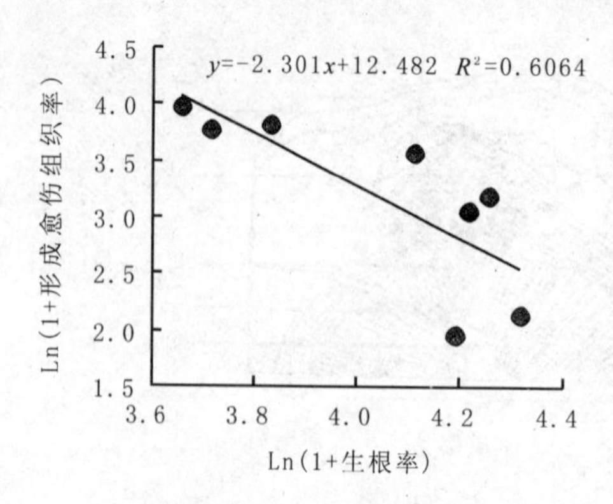

图 2-10　核桃楸嫩枝扦插下切口形成愈伤组织与插穗生根率的关系

[根据徐程扬等(1998)数据整理]

发育，穿过韧皮部，长出皮孔，形成不定根。不定根在土壤中吸收养分和水分，保证了插穗的成活。皮部生根的部位，一般是插穗在土壤中温度、湿度、通气最适宜的位置。皮部生根后，插穗已经成活。

(2)愈伤组织生根

植物在受伤后，伤口有生成愈伤组织的能力，愈伤组织有保护伤口、恢复生机的功能。由于伤口的刺激，形成愈伤激素(Wound hormone)，引起形成层薄壁细胞分裂，在伤口处形成半透明的瘤状突起物，这就是初生愈伤组织，其作用是保护伤口，吸收水分和养分。愈伤组织继续分化，在其深部可形成细胞质较浓、颜色较深的细胞团，即根原始体，然后发育成不定根(图 2-11)，为插穗成活打下了基础。经观察发现，叶痕下面的切口，愈伤组织的发育特别旺盛，因此以愈伤组织生根的树种，剪插穗时，下切口要在叶痕附近。愈伤组织产生是个较长的过程，通过愈伤组织生根的树种生根较慢。如果从生成愈伤组织到长出根系这段时间，温、湿条件控制不好，插穗因不能正常生根易导致死亡。

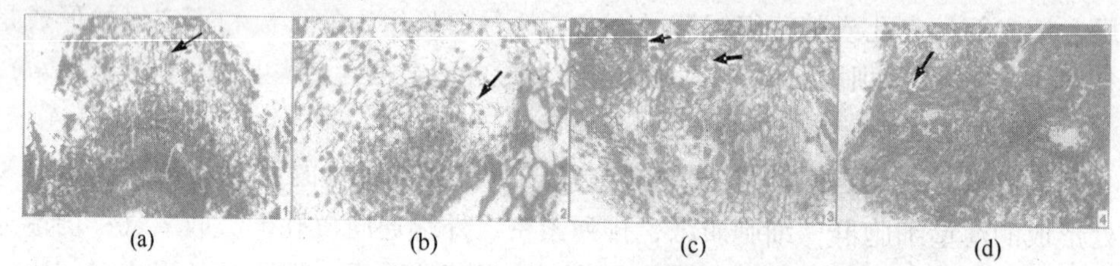

(a)　(b)　(c)　(d)

图 2-11　矮紫杉幼茎愈伤组织生根过程解剖图(引自张钢民等　1999)

(a)矮紫杉幼茎横切面，示愈伤组织起源于皮层薄壁组织细胞　(b)分生组织结节

(c)愈伤组织内含有大量维管组织结节　(d)维管组织结节单向分裂形成根原基

(3)综合生根

这类生根兼有皮部和愈伤组织生根的类型，如杉木、花柏、毛白杨、小叶杨、葡萄等。某些树种的高年龄枝条以皮部生根为主，而当年生枝条则以愈伤组织生根为主，如圆柏。

2.6.2.2　影响树木插穗生根的内部因子

(1)植物种的遗传特性

扦插生根与植物种类、同种植物中不同的遗传基础的繁殖体(如无性系)等密切相关(图 2-12)。根据生根难易，通常可把植物划分成极易生根(如柳树、黑杨派树种、青杨派树种、杉木、柳杉、黄杨等)、较易生根(如山茶、槐树、刺槐、悬铃木、白蜡、侧柏、扁柏、石楠、相思等)、较难生根(赤杨、桉树、臭

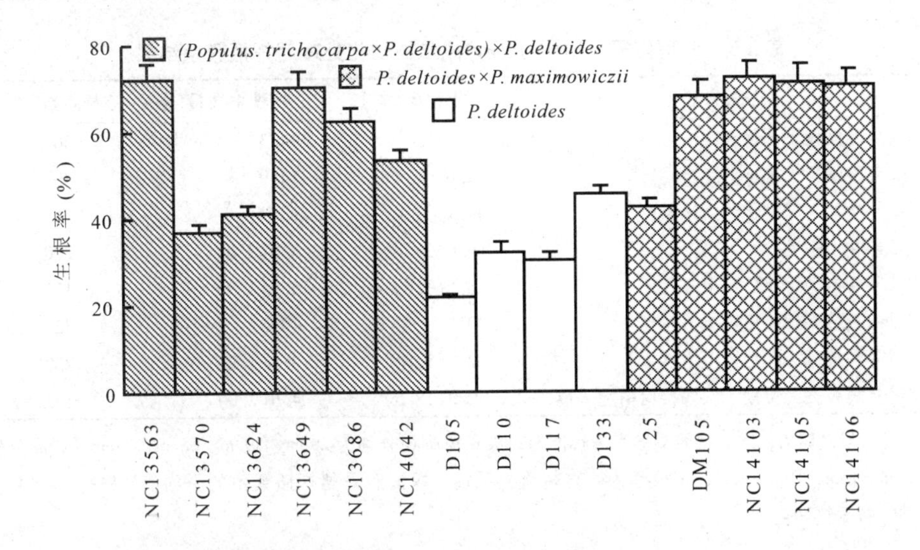

图2-12 3种杨树不同无性系扦插繁殖生根率比较［根据 Zalesny Jr 等(2006)数据整理］

椿、云杉等)、极难生根(如二针松树种、核桃、板栗、栎、桦等)等组分(王涛 1989)。

大量研究表明，针叶树种插穗的生根能力存在广泛的遗传变异。马尾松5个地理种源扦插试验结果表明(丁贵杰等 2006)：不同种源插穗生根能力存在显著差异，其中广西宁明种源生根率最高(80%)，江西吉安种源最低(34%)，各种源生根率、不定根数及侧根数等指标，经方差分析均达极显著或显著水平。经多项指标综合分析比较得出一致结论，即南带马尾松种源扦插效果好于中带和北带，特别是广西宁明种源在扦插繁殖和实施无性系林业方面潜力很大。

(2)插穗特征对其生根的影响

来源于不同母树年龄的插条，其生根能力存在明显差别。对于多数树种来说，扦插繁殖材料生根率随着取材母树年龄的增高而降低(表2-5)，这种现象称扦插繁殖的年龄效应。年龄效应主要与繁殖材料的解剖学变化、抑制生根物质含量等有关。对于难生根的树种，年龄效应是扦插生根的重要障碍。丁贵杰等(2006)研究结果表明：随着年龄的增加，生根率、不定根、侧根数等均逐渐下降，2年生母株生根率高达95.0%，而8年生仅为22.5%，特别是当母株年龄大于5年后，生根率显著下降。Tarrago 等(2005)对大叶冬青(*Ilex paraguariensis*)嫩枝扦插研究表明，来源于3年生母树插条的生根率显著高于20年生母树插条的生根率。长白落叶松(*Larix olgensis*)2年生母树硬枝插条生根率高达96.7%，而3年生母树的插条生根率只有59.1%(敖红等 2002)。然而，对于扦插生根能力较强的树种，也有插条生根率受母树年龄影响较小或在特定年龄时生根较好的报道。

表2-5 北美红栎(*Qurcus rubra*)成年树幼化处理后扦插繁殖结果

采穗方法	生根率(%)	每穗根数量(条)	样本数(个)
从1年生幼树上采穗	96	14.3	50
从2年生幼树上采穗	81.6	14.9	49
从3年生幼树绿篱化树上采穗	94.1	23.4	51
从成年树上采穗	59.0(28.8)	3.3(2.0)	200
以成年树接穗嫁接后树上采穗1	78.5(8.8)	5.2(1.9)	177
以幼年树接穗嫁接后树上采穗	90.5	13.5	42
以成年树接穗嫁接后树上采穗2	62.7(7.8)	3.5(1.2)	238
以嫁接树枝条为接穗二次嫁接后树上采穗	70.2(18.5)	4.6(2.0)	131

注：以幼树为砧木；括号中数字为标准差；成年树胸径分别为29cm、39cm、68cm、73cm，树高分别为12m、13m、19m、22m，生根率为4株树直接采穗、嫁接后采穗扦插繁殖的平均值。根据Zaczek等(2006)数据整理。

根据插条成熟度的不同，可以把插条分为硬枝和嫩枝两种类型。硬枝相对于嫩枝可能含有更多的营养物质，因而有利于生根，但同时硬枝也可能含有较高浓度的生根抑制物质、较少的生根促进物质，以及较差的可塑性，而妨碍其生根(Peer and Greenwood 2001)。通常，嫩枝较硬枝插条容易生根，这是因为嫩枝分生组织活性较高，可塑性物质充分积累，生长调节物质比例关系较好。然而，程广有(2000)在研究紫杉(*Taxus cuspidata*)扦插生根抑制物质时发现，由于紫杉1年生枝条内源生根抑制物质含量高于其3年生枝条，使得嫩枝插条生根率低于硬枝。

来自于树冠不同部位以及不同侧枝等级的插条，因其成熟度不同，生根能力也有较大差别(Fishel等 2003；王军辉等 2007)。即使同一枝条，因穗条所取位置不同，其扦插生根率也不同，通常是上部枝条好于下部枝条。这种现象称位置效应。即：采自树冠中下部的枝条较树冠上部枝条更容易生根(表2-6)，休眠枝的中下部枝段较梢部枝段更容易生根。解剖学结果证明，树冠下部靠近主干部位的枝条，其分生组织是比较幼嫩的，而树冠顶端枝条及其分生组织比较成熟，发育年龄相对较高。

插穗大小对扦插生根有一定的影响。较长的、较粗的插穗由于养分含量充足，扦插生根率较高。但是，插穗长度对容易生根的树种扦插成活影响较小，插穗粗度则影响较大。

表2-6 弗吉尼亚松(*Pinus virginiana*)截干后形成的枝条扦插繁殖效果

截干位置	生根率(%)	平均根系总长度(cm)
1/4高	69^{a}(30~100)	303^{a}(175~519)
1/2高	63^{ab}(22~94)	300^{a}(207~540)
3/4高	57^{b}(44~84)	275^{ab}(152~469)
不截干	17^{c}(2~34)	154^{c}(55~306)

注：截干后去除原来生长的枝条；$P<0.5$。数据来自Rosier等(2006)。

嫩枝扦插，插条带叶与否以及保留的叶面积对其生根影响很大。大叶冬青插条保留 1 片叶时的生根率最高(40%)，2 片叶时次之(17%)，4 片和 6 片叶时最低(7% 和 6%)(Tarrago 等 2005)。这主要是因为嫩枝插条保留一定数量的叶片，可以进行光合作用，为插条提供生长激素等生根促进物质和少量营养物质，从而提高了插条生根率。

(3) 插穗储藏的营养物质与其生根的关系

插穗生根过程需要消耗大量的营养物质和能量，因此，插穗内储藏的碳水化合物水平对其生根具有重要影响。敖红等(2002)在对生根后的长白落叶松插条基部进行解剖学观察时发现，木质部和韧皮部射线中有许多空的淀粉粒，这意味着在生根过程中，插条内的淀粉可转化为可溶性糖，为插条生根提供物质和能量。

插穗生根所需的激素以及重要的酶类都是含氮化合物，因而插穗内氮营养状况与其生根密切相关。在长白落叶松嫩枝扦插研究中发现，随母树年龄的增加，插条中全氮含量显著下降，这可能是造成其插条生根率迅速下降的主要原因(敖红等 2002)。碳/氮(C/N)和碳/单宁(C/T)比率是影响插穗生根的重要因素。较高的 C/N 比率在一定程度上可以促进插穗不定根的发生，而较高的 C/T 比率则显著抑制插穗不定根的发生(图 2-13)。

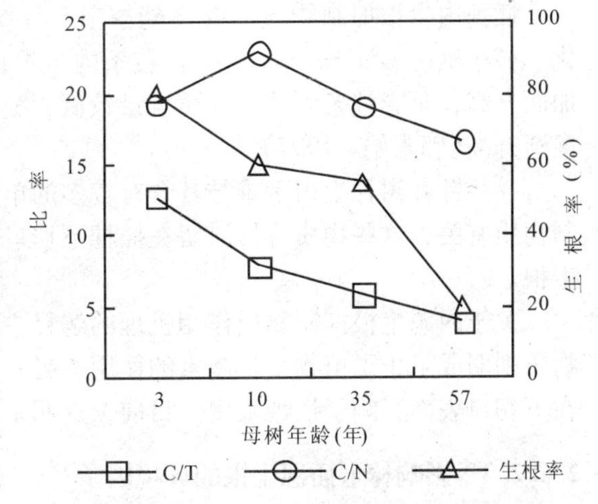

图 2-13 C/N 和 C/T 与圆柏扦插生根的关系
[根据森下义郎和大山浪雄(1988)整理]

(4) 内源激素对插穗生根的作用

生长素是最早发现的，也是对插穗生根作用最大的一类植物激素。生长素对插穗生根的促进作用已不容置疑，其作用原理可归纳为：①在合适的生长素浓度下，调节插穗内营养物质的再分配，使插穗下切口成为养分利用的库，从而有利于生根；②生长素还能引起细胞内一些酶活性的增强，使插穗呼吸和代谢速率加快，促进细胞分裂和分化。

细胞分裂素在插穗生根过程中也起着一定的作用。高浓度的细胞分裂素可能抑制插穗生根，而低浓度则促进生根(郭素娟 1997)。年幼的母树生命力较强，含有较高浓度的细胞分裂素，从而刺激插穗细胞的分裂和分化，有利于插穗生根。

赤霉素的主要作用是促进植物茎的伸长，其对插穗生根的影响较复杂。在根原基发端时，赤霉素促进生根，而在发端前后反而有抑制作用。一般降低插穗内源赤霉素水平会刺激不定根的产生。

插穗内还含有其他很多种内源激素(如乙烯、脱落酸等)，影响着插穗生根。

插穗的生根过程是其体内多种激素共同作用的结果，它们之间存在着复杂的相互调节关系，如生长素和细胞分裂素经常协同互作来影响插穗生根。植物体内激素种类的多样性，以及激素间的相互作用，大大增加了研究的复杂性，目前，人们对其作用机理的了解还很有限。

(5)内源抑制物质对插穗生根的作用

天然难生根树种体内可能存在生根抑制物质。对生根非常困难赤松(*Pinus densiflora*)插穗上芽和叶的乙醇提取液进行生物测定时发现，赤松体内确实存在生根抑制物质。季孔庶等(1997)用浸渍、萃取和高效液相色谱法对马尾松(*P. massoniana*)插穗内抑制物质进行分类提纯，证实插穗内含有多种苯酚类和黄酮类生根抑制物质，它是其生根率较低的内在原因之一。

插穗内生根抑制物质的含量随季节、母树年龄以及树冠部位等的不同而变化。核桃楸(*Juglans mandshurica*)枝条内生根抑制物质的含量随着母树年龄的增加而升高，早春枝条内抑制物质含量较低，随着枝条的发育成熟，抑制物质含量逐渐升高(郭素娟 1997)。

一些针叶树种生根困难与其含有较多的单宁、树脂、挥发油等特殊的生根抑制物质有关，这些物质容易滞留在插穗下切口表面，造成插穗吸水不良而阻碍其生根。

关于内源生根抑制物质作用机理的解释主要有两个方面，一方面是生根抑制物质削弱或阻止了植物生长激素的作用，另一方面是树脂和单宁等特殊成分滞留在下切口表面影响了插穗吸水。目前，这两个方面的解释还都缺乏足够的证据。

2.6.2.3 影响林木插穗生根的环境因子

插穗内部因子对其生根的影响固然重要，然而外部因子也不容小视，插穗生根其实是内外因子共同作用的结果。有些被定义为难生根的树种，当外界条件理想时，也可能变得容易生根(Saranga 和 Cameron 2007)。

(1)光照条件

光照一方面可以直接促进插穗内植物生长激素的合成和叶片光合作用的进行，为插穗生根提供有利条件。但是光照也可能同时使插穗内生根抑制物质含量增加，光照过强还可能使插穗蒸腾加剧而失水，甚至灼伤插穗(Aminah 等 1997；Wilkerson 等 2005)。另一方面光照也可以通过间接地提高插床温度来促进插穗生根。硬枝扦插时，插穗已具备了生根所必需的植物生长激素和营养物质，此时光照对其生根可能造成负面影响(Palanisamy 和 Kumar 1997)。嫩枝扦插时，适当给予光照可以使叶片合成插穗生根所必需的激素和少量营养物质促进生根(Gaspar 等 1997)。一般来说，透光率在30%~75%范围有利于插穗生根，但不同树种扦插生根的最适透光率不同。柳杉扦插的最适透光率为50%，赤松的最适透光率是75%，扁柏的最适透光率为30%~50%(森下义郎和大山浪雄 1988)。日照时间、光质对扦插生根也有一定影响。

(2)温度条件

扦插温度对插穗生根的影响，可以分为插床温度和空气温度两个方面。插床温度直接影响插穗内各种酶的活性，进而影响插穗组织呼吸、代谢等一系列生理功能，最终影响其生根(图2-14)。大多数树种其扦插生根都需要有一个最适宜温度，而且不同树种对温度的要求不同。大量研究表明，插床温度控制在15～35℃插穗生根效果较好(Saranga 和 Cameron 2007)。当插床温度超过35℃时，一般对生根不利；当温度低于15℃时，插穗生根活动微弱。通常，热带树种较温带、寒带树种需要的温度高，同一温度带内常绿树种较落叶树种要求的温度高。

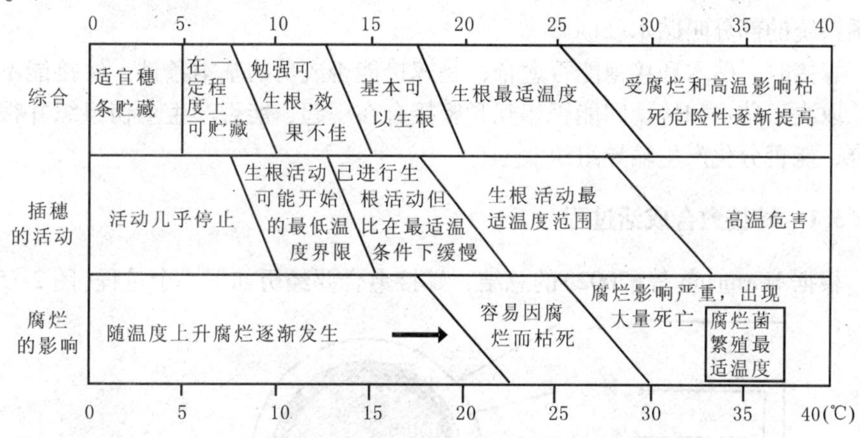

图2-14 插床温度与扦插生根的一般关系(李云森 1988)

空气温度与插穗的蒸腾速率和地上部生长关系密切。空气温度过高，容易使插穗因蒸腾过度失水而发生萎蔫。若空气温度高于插床温度，有时使得插穗芽的生长先于根的生长，导致根生长所需要的营养物质供应不足(Hartmann 等 2002)。因此，扦插时空气温度比插床温度低2～5℃可能获得较好的生根效果。此外，在插穗生根过程中，适当的变温比持续的恒温更加符合植物生长的自然规律，从而有利于插穗生根。

(3)湿度条件

在插穗没有长出新根之前，其吸水能力较弱，很容易发生枯萎。因此，扦插湿度可以说是影响插穗生根最重要的环境因子。插床内湿度过高，可引起通气不良，使插穗组织的有氧代谢受到抑制，甚至还会导致插穗基部腐烂。难生根树种所需生根时间一般较长，因此，控制好插床湿度对保持插穗基部活力尤为重要(Tarrago 等 2005)。插床内的湿度一般控制在15%～25%为宜。不同树种略有差异，银中杨(*Populus alba* × *P. berolinensis*)的插床湿度为31.7%时，其生根效果最好(杨文化等 2002)，而毛白杨(*P. tomentosa*)插床湿度在23.1%时最佳。扦插的不同阶段对插床的湿度要求也不同。生根前，需要较高的湿度；生根时，适当降低插床湿度；完全生根后，再进一步减小插床湿度，以便促进根系生长。

空气相对湿度一般不能低于70%，否则会影响插穗生根的速度、数量和质量。嫩枝扦插在插穗生根前，空气相对湿度最好保持在90%左右；硬枝扦插由于其蒸发量稍小，可适当降低空气相对湿度(Hartmann 等 2002)。

此外，扦插基质、采穗和扦插时间、插床通气条件、插穗下切口处理等均会影响到扦插效果，因此，在扦插管理过程中也应给予高度重视，使其处于最佳条件。

2.6.3　嫁接愈合生物学

嫁接是将两块活植物组织结合在一起，形成一个整体并生长和发育成一个完整植株的技术。嫁接中将来生长发育成茎叶系统的部分叫接穗(Scion)，发育成根系系统的部分叫砧木(Stock)。

嫁接时，砧木和接穗能否愈合，是嫁接能否成功的基本条件。嫁接能不能成活，取决于砧木和接穗间能否相互紧密接合在一起、能否产生愈伤组织并很好地愈合，能否分化产生输导组织。

2.6.3.1　嫁接愈合成活过程

根据 Hartmann 等(2002)的总结，嫁接愈合要经历如下 5 个过程(图 2-15)：

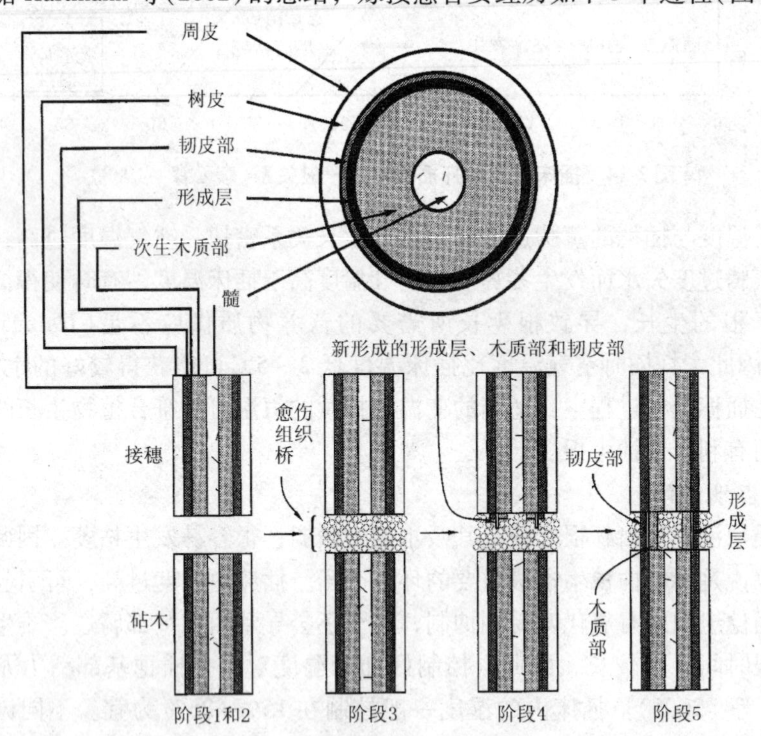

图 2-15　嫁接愈合过程[根据 Hartmann 等(2002)调整]

(1)接穗与砧木形成层的密接

理想的状态是接穗和砧木的形成层完全密接，由于形成层很薄且接穗与砧木的大小很难一样，这种情况往往很少。但是至少应该保证一部分形成层密接，否则就会延缓或不会有下面过程的发生。

(2)伤口反应

砧木和接穗的切面受伤细胞变褐死亡，其内容物和细胞壁的残余形成隔离层，封闭和保护伤口。之后，伤口周围未受伤细胞开始生长和分裂出薄壁组织细胞，形成愈伤组织。愈伤组织除来自形成层和伤口周围细胞团外，木射线、未成熟的木质部、韧皮部、韧皮射线等均可产生愈伤组织。

(3)愈伤组织桥形成

接穗和砧木切口形成的愈伤组织继续生长，直至相互连接形成愈伤组织桥。这里原有的形成层细胞并不像以前认为的那样起重要作用。受伤坏死部位邻近和内部迅速形成新的薄壁组织细胞群，它们很快混合和相互连接，填充了接穗和砧木之间的空隙。

(4)创伤修复木质部和韧皮部的形成

愈伤组织桥形成后，开始通过这个桥形成愈伤形成层。之后，新的形成层逐渐分化，向内分化新的木质部，向外分化新的韧皮部。

(5)导管和筛管连接，砧木与接穗成为一体

在愈伤组织桥内新形成层产生次生木质部和韧皮部，将砧木与接穗双方木质部导管和韧皮部筛管连接在一起，最后成为一体，建成新的植株。

至于以上每个阶段所经历的时间长短，则因树种、接穗和砧木的年龄与体积，以及环境条件等不同而有所不同。

2.6.3.2 影响嫁接愈合成活的因子

(1)砧木和接穗的亲和力

它是指砧木和接穗经过嫁接能否愈合成活和正常生长发育的能力，也是嫁接成活的关键影响因子。砧木和接穗的亲和力强弱表现形式是复杂而多样的。通常将亲和力分为：亲和良好（砧穗生长一致，接合部愈合良好，生长发育正常）；亲和力差(砧木粗于或细于接穗，结合部膨大或呈瘤状)；短期亲和(嫁接成活几年以后枯死)；不亲和（嫁接后接穗不产生愈伤组织并很快干枯死亡）。

嫁接亲和力强弱是植物在系统发育过程中形成的特性。主要与砧木和接穗双方的亲缘关系(树种特性)、遗传特性、组织结构、生理生化特性和病毒影响有关。

(2)砧木和接穗的质量以及嫁接方法与技术

砧木和接穗的愈合过程需要双方贮存有充足的营养物质作保证，才有利双方形成层正常分裂愈合和良好的成活。其中尤以接穗的质量(营养物质和水分含量)具有更重要的作用。不同树种嫁接成活对接穗含水量要求虽然不同，但都要求接穗不能失水，失水越多，愈伤组织形成越困难，嫁接成活状况就越差。砧木的形成层发育状况如何，对大规模嫁接，尤其是困难树种(如云杉、松树等)的嫁接成活和嫁接苗生长具有重要作用。砧木的形成层发育越好，嫁接成活状况就越好(Decker，个人通讯)。嫁接方法不同，对不同树种的嫁接成活的影响也不同，如美国黑胡桃使用芽接效果远好于切接的效果。嫁接人不同，嫁接技术有差异，也会影响嫁接成活率，有时候可能会变成决定性因素。

(3) 环境条件

● 温度　大气环境温度和地下环境温度与砧木和接穗的分生组织活动程度关系密切。早春温度较低，形成层刚刚开始活动，愈合缓慢。过晚，气温升高，接穗芽萌发不利于接口愈合和嫁接成活。根据不同树种愈伤组织形成对温度要求的不同(如苹果 25～30℃，葡萄 24～27℃最适宜)，选择适宜的嫁接时期。国外大规模嫁接生产已经普遍使用温室系统控制环境温度，以保证嫁接需要的温度条件。美国还开发出专门为接口加温的设备(图 2-16)。

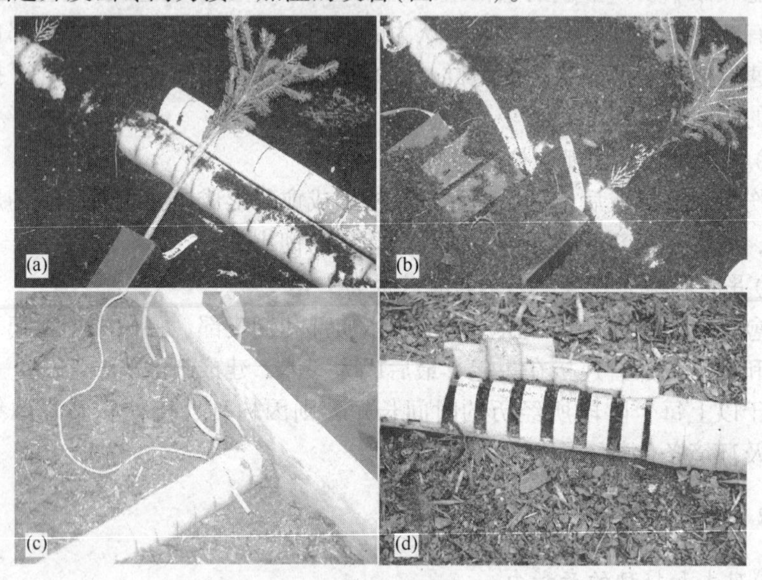

图 2-16　嫁接接口局部加温促进愈合的设备

(a)嫁接苗和加热管　(b)嫁接苗接口处插入加热管上的切口　(c)加热线和温度计　(d)加热管结构

● 湿度和植物水分关系　当砧木容易离皮和接穗水分含量充足时，双方形成层分生能力都较强，愈伤和结合较快，砧木和接穗输导组织容易连通。愈伤组织是由薄壁而柔嫩细胞群所组成，在其表面保持一层水膜(饱和湿度)，有利于愈伤组织的形成。对接穗进行蜡封，并对接口进行保湿处理，可以为接穗和砧木接口处形成愈伤组织和愈合成活提供保障。大规模嫁接应该在有嫁接微环境湿度保障设施的条件下进行。

● 其他环境因子　病毒感染、害虫、病害等环境生物因子也对嫁接成活有重要影响。

(4) 嫁接的极性

愈伤组织具有明显的极性，砧木和接穗的愈伤组织的极性影响接合部的生长正常与否。砧木和接穗都有形态上的顶端和基端，愈伤组织最初发生在基端部分，这种特性称为垂直极性。常规嫁接时，接穗的形态基端应插入砧木的形态顶端部分(异极嫁接)，这种正确的极性关系对接口愈合和成活是必要的。如桥接时将接穗极性倒置，虽然也能愈合并存活一段时期，但接穗不能加粗生长。而极性正确，嫁接的接穗则正常加粗。

本章小结

种子生物学是研究植物种子的特征特性和生命活动规律的科学，是一门独立的学科，涉及内容非常繁杂。本章只对与林木种子生产、种子品质调控、种子贮藏、种子催芽等种子品质保障技术有明显直接关系的种子生物学内容进行了简要的讨论。内容包括林木生殖发育阶段、林木结实的起始时期和结实周期性、树木种子发育与成熟的过程及其影响因子、树木种子寿命及其影响因子、树木种子休眠类型及其原因、树木种子萌发的过程及其影响因素等。各部分体系上变动不大，重点增加了新的证据和例子。但对树木种子休眠的内容体系，根据国内外最新研究成果重点进行了调整。同时，对与林木育苗关系密切的扦插生根生物学和嫁接愈合生物学等无性繁殖生物学内容，根据最新研究成果进行了较为系统的阐述。种子生物学知识是种子品质保障和通过有性或无性手段繁殖和培育苗木的理论基础，切实掌握种子生物学知识，对学习掌握苗木培育技术具有重要意义。其中林木生殖发育各时期的特点、种子成熟及其影响因子、种子寿命及其影响因子、种子休眠类型与特点、种子萌发过程及其影响因子、插穗生根类型及影响因子等，都是本章需要充分理解和掌握的重点内容。种子休眠类型是本章的重中之重，也是本章的难点内容，需要结合实验实习等，充分理解和掌握各种类型的特点，为学习催芽部分奠定坚实基础。

复习思考题

1. 林木生殖发育时期是如何划分的？各时期有什么特点？
2. 林木开始结实年龄和结实周期性与哪些因素有关？我国一些主要树种的开始结实年龄和结实周期性如何？
3. 种子成熟及其影响因子有哪些？影响种子产量和质量的因子有哪些？
4. 什么是种子寿命？哪些因子影响种子寿命？
5. 什么是种子休眠？种子休眠有哪些类型？各类型有什么特点？形成原因是什么？代表性树种是什么？
6. 种子萌发的过程如何？影响种子萌发的因素有哪些？种子萌发方式有哪些种？
7. 扦插生根原理是什么？影响插穗生根的因子有哪些？
8. 嫁接愈合过程如何？影响嫁接愈合成活的因子有哪些？
9. 种子生物学主要讲述了哪些问题？它们之间有什么内在的联系？

第3章　良种品质保障技术

良种(Improved seeds)是指遗传品质和播种品质都优良的种子。目前林业实践中，已经把良种概念扩大到一切具有优良遗传品质和播种品质的繁殖材料上。良种在现代林业中已经表现出越来越明显的效益，如美国东南部的湿地松、火炬松造林，新西兰的辐射松造林，世界各地的杨树造林，我国的桉树造林所取得的巨大成绩，良种都在其中起到了举足轻重的作用。

反映种子品质(Seed quality)有两个方面的内容。一是种子的遗传品质(Genetic properity)，即与种子(含无性繁殖材料)遗传特性有关的品质。科学选择种源，选择、培育具有优良性状的母树，建立良种基地(母树林、种子园、采穗圃)，是保障种子具有优良遗传特性的有效措施。二是种子的播种品质(Seeding quality)或称繁殖品质(Propagation properties)，即与种子播种后的出苗状况(无性繁殖如扦插、嫁接后成活情况)、苗木或幼树生长发育状况等有关的品质。适时采种(采集穗条、培养砧木)、适当调制、正确贮藏和包装运输、合理调拨、正确有效催芽(无性繁殖材料预处理)等是保障种子(繁殖材料)具有优良播种品质的有效措施。

3.1　林木种子品质指标

指示播种品质的各种参数为播种品质指标，通常有净度、含水量、千粒重、优良度、健康状况、发芽能力、生活力等。此外，还可根据需要，进行种子活力、种子类别(品种识别)等方面的测定和软 x 射线检验。无性繁殖材料品质指标有穗条活力、芽的饱满度、再生能力、健康状况等。

种子的播种品质通过种子品质检验来进行。种子品质检验是育苗工作的一个重要环节，是保障种子贮藏和运输安全、防止伪劣种子流通使用、防止种子病虫害发生和传播、准确地计算单位面积播种量、合理安排育苗和更新造林活动的必要措施。种子品质检验按国家《林木种子检验规程》GB/T 2772—1999(以下简称《规程》)的规定进行。无性繁殖材料品质指标目前还没有标准的检验方法，可以参照相关规程或研究结果进行。

3.1.1　净度

净度(Purity)是纯净种子重量占测定样品各成分总重量的百分率。它是种子播种品质的重要指标，是种子分级的重要依据，它直接影响种子贮藏和播种效果。测定净度的关键是要将纯净种子和废种子及其他夹杂物分开。农业上通常还把其他种子单独成类，并测定其种类和含量，以防止有毒或有害植物种子侵入。

按《规程》规定，纯净种子(Pure seed)是指完整的、发育正常的种子，发育不完全的种子和不能识别出的空粒，以及虽已破裂或发芽，但仍具发芽能力的种子；种翅、壳斗不易脱落的带翅、带壳种子；至少有1粒种子的复粒种子等。除此之外都为废种子或其他夹杂物。

种子净度检验有精确法和快速法2种，后者检验技术简单，受检验者主观影响小，操作省时省力，区分标准易于掌握，结果客观，因而被广泛使用。现行《规程》使用的方法就是快速法。

3.1.2 千粒重

千粒重(Weight per 1000 seeds，One thousand-seed weight)是指1000粒纯净种子在气干状态(自然干燥状态)下的重量，以克为单位表示。它是反映种子播种品质的重要指标。同一品种或种类，千粒重大的种子，其内部贮藏的营养物质多，播种后发芽迅速、出苗率高、苗木生长健壮。千粒重直接指示种子的饱满程度、充实状况、种粒大小等，但比这些性状容易测定。千粒重是苗木培育时计算播种量的重要依据。树种不同，种子千粒重差异较大，如红松为450~530g，油松32~45g，华北落叶松4.5~6.5g，银杏2 200~3 600g，杉木5.2~9.3g，赤桉0.33~0.50g。

测定千粒重的种子是经过净度检验后的纯净种子。千粒重的测定方法有百粒法、千粒法和全量法3种。通常采用百粒法测定，也是《规程》规定的方法。种子数量特少时，采用全量法。

3.1.3 含水量

种子含水量(Seed moisture content)是种子中所含水分重量占种子重量的百分比。种子含水量的高低，反映种子的成熟程度、采种时机的合适程度、种子调制的合理性、受伤害(病虫危害、气候灾害、机械损伤)程度等，直接影响种子调运和贮藏的安全。为保持种子品质，在种子入库、调运、贮藏期间需要经常测定种子含水量。种子含水量的表示方法有湿基含水量(样品水分含量占湿种子样品重量的百分数)和干基含水量(样品水分含量占烘干种子样品重量的百分数)。

种子含水量的样品是直接取自混合样品的特殊样品。种子含水量测定有标准测定法(《规程》规定为适宜所有林木种子的103℃ ±2℃的低温烘干法和130~133℃的高温烘干法)和其他测定法(滴定法、快速法、甲苯蒸馏法、容量分析法等)。

3.1.4 发芽能力

发芽能力(Germination ability，Germinability)表示成熟种子在适宜条件下发芽并长成正常植株的能力，是种子播种品质中最重要的指标。种子发芽能力强，表示种子活力旺盛、播种后出苗率高。种子发芽能力是进行种子分级、调整贮藏条件、进行种子调拨、选拔优良种子的依据。苗圃中播种育苗时，要根据种子发芽能力来确定播种量。

发芽能力测定通过发芽实验来进行，样品是经过净度测定的纯净种子。表达种子发芽能力的指标有发芽率、绝对发芽率、发芽势、平均发芽时间等。野外测定的场圃发芽率也经常用于评价发芽能力。

(1)发芽率

发芽率(Germination percentage)是在规定条件和时期内，正常发芽粒数占供测定种子总数的百分率。发芽率高，表示有生活力的种子数量多、比例高，播种后出苗率高。

(2)发芽势

发芽势(Germination energy)是在发芽过程中日发芽种子数达到高峰时，正常发芽种子粒数占供检种子总数的百分率。它表示种子发芽的速度和整齐程度。发芽势高，种子活力强，播种后发芽快而整齐。发芽率相同的两个种批，以发芽势高的品质为佳。

(3)绝对发芽率

绝对发芽率(Absolute germination percentage)是在规定的条件和时间内，正常发芽种子总粒数占供测定的饱满种子总粒数的百分率。林木种子中常有相当数量的空粒和涩粒，涩粒(Seed filled with tannin-like substances)是在种子的形成过程中，雌配子体受精后败育，种胚内积累单宁类物质，外形正常，但无发芽能力的种粒。在研究林木结实的工作中，尤其是在确切比较某些因素对发芽能力的影响时，常常需要知道绝对发芽率。

(4)平均发芽时间

平均发芽时间(Mean time to germination，MTG)是种子发芽所需的平均时间，一般用日表示。它是衡量种子发芽快慢的一个指标。在同一个树种的不同种批间，平均发芽时间短，表示该批种子发芽迅速，发芽能力较好。

(5)场圃发芽率

场圃发芽率(Field germination percentage)指播种后在育苗地的实际发芽率。以上发芽能力的各种指标都是在实验室中，在种子处于最适宜的发芽条件下获得的。这和实际的场圃环境条件差别很大，所以场圃发芽率一般都比实验室发芽率低得多，尤其是中、小粒种子更是如此。但是，由于场圃发芽率只有在播种后才能获得，所以对育苗中确定播种量没有直接指导意义，只能作为一种数据积累，其多年结果对育苗实践有参考价值。

3.1.5　种子生活力

种子生活力(Seed viability)是用化学方法快速测定的种子潜在发芽能力，也是反映种子品质优劣的一个指标。在实际工作中，有时因条件和时间所限，不能进行发芽检验，或者因种子休眠期长，需要在短期内测定其潜在的发芽能力时，可以采用测定种子生活力的方法。

测定种子生活力的方法很多，目前常用的有染色法，即用化学试剂溶液浸泡去皮后的种子，根据种胚和胚乳的染色情况判断种子有无生活力。所用的试剂有靛蓝、四唑、碘—碘化钾、硒盐等，其中四唑染色法为《规程》规定的标准方法。此外，种子生活力还可以采用荧光分析法、离体胚测定法、软 x 射线测定法等进行测定。测定种子生活力的样品是经过净度测定后的纯净种子。

3.1.6 种子优良度

种子优良度(Seed soundness)是采用感官方法，根据种子外观和内部状况，判断种子优劣程度的指标。对于目前无适当方法测定其生活力的林木种子，以及在生产上收购的种子，需要现场及时确定种子质量时，可以根据种子优良度鉴定种子品质。种子优良度的测定方法有解剖法、挤压法、压油法和软 x 射线法等。解剖法为《规程》规定的方法。

3.1.7 种子活力

种子活力(Seed vigor)指在广泛的田间条件下种子本身具有的决定其快速、整齐发芽及发育成正常苗木的潜力。种子活力是种子生活力概念的发展和深化，是种子健壮程度的表现，它比发芽率更能全面地表现田间的利用价值。其表示方法是用综合指标来表示其强度，而不是像发芽率那样仅用单一的质量指标。

常规发芽实验方法存在着一些缺陷，如：①不符合最适条件就会导致发芽率的变异，很难与种子田间表现建立相关关系；②只考虑发芽总数，未考虑发芽速度及其变化；③以胚根萌发作为种子发芽的生理标准存在问题，因为胚根萌发不一定能够成苗，萌发后的幼苗也可能出现畸形，或在田间不能长成正常植株，即使形成植株的幼苗，其生长速度等生理指标还存在着客观差异(图 3-1)。显然，把种子萌发结果归结为发芽和不发芽两类，忽视了种子品质的本质差异(高捍东 1990)。为此，产生了能够反映种子潜在成苗能力的“种子活力”概念，我国从 20 世纪 80 年代初开始引进这一概念。目前，农作物和蔬菜种子活力研究很多，

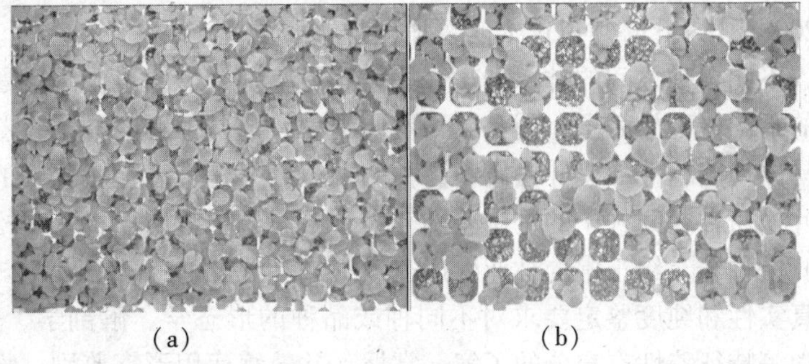

图 3-1 两批三色堇种子出苗状况对比(根据 Robert Geneve 提供照片调整)

[二者均全部发芽，但(a)活力高，种批的发芽整齐一致；而(b)活力低，种批的发芽不整齐、幼苗发育程度差异很大]

美国有的种子公司已经实际应用，在他们出售的种子的标签上明确标明种子活力，但大部分还是处于研究领域(David South，个人通讯)。我国林木种子活力研究还相对较少，仅在青檀、柏木、刺槐、油松、杉木、臭椿、落叶松、马尾松和湿地松(桑红梅等　2006)、喜树(唐先韦等　2006)、楠木(李铁华等　2008)、沙棘(张虎平等　2008)有一些初步研究。

种子活力的测定方法有很多，常用的有《国际种子检验规程》(2004)列入的电导率测定法(Conductivity test)和加速老化法(Accelerated aging)，这 2 种方法基本标准化；以及温室生长法(Greenhouse grow out)、控制劣化法(Controlled deterioration)、冷冻测定法(Cold test)、苗木生长速度法(Seedling growth rate)和发芽试验测定法等。

3.1.8　种子健康状况测定

测定种子样品的健康状况，为评估种子质量提供依据，从而提出对种子的处理意见。种子健康状况主要是指是否携带病原菌，如真菌、细菌、病毒，以及害虫等。

将种子保持在有利于病原体发育或病症发展的环境条件下进行培养，之后用直观检查法和剖开法、染色法、比重法、x 射线法等方法进行检查。

3.1.9　林木种子真实性

种子真实性是指一批种子所属品种、种或属与文件(种子标签、品种证书、质量检验证书等)的描述的一致性，即种子的真假问题。品种或种的纯度是指其在特征特性方面典型一致的程度，用本品种或种的种子数占供检植物样品种子数的百分率来表示。

林木种子的真实性和品种(种)的纯度鉴别问题的现实意义，一是保证造林绿化成功的需要，二是防止不法分子造假、避免林业生产单位和个人巨大经济损失的需要。过去，造林绿化使用的种类较少，种子流通领域单一且环节少，不关注这个问题还可以。随着造林绿化事业的发展，现在造林绿化可用种类和品种越来越多，种子流通环节也多而复杂，实践中经常出现假种或品种不纯的问题(喻方圆等　2008)，因此必须对这个问题加以足够的重视。

通常，不同树种之间的林木种子是比较容易鉴别的，但也出现问题。外形上不易区分的不同树种的种子、同一树种不同品种及不同种源的种子，鉴别难度较大，更容易出现问题。如落叶松属不同种的种子区分是生产上所面临的难题。由于不同落叶松树种之间种子的价格差别较大，不法分子常用一种落叶松种子冒充另一种落叶松种子，给正常的林业生产造成损失和混乱。

种子真实性和纯度鉴定要求对不同种或品种的形态学、解剖学、生物化学、分子遗传学等特征特性有充分的了解、掌握，并熟练运用形态鉴别、物理化学鉴别、生理生化鉴别、细胞学鉴定和分子生物学鉴定等方法。我国林木种子真实性和纯度鉴定的基础性研究和鉴定方法研究还很不够，目前主要还是以形态鉴定为主，辅以生理生化鉴定等进行。如周学权(1989)应用蛋白电泳法对不同落叶松种子的鉴定作了研究；王成(1996)根据种子和苗木的外部形态特征，应用解剖镜和扫描电镜镜检技术，建立了兴安落叶松、长白落叶松、华北落叶松和日本落叶松的鉴别方法；毛子军等(2003)利用种皮解剖构造鉴定红松和西伯利亚红松的种子等。

3.1.10 种子品质检验的程序

种子品质检验工作有一定的连贯性和顺序性，不同指标的检验有相关性，因此必须遵从一定的顺序。根据标准规定，一般检验程序如图 3-2 所示。

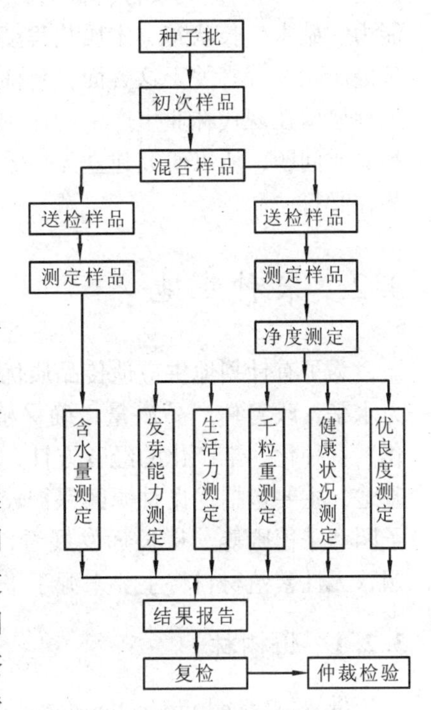

图 3-2 林木种子检验程序示意图

3.1.11 种子检验相关概念

(1)种批

种批又称种子批，指种源相同、采种年份相同、播种品质一致、种子重量不超过一定限额的同一树种的一批种子。种批满足以下条件：在一个县(林业局)、乡镇(林场)范围内的相似立地条件上或在同一处良种基地内采集的；采种母树年龄大致相同；采种时间大致相同；种子的加工和贮存方法相同；重量不超过下列限额：特大粒种子(核桃、板栗、油桐等)为10 000kg；大粒种子(麻栎、山杏、油茶等)为5 000kg；中粒种子(红松、华山松、樟树、沙枣等)为3 500kg；小粒种子(油松、落叶松、杉木、刺槐等)为1 000kg；特小粒种子(桉、桑、泡桐、木麻黄等)为250kg。

通常以一批种子作为一个检验单位进行种子品质检验。如果种子的重量超过限额，应另划种批，但种子集中产区可以适当加大种批限量。

(2)样品

样品是从种批中抽取的小部分有整体代表性的、用作品质检验的种子。样品是按照一定的检验规程和手续抽取的，分为初次样品、混合样品、送检样品和测定样品。

- 初次样品　从一个种批的不同部位或不同容器中分别抽样时，每次抽取的种子，称为一个初次样品。
- 混合样品　从一个种批中取出的全部初次样品，均匀地混合在一起叫混合样品。
- 送检样品　按照国家规定的分样方法和数量，从混合样品中分取一部分供作检验用的种子叫送检样品。一个种批抽取一个送检样品寄送检验站。

- 测定样品　从送检样品中，分取一部分直接供作某项测定用的种子，称为测定样品。

3.1.12 无性繁殖材料的品质

无性繁殖材料的品质应该包括材料来源(遗传品质)、材料规格(粗度、节间长度等)、材料的真实性和品种纯度、插穗生根能力、插穗萌发能力、接穗愈合能力、砧木生长状态、木质化程度、穗条内源激素状态、穗条营养物质含量、穗条健康状况等。关于这方面，目前还没有明确的指标体系和检测方法。但是由于无性繁殖在现代林业生产中的作用越来越重要，而且实践中已经出现无性繁殖材料品质问题，所以研究建立无性繁殖材料的品质指标体系及其检验技术体系已经势在必行。

3.2 采种基地

为了有计划地供应遗传品质优良的造林和更新用种，从根本上提高森林生产力水平，改善林产品质量，确保植树造林和森林更新发展需要，必须贯彻基地化、良种化、丰产化的经营方针，建设林木良种生产基地。目前我国的良种生产基地，主要包括优良种源区保护较好的原始天然优良林分、母树林、各类林木种子园和采穗圃等。从长远发展看，未来有性繁殖的良种将主要来源于林木种子园，无性繁殖材料将主要来源于采穗圃。

3.2.1 母树林

母树林(Seed production forest)又叫种子林，是以大量生产播种品质好、遗传品质有一定程度改善的林木种子的林分，是在现有的天然林或人工林分中选择优良林分，进行去劣留优，逐步改建和加强管理的基础上建成的初级良种基地。其优点是：建成时间短，产出种子早；种子产量高，且种子品质较好；种子地理起源清晰，便于种子调拨与应用；面积集中，便于经营管理和种子的采收。关于母树林建立的条件、建立方法及经营管理参见有关林木育种方面书籍。

3.2.2 林木种子园

种子园是由经过选择的无性系或家系组成的人工林，是用有性或无性方法繁殖人工选择的优良个体或用其他育种法培育出的新品种的植株而建立的良种繁殖场所。

(1)种子园的优点

- 遗传品质好　建园材料来源广泛，且经过了充分选优，繁殖材料的遗传基础较好，亲本材料的优良特性能得到保持，所生产的种子遗传品质好，造林后增产潜力大。

• 结实量大而稳定 母树的数量、空间布局和群落结构经过充分论证，营养条件、光照等环境条件有保证，所以结实早、结实量大、年际间稳定，提供良种快。

• 管理和采种方便 面积集中，便于经营管理和采取促进结实措施；可以采取树冠矮化措施，便于采种，降低采种成本；可以为种子的采收、运输等机械化提供条件。

(2)种子园的种类

种子园有很多种。根据繁殖方式，可分为无性系种子园和实生苗种子园；根据母树的来源及树种亲缘关系，可分为产地种子园或杂交种子园；根据母树遗传品质改良程度，可分为普通种子园、改良种子园、二代种子园和三代种子园等。

近年来种子园的建设在不断发展，数量、类型和功能多样化。根据特定用途，开始营建专用性种子园，如：纸浆材专用性种子园；广西派阳山的马尾松高产脂种子园、浙江姥山林场的马尾松纸浆材专用性种子园、浙江灵峰森林博览园金钱松种子园、浙江龙泉市的杉木双系种子园等。还出现了温室条件下的盆栽种子园，如东北林业大学的白桦强化种子园、北京林业大学开发的柏科盆栽种子园、爱沙尼亚国家林业经营中心(RMK)的银桦温室种子园、美国个别苗圃在温室内建立的人工控制授粉的松树无性系种子园等。

目前世界各国已有数万公顷的无性系种子园，同时也出现了以选择实生子代为基础的实生种子园和改良种子园。我国于20世纪60年代初开始建立试验性的种子园，目前种子园的建设已成为造林良种化、良种基地化的重要手段。我国主要用材材种几乎都建立了各类种子园，如云杉、落叶松、红松、樟子松、油松、马尾松、湿地松、火炬松、华山松、水杉、池柏、柳杉、杉木、油茶、乌桕、水曲柳等树种。

(3)种子园的建立与经营管理

关于种子园的园址选择、建设规模、建立方法与经营管理等，在林木育种学中已经详细介绍，可参见相关书籍。

3.2.3 采穗圃

采穗圃是提供优质种条(插穗或接穗)的繁殖圃，是用优树或优良无性系作材料，生产遗传品质优良的无性繁殖材料的林木良种繁殖场。按建圃材料和担负的任务不同及无性系的测定与否，可分为普通采穗圃与改良采穗圃。近年来，我国对杨树、水杉、杉木、桉树、乌桕、千年桐、油橄榄等树种，已建立了一批采穗圃。随着“有性制种，无性利用”观念的发展和无性繁殖技术的提高，采穗圃的发展速度会越来越快，规模会更大，类型会更丰富。

(1)采穗圃的优点

• 有利于优良繁殖材料扩繁应用 种条可以大量集中生产，产量高，成本低，有利于增加扩繁系数，短期内大量扩繁优良繁殖材料。

• 繁殖效果好 由于采取环境控制、化学控制、修剪、施肥等集约经营措施，种条生长健壮、充实，粗细适中，插穗生根率或嫁接愈合率高，繁殖效果好，能最大限度地保持母株的优良特性。

● 经营管理方便　采穗圃不需要隔离，一般设在苗圃附近，便于集约管理；采穗母树一般矮化处理，便于穗条生长管理、容易进行病虫害防治和采条操作等。

(2)采穗圃的建立

采穗圃中的采穗母树可根据树种的特性，分别采用播种、扦插、嫁接、选超级苗(优质幼树)移栽或埋根等方法进行繁殖。新型优良品种可以通过组织培养扩繁后，用组培苗建立采穗圃。

由于采穗圃是为造林和育苗提供种条的场所，因此它一般建在固定苗圃内。采穗圃面积的大小根据造林和育苗任务，以及单位面积提供的种条数量决定，一般为育苗面积的 1/10 左右。采穗圃用地条件与苗圃相同(详见苗圃地选择)。圃地应按品种或无性系分区。为了使各株采穗木的树冠能充分接受阳光，穗条能健壮地生长，就要充分考虑树高、树冠的大小、地形等条件，栽植适当的株数。采条母树的株行距以利于种条生产和管理为准，但因树种不同而异。如利用桉树组培苗建立的采穗圃，株行距 20cm 左右(图 3-3)；杉木无性系采穗圃，株行距 60 ~ 100cm。

图 3-3　雷州林业局利用组培苗建立桉树采穗圃

为提高种条的产量和质量，采穗圃采条母树的树形培养很重要。根据不同树种的生长特点，培养的树形也有所不同。一般培养成灌丛式树形，以提供更多更好的种条(图 3-4、图 3-5)。针叶树类在扦插繁殖中具有明显的年龄效应，因此

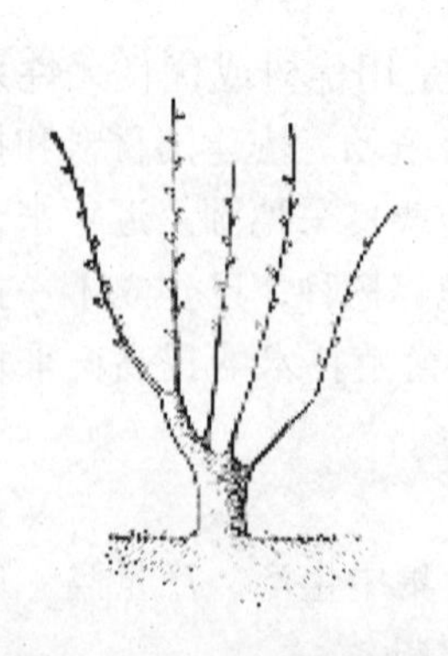

图 3-4　灌丛式采条母树树形

图 3-5　美国北卡罗莱纳州立大学温室内灌丛式火炬松采穗圃

其采条母树多培养成篱笆式树形，目的是控制树体的高生长，以获得保持幼嫩状态的种条，从而提高扦插生根率。

如杉木采用斜插埋兜栽植采穗母株所产生的穗条数量较多，生根情况最好。斜插埋兜就是将树体倾斜成一定的角度栽植，然后将树梢埋入土中，树干突出，让其从树的中部和基部萌发出新梢。

湿加松，即湿地松(*Pinus elliottii* var. *elliottii*)×洪都拉斯加勒比松(*P. caribaea* var. *hondurensis*)，“矮干平台式”株形培育，效果很好。第1年50~70条/(株·次)；2年生150~250条/(株·次)，3年以后最高可达400~500条/(株·次)，穗条均匀，粗细适中(图3-6)。而传统方法(高干式)第1年<20条/(株·次)，2年生<50条/(株·次)，3年以后开始衰退(黄少伟，会议交流)。

(a)

(b)

图3-6　广东南方林木种苗基地的湿加松矮干平台采穗圃(黄少伟)

(a)传统方法　(b)矮干平台式

(3)采穗圃管理

采穗圃管理，既要考虑穗条产量，又要保证穗条质量和方便采穗。具体管理内容包括树体管理、土壤管理、水分管理、有害生物管理和档案记载等。土壤管理、水分管理、有害生物管理等，等同于一般苗圃管理。重点是进行树体管理。

采条母树的树体管理有树体的整形修剪、平茬、抹芽及复壮。

为了确保母株产更多优质种条，需要对母株进行整形修剪。主要措施就是去顶矮化，控制主干保留一定高度，这样既有利于侧枝生长和穗条的萌发，又利于穗条的剪取；疏枝修剪，能保证枝条接受充足阳光。

一般采穗圃连续采条2~5年(因树种不同而异)以后，随着土壤肥力的降低和根桩年龄的增加，出现长势衰退、病虫害加重的现象，从而影响种条的产量和质量。为了恢复树势，可在秋末冬初或早春地表化冻前平茬复壮。如果采穗母树失去培养前途，应该重新建立采穗圃，要更新轮作。但为了不影响种条产量，要分次进行。

建圃后要及时建立各项技术档案，记载采穗圃的基本情况、优树名称、来源、采取的经营管理措施、产量和质量变化情况等内容。

3.3　种子采集、调制、贮藏、运输

种子采集、调制、贮藏、运输过程，对林业生产用种的品质有重要的影响。由良种基地培育的遗传品质优良的种子，如果在种子采集、调制、贮藏、运输等过程中出现问题，也无法得到播种品质优良的种子，从而影响到壮苗的培育和优质人工林的营造。

3.3.1　采种

林业上的采种，实际上是采集树木上的果实或种子。有些经调制后可得到种子，如油松、落叶松、马尾松、云南松、杉木、柳杉、云杉、冷杉、侧柏、杨树、柳树、泡桐、刺槐等；有些仍是果实，如白蜡、白榆、水曲柳、板栗、栎类、枫杨、榉树等。

种实采集的关键是适时。适时采集就是把握种子的成熟性状和成熟期，及时采集，获得种粒饱满、品质优良的种子。采集过早，种子未成熟，没有发芽力或发芽力低；采集过晚，种子、种实易散落或被鸟兽危害。

(1)种实脱落

种子形态成熟后，种实开始逐渐脱落。有些种实立即脱落，如银杏、杨、柳、榆、杏、山桃等；有些种子从成熟到脱落有一段间隔时期，如侧柏、刺槐、椴树、臭椿、杜仲等；有些树木种实成熟后宿存树上，如悬铃木、槐树、紫穗槐等。

在树木各自的自然脱落期内，一般以脱落早期和中期落下的种子质量好，数量也多。但有些非正常脱落的种子，如受病虫害影响脱落早的种子，质量难以保证。

脱落期的长短受环境条件影响很大，如遇高温、干燥、大风天气，种实失水快，脱落早。

脱落形式也有所不同，有的整个果实脱落，如浆果、核果类等，有的果鳞或果皮开裂，种子脱落而果实并不一起脱落，如松柏类的球果等。

(2)确定采种期

每个地方、每个树种都有大致固定的果实成熟期和采种期，但种实成熟受当年气象条件影响较大，在不同年份，成熟期可能有所变动。定期对采种母株进行物候观测，可以比较准确地对种子成熟期作出预报，做到适时采种。因此，采种时间应根据种子成熟和脱落特点及当时的气候条件严格掌握。要依不同地区、不同林分分别确定最佳采种时间，并严格按采种时间采收。

具体应遵循下列原则：①凡成熟后立即脱落或带翅、带絮毛的小粒种子，易被风吹散，应于成熟后到开始脱落前采集，如杉木、桦木、杨、柳的种子。②种实脱落期长，果实颜色鲜艳的种子，留在树上易被鸟兽取食，应于形态成熟后立即采摘，如樟树、栾树、女贞、乌桕、玉兰、冬青等的种实。③对于果实不易脱落的种子，不宜过久留在树上，也应及早采摘，但采种时间可相对延长，如苦楝、刺槐、臭椿、皂角、槐树等。④对于休眠期长的种子，为了缩短休眠期，可在生理成熟后形态成熟前采摘，立即播种或贮藏，如山楂、红豆杉、椴树等。

(3)采种林分及母树选择

种子生产基地应对各树种的树龄、分布区、数量等项工作进行全面详尽的调查，并在图纸上标明，建立各树种的种质资源档案(包括数字化电子档案)。对于已建立母树林和种子园等良种基地的树种，母树林和种子园是首选对象。在采种过程中，应严格按照《中华人民共和国种子法》有关规定进行采种，即："禁止抢采掠青，损坏母树，禁止在劣质林内、劣质母树上采集种子。"

采种林分或母树的条件：种源清楚，生长健壮，干形优良，无严重病虫害，结实丰富，抗性强。对于松属树种，采过脂的林分或母树不宜作采种林分或母树。此外，还应考虑采种母树年龄，应多选结实良好的中壮龄母树或林分(表3-1)。速生针叶树15~30年以上，生长慢的30~40年以上较合适；生长快的阔叶树一般10年以上。

表3-1　主要造林树种采种母树年龄

树　种	年　龄	树　种	年　龄	树　种	年　龄
杉　木	15~30	油　松	20~50	檫　木	10~30
马尾松	15~40	银　杏	40~100	麻　栎	20~50
华山松	20~40	香　樟	20~50	刺　槐	10~20
云南松	30~40	楠　木	20~50	鹅掌楸	15~30
柏　木	20~40	泡　桐	8年以上	白　榆	15~30
冲天柏	20~50	苦　楝	10~20	木　荷	25~40
柳　杉	15~60	桉　树	10~30	水曲柳	20~60
红　松	20~80(人工林)	香　椿	15~30	核　桃	20~40
樟子松	30~80	楸　树	15~30	木麻黄	10~25
落叶松	20~80(人工林)	桤　木	10~25	臭　椿	20~40

注：引自《中国主要树种造林技术》(1983)。

(4)采种方法

采种前要准备采种工具，我国采种机具很少，多采用手工操作的简单工具，如高枝剪、剪枝剪、采种镰、竹竿、种钩、采种袋、布、梯子、绳子、安全带、安全帽、簸箕、扫帚等。种子园和母树林应备有采种车辆及自动升降设备(图3-7)，也可以租用自动升降设备采种。

根据种实的种类、脱落形式和时间、树体的大小以及使用的工具采用相应的采种方法。

● 地面收集　种实成熟后，在脱落过程中不易被吹散的大粒种实种子可用此方法，如山桃、山杏、核桃、板栗、栎类、油桐、油茶、七叶树等。采集时可在地面铺帆布、塑料布、席子等便于收集种子，用机械或人工振动树木，促使其种实脱落。振动式采种机专门用以采集种子，可以振落种子而对树木生长影响较小。地面收集的方法安全、效率高，是普遍使用的方法。

图3-7　美国种子园使用自动升降机在树冠表面采种

● 树上采集　比较矮小的植株，如小乔木、灌木可以利用各种工具，如枝剪、高枝剪等采集。高大树木可以上树利用枝剪、高枝剪采集。在地势平坦的地方可以利用机械设备，如车载自动升降梯，结合人工利用枝剪进行采集。在母树林和种子园中采种主要采用本种方法。

种子种粒小，或脱落后易被风吹散的种子，如杨、柳、榆、桦、马尾松、落叶松等，以及成熟后不立即脱落，但不适用从地面收集的种实，都要从植株上采取，如针叶树、刺槐等。对果实集中于果序上而植株又较高的树种，可采用高枝剪、采种镰、采种钩等采收，针叶树可用齿梳梳下球果，或用杆击、棒打、手摘、钩镰等方法采收。对植株特高的，可用木架、绳索、脚蹬、叠梯等工具协助。

上树采种时系好安全带、安全绳、安全帽。四级风以上的天气，禁止上树操作。树下收集种子或扶梯子递工具的作业者，随时注意树上操作的工具滑落或折枝掉下砸伤，并注意行人。

采种一定要注意保护好母株资源，并避免大量损伤树干、种枝、种条，要保护种源。

可以自制采种工具，如采集球果、鳞果可在高枝剪、球果耙上做一敞口布兜，剪下的果实直接落在布兜内，避免二次收集，减少损失，提高效率。

采种还可用其他方法，要因地因树制宜，要注意人身安全。

3.3.2　种实的调制

种实是指针叶树的球果和阔叶树的果实或种子。对采集的种实进行干燥、脱粒、去翅、清除杂物、净种、分级等的过程，称为种实的调制。种实的调制是为了获得适合播种、贮藏的纯净种子。新采集的种子要及时调制处理，并及时登记，堆放过久容易造成发热、霉烂，降低种子质量。

种实可以分为球果类(松柏类)、浆果类(仁果、浆果、核果等)、干果类(荚果、蒴果、翅果等)，各类种子调制方法不尽相同。

(1)球果类种实的调制

种子包含在球果中，需将球果干燥，使果鳞开裂，脱出种子。有自然干燥和人工干燥2种方法。

• 自然干燥脱粒 在自然条件下，利用阳光和适宜的气温使球果干燥。具体方法是：将球果放在席子、塑料布或场院上，根据树种特性不同，在太阳光下暴晒或阴干；经常翻动，注意防雨、防潮。球果干燥后鳞片自然开裂，种子脱出，部分未脱出的种子可用木棒敲打，种子即可脱出。一些含松脂多的球果，鳞片不易开裂，需要辅以其他方法。如马尾松，先将球果放在阴湿处堆沤，用40℃左右的草木灰水淋洗，15d左右球果部分开裂，再放置在阳光下暴晒，经10d左右鳞片开裂，种子脱出。自然干燥脱粒方法安全可靠，不会因温度过高而伤害种子，但受天气条件限制，获得种子的时间不易保证。

• 人工干燥脱粒 人工干燥指用人工加温、促使球果干燥开裂、脱出种粒的方法。人工干燥可以人工控制干燥条件，较自然干燥法迅速。人工干燥方法有多种，可根据条件选择适用的方法。常用的有干燥室法和烘箱法。

干燥室法是利用特制的干燥室加温烘干球果。干燥室一般应配备加温、通风设备，如暖气、电加热器、排风扇等，使温度、湿度保持在规定的范围内(图3-8)。烘箱法是利用烘箱加温干燥球果，少量的球果可在烘箱中进行干燥脱粒。

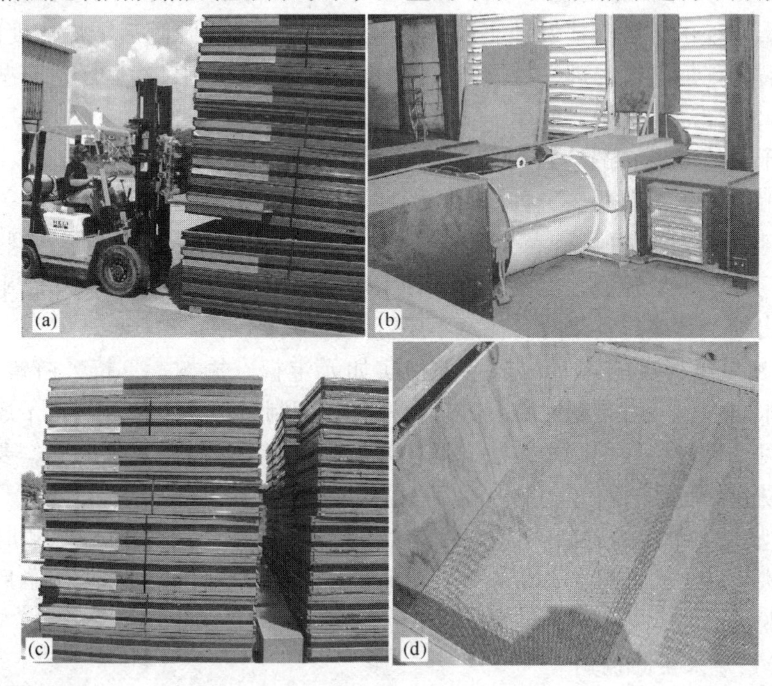

图3-8 种子人工干燥室

(a)分层可组装移动 (b)热风发生装置 (c)整体外观 (d)种子干燥室，底部筛网通过热气

干燥球果的温度一般在36~60℃。树种不同，最适温度也不同，落叶松、云杉不能超过50℃，马尾松、樟子松不能超过55℃。提高温度可加快球果干燥、种子脱粒，但温度过高或高温持续时间过长会伤害种子，降低种子质量。温度要逐渐提高，一般从20~25℃开始，逐渐提高到所需温度。

湿度要适当，高温高湿更易伤害种子。在不能确定最高温度时，应使用较低的温度，不要因温度过高伤害种子。新采集的球果含水量大，加温时会使处理场所湿度增加，因此处理球果时除要注意高温外，还要注意不使处理场所湿度过大。处理种子过程中，相对湿度不宜超过 50%；处理结束时，空气相对湿度在 10% 为宜。通风可降低湿度，干燥场所要有通风设备。

• 种子去翅　球果类种子多带有种翅，为了利于贮藏和播种作业，有些种子需进行处理脱掉种翅，形成纯净种子。去翅可以采用手工或机械的方法。手工去翅，要把带种翅的种子放在口袋中，用手揉搓，去掉种翅。机械的方法适合处理大量的种子，脱翅并能同时净种。还有专用的球果类种子处理设备，球果干燥、脱粒、净种、选种，全部用机械处理，效率很高。

(2) 干果类种实的调制

蒴果、荚果、翅果、坚果、蓇葖果、瘦果等都属于干果类。干果类种实的调制主要是清除果皮、果翅、枝叶等杂质，得到纯净种子。这类种子很多，差异较大，有的干果开裂，有的不开裂，有的含水量大，需要区别对待，采用相应的调制方法。

• 蒴果类种实的调制　蒴果采集后要及时调制，堆放时间过长容易发热、发霉，影响种子质量。蒴果种实调制，干燥是关键。经晾晒后干燥适度的蒴果，容易开裂，稍加敲打处理，种子即可脱出，经筛选可得到纯净种子。有些含水量高的蒴果，如油茶、杨、柳等，不宜暴晒，可在庇荫处晾晒。

经干燥的蒴果一般会自行脱粒，没有完全脱粒的可辅以轻轻敲打，即可脱粒。一般而言，干燥适当、自行脱粒的种子品质较高。

• 荚果类种实的调制　荚果成熟时一般含水量较低，可晒干。有些荚果坚硬、有韧性，不易开裂，需要敲打，种子才能脱出。皂角甚至需要单个砸开荚果才能脱出种子。敲打荚果时，注意不要打碎种子。

• 翅果类种实的调制　翅果类种实如元宝枫、榆树、臭椿、白蜡、杜仲、枫杨、水曲柳等，可带翅贮藏、处理、播种，调制时不必去掉种翅，干燥后去掉杂物即可。干燥一般用晒干方法，但杜仲、榆树等少数树种不能暴晒，要用阴干办法，防止暴晒伤害种子。

• 坚果类果实的调制　这类果实含水量较高，阳光下暴晒或晾晒时间过长容易失去生活力，如栎类、板栗等，可水选或手工选择。小的坚果晾晒后可用木棒轻击脱出种子，然后风选净种。

(3) 肉质果实的调制

肉质果实指浆果、核果、聚花果和浆果状球果等。这类果实果皮多肉质，含有较多的水分、果胶、糖等，易发酵腐烂，因此，果实要及时调制，取出种子。

肉质果实调制的关键是去掉肉质果皮。软果皮可以直接挤压、揉搓，弄碎果皮挤出种子，然后经水选、晾晒干燥获得净种。硬、脆果皮首先要使果皮软化，然后取出种子。由于肉质果实的果皮软硬、薄厚不尽相同，调制方法也有所不同。

软果皮如金银木、毛樱桃等可直接揉搓，挤出种子，经水选取出种子。银杏可在水中浸泡一段时间，使果皮松软，然后揉搓取出种子，浸泡时间不可过长。核桃等种实采用堆沤法，使其果皮腐烂，取出种子。

适时采种可使一些肉质果实的调制变得容易，如核桃，形态成熟后再采集，大多果皮开裂、种子自动掉出。黑枣软化后采摘，很容易将种子取出。

(4)净种和种子分级

种子调制后，还要进行净种和种子分级。

净种就是清除在调制过程中未清除干净和混进的杂物，以及破损瘪粒种子，如果皮、树枝、树叶、果翅、鳞片、土块等。净种能提高种子品质，提高贮藏的安全性。净种是保证种子品质的有效手段，也是商品种子的必要措施。

净种方法有风选、水选、筛选和手选等。根据实际需要可选用1种方法或同时使用多种方法。

• 风选　由于杂质和种子的重量不同，可以用风力将杂物从种子中吹走，达到净种的目的。风选适用于中小粒种子。实际工作中可用风车、簸箕等简单工具或借助自然风进行风选。

• 水选　它是利用杂质与种子相对密度的不同，将待选种子倒入水中进行漂选的净种方法。在水中，饱满种子因密度大而下沉；杂物如树叶、果皮、空粒、瘪粒因重量轻、相对密度小而浮在上面，将杂物捞出便可达到净种目的。水选操作时间不宜过长，以免杂物吸水重量增加下沉而影响净种效果。水选后的种子不宜暴晒，应用阴干法干燥。有些种子水选还可以将种子分级。

• 筛选　用不同孔径的筛子，筛除与种子大小不一的杂物。

其他筛选方法如高压静电场等新技术也可以利用。

种子净种后要对种子按种粒大小进行分级。种子分级是种子工作的重要环节，同一种树木种子，一般粒大的种子千粒重大，种子饱满，含营养物质多，生命力强，发芽率高，长出的苗木强壮。经过分级选出的优良种子单位面积用种量少，播种后出苗整齐，苗木生长均匀，便于管理，可生产出优质苗木。

净种分级后的种子要及时登记，登记项目包括树种、产地、采集时间、采集人、处理方法、粒级等。在美国，这个种子标签要跟随在种子贮藏、调拨运输、育苗、造林至森林收获的整个营林过程中，不管哪一个环节出现问题，都可以检查是不是种子的问题，从而为以后的种子调拨与经营提供依据。我国也建立了种子标签制度，但在实际执行中还存在很多问题，需要加强。

3.3.3　种子贮藏

种子贮藏的目的是贮备播种育苗的种子，其实质是在一定的时间内保持种子的生命力。

种子经净种、分级后，因播种季节、生产计划等因素的影响，不能立即播种，需将种子按一定的方法贮藏一定的时间。一些春末夏初成熟不耐贮藏的种子，可随采随播，如杨树、柳树、榆树、桑树。大多数树木种子不能立即播种，需要等到翌年春季播种，丰收年采收的种子要留给歉收年使用，因而就要进行种子贮藏。如果种子贮藏得当，控制好温度、湿度，可使种子发芽力延长甚至达数年到数十年之久。反之，如贮藏不当，种子很快失去生命力，也就失去了贮藏种子的意义。

种子贮藏前要充分净种，去除杂质，使种子达到安全含水量。大多数种子的安全含水量在 3%～14%。适宜的贮藏温度为 0～5℃，空气相对湿度为 30%～50%，要注意通风透气。贮藏时要按树种、批次、质量、产地分别贮藏。贮藏场所、容器要挂标签，注明树种、批次、贮藏时间。

种子贮藏主要有干藏和湿藏 2 种方法。安全含水量低的种子适合干藏，安全含水量高的种子采用湿藏法。

(1) 干藏法

干藏法是把经过充分干燥的种子贮藏在干燥的环境中并保持干燥状态的贮藏方法。大多数种子可用干藏法，如松柏类树种，槐树、刺槐、合欢、元宝枫等。干藏法有普通干藏法、密封干藏法和超干贮藏法等。

- 普通干藏法　干燥的种子，使其达到安全含水量，装入麻袋、布袋、箩筐、缸等容器中放置在温度较低、干燥、通风的仓库中进行贮藏的方法。有些易遭虫蛀的种子，如刺槐，可拌入少量熟石灰粉。贮藏前仓库要进行消毒处理，一般用石灰水刷墙即可。另外，为防止湿度过大，可在仓库内适当位置放生石灰以吸湿干燥空气，同时还可起消毒作用。

- 密封干藏法　把经过干燥的种子，放入无毒、密闭的容器中进行贮藏的方法。适合干藏的种子都可密封干藏，粒小、种皮薄的种子用普通干藏法长期贮藏容易失去生命力，密封干藏可保持较长的生命力。由于安全含水量低的种子在干燥的环境中呼吸微弱，放置在密闭的容器中可以防止和减轻外界湿度、氧气、温度的影响，抑制呼吸，也抑制微生物的活动，达到长期贮藏种子、延长种子生命力的目的，是长期贮藏种子效果最好的方法。可选用铁质和塑料等容器，容器不要过大，以适合搬运为好。容器要经过消毒处理。为防止容器内种子因呼吸产生水分，可放置硅胶、氯化钙等吸水剂，硅胶用量为种子质量的 10%，氯化钙用量为种子质量的 1%～5%。可用蜡将容器封口。塑料袋可直接用封袋机抽真空压封，真空贮藏效果更好。密封好的容器放置在低温的仓库内。贵重种子，可用易拉罐包装。现在市场上已有多种商品种子用易拉罐包装。

长期贮藏大量种子时，应建造种子贮藏库。种子库要求保持较低温度（通常 0～5℃，有的要求到 -2℃）。有的种子库建在山洞中，采用自然通风降温，但一般最低只能达到 8～10℃，而且年中变幅较大，温度稳定性较差。用人工控温的方式可以保证要求的温度，但人工控温低温库的建设通常投资较大，技术要求高，电源要有保障，常年运转费用昂贵。

- 超干贮藏法　研究表明，通过降低种子含水量，在常温条件下就能较好地保存种子活力。种子超干燥贮藏就是把种子含水量由低温库贮藏的 5%～6%，进一步降低到 3%～4%，甚至 2%，而贮藏温度可适当提高。目前，这方面的研究以农作物种子较多，林木种子仅少数树种如榆树、栗、杜仲、杉木、马尾松、黑松、相思树、木麻黄、梭梭等做了一些研究(郑郁善和王舒凤　2001；程红焱　2005)。

超干贮藏种子的干燥，要控制干燥温度不能太高，可以采用硅胶室温干燥、真空冷冻干燥、低温低湿干燥等方法干燥，种子含水量低限因树种不同而异，目前的少量研究都在2%~6%的范围内。超干的种子需要密闭在复合铝箔袋中常温下保存。

(2)湿藏法

湿藏是将种子放置在湿润、通气、低温的环境中，以保持种子的生命力的贮藏方法。安全含水量高的种子采用湿藏法，如银杏、栎类、榛子等种子寿命较短，从种子成熟到播种都需在湿润状态中保存。湿藏有解除种子休眠的作用，可以结合种子催芽进行贮藏。

湿藏一般采用混沙贮藏，也称为沙藏。选用干净、无杂质的河沙。沙子的湿度因树种不同有所差异，一般为饱和含水量的30%(简单的确认方法是，抓一把湿沙用力握沙子不滴水，松开后沙团不散开)；如果结合催芽，湿度可提高到50%~60%。贮藏温度一般为0~5℃。湿藏温度不宜太低，低于0℃容易冻伤种子。按种: 沙 =1: 3 的比例混合。小粒种子直接与沙混合均匀后放置在贮藏坑中；大粒种子可一层沙一层种子分层放置。种子层不能太厚，是沙层的1/3，以每粒种子都能接触沙子为好。还可以种沙混合后，一层沙子、一层种沙混合物放置。

贮藏地点室内、室外均可，室内一般是堆藏；室外可堆藏，也可挖坑埋藏。室外堆藏或埋藏要选择背风向阳，雨淋不进、水浸不到的地方。

• 坑藏法　以室外坑藏为例(图 3-9)，具体方法为：贮藏坑深度以各地土壤结冰深度和地下水位高度而定，原则上要求将种子放在土壤结冰层下或附近，地下水位线以上，沟内能经常保持所要求的湿度，一般深 100 ~ 120cm，坑宽 100cm 左右，长度视种量大小确定。坑底放 10cm 厚的湿沙，在上边放置种沙混合物(或一层种子一层沙，或一层种沙混合物一层沙)，种子层一般在冻土层以下，厚度一般 70cm 左右，然后在坑上部覆盖沙子(一般10cm)。贮藏坑自下而上要插上具有通气作用的秸秆束，坑长时每间隔 100cm 插一个。地面以上用土做成 10cm 左右的屋脊顶，以防雨(雪)水进入贮藏坑。注意经常检查，保持低温、湿润和通气。

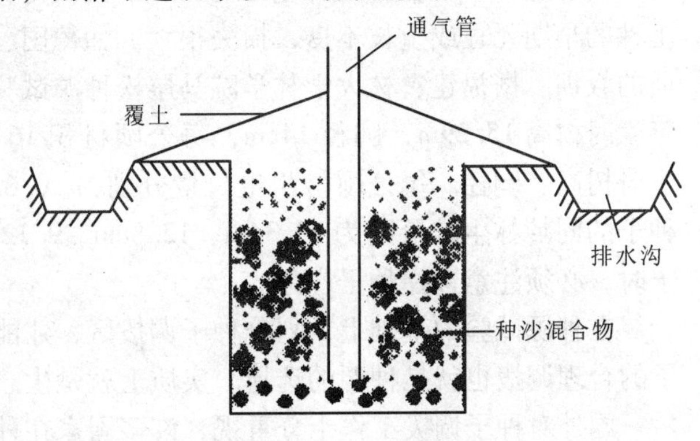

图 3-9　室外坑藏示意

• 堆藏法　可室内堆藏，也可露天堆藏。室内堆藏可选择空气流通、温度稳定的房间、地下室、地窖或草棚等。先在地面上浇一些水，铺一层 10cm 左右厚的湿沙，然后将种子与湿沙按 1: 3 的容积比混合或种沙分层铺放，堆高 50 ~

80cm、宽1m左右，长视室内大小而定。堆内每隔1m插一束秸秆，堆间留出通道，以便通风检查。室内或室外堆藏由于不接地墒，要注意保持湿度，同时要防止温度剧烈变化。

对一些小粒种子或种子数量不多时，可把种沙混合物放在箩筐或有孔的木箱中，置于通风的室内，以便检查和管理。

• 流水贮藏法　对大粒种子，如核桃、栎类，在有条件地区可以用流水贮藏。选择水面较宽、水流较慢、水深适度、水底少有淤泥腐草，而又不冻冰的溪涧河流，在周围用木桩、柳条筑成篱堰，把种子装入箩筐、麻袋内，置于其中贮藏。

3.3.4 种实的调拨

当本地所产种子不能满足育苗造林需要时，须从外地调进种子。从外地调运种子的范围常有一定界限，超过界限，将产生不良后果，因此必须合理调拨种子。种子调拨是否适当，对生产影响颇大，种源不同则造林效果也不同。因栽培地区的生态因子与原产地之间存在着差异，同时树种适应性不同，则其调拨范围也就不同。如同在大兴安岭产的樟子松和兴安落叶松，由于樟子松适应性大，在东北山区、半山区，即湿润区、半湿润区都能生长良好，且其耐沙性较强，故调拨到东北的西部地区半干旱沙地、草原也能正常生长，但兴安落叶松就不行。种子的产地对人工林的成活和生长影响也很大，在人工造林的早期，人们曾认为，同一树种造林，不管采用哪里产的种子都可获得同样的效果，结果造成大面积人工林的早期死亡或生长不良，损失很大。如德国、捷克、瑞典、日本等均有这方面的教训。据福建农林大学林学院马尾松种源试验的报告，来自广西的种子，20年生时树高15.29m，胸径14cm，每公顷材积16.1m^3；来自湖北的种子，20年生时树高、胸径、每公顷材积生长量分别为10.61m、11.9cm、7.25m^3；而当地种子的同龄林生长量则为13.34m、12.8cm、9.12m^3。因此，缺种地区在调进种子时，必须注意选择种子产地。

在种源试验的基础上，划分种子调拨区，才能做到合理调拨与使用种子。种子的合理调拨也就是种源的选择，实质上就是生态型或地理型的选择。

国外对种子调拨工作十分重视，许多国家在种源试验的基础上，划分了种子调拨区。我国也在种源试验基础上进行了13个主要造林树种的种子区划(2008修订，待发布)，但对于大多数针阔叶树种却没有种子区划。为了科学合理地使用种子，在种子调拨时应遵循以下原则：①选择最适种源区或本地种源。②如果没有最适种源区或本地种子缺乏时，也要在造林地附近地区调拨种子。③若在造林地附近地区无适宜种源区，则要选择气候条件和土壤条件与造林地相同或相似的地区，尽可能减小差异。总的要求是：尽量在本气候亚带内或邻带内的最优种源区进行调种，隔带调种一定要慎重，且在造林布局时，一定要尽量安排在立地条件与原产地尽量接近的林地上。

在我国自然条件下，种子由北向南和由西向东调拨的范围比相反的方向大。

如我国马尾松种子，由北向南纬度不超过3°，由南向北纬度不超过2°；在经度方面，由气候条件较差的地区向气候条件较好的地区调拨范围不应超过16°。地势高低对气候影响很大，垂直调拨种子时，从高海拔向低海拔调拨范围比相反方向大，一般不超过300～500m。

采用外来种源时，最好先进行种源试验，试验成功后才能大量调进种子。调运种条或苗木也应遵循上述原则。

3.3.5 种子运输

种子运输的实质是在活动的环境中保存种子。首要的问题就是要做好包装工作。需用透气的包装物，如麻袋、带孔木箱，使种子能适当透气，包装时种子可混合一些木炭粉吸潮，避免种子运输途中霉烂，包装时种子只能装七成满，以便搬运时起翻动种子及适当透气的作用；易丧失生命力的种子如杨树、桦树等，应该密封运输。其次应做好运输过程中的保管工作，种子不能受热干燥，在途中应置于阴凉透风处，不能日晒雨淋，否则发芽力降低甚至丧失发芽力。另外，还要防止混杂等。

3.4 种子催芽

催芽(Seed pregermination，Seed stratification)是以人为的方法打破种子的休眠，并使种子的胚根露出的一种处理。催芽目的是解除种子休眠，促进种子萌发，提高发芽势和场圃发芽率，使幼苗适时出土，出苗齐、快、壮，缩短出苗期，延长生长期，增强苗木的抗性，提高苗木的产量和质量，保证苗木的速生、优质、丰产。如果不进行催芽处理，无论是哪种休眠类型的种子，在播种后要经较长时间才能发芽出土，且出土不整齐，易造成缺苗断条现象，降低苗木产量和质量，增加管理上的困难，造成经济损失。尤其在我国北方，幼苗出土晚不仅缩短了苗木的生长期，且出土后的幼苗正遇高温干燥时期，易受干旱、灼伤及感染病害，而影响育苗工作的成效。

根据种子休眠方式和程度的不同，可以采取多种催芽方式。但归纳起来，主要有层积催芽(低温层积催芽、变温层积催芽、混雪催芽、高温层积催芽)、无基质层积催芽、水浸催芽、药剂浸种催芽、物理方法催芽等5类。有些种子需要几种方法复合进行催芽，可以称为复合催芽法。

3.4.1 层积催芽

把种子与湿润的介质混合或分层放置，在一定的温度和湿度条件下经过一定时期，促进其达到胚根裸露的程度，这种方法称为层积催芽(Seed stratification)。早期欧洲贮藏橡实等种子，在容器内铺放一层介质(如沙)，厚约5cm，再铺一层种子，厚约1.5cm，如此相间成层放置，一般介质6层，种子5层，上部可浇水保湿，下部有间隙以利排水，使种子(含水量高)安全越冬。以后有人认为这种方法并非单纯是维持休眠的贮藏方法，而是使种子在低温、湿润、通气条件下进行一系列复杂的物质转化，有利于种子发芽，因而改称为预先发芽(Pregermination)或层积催芽。

层积催芽的方法，根据所用介质的不同，可分混沙催芽和混雪催芽；根据地点环境的不同，可分室外埋藏催芽、室内堆积(用木箱或地上堆积)催芽；根据催芽时间的长短，有越冬埋藏催芽、经夏越冬隔年埋藏催芽和短期催芽(多用于强迫休眠种子，如云杉、落叶松等)；按温度的不同，有低温层积催芽、变温层积催芽、高温层积催芽等。

3.4.1.1　层积催芽的作用

层积催芽对种子所起的作用主要有以下几方面：

- 种子在层积催芽过程中，种皮透性发生有利于发芽的变化　在一定温度、湿度和通气条件下层积一定时间，种皮软化，通气透水性增加。种子内部有了适宜的水分和氧气，能促进种子内酶的活化。特别是渗透性弱的种子，在层积条件下，氧的溶解度增大，从而保证了种胚在开始增强呼吸时所必需的氧气，有利于打破休眠。

- 种子在层积催芽过程中，内含物质发生有利于发芽的变化　休眠种子内部含有抑制发芽的物质，在层积处理条件下含量显著减少，抑制作用大大减弱；同时，层积处理还能促进物质如赤霉素(GA)和细胞分裂素(CK)等增加或占优势，起到调节激素平衡向有利于萌发的方向转化，并消除脱落酸等的抑制作用，从而促进种子萌发。

- 种子在层积催芽过程中，完成了后熟过程　对于需要经过形态后熟的种子，如银杏、女贞、水曲柳、刺楸、东北刺人参等，在层积催芽过程中，胚完成了分化或明显长大，经过一定时间，胚即能长到应有的长度，完成后熟过程，种子即可萌发。对于需要经过生理后熟的种子，如红松、水曲柳，层积催芽使其完成生理后熟过程。

- 种子在层积催芽过程中，新陈代谢总的方向和过程与发芽是一致的　对某些树种种子的生物化学研究表明，在层积催芽过程中，山楂种子内的酸度和吸胀能力提高；铅笔柏种子的脂肪和蛋白质含量降低，氨基酸含量增加，提高了水解酶和氧化酶的活动能力，并使复杂化合物转变为简单的可溶性物质，过氧化氢酶的活动能力提高 1 倍，促进胚乳中的养分向胚中转移。白皮松种子在层积的第 5 ~ 13d，随着脂肪酶活性的缓慢上升，胚乳和胚中脂肪含量相应逐渐下降；同时蛋白酶增高，蛋白质水解加快，氨基酸含量上升；在此过程中出现了多种多样的代谢变化，与种子萌发期间生理过程是一致的。

3.4.1.2　层积催芽的条件

层积催芽时，必须为其创造适宜的温度、湿度、通气和其他条件。

- 温度条件　树种生物学特性不同，对催芽温度的要求也有差异。多数林木种子(特别是北方地区的种子)要求一定的低温条件。一般是稍高于0℃，变动于0~10℃或4~7℃。低温有利于破除种子休眠，且呼吸弱，养分消耗少。我国大多数地区秋天成熟的种子，到第2年春天发芽以前，都会遇到它们所需要的低温，所以低温催芽符合自然规律。但有些树种的种子，特别是深休眠、自然条件下需要1年以上时间才能发芽出苗的种子，除需要低温外，还要求一定时间的高温过程，所以变温条件更有利于这类种子的催芽。

• 湿度条件　要用间层物(基质)和种子分层放置或混合起来，给种子创造适宜的湿润环境。间层物通常可用洁净的河沙及泥炭、蛭石、珍珠岩、冰雪等。沙子应洗去黏粒，以免通气不良，造成种子腐烂，影响催芽效果，沙子的湿度为其饱和含水量的50%~60%，即用手握成团，但不滴水为度。泥炭、蛭石和珍珠岩的通透性好，且保水力强，没有病菌，是良好的基质。也可用雪或碎冰作为基质。

• 通气条件　在催芽过程中，种子内部进行一系列生理生化活动，物质转化和呼吸作用加快，需要保证及时供应足够的氧气和排出二氧化碳，因此，要有通气设施，保证空气流通。在种子数量不多时可用秫秸作通气孔，当种子数量较多时，应每隔一定距离(2m左右)设一个专用通气孔。室内堆积催芽时，要经常翻动。

• 其他条件　其他条件主要是保证种子安全的条件，如防菌、防虫、防鼠等。

3.4.1.3 层积催芽种类

(1)室外低温层积催芽

室外低温层积催芽又称露天埋藏催芽，通常采用河沙为基质，也称为混沙埋藏催芽。据南京林业大学研究(施季森，个人通讯)，采用珍珠岩为基质，效果也很好，而且可以克服河沙粒径变动幅度大、不易掌握的弱点。在冬季积雪的地区，可以使用雪作为基质，此时称为混雪催芽。在我国气温较低地区，室外低温层积催芽是应用最为普遍的催芽方法。

室外低温层积催芽在催芽过程中使种子经常处于低温条件，在室外把种子埋在地下(或窖里)便于控制种子的湿度并利用冬季的低温。可以克服在室内进行低温层积催芽时，种沙混合物的水分蒸发较快、要经常洒水和翻倒、比较费工等缺点。

• 选地及埋藏沟的构筑　室外埋藏催芽地点应选背阴避风、地势高、土壤干燥、排水良好、沟底不会出水的地段。沟的深度依各地区气候及水文地质情况而定，原则是保证在地下水位之上，能保持适宜的温度，一般为1~1.5m；宽度1m左右；长度依种子数量而定。大型苗圃一般用砖和水泥砌成一定长度的固定沟槽，上面搭建遮荫棚以减缓温度变化幅度。

• 种子与湿润物的比例及厚度　种子与沙子(珍珠岩等)的体积比为1:2或1:3。种子与沙子都要先进行消毒，沟底下垫10~20cm厚的粗砂或砾石以利排水。中小粒种子与沙子均匀混合，厚度一般不超过 50 ~ 70cm，过厚种沙混合物会导致温度不均。

先将通气设备放到沟底，以便通气和测温，每隔 1m 左右设一个，然后放种沙混合物，其上加 10 ~ 20cm 湿沙，然后再盖土使顶部成丘状或屋脊形以利排水。顶部覆土的厚度以能控制催芽所需的温度为原则。在周围要挖小排水沟，做到外水不入，内水不渗。

操作步骤：先挖好沟或坑待用；种子用 45℃ 水浸种，自然冷却后浸泡一昼夜；用高锰酸钾或硫酸铜 0.3%~1.0% 的溶液消毒，河沙洗净消毒，混合种沙，然后入沟(坑)；播种前 3 ~ 5d 或 6 ~ 7d 对上面的覆盖物要昼撤夜盖，必要时翻拌种沙层，每日 1 ~ 3 次。强迫休眠的种子，处理数量大时，要分批催芽以便安排播种工作。

催芽处理时间：催芽效果的好坏除了取决于上述因素外，时间的长短也很重要，过短则达不到要求。由于不同树种的种子休眠深度不同，所以催芽时间亦因树种而异，同时又依催芽的具体方法及温度高低而有差别(表 3-2)。

表 3-2 低温层积催芽所需时间

树 种	所需时间(个月)	树 种	所需时间(个月)
油松、落叶松	1	核桃楸、银杏	5
侧柏、樟子松、云杉、冷杉、山定子、杜仲、黄波罗	1 ~ 2	榛子、黄栌、白皮松、榛子	4
		椴 树	4 ~ 5(变温)
黄檗、沙枣、女贞、榉树、刺五加	2	水曲柳	5 ~ 6(变温)
白蜡、复叶槭、山桃、山杏、榆叶梅	2.5 ~ 3	圆 柏	6 ~ 7
山定子、海棠、花椒	2 ~ 3	山 楂	7 ~ 8(变温)
车梁木、文冠果	3 ~ 4	红 松	6 ~ 10(变温)

注：根据孙时轩《造林学》(第 2 版)及齐明聪《森林种苗学》(1992)综合。

管理及应注意的事项：第一，要定期检查种沙混合物的温度和湿度，如果发现环境条件不符合要求，应及时设法调节。必须控制好种沙层的温、湿度，温度过高或湿度过大，不仅影响催芽效果，还会导致种子腐烂。第二，催芽的程度以裂嘴和露胚根达 30% 左右(20%~40%，俗称裂嘴露白 1/3)即可播种。人工播种时催芽强度可大些，机械播种时宜小。第三，到春季要经常观察温度和催芽的程度，要防止催芽过度。如果已达到要求程度，应立即播种；若不能及时播种，要将种子移于低温(0 ~ 5℃)下，使胚根不再继续生长。如果种子催芽程度还不够，在播种前 1 ~ 3 周(依树种和种子情况而定)把种子取出用高温(18 ~ 25℃)催芽。第四，催好芽的种子要播在湿润的土壤上，否则会导致芽干而造成严重的损失。第五，要防止动物危害，冬季严寒时可加盖草帘等物，春季要及时撤除，并注意通气。

(2)混雪埋藏催芽

混雪埋藏催芽通常简称为混雪催芽，是室外低温层积催芽方法在冬季积雪地区的应用。本法所处理的种子，也是长期处于低温条件，只是基质改用雪来保证催芽种子所需的水分和低温。主要适用于休眠期较短或强迫休眠的种子，如落叶松、樟子松、油松、赤松、云杉、冷杉等，催芽效果很好，不适用于红松、水曲柳、刺楸、杜松、东北刺人参、花楸等深休眠种子。

在土壤冻结前，选地势高、土壤干燥、排水良好的避风背阴之处挖沟(坑)，深度要在土壤结冻层之内，一般深、宽各50～70cm。太深取种不便，且春天解冻晚，太浅接近地表，春季地表温度升高，上部种子提早萌芽。有固定催芽沟槽的苗圃，也可以使用固定沟槽。有的地方用地窖也可以，如吉林省永吉县昔阳苗圃用地窖对落叶松混雪催芽，效果很好。

待降雪不化时将雪收起，按种子与雪的体积比1∶3的比例将种子与雪均匀混合。在沟底先铺草帘和席子，其上再铺雪10cm左右，然后放入种子与雪的混合物，上面再覆20cm厚的雪，并使顶部成小丘状或屋脊形。为了防止雪融化，可在雪上加盖几十厘米厚的草帘或稻草。至翌春播种前1～2周检查种子，如果未达到催芽要求时，将种雪混合物取出置于暖处(或用水浸)，使雪融化，然后混沙，日晒加温，达到要求的催芽程度即可播种。如果种子已催好芽，但因故不能及时播种，应控制保持低温，抑制胚根生长。

雪藏法在黑龙江省约在小雪前后(11月中下旬)，在辽宁省1～2月开始埋藏。方法简便，操作容易，管理简单，出苗早(比混沙催芽早出3～4d，通常5～7d出齐)，发芽率高，对低温寒害和病害的抗性强。冬季有积雪地区应予采用；少雪地区，可用碎冰粉碎后，以冰代雪，效果相同。

种子多时，要分期分批取出播种。

(3)室内低温层积催芽

少量种子或小粒强迫休眠种子，如落叶松、樟子松、云杉、侧柏等，可将种沙(珍珠岩等)混合物(种沙比＝1∶3)置于室内的木箱(塑料袋、瓦盆)等容器内，在低温条件下催芽。一般在0～5℃条件下，落叶松、油松、樟子松、红皮云杉等经20～30d即可完成催芽。对数量较大或长期休眠(深休眠)的种子，如红松、水曲柳等，可将种沙混合物放在不加温的室内堆积，自然温度条件下催芽。

目前，林业发达国家通常将种沙混合物(种沙比＝1∶3)在冷藏库(大量种子)或在冰箱内(少量种子)的低温条件下存放，进行催芽。优点是可以严格控制温度条件和催芽时间，催芽效果比较理想；缺点是耗能较高，成本高。

室内低温层积催芽的湿度和通气条件同上面的要求。

(4)室外变温层积催芽

该法是用高温与低温交替进行催芽的方法。即先高温后低温，必要时，在经过高低温后再加一段时间高温。如红松、水曲柳、圆柏、杜松、东北刺人参等，只用低温需时较久，必须用变温催芽才能获良好效果。室外变温层积催芽通常经历一个气温较高的夏季，又称为经夏越冬隔年埋藏催芽法，简称为隔年埋藏催芽。

● 变温层积催芽的温度和时间　先用高温(15 ~ 25℃，具体依树种特性而定)，再用低温(0 ~ 5℃)。一般高温时间较短，低温时间较长(为 3 ~ 5 个月)。但有的树种高、低温期几乎相等。例如，红松先用高温(20℃)2 ~ 3 个月，再用低温(2℃)3 ~ 4 个月，或高温(25℃)1 ~ 2 个月，低温(2 ~ 4℃)2 ~ 3 个月，即可完成催芽。水曲柳先高温(18 ~ 20℃)后低温(2℃)各 2 ~ 3 个月，如果尚未达到催芽标准，可再用高温进行催芽。近年来很多研究结果表明，树种不同，要求的变温机制不同。有的树种要求先低温后高温，有的要求先高温后低温；不同树种对高温和低温阶段的温度要求也不同；此外还有一些树种要求反复几个循环的变温等。

● 变温层积催芽的方法　变温层积催芽的具体方法，按温度变换的不同可分为阶段变温和日变温。日变温时通常高温 8 h 左右，低温 16 h，或高温 1 ~ 2d 后，低温 1 ~ 2d。如黄栌种子用 30℃温水浸种 3 ~ 5d，然后混湿沙，在 4 昼夜内放在 12 ~ 15℃温度下 2d，再移置低温下 2d，如此反复 5 次，共 25d 即可完成种子催芽，比低温层积(80 ~ 90d)快得多，但较费工费事。

室外变温层积催芽，第一，必须注意控制适宜温度，在高温期最高不能超过 25℃(有的树种如水曲柳不能超过 20℃)，温度过高不仅种子易腐坏，且出苗后幼苗生长亦受影响。低温期保持在 0 ~ 5℃。第二，要控制种子湿度，过大过小均影响催芽效果。第三，保证通气状况良好，尤其在高温时种子呼吸强度大，通气不良易造成自热现象。此外，还要注意防止出水和积水。

室外变温层积催芽的开始时间，对催芽效果有很大影响。开始过早，高温期过长，种子容易腐烂；开始过晚，高温期短或因温度过低未能满足种子对高温期的要求，也会降低催芽效果。要避开高温季节，在窖温 18 ~ 20℃时，于日出之前放入。同时，低温期的长短也很重要，此期不够，对催芽效果影响更大。催芽期开始的早晚还与树种种子的休眠特性和各地区的气候特点有关。例如，红松的室外变温层积(图 3-10)，在东北南部为 9 月中下旬，在哈尔滨地区为 8 月，在带岭地区可在 6 月开始。多数地区是在播种前 1 年的 8 ~ 9 月开始，使

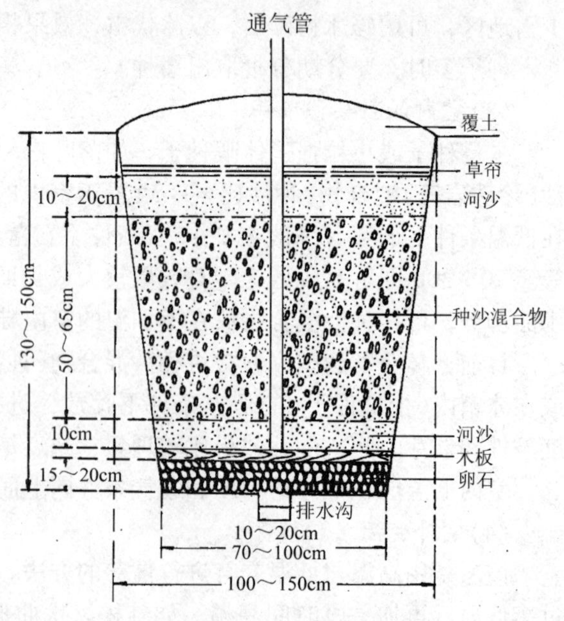

图 3-10　红松种子变温层积催芽窖示意

(引自齐明聪　1992)

种子先经过 2 ~3 个月的高温期，然后再经过 3 ~4 个月的低温期。在高温期，为防种子发热，要经常检查温度。

(5) 室内变温层积催芽

此法种子的浸种、消毒、沙子的温度等均与室外层积相同，因种沙要经常翻倒，故种沙比例可改为 1∶2。高低温期的温度和经历的时间长短同室外层积变温层积方法，但要勤翻倒种子。室温降至 18℃ 时开始堆放。刚入室时温度较高，每天翻倒 1 次，约 10d 后每 2 ~3d 翻倒 1 次。随着气温的降低，翻倒的间隔期逐渐延长，到种堆即将结冻时停止翻倒。这时将种沙堆成堆，浇上冻水。堆的高度不宜超过 80cm，且不要与墙壁相接。种堆上加一层湿沙，再覆盖一层雪，保证不失水分。翌春冻结的种堆化开后，继续进行翻倒。

催芽期间要注意经常检查温度、湿度，及时洒水防干，加强防鼠工作等。

此法优点是可随时检查种堆情况，操作方便。缺点是前期和后期翻倒次数多而费工。

国外林业发达国家，使用人工控温设施完成高低温的调控过程，可在短时间内完成数个高低温循环过程，达到深休眠种子高效快速催芽的效果(Finch-Savage，个人通讯)。目前我国多数林业苗圃还不具备这个条件。

(6) 室内高温快速催芽

利用室内加温法将种子与沙的混合物直接置于 18 ~25℃ 的温度下催芽。例如，红松先用始温 40℃ 水浸种，每天换水 1 次，浸种 4d 后，按种沙比 1∶2 的比例混沙，室温 24 ~25℃，种沙温度 23℃，每天翻倒，适时浇水保持湿度。经 10d，胚乳有光泽，有甜味，胚明显长大；再经 15d，子叶、胚轴、胚根可明显区别，胚的香味和油味减少，甜味增加，说明物质转化和胚的生长在进行中；又经 20d，子叶开始转黄，以后整个胚变黄，胚长增长 1/2，粗约增长 1 倍，个别种子开始发芽。为避免继续发芽，并为使胚继续缓慢地进行转化，降温至 6 ~10℃，又经 20d 到播种期，共 75d。播种后发芽情况良好。

本法耗能费工，但催芽快是其优点。一般只在种子调拨过迟，来不及用低温层积时采用。催芽过程中要防止种子腐烂，种沙湿度要适当低些。

3.4.1.4　层积催芽方法的选用

上述各种层积催芽方法都有它们的适宜应用地点和树种对象，一定要因地因树制宜，选择合适的催芽方法，以达到既要催芽效果好，又要省时、省力、低成本的要求。

黑龙江省森林植物园通过对 400 多种乔灌木种子经多年催芽试验，探索出林木种子的形态和解剖特征不同，所需催芽方法不一样，而形态与解剖特征相同的种子，在催芽方法上有很大的一致性，它们归纳为 4 种类型。简摘如下：

- 胚根裸露型的种子　此种类型的种子其形态特征是剥去种皮后胚根裸露，在处理方法上它们都需要不同时间的低温处理，10℃ 以上温度下长期催芽处理不发芽或仅个别发芽。见表 3-3。

表 3-3　胚根裸露型种子催芽条件

树　种	催芽方法	不发芽温度	同类型相同处理方法树种
水　榆	水浸 1d，混沙后置于 0～10℃，30～40d 发芽	10℃以上长期处理不发芽	
山定子	水浸 2d，混沙后置于 0～5℃，30～60d 发芽	10～30℃长期处理不发芽	苹果、山梨、棠梨
花　楸	水浸 2d，混沙后置于 0～5℃，70～140d 发芽	5℃以上长期处理不发芽	
黄波罗	水浸 2d，混沙后置于 0～10℃，40～90d 发芽	10℃以上长期处理仅个别发芽	
榆叶梅	水浸 3～4d，混沙后置于 2～5℃，60～70d 发芽	10℃以上长期处理不发芽	
色　木	水浸 1d，混沙后置于 5℃左右，70～100d 发芽	10～30℃长期处理不发芽，且大部霉烂	
山　桃	水浸 2d，混沙后置于 -3～5℃，30～90d 大部发芽	10℃以上长期处理不发芽	臭李子、黄刺玫

注：根据周德本(1983)整理。

● 胚发育不全或未成熟型的种子　此类型的种子解剖后肉眼见不到胚或胚很小，其催芽方法一般需先中温后低温或持续高温。该类型种子采后立即催芽处理，胚发育较快(表 3-4)。

表 3-4　胚发育不全或未成熟型种子催芽条件

树　种	催芽方法	不发芽温度	同类型相同处理方法树种
刺五加	种子采后水浸 3～4d，混沙后前 4 个月置于 10～20℃后转 0～10℃2 个月，陆续开始发芽	0～5℃处理，1 年后仅个别发芽	
短梗五加	种子采后水浸 2d，混沙后前置于 10～20℃下 5 个月，后转 5℃左右 2 个月，陆续发芽	0～5℃处理，长期不发芽或仅个别发芽	
刺　楸	种子采后水浸 2d，混沙后前置于 10～20℃3 个月，后转 2～5℃2 个月，大部发芽	0～5℃长期处理不发芽	
五味子	水浸 2d，混沙后前置于 20～30℃，70～100d 发芽	10℃以下长期处理不发芽	
银　杏	水浸 1d，消毒混沙后前置于 15～25℃，5 个月即可发芽	10℃以下发芽速度明显变慢	
鸡树条荚蒾	种子采后立即处理，混沙后置于 20～30℃，70～100d 全部发芽。种子晾干后，用上法处理发芽者少	10℃长期处理不发芽	暖木条荚蒾

注：根据周德本(1983)整理。

• 果皮或种皮坚硬型的种子　该类型种子易识别，但其催芽方法不一样，一般可采用变温处理或机械擦痕方法(但剥去种皮后胚根裸露型的种子应按类型一方法处理)。如核桃楸可秋播，亦可将种子混沙后冻2～3个月移至20～25℃下处理，80～100d发芽。椴树种子采用机械破碎后，置于10～20℃，混沙处理20d即可发芽。山皂角种子在变动不大的任何温度下处理很少发芽，而直接春播，20～30d后可发芽。

• 不具备上述特征的种子　该类型在乔灌木种子中占很大比重，如豆科(除山皂角外)，榆科中的榆属，蔷薇科中的绣线菊属和金老梅属，杨柳科，东北分布的松科(红松除外)等，其形态和解剖特征是胚发育正常，胚根不裸露，种皮不坚硬。该类种子只要满足其必要的湿度、温度、空气条件，即可发芽。

3.4.2 无基质催芽

Suszka等(1993)总结了一种新的无基质催芽方式，称为无基质层积催芽，又称为裸层积。这种方法起始于欧洲，主要用于山毛榉和冷杉催芽，1959年传至北美用于火炬松催芽。

这种方式能够很好地控制种子的含水量，适合于大量种子的播种前处理；它能使种子发芽率提高，出苗整齐，提高苗木质量。近期对欧洲白蜡研究(Finch-Savage，个人通讯)表明，采用无基质催芽(在15℃条件下层积8～12周，然后在5℃条件下层积16～20周)种子催芽效果最好。层积过程中种子含水量要保持在40%～45%，以防止种子过早萌发。采用这种催芽方法还可以在催芽处理后对种子进行再干燥(使含水量为8%)和贮藏(3℃)，且进行再干燥贮藏几个月后种子发芽率只略有下降。因此，这种催芽方法可以成功应用于商业生产，它可以为苗圃提供直接播种而无需层积处理的干燥种子，而且苗圃生产者可以根据天气条件来决定播种时间而无需在规定的时间内提前进行催芽处理。

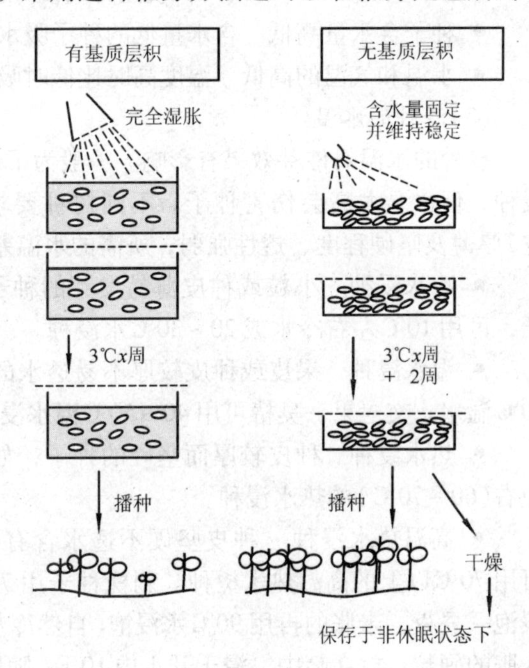

图3-11　有基质和无基质层积催芽方法的比较示意图
(根据Finch-Savage修改)

此法适用于种子数量较多时。首先将种子置于网袋中，如果没有网袋，可以将种子置于方形纱网或纱布中，打结形成网袋。每一个网袋中不能放置过多种子。将网袋放在桶中经流水冲洗48 h。经水冲洗种子能够吸收充足的水分以启动萌发所必需的代谢过程，同时流水可以除去真菌孢子。种子经过浸泡后，将网袋拿出，经 1min 左右使多余的水滴出，然后放入塑料袋中。将塑料袋置于培养箱或冷藏箱中，按照需要的温度条件层积至所需要的时间。层积过程中要经常检查是否发霉，如果有霉菌产生，将种子在流水中漂洗后再放回原处。此种方法要注意含水量的控制，水分过多容易发霉，水分不足不能启动正常的代谢过程。一般控制种子相对含水量为 50% 左右为宜。图 3-11 为有基质和无基质催芽方法的对比示意图。

3.4.3　水浸催芽

水浸催芽(又称浸种)是以水浸泡种子，达到催芽目的的方法，简称为浸种。浸种通常也是层积催芽或其他催芽方法的预处理措施。

(1)种子吸胀

浸种能加速种子萌发前的代谢过程，使种子预先吸足发芽所需要的水分而膨胀。消毒前的预先浸种，既可提高消毒剂的杀菌作用，又可使种子免受其药害，因为消毒剂在渗入种子组织之前已被稀释。

(2)种子的吸水速度

种子吸水速度受多种因素影响而有差异。

- 种皮结构　种皮薄的比厚而坚硬的吸水快，如落叶松、樟子松种子浸种 2d 已吸足水分，而红松要 4d，紫杉要 10d 多。
- 种子内含物成分　含蛋白质多的比含淀粉多的吸水量大。一般吸水量达种子本身干重的 25%~75% 时，就能开始发芽。
- 种子含水量高低　含水量低的种子吸水比含水量高的快。
- 水温和气温的高低　温度高时比低时吸水快。

(3)浸种的水温

浸种的水温对催芽效果有影响。一般为了使种子尽快吸水，常用温水或热水浸种，但水温太高会伤害种子。不同树种要求的浸种水温不同。根据种皮(果皮)厚薄及坚硬程度、透性强弱，所需的水温差异较大。

- 冷水浸种　小粒或种皮薄易发芽的种子，如落叶松、樟子松、云杉等种子，可用 10℃左右冷水或 20 ~ 30℃水浸种。
- 温水浸种　果皮或种皮较厚不易透水的种子，如侧柏、油松等可用 30 ~ 40℃温水。文冠果、臭椿可用 40 ~ 50℃温水浸种。
- 热水浸种　种皮较厚而坚硬的种子，如紫穗槐、槭、川楝等，可用 60℃左右(60 ~ 70℃)的热水浸种。
- 高温热水浸种　种皮坚硬不透水含有硬实的，如刺槐、皂荚、合欢等，可用 70℃以上的高温热水烫种。刺槐种子用 70℃始温水浸种，待其自然冷却后浸泡一昼夜，未胀的再用 90℃水浸泡(自然冷却)，连续 1 ~ 2 次后，最后剩余的未胀的硬粒，放在筛中，浸于开水中 10 s，随即放入凉水中，再浸一昼夜即可膨胀，然后催芽 3 ~ 4d。

(注意事项：浸种水温是指始温，并非始终保持此种温度。种子浸入规定温度的水中后，即任其自然冷却。)

水温对种子的影响，与种子和水量的比例及受热均匀程度有关。一般浸种的水量以没过种子 1～3cm 或种子与水的体积比 1:3 为宜。将水倒入盛种子的容器时，要边倒水边搅拌，尤其用热水浸种时，更要注意搅拌，使种子受热均匀，避免烫伤种子，然后使其自然冷却。

(4)浸种的时间

浸种时间的长短，视种子特性而定，大多数种子为 1～3 昼夜，种皮薄的种子可浸泡数小时，种(果)皮坚厚的如核桃，可延长到 5～7d。如要检查大粒种子的吸水程度，可将种粒切开，观察横断面吸水程度，以掌握适宜的浸种时间，一般当 3/5 的部位吸收水分时即可。

浸种时间超过 12 h，都应换水(冷水)，每天换水 1～2 次。对杂质多或易发黏的种子，如泡桐等树种，浸种过程中要揉搓淘洗，直至换的水清亮时为止。

必须指出，播前浸种，在一定条件下能促进萌发，但浸种时间过长，会引起浸种伤害和渗漏。

(5)催芽

浸种后进行催芽，方法有 2 种。

方法 1：将湿润种子放入无釉的泥盆(泥盆可渗水，不会在底部积水)中，用可通气的材料(如湿润的纱布等)加以覆盖。放在温暖处催芽，每天用温水淘洗 2～3 次，直至达到催芽要求时为止。

方法 2：将经过水浸的种子捞出，混以 3 倍湿沙，然后将种沙混合物放在温暖处催芽。为了保持湿度，上面要加覆盖。

在催芽过程中，必须注意温度、湿度和通气条件。

温带的林木种子一般在 25℃ 左右发芽快而整齐，因此催芽温度以不超过 25℃ 为宜。其次要保证种子有足够的水分，水分不足时要及时喷水，但水过多也易造成种子腐烂。同时，还要保证种子有充足的氧气，故应定时淘洗换水，混沙的堆积不能太高。

用以上方法催芽，发芽快的 2～3d(如刺槐)，发芽慢的 7～10d(如苦楝、泡桐等)。当裂嘴露白的种子数达 30% 左右时，即可播种。

近年来，水浸催芽处理技术又有了一些新发展，如①通气式水浸(aerated water soaks)，将种子浸泡在不断充气的 4～5℃ 水中并保持水中氧气的含量接近饱和，能加速种子发芽。②播种芽苗(Germlnant seedling)或称液体播种(Fluid drilling)，即在通气水浸种时，水温保持在适宜发芽的温度，直到胚根开始出现，这时种子悬浮在水中，将其喷洒在床面，故称液体播种。据研究，该方法能使经层积催芽 60d 后的火炬松种子在 4～5d 内发芽长出胚根，而且发芽很整齐。

3.4.4　药剂浸种催芽

用化学药剂、微量元素、植物激素等溶液浸种，可解除种子休眠，加强种子内部的生理过程，促进种子提早萌发，使种子发芽整齐，幼苗生长健壮。

(1)碱类

● 小苏打($NaHCO_3$) 凡种壳具油蜡质的种子，如漆树、水曲柳、乌桕、花椒、车梁木等种子，用1%小苏打水浸种12h，可除去油蜡质并使种皮软化，同时还有促进胚新陈代谢的作用。刺槐用2%小苏打液浸12h，沙松用1%浸1h，桉树、马尾松等用之亦有一定效果。药液温度20~30℃为宜。若用0.5%浓度的可24h。

● 草木灰 草木灰水过滤液也可代替苏打液，但浓度不宜过大，时间不宜长，否则使种子受伤。

(2)酸类

● 浓硫酸 用浓硫酸浸漆树种子30~40min，红松和刺槐30~60min，皂荚120min，能腐蚀种皮，增强通透性，浸后要反复用清水冲洗。刺槐再用清水浸1~2d，红松则可混沙催芽，能缩短催芽时间。使用浓硫酸等处理种子时，要注意其对环境的不良影响，并严格注意安全操作。

● 稀盐酸或稀硫酸 松树陈种子用1%的稀盐酸或稀硫酸浸种1昼夜。用0.1%的硼酸或0.03%的磷酸溶液浸种1昼夜能提高场圃发芽率。

(3)盐类及微量元素

用硫酸锌(0.1%~0.2%)、硫酸锰(0.1%)、硫酸铜(0.01%)、钼酸铵(0.03%)、高锰酸钾(0.05%~0.25%)、过氧化氢(3%)溶液处理落叶松和云杉等种子能提高发芽势和发芽率。

在以上微量元素盐类溶液浸种，虽有一定效果，但使用不当亦会造成损失。因此，要注意掌握不同树种种子含水量状况(湿种子对药剂敏感)、种壳厚薄等的差异，分别采用不同的浓度和浸泡的时间。浓度以0.01%~1.0%为宜。催过芽的种子不宜浸泡。

用微量元素浸种，可使种子提早出芽，并提高种子的发芽势以及苗木的产量和质量。东北林业大学的研究结果指出，黄波罗种子用0.005%~0.02%的硫酸铜和0.1%的硫酸锌溶液浸泡63 h，能提早出芽3d，而钼酸钠和硼酸的效应不明显。高锰酸钾液对杉木种子发芽率的实验结果表明，高锰酸钾液除了有消毒杀菌作用外，对杉木种子发芽还有明显的促进作用(李晓储等 1990)。

(4)植物生长物质处理

植物生长物质的种类很多，在植物体内天然产生的称为植物激素。随着化学工业的发展，人工合成了许多能够调节植物生长发育的化学物质，统称为植物生长调节剂。据近年研究成果，能有效解除休眠的植物生长物质有赤霉素、细胞分裂素、乙烯利、壳梭孢素、吲哚乙酸等，如赤霉素可以打破乌桕种子的休眠，具有代替低温促进酸性磷酸酯酶活性的作用。大量的报道资料认为，赤霉素在使用的浓度、时间合适的情况下，能提高种子发芽能力，并缩短从播种到出苗的日期，尤在低温条件下最为显著。

利用植物生长物质处理种子，浓度是主要因素。据黑龙江省林业科学研究所材料，用2,4-D 0.1~0.5μg/g处理花曲柳种子，发芽率提高3%~45%，浓度增至10μg/g则无效，浓度达100μg/g时产生药害。紫椴种子用0.05μg/g、0.25μg/g、0.5μg/g的2,4-D处理种子，效果均良好。

(5)PEG渗透调节处理

用渗透液处理种子时，使种子处于最适宜的湿度，但又能控制不让其发芽，等到播种后发芽更迅速、更整齐。最常用的渗透液为聚乙二醇(PEG，Polyethylene glycol)。PEG渗透调节处理农林作物种子是一种新兴应用技术，在国外得到比较迅速的发展。PEG处理具有促进萌发、出苗均匀、缩短出苗期、提高发芽率，增强苗木抗逆性和增加生物量等许多优点，且方法简便易行。东北林业大学对樟子松、油松、兴安落叶松、红皮云杉、鱼鳞云杉、侧柏、白榆等种子，用不同相对分子质量(8 000，10 000，20 000)、不同浓度(10%~40%)、不同处理时间(1~3d)和不同温度(10~20℃)进行PEG渗透处理，结果表明：不同树种种子经过相应的适宜处理(如PEG浓度、处理时间等)后，种子发芽率及幼苗长势均有明显提高。尤其对活力降低的老化种子，促进作用则更显著，发芽率比对照提高1倍以上。

(6)稀土

近年来，用稀土元素对林木种子处理及促进幼苗生长进行了研究，并取得良好效果。例如，北京林业大学用硝酸稀土对兴安落叶松种子浸种，以200μg/g处理4h，使实验室发芽率提高15.1%，场圃出苗率和盆栽出苗率提高14%~27%。采用稀土溶液对油松种子进行浸种后发现，稀土溶液能提高油松种子的活力指数、发芽率、发芽势，同时还能提高萌发种子的呼吸速率和过氧化氢酶活性，促进种子可溶性糖的变化，提高种子中氨基酸的含量(张连第等　1991)。

(7)生物助长剂

据东北林业大学研究，在大兴安岭地区，用1/2 000~1/3 000浓度的生物助长剂浸种处理兴安落叶松和樟子松种子24h，促进发芽的效果优于雪藏催芽法。具有早萌发、早应用、早出齐和高成苗率的效果；还具有应用简便及时，节省劳动力和物力，降低育苗成本的优点。在小兴安岭的五营地区应用，也取得了很好的效果。

3.4.5　物理方法催芽

(1)超声波

超声波是一种高频率的、人类听不到的声音。利用它处理种子有较广泛的应用，如北京植物园(1958)对红松种子用频率为830kHz，时间为5min，强度为1.8 W/cm^{2}处理，结果提高发芽率7%。浙江林业科学研究所(1959)对马尾松和杉木种子，用频率为25kHz，时间为20min处理，提高发芽率分别为25%和16%。超声波处理种子的效果除与种子特性有关外，还取决于照射的强度、剂量和时间。

(2)电磁波

近年来利用电磁波处理种子，打破种子休眠，促进种子萌发，在林木种子方面有所应用。黑龙江省望奎县苗圃，利用高频电磁波处理樟子松种子，与混沙催芽相比较，其效果近似。但用高频电磁波处理种子时间短，方法简单易行。不同树种种子电磁波处理的频率和时间还需要进一步探索。

(3)同位素

采用适当剂量放射性同位素处理林木种子，不仅对其发芽有促进作用，而且对植株的生长有所影响。南京林业大学用^{60}Co，照射强度为 0.258 ~ 0.818 C/kg，对毛竹种子效果良好，分叶数量多，死亡率少。黄波罗种子采用混沙催芽法需 50 ~ 60d 才能处理良好，而用^{32}P 溶液浸种，只要 12d 就可发芽。

(4)激光和高压静电场

激光是 20 世纪 60 年代发展起来的新学科，它是由激光器里的特定物质激发而发射出具有高能量的光束，用它来处理种子，可以促进种子发芽，提高苗木的抗性、产量和质量。如河南林业科学研究所，采用氦—氖激光器处理毛泡桐种子，热流量为 6MW，时间分别为 5min、10min 和 15min，经激光处理的种子，胚根长为 0.4 ~ 1.0cm，而对照只 0.2cm。其苗木以处理 5min 为最好，苗高比对照提高了 41%，地径比对照增大了 4%~19%。

据报道，经静电处理后的刺槐种子萌发生理指标和苗木生长状况均发生变化，种子导电率比对照降低，呼吸强度、脱氢酶活性、活力指数均比对照提高，用处理后的种子育苗，苗高、地径、生物量、合格苗产量都有提高(李思文等 1991)。

3.4.6　种子引发

种子引发(Seed priming)是控制种子缓慢吸收水分，并使其停留在吸胀的第二阶段，让种子进行预发芽的生理生化代谢和修复活动，促进细胞膜、细胞器、DNA 的修复和酶的活化，处于准备发芽的代谢状态，但防止胚根的伸出(胡晋 2006)。广义地讲，种子引发属于种子催芽的范畴。

种子引发技术是基于种子萌发的生物学机制提出的，属于一项新技术，目前主要集中在农作物、花卉、牧草等种子的应用研究中，在林业上实例很少(焦月玲等　2007；张霞等　2006；Shen 和 Oden　1999)。

种子引发的方法主要有液体引发(渗透引发)、滚筒引发、起泡柱引发、固体引发、水引发、搅拌型生物引发和生物引发等方法。人工种子引发不仅可以提高萌发率，更可以提高整齐率和抗性，使得幼苗健壮，为后期的生长发育奠定良好的基础。但它还是一项不断更新和发展的新技术，有待于广大种苗工作者去研究、开发和实践。

3.4.7　无性繁殖材料的预处理技术

无性繁殖技术在现代林业中的作用越来越明显，应用越来越多，但是不同树种之间的无性繁殖效果差异很大。有的树种，如杨树、柳树，不用采取特殊措施就能获得很好的无性繁殖效果；而另一些树种，如水曲柳、红松，即使采取一些特殊措施，仍然不能取得理想的效果。为了使无性繁殖取得成功，除了在繁殖技术上要加强开发外，采取一些措施对种条进行预处理，也是一条改进无性繁殖困难树种的繁殖效果的途径。

(1)种条来源的选择

只有能够生根或与砧木愈合的种条才能应用于商业化繁殖，因此无性繁殖材料预处理的第一步就是筛选具有无性繁殖能力的品系。这除了通过专门的实验研究来确定适宜的来源外，还需要育苗工作者要做个有心人，在日常的无性繁殖工作中，注意发现和记载既符合利用目的、又容易进行无性繁殖的品系。

(2)幼化处理

插穗生根能力或接穗愈合能力与种条的发育年龄有着密切的关系，发育年龄越小，无性繁殖能力越强。在种条母株年龄较大的情况下，就要进行幼化处理，这一点对于较难扦插生根或嫁接愈合的树种来说更为重要。幼化处理的方法主要有如下几种方式(Hartmann 等　2002；史玉群　2008)。

● 根段产生不定根和不定芽　苹果树可以利用根段产生不定根和不定芽的方式幼化。

● 去顶芽和侧芽配合植物生长调节剂喷洒　欧洲赤松(*Pinus sylvestris*)去掉母株的顶芽和侧芽并用细胞分裂素与三碘苯甲酸及二甲胺基琥珀酸的混合物喷洒，可以产生很多簇生的芽，在适当后期措施配合下，由这些芽发育而来的不定芽可以生根(Whitehill 和 Schwabe　1975)。

● 幼龄砧木连续嫁接　取高龄母株种条嫁接在幼龄砧木材料上，经过数个循环的连续嫁接，可以幼化。橡胶树(*Hevea brasilensis*)和一种难生根桉树(*Eucalyptus* ×*trabutii*)用这种方法成功幼化(图3-12)。

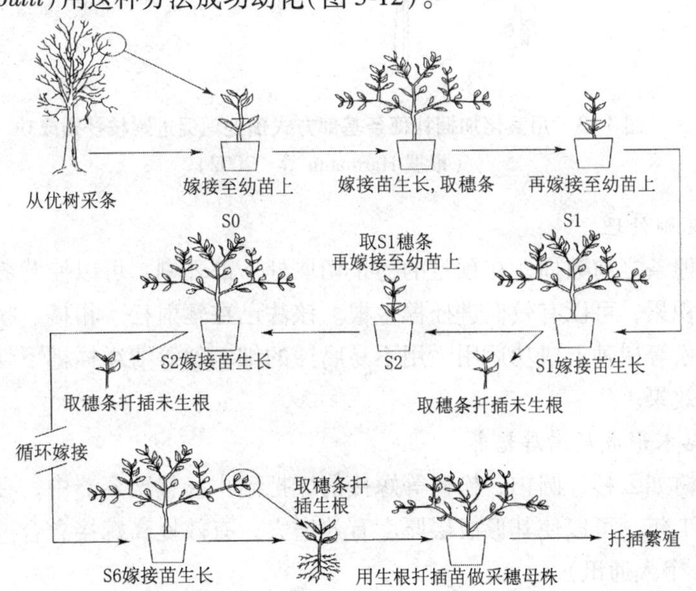

图3-12　一株10年生桉树(*Eucalyptus* ×*trabutii*)通过6次循环嫁接幼化框图

(根据 Hartmann 等　2002)

● 连续扦插 精心扦插成熟母株上采集的插穗，用扦插成功的植株为母株，采集穗条继续扦插，连续几代可以幼化。

● 组织培养微繁 通过成熟繁殖材料的组织培养，可以获得幼化材料。

● 其他幼化方法 母树绿篱状、母树平茬、母树重剪回缩等方法也可以使种条幼化。

(3)黄化处理

黄化(Etiolation)处理(图3-13)，即采用对整株植物强度遮荫、对穗条基部局部遮荫，采集嫩枝进行扦插的方式，促进难生根树种的扦插成功。按图3-13的方式进行黄化加捆扎处理，可以使槭树、纸皮桦(*Betula papyrifera*)、欧洲鹅耳枥(*Carpinus betulus*)、板栗、美洲榛(*Corylus americana*)、松树、栎树、扶桑(*Hibiscus rosa-sinensis*)、欧洲丁香、椴树等获得很理想的嫩枝扦插效果，单独使用捆扎、黄化或遮荫对很多树种有良好效应(Hartmann等 2002)。

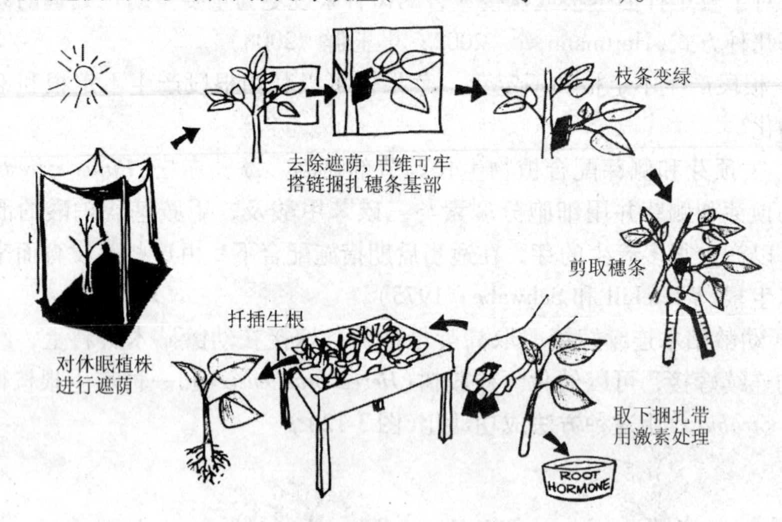

图3-13 用黄化加捆扎穗条基部方式预处理促进嫩枝扦插成功
(根据Hartmann等 2002)

(4)环剥处理

切取穗条之前数周，在预定的穗条切取处下部环剥，可以使营养物质和激素在环剥处积累，可以有效促进插穗生根。该法已在辐射松、柑橘、扶桑、美国黑栎、湿地松等树种上成功运用。用不易腐蚀的细铜丝等缚缢插穗下切口处，也能获得同样效果。

(5)砧木形成层增厚培养

针叶树如云杉、圆柏、松树等嫁接前，把砧木移栽至容器中，在温室条件下集约培育1年，可以使其形成层厚度有效增大，有效提高嫁接愈合速度和成活率(Decker，个人通讯)。

(6)其他预处理措施

包括插穗下切口预先愈伤化、针叶树穗条混雪冷冻处理、穗条激素处理、穗条水浸处理、采穗母株集约营养管理、采穗母株生长环境二氧化碳施肥等方法，如应用适当也都能有效促进扦插或嫁接的效果。

本章小结

良种品质包括遗传品质和播种品质。播种品质或者说是繁殖品质主要包括净度、千粒重、含水量、发芽能力、生活力、优良度、健康状况、活力和种子真实度，以及无性繁殖材料的品质等，要真正理解和掌握其概念、指标体系，并结合实验掌握其检验的方法。良种基地建设与管理、种子采集、调制、贮藏和运输，种子催芽，以及无性繁殖材料预处理等是保障播种品质的技术措施。良种基地建设与管理已经在林木育种学中讲解和学习过，这里再清晰一下概念即可，但采穗圃的内容重点掌握。种子采集、调制、贮藏和运输等是本章的重要内容，要理解和熟练掌握。种子催芽技术对苗木培育的影响很大，是本章的重中之重，要切实理解掌握并能熟练应用。本章中关于种子超干贮藏、无基质层积催芽和种子引发技术都属于新技术，对现代育苗技术发展有重要作用，应该特别加强研究。另外，随着现代林业中无性繁殖技术应用的增多，无性繁殖材料的品质指标及其保证技术研究、无性繁殖材料的预处理技术等也应加强研究。

复习思考题

1. 良种播种品质的内涵与外延以及播种品质指标的内容是什么？
2. 良种基地有哪些类别？采穗圃对现代苗木培育具有什么重要性？
3. 如何做好种子采集、调制、贮藏和运输工作？
4. 种子催芽方法有哪些？今后应该注意哪些方面的研究与开发？
5. 良种品质保障技术方面有哪些是需要加强关注的新内容？

第4章　苗木培育生物学

苗木是在苗圃中培育的、具有完整根系且在绝大多数情况下具有完整茎干的造林或园林绿化用木本植物材料。无论年龄大小，只要还在苗圃中培育，就是苗木。苗木是造林和园林绿化最主要的植物材料。苗圃经营管理和技术人员，必须了解和掌握苗木的生长发育规律及影响苗木生长发育的各种因素。

4.1　幼苗形态

幼苗是指由种子繁殖而来的实生苗的早期阶段。种子繁殖是目前林业上最为重要的苗木生产方式，以种子(种子和果实或果实的一部分)为繁殖材料，通过种子萌发、种胚生长而形成苗木的方式。种子通过吸胀、物质转化、发芽等过程，使种胚生长、突破种皮，并以子叶出土、子叶留土，或其他出土方式突出土面(播种覆盖材料表面)，即进入幼苗阶段。幼苗是树木个体发育中的一个重要时期，其内部构造、外部形态、对环境要求和逆境抗性等方面都具有一定的特点。幼苗及其前期的种子(胚)和它后期的成苗既有联系又有区别，既有相似之处又有独特的性状。因此，了解和掌握树木幼苗形态，对了解和掌握苗木生物学特性(种类识别、品种优良程度、叶形叶色等生长发育状态及其与生态因子关系)、制定正确育苗措施(灌水、施肥、有害生物管理等)等均有其重要的意义。

4.1.1　幼苗的子叶

幼苗的子叶在种子时期有保护胚芽的作用，在生活初期，在有胚乳的种子中有吸取养分的功能(马大浦等　1981)。子叶的功能可分为4类：①吸收功能的子叶。在有胚乳种子中，萌发时如果子叶留土，子叶的功能只有吸收了，如苏铁及银杏、番荔枝科、露兜树科、棕榈科、禾本科等树种。②光合功能的子叶。种子无胚乳又是出土萌发类型的属于此类。这类的子叶多为叶性的，薄而扁平，绿色，能进行光合作用，还可以生长。③兼具吸收、光合功能的子叶。种子有胚乳而又是出土萌发的属于此类，如柏木、杉木、松科、木兰科、锦葵科、梧桐科(部分)和大戟科(部分)。④贮藏功能的子叶。双子叶植物中种子无胚乳而又是留土萌发的类型大都属于这一类，如板栗、樟树、油茶、蒲桃等。在苗木培育过程中，保护子叶是非常重要的。

(1)子叶的数目

在种子植物的胚中，子叶的数目在1~15之间或更多。在被子植物中，子叶的数目为：双子叶植物是2枚(个别有3~4枚、1枚、甚至没有子叶)，单子叶植物是1枚。在裸子植物中，子叶的数目是2枚或2枚以上。有些科、属、种的子叶数目是固定的，有些是不固定的。部分常见裸子植物子叶的数目(马大浦等1981)如下：子叶2枚的有苏铁科，银杏科，红豆杉科，罗汉松科，三尖杉科，柏科的罗汉楠属、福建柏属、翠柏属、崖柏属、侧柏属、扁柏属，杉科的杉木、水杉、北美红杉；子叶2~3~4枚的有杉科的油杉属；子叶3枚的有松科的铁杉，杉科的柳杉属；子叶4~5枚的有杉科的水松；子叶4~5~6枚的有松科的金钱松；子叶4~7枚的有松科的兴安落叶松；子叶5~7枚的有松科的长白落叶松、华北落叶松、西南落叶松、紫果云杉、欧洲赤松；子叶5~6~7~8枚的有松科的马尾松；子叶5~6~7~8~9枚的有松科的赤松；子叶6~7枚的松科的樟子松、黄杉；子叶6~7~8~9~10~12枚的有松科的油松；子叶11~16枚的有松科的红松等。

(2)子叶的大小

子叶的大小是比较固定的，可用以区别植物的属和种。但也应注意到，在幼苗生长过程中，在一定时期内，子叶是可以增长的。据观察，柳树的子叶较小，长仅1mm；梧桐的子叶较大，长28~35(40)mm，宽27~32(35)mm。子叶的厚薄因功能不同，差别很大。有的很单薄，如乌桕；有的很肥厚，如无患子，这些都可用为鉴定幼苗的根据。

(3)子叶的形状

子叶的形状是重要的特征之一。它们的形状是多种多样的，有针形(马尾松、油松)、线形(水杉、白蜡)、圆形(梧桐、咖啡)、矩圆形(乌桕、合欢)、椭圆形(黄檀、大叶黄杨)、卵状椭圆形(构树、木荷)、卵形(女贞、香椿)、卵圆形(重阳木)、倒卵形(榉树、臭椿)、肾脏形(蓝桉)、扇形(响叶杨)等。

子叶一般是全缘的，但裸子植物的松属和云杉属有细微锯齿，被子植物的少数科、属，如芸香科的黄檗属和花椒属有整齐锯齿。有些树种的子叶顶端微凹(杉木、榉树)，有的2裂(梓树、化香)，有的甚至分裂为若干小片(枫杨、黄杞)或掌状5~7裂(南京椴、紫椴)。子叶一般具有短柄，但有的无柄(白蜡树、相思树)，有的柄很长(油桐、千年桐)。

叶序也是植物幼苗的形态特征。子叶2枚的，一般都是对生；3枚以上的，一般都是轮生。子叶的横断面形状也是多种多样的，有的呈等边三角形(马尾松)，有的呈等腰三角形(水松)，有的则为半月形(无患子)。

子叶在胚轴上的位置，一般是向下倾斜的，但有些是直立的，如黄槐。子叶在夜间和在日间的状态会有不同，如合欢的子叶在夜间有卷折现象。这种现象在鉴定幼苗时有明显的分类学意义。

(4)子叶的表面及颜色

子叶一般光滑无毛，有毛的(蔷薇属)例子不多。子叶的脉序在薄的子叶上是很明显的，基本上有 4 种类型：网状脉（梧桐、乌桕），羽状脉（喜树、黄檗），平行脉（三角枫、黄山栾树）及掌状脉（枫杨、紫椴）。在肉质子叶上，一般中脉也是明显的，有的稍隆起，有的微凹下。

子叶的颜色一般是绿色的，有的有光泽（大叶黄杨），有的无光泽（落叶松），也有带紫红色的，特别是在子叶下面，有时色素蔓延到全部胚轴和幼茎（枫杨、蓝桉）。此外，在同一植株上，幼苗的色泽在其个体发育过程中也是变化着的。

（5）子叶的寿命

被子植物子叶的寿命一般很短，当真叶发出数片后，子叶就逐渐凋萎。在裸子植物中，子叶的寿命可以从 1 年（松属、雪松属）到 2、3 年（红豆杉属、云杉属）或更长，而且在植物生长的初期，子叶是主要的同化器官。子叶的脱落发生在不同时期，这取决于树种的特性和环境条件的变化。

4.1.2　初生叶和退化的初生叶

子叶或上胚轴出土以后，接着发出初生叶。一般初生叶仅仅是最初发生的 1 片或几片，它的形状与以后出现的正常的真叶相似，如水杉、杜仲等，有的会有稍微差异，如银杏、桑树等，也有完全不同的，如圆柏、枫杨等。

多数留土萌发的树种在幼茎上先发出鳞状叶（初生不育叶），而在另一些树种，特别是出土萌发的就没有鳞状叶。这种情况，在同属树种中也会有差异，可利用它区分种、属。如壳斗科的麻栎属和苦槠属有鳞状叶，而青冈栎属中的青冈栎就没有鳞状叶。

有些树种初生叶的叶缘有锯齿，而真叶则无锯齿，如喜树、泡桐等。相反，另一些树种，如羽叶槭的真叶有锯齿，而初生叶则无锯齿。

初生叶的叶序有对生的（榆树、乌桕）、互生的（麻栎、刺槐）和轮生的（柏科的树种）。这些习性在一属中，甚至在一科中有相当的稳定性，所以它是系统分类学上的重要特征之一。但也有例外，在榆科朴树属中，子叶有对生的，也有互生的。

从初生叶的形状到正常叶的形状，通常都经过一系列中间类型。在鉴别幼苗时，了解中间类型的特征，是有一定意义的。此外，初生叶的形状、大小、叶缘的特征和复合的程度、颜色和毛状物等，都是鉴定幼苗的重要根据。

4.1.3　下胚轴和上胚轴

子叶的下轴为下胚轴，子叶的上轴为上胚轴。下胚轴与主根相连，交接处为根颈。上胚轴与幼茎相接，在交接处发出第一片或第一对初生叶或初生不育叶。上胚轴和下胚轴的长度、粗度、颜色和附着物都是比较固定的，可用作幼苗鉴定的特征。

出土萌发的树种的下胚轴，在幼根出现后，即开始生长，但上胚轴一般发育很弱，甚至完全看不出。此时，初生叶即从子叶之间长出，如马尾松、合欢、刺楸等。留土萌发的树种在幼根长出不久，上胚轴即开始发育，但下胚轴一般是不发达的，如银杏、麻栎等。还有些树种，如合欢属、相思属、沙拐枣属、桉树属、杨柳科等，在根颈部分有蹄状或环状隆起物。这种构造在发芽开始阶段对种子或果实外壳的开裂和幼苗出土，都有一定的促进作用。有些树种的根颈部分还有一圈毛状物，如木麻黄等。

鉴定幼苗可供参考的其他特征：有气味(如芸香科、苦木科的幼苗)、有乳汁(如夹竹桃科、大戟科的多数树种)，以及幼苗顶端的下垂性(如杉木的幼苗在早期，其顶端都是下垂的)、幼苗根系初期发育情况(如樟树、油桐的种子萌发后，在主根伸出1~2cm时，即从根颈部分长出4支侧根，轮生，向四面开展)。

4.2 苗木生长类型与时期

苗木生长类型与生长时期，与苗木培育措施的正常选用具有密切的关系。在实际育苗生产中，必须根据生长类型的不同和生长时期的不同，采取相应适宜的育苗技术措施。

4.2.1 苗木高生长

苗木生长类型主要指苗木的高生长类型。根据苗木高生长期的长短，可把苗木的高生长类型分为2大类，即春季生长型和全期生长型。

(1)春季生长型

春季生长型(Preformed growth，Predetermined growth)又可称前期生长型。这类苗木的高生长期及侧枝延长生长期很短，北方地区只有1~2个月，南方地区为1~3个月，而且每个生长季只生长1次。一般到5~6月份前后高生长即结束(黑龙江省建三江地区的樟子松苗，6月中旬结束)。一般由种胚中及顶芽或侧芽内已经存在的特殊结构生长而来。这类常见树种有油松、樟子松、红松、白皮松、马尾松、云南松、华山松、黑松、赤松、油杉、云杉属、冷杉属、银杏、白蜡树、栓皮栎、槲栎、麻栎、臭椿、核桃、板栗、漆树和梨树等。

春季生长型苗木的实生苗，从2年生开始明显地表现出高生长期短的特点，即春季经过极短的生长初期就进入速生期；速生期持续时间短，且速生期过后高生长很快便停止。以后主要是树叶生长、叶面积扩大，新生的幼嫩新梢逐渐木质化、出现冬芽。根系和直径还在继续生长，充实冬芽并积累营养物质。春季生长型苗木在短期内完成主干高生长和侧枝延长生长所用的营养物质主要是在上一年所积累的。所以前一年的营养物质积累对春季生长型苗木很重要。

春季生长型苗木有时出现二次生长现象，生长的部分当年秋季不能充分木质化，不耐低温、春旱，经过寒冬和春季干旱，死亡率很高。如油松、红松、樟子松和核桃等容易出现这种现象。产生二次生长的原因大致可归纳为3点：一是母树遗传因素的影响；二是秋季气温高，圃地氮肥过多，或土壤水分多；三是秋季强日照时间长，如红松苗如果秋季强日照超过14h即出现二次生长。

对春季生长型苗木，为了促进地上部和根系生长，春季必须在速生前期及时进行追肥，及时灌溉和中耕。为了防止二次生长，速生期后要适时停止灌溉和施氮肥。

(2)全期生长型

全期生长型(Neoformed growth, Free growth)是苗木高生长期持续在全生长季节的树种。这种生长由环境和遗传因素共同控制，没有预先形成的特殊结构。北方树种的生长期为 3 ~ 6 个月，南方树种的生长期可达 6 ~ 8 个月，有的达 9 个月以上(热带地区除外)。这类树种有杨树、柳树、榆树、刺槐、紫穗槐、悬铃木、泡桐、山桃、山杏、桉树、杜仲、温州蜜橘、油橄榄、落叶松、侧柏、杉木、柳杉、圆柏、杜松、湿地松、雪松和罗汉柏等。

全期生长型苗木的高生长持续在全生长季节中，树叶生长和新生枝条的木质化都是边生长边进行，到秋季达到充分木质化。这类苗木的高生长在年生长周期中一般要出现 1 ~ 2 次生长暂缓期，即出现高生长速度明显缓慢、生长量锐减、甚至生长停滞的状态。这个时期是根系的速生高峰期。苗木体内营养物质的分配方向始终是保证重点生长部位。幼苗期前期根系生长比高生长快，到幼苗期后期高生长速度逐渐超过根系而进入速生期。高生长量出现第一个速生高峰时，苗木已达枝叶繁茂，地上部的营养器官发达，需要水、肥量最多，而这时根系生长较缓慢，与地上部的形态和生理上都不协调。同时，地上部发达的枝叶所制造大量碳水化合物输送到根部，促进了根系加速生长，因而根系生长速度又加快。另外，高生长速生暂缓期的气温高、光照强，不利于苗木高生长；而土温较气温低，适于根系生长，土壤水分也较充足，所以一般根系速生高峰是出现在高生长暂缓期内。待根系速生高峰过后，高生长又出现第二次速生高峰期。

(3)高生长类型的表现

两种生长类型的实质是有限生长(前期生长型)和无限生长(全期生长型)，其实际表现与否，既受树种的影响，又受有无芽存在的影响。有的树种只表现 1 种生长类型，有的树种可以表现 2 种类型。两种类型的苗木在第一个生长季都表现出有限生长和无限生长。生长数量取决于种胚大小、种子中积累的能量的多少，以及发芽生长的环境条件是否有利。

第一个生长季结束时，一般前期生长型的树种形成特定的顶芽，而全期生长型不形成特定的顶芽。温带地区很多松树芽的形成与萌发受遗传因素控制很强，往往即使给与最适合的生长条件，到时间也会马上形成顶芽而不再继续生长，如小干松就属于这种类型；而像蓝云杉，只要生长条件合适，就会一直生长下去，条件不利于生长时，就会形成顶芽。

第二个及其后各个生长季的高生长，绝大多数树种表现它们特定的高生长类型。前期生长型的种类，如松树，一般只表现出受顶芽等控制的有限生长；而全期生长型只受环境条件影响而决定生长与否。有些种类，如云杉，则表现为 2 种生长类型，具体取决于树种的生态型。

4.2.2 苗木直径生长

苗木的直径生长高峰与高生长高峰也是交错进行的。直径生长也有生长暂缓期。夏秋两季的直径生长高峰都在高生长高峰之后。秋季直径生长停止期也晚于高生长，这是很多树种的共同规律。例如，小叶杨播种苗速生期的直径生长高峰在两个高生长高峰之间(图4-1)。当高生长停止后，直径生长还有个小高峰。

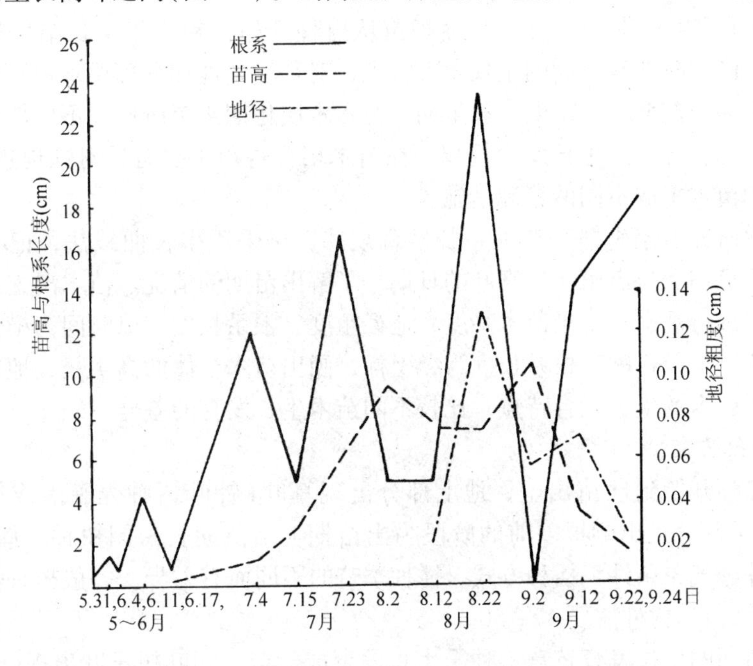

图4-1 小叶杨1年生播种苗年生长(引自孙时轩 1992)

2年生以上的苗木，在春季顶芽先萌动，产生激素，通过形成层往下运输，刺激形成层生长，因而直径先出现生长小高峰。而后，高生长才出现第一个速生高峰。促进苗木生长的激素是在冬芽开始活动时增加的，当枝条生长进入速生期时激素产生量最多。刺激苗木生长的激素主要产生于苗木的新叶，老叶虽然也能制造，但数量很少。

4.2.3 苗木根系生长

根系生长在一年中有数次生长高峰。根系生长高峰是与高生长高峰交错的。夏、秋两季根的生长高峰都在高生长高峰之后。根系生长的停止期也比高生长停止期晚。在北京观测小叶杨播种苗根，秋季生长停止期在10月下旬，比高生长晚5~6周。根系在一年中有4次生长高峰(图4-1)。根系生长高峰期与地径生长高峰期接近或同时。根系生长量以夏季最多，春季次之，秋季最少。

根系生长对环境条件的要求，除了温度、土壤水分和养分外，有的树种苗木还要求通气条件。落叶松和松属苗木对土壤通气条件较敏感。

4.2.4 播种苗的年生长

实生苗是利用种子繁殖的苗木。实生苗是林木育苗的重要组成部分，全国各地的主要造林树种，如落叶松、油松、樟子松、红松、华山松、马尾松、杉木、侧柏、柏木、杨树、榆树、刺槐、臭椿、苦楝、水曲柳、黄檗、核桃楸、桦木、赤杨、核桃、板栗、文冠果、沙枣、沙棘、紫穗槐等针、阔叶树种，绝大部分都是采用实生苗造林。

1年生实生苗即为播种苗。播种苗从播种开始，到当年生长结束进入休眠期，在不同的时期有不同的生长发育特点，对环境条件和管理要求也不相同。一般将其分为出苗期、幼苗期、速生期、苗木木质化期4个阶段。不同树种的1年生播种苗都有各自的生长发育规律，在苗木培育过程中要有针对性地进行管理，对不同的苗木采取不同的管理措施。

观察研究1年生播种苗的生长发育规律，可采用生长曲线法，记录播种日期、出土日期、长出第一片真叶的日期，了解出苗期的情况。苗木出土后每隔一定的时间进行观察，记录苗木高度、地径粗度、根系长度。以时间为横坐标，以苗木高度、地径粗度、根系长度为纵坐标，画出苗木个体的高生长、地径生长曲线，分析苗木的生长发育特点，比较不同苗木生长发育的差异。

(1)出苗期

从播种开始到幼苗出土、地上部分出现真叶(针叶树种壳脱落或针叶刚展开)，地下部分长出侧根以前的阶段为出苗期。出苗期长短因树种、催芽方法、土壤条件、气象条件、播种方式、播种季节的不同而有差异。一般树种需要10～20d，发芽慢的树种需要40～50d。

出苗期的生长发育特点：种子生长发育成幼苗，阔叶树子叶出现(子叶留土的树种真叶未展开)；针叶树子叶出土、种皮未脱落、尚无初生叶；地下部分尚无侧根、生长较快；地上部分生长较慢；幼苗还没有自身制造营养物质的能力，靠种子贮存的养分生长，苗木抗性较弱。

(2)幼苗期

幼苗期是指从地上部长出第一片真叶、地下部分出现侧根，到幼苗开始高生长的一段时期。幼苗期长短因树种不同而有所差异，一般为3～8周。

幼苗期的生长发育特点：地上部出现真叶，地下部分长出侧根，开始光合作用，制造营养物质；树叶数量不断增长，叶面积逐渐扩大；前期幼苗高生长缓慢而根系生长速度快，长出多级侧根；后期主要吸收根系长达10cm以上，地上部分生长速度由慢变快；幼苗个体明显增大，对水分、养分要求增多。

(3)速生期

速生期是苗木生长最旺盛的时期，是在正常条件下，从苗木高生长加快到高生长减慢之间的时期。速生期长短因树种和环境条件的不同而有差异。北京春播树种的苗木，速生期一般在5月中旬至8月中旬，约3个月。速生期是苗木生长的关键时期。

速生期的生长发育特点：苗木生物量增长迅速加快，达最大值；叶量增多，单叶增大。苗木的高生长量、地径生长量和根系生长量达到全年生长量的60%以上，形成发达的根系和营养器官。速生树种在这个时期有侧枝长出，苗木根系生长幅度较大。

(4)苗木木质化期

苗木木质化期是指苗木的地上、地下部分充分木质化，进入越冬休眠的时期。从苗木高生长大幅度下降开始，到苗木直径和根系生长停止为止。

木质化期的生长发育特点：苗木高生长速度迅速下降，不久高生长便停止，形成顶芽；直径和根系继续生长并可出现一个小的生长高峰，继而停止；苗木含水量逐渐下降，干物质逐渐增加；苗木地上、地下部分完全木质化，苗木对低温和干旱抗性增强，落叶树种树叶脱落，进入休眠期。

以上各个生长时期中苗高生长、地径生长、苗根生长和芽的形成之间的关系，可以用图表示出来(图4-2)。

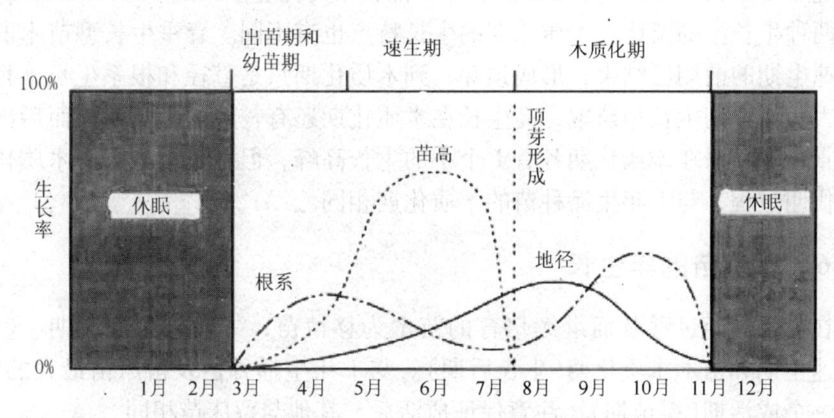

图4-2　各生长时期苗高生长、地径生长、根生长和芽的形成之间的关系

(根据 Landis 等　1998)

4.2.5　留床苗的年生长

在前一年育苗地上继续培育的苗木(包括播种苗、营养繁殖苗等)为留床苗。留床苗的年生长一般分为3个时期，即生长初期、速生期和生长后期。与1年生播种苗最大的区别是没有出苗期，并且表现出前期生长型和全期生长型的特点。

(1)生长初期

生长初期是从冬芽膨大时开始，到高生长量大幅度上升时为止。

生长特点：苗木高生长较缓慢，根系生长较快。春季生长型苗木生长初期的持续期很短，为2~3周；全期生长型苗木历时1~2个月。

(2)速生期

速生期是从苗木高生长量大幅度上升时开始，全期生长型苗木到高生长量大幅度下降时为止，春季生长型苗木到苗木直径生长速生高峰过后为止。速生期是地上部分和根生长量占其全年生长量最大的时期。但两种生长型苗木的高生长期相差悬殊。

春季生长型苗木高生长速生期到5、6月份结束。其持续期北方树种一般为3~6周，南方树种为1~2个月。春季生长型苗木速生期的高生长量占全年的90%以上。高生长速度大幅度下降以后，不久苗木高生长即停止。从此以后主要是树叶生长，叶面积扩大、叶量增加，新生的幼嫩枝条逐渐木质化，苗木在夏季出现冬芽。高生长停止后，直径和根系还在继续生长，生长旺盛期(高峰)约在高生长停止后1~2个月。

全期生长型苗木速生期的结束期，北方在8月至9月初；南方到9月乃至10月才结束。其持续期，北方树种为1.5~2.5个月，南方树种3~4个月。高生长在速生期中有2个生长高峰，少数出现3个生长高峰。

(3)苗木木质化期

苗木木质化期是从高生长量大幅度下降时开始(春季生长型苗木从直径速生高峰过后开始)，到苗木直径和根系生长都结束时为止。

两种生长型的留床苗木质化期的生长特点也有不同。春季生长型苗木的高生长在速生期的前期已结束，形成顶芽；到木质化期只是直径和根系生长，且生长量较大。而全期生长型苗木，高生长在木质化期还有较短的生长期，而后出现顶芽；直径和根系在木质化期各有1个小的生长高峰，但生长量不大。木质化期的生理代谢过程，与1年生播种苗的木质化期相同。

4.2.6 移植苗的年生长

在苗圃内经过移栽而继续培育的苗木为移植苗，一般分为成活期、生长初期、速生期和苗木木质化期(生长后期)。与1年生播种苗及留床苗最大的区别，是有一个成活期(缓苗期)。注意保证成活后，其他与留床苗相同。

(1)成活期

成活期是从移植时开始，到苗木地上部开始生长，地下部根系恢复吸收功能为止。

苗木根系被剪断，吸收水分和养分的须根被切掉一部分，降低了苗木吸收水分与无机养分的能力，因此，移植后要经过缓苗期。由于株行距加大，改善了光照条件，营养面积扩大了，未切断的根很快恢复了功能，被切断的根在切伤面形成愈伤组织，从愈伤组织及其附近萌发许多新根，因而移植苗的径生长量加大。成活期的持续期一般为10~30d。

(2)生长初期

生长初期是从地上开始生长，地下长出新根时开始，直至苗木高生长量大幅度上升时为止。

地上部生长缓慢，到后期逐渐变快。根系继续生长，从根的愈伤组织生出新根。两种生长型苗木的高生长期表现同留床苗。

(3)速生期

速生期的起止期同留床苗，但出现期较迟。地上与地下的生长特点与留床苗的速生期一样。全期生长型苗木在速生期中的生长暂缓现象，移植苗有时比留床苗出现得晚。

(4)苗木木质化期

苗木木质化期的起止期和苗木生长特点都可参照留床苗的有关内容。

4.2.7 扦插苗和嫁接苗的年生长

扦插苗的年生长周期可分为成活期、幼苗期(生长初期)、速生期和苗木木质化期4个时期。埋条苗的年生长过程与扦插苗基本相同。扦插苗的生长特点和育苗技术要点，对埋条苗也适用。

(1)成活期

落叶树种自插穗插入土壤中开始，到插穗下端生根、上端发叶、新生幼苗能独立制造营养物质时为止；常绿树种自插穗插入土壤中开始，到插穗生出不定根时为止，这段时期为成活期。

插穗无根，落叶树种也无叶，在成活过程中养分的来源主要是插穗本身所贮存的营养物质。插穗的水分除了插穗原有的以外，主要是从插穗下切口通过木质部导管从土壤(基质)中吸收的。

成活期的持续期，各个树种间的差异很大。生根快的树种需2~8周，如柳树、柽柳和杨树(青杨和黑杨)2~4周，毛白杨和黄杨需5~7周。生根慢的针叶树种需3~6个月以上，甚至达1年左右，如水杉需3~3.5个月；雪松需3.5~5个月。嫩枝插穗也从愈合组织先生根，但比休眠枝条快，所以成活期持续时间短，如水杉需3~6周，雪松需7~9周。

(2)幼苗期

落叶树种的插穗，地上新生出幼茎，故称为幼苗期，是从插穗地下部生出不定根、上端已萌发出叶开始，到高生长量大幅度上升时为止的时期。常绿树种因已具备地上部分，但生长缓慢，所以称为生长初期，它是从地下部已生出不定根、地上部开始生长时起，到高生长量大幅度上升时为止的时期。扦插苗扦插当年即表现出两种生长型的生长特点。幼苗期或生长初期的持续期，春季生长型约2周，全期生长型1~2个月。

这一时期插穗产生的幼苗因地下部已生出不定根，能从土中吸收水分和无机营养元素，地上部已有树叶能制造碳水化合物，所以前期根系生长快，根的数量和长度增加都比较快，而地上部生长缓慢；后期地上部分生长加快，逐渐进入速生期。

(3)速生期和苗木木质化期

扦插苗速生期和苗木木质化期的起止期及生长特点与留床苗相同。

嫁接苗和扦插苗的区别主要是：嫁接苗有一个砧穗愈合期，相当于扦插苗的成活期。其他与扦插苗基本一致。

4.2.8 容器苗的年生长

容器苗由于大多数情况下是在人工控制的优化环境下生长，生长较快，可控性强，所以一般划分为3个基本时期。

(1)出苗期(生长初期)

出苗期是指：实生苗从播种经过种子萌发，直到长出真叶为止；扦插苗从插穗插入容器中到插穗生根、茎开始生长为止。该期可细分为发芽阶段和早期生长阶段。这一阶段主要保证种子发芽成苗或插穗生根。

(2)速生期

速生期指从苗高以指数或较快的速度生长开始，到苗木达到预定的高度结束。春季生长型苗木在顶芽形成时也就达到了要求的高度(需要采取措施避免未达到预定高度即形成顶芽)，而全年生长型苗木不形成顶芽，不能自动结束，需要通过观察确定它达到要求的高度时，停止高生长促进措施来人工控制该时期的结束。

(3)木质化时期

木质化时期指从苗木形成顶芽或达到预定的高度开始，到进入休眠为止。在这一阶段开始把高生长的能量转移给苗木的加粗生长和根生长，保证苗木直径也达到要求的粗度，侧芽形成，根继续生长，并完成休眠诱导和胁迫适应2个生理过程。

4.3 苗木培育的非生物环境

苗圃生态环境包括非生物和生物环境两方面。非生物环境包括大气(地上)和土壤(地下)环境两部分。大气因子和土壤因子之间相互联系，共同与生物因子一起，综合对苗木的生长发育产生影响。

影响苗木培育的大气因子主要包括温度、湿度(水分)、光照、二氧化碳等。二氧化碳、水蒸气和光参与光合作用、呼吸作用和蒸腾作用。这些生理过程都与叶片温度和气孔功能有关，而这又与二氧化碳浓度、光强、湿度和温度相关。此外，苗木生长与云量云状、风向风速、太阳辐射、降水量等都有关系(迟文彬，周文起 1991)，但这些因子属于间接因子，通过影响空气温度、湿度、光照和二氧化碳浓度等起作用，在此不作过多讨论。

影响苗木培育的土壤因子土壤温度、土壤水分、土壤空气、土壤质地、土壤结构、土壤矿质营养、土壤有机质、土壤酸碱度、土壤热性质、土壤毒理性质等。苗木吸收利用的是土壤养分和水分，而土壤养分和水分的数量和有效性，则直接或间接地受以上各土壤因子的影响。

4.3.1 温度

温度是我们最熟悉的、对苗木生长影响很大的环境因子。植物生长是许多不同物理和化学过程的最终产品，温度直接对植物新陈代谢起作用，每种反应需要不同的温度。温度同样影响和控制生长的其他过程，如蒸腾、呼吸、光合等。

4.3.1.1 基本温度

苗木生长与其他生物一样，限定于一定温度范围内。适宜温度范围因植物种类、生态环境和生长发育时期不同而不同，但都可以划为最低温度、最适温度和最高温度三个基点，最适温度时生长最好。最适温度因树种和发育阶段不同而异。温带树种的生长开始于0℃以上、10℃以下，15℃以下很慢，18～30℃最适，30℃以上生长受限。热带树种则相应提高。

可以通过测定苗木株高、茎粗、干重等测定温度对苗木生长的影响。

4.3.1.2 空气温度、地面温度和地中温度

综合来看，苗木生长发育与空气温度关系的研究还比较宏观粗放，更多的关注在于土壤温度方面。

大田育苗情况下，空气温度受云量云状、光照强度和日照长度、降水状况、灌溉情况等因子的影响。环境控制育苗设施内，空气温度则受云量云状、光照强度和日照长度、灌溉情况、通风情况等因子的影响。

床面土壤温度一方面可以增加近地面层苗木层间空气温度，另一方面通过地面与地中温差向深层传递热量，提高地中温度。育苗生产应尽量提高温度，高寒地区由于温度低、积温不足，更应如此。床面温度不够，苗木必定生长不良。床面温度经常保持在30～35℃，苗木层间茎叶处气温才可达到25℃以上、地中温度才可提高到18～20℃，达到苗木正常生长所需的温度条件。纬度低、海拔低的地方地面温度偏高，易发生烫伤。高寒地区在太阳高度角最大时期，地面也经常达到40℃以上，短时间达到60℃的极值，这种幅度对杀死真菌，驱赶地下害虫很有效。所以在高寒地区要通过各种微气候应用技术提高地温，同时也要防除短时的极值高温危害。能否育出壮苗，关键是对地温的开发与控制水平，这是现代化育苗最基本的管理技术。地面温度的上限不超过40～46℃，下限不低于－2℃(持续时间不长于2 h)(迟文彬和周文起 1991)。

土壤白天温度为18℃以上，根系活动旺盛，土壤矿物质溶解量提高，吸收能力增强，输导功能增强，促进了根系和地上部分生长。土壤温度低于14℃时，根系的吸收功能下降，输导功能降低，高生长停止，而真菌活动加快，苗木极易感染病虫害，因此苗木生活力低。为实现稳产丰产，必须提高地中温度(迟文彬和周文起 1991)。

4.3.1.3 土壤热性质与土壤温度

与土壤温度关联度很大的土壤热性质，包括土壤吸热性、热容量、导热性、导温性及散热性。它们影响土壤温度及温度的时间变化与空间变化，从而使种子萌发速率、土壤可给态养分的转化、微生物区系状态、苗木根系以及全株苗的生长发育受到影响。

4.3.1.4 种子发芽与温度变化

温度是影响种子萌发的重要因子。种子发芽也有其最适、最低和最高温度，这方面与树种特点有直接的关系。据记载，一般5～8℃林木种子即可发芽，10～15℃发芽加快，20～25℃发芽最旺。有的树种40℃发芽还很好，有的超过20℃就不再发芽。如麻栎发芽最适温度15℃，油松和侧柏为20～25℃，马尾松和杉

木为25℃，臭椿为30℃。油松35℃比25℃萌发快但萌发率低，杉木36℃发芽率仍高达86%。很多树种变温条件更有利于发芽，如红松需要经过0~5℃的低温和15~20℃的高温阶段催芽处理后，在气温达到15℃以后(地下5cm达到8~13℃)播种才能顺利发芽(齐鸿儒 1981)。水曲柳室外催芽窖内混沙埋藏，经过一夏一冬；或在室内控温条件下，先暖温15~20℃下90~120d，再3~5℃低温90~120d，播种后才能萌发出苗(张鹏等 2007)。

4.3.1.5 插穗生根与温度变化

温度对插穗生根有很大的影响。插穗生根要求的气温和地温是不尽相同，杨树、柳树等落叶阔叶树种，能够在较低的地温下生根，但大多数树种生根最适宜的地温是15~20℃；而有些常绿阔叶树种生根需要较高的地温，一般以23~25℃较为适宜。适当提高地温对插穗内部物质的分解、合成和运转有利，可以加速愈合组织的形成和生根。毛白杨的插穗在相当广泛的温度范围(4~7~30℃)内都能形成愈合组织和根原基，但低温所需时间较长。恒温试验表明，形成同样大小的愈合组织，12℃时需34d，18℃时需20d，24℃时只需10d，30℃时第10天的愈合组织相当于24℃第10天时的4倍(齐明聪 1991)。

气温的作用主要是满足芽的活动和叶的光合积累，地上部分的生长和同化对生根是有促进作用的；但气温升高，往往使叶部蒸腾加速，容易导致组织失水，同时也加速呼吸作用，使光合作用产物随呼吸加强而消耗。因此，在插穗生根期间，创造地温略高于气温的条件是有利的，这至少在降低叶部蒸腾和增加插穗切口的吸水速率方面是有作用的。此外，白天的气温在于保证光合作用的进行，晚间便没有必要维持较高的气温。试验表明，保持昼夜之间一定的温差，对插穗生根是有利的，如辐射松扦插时的昼/夜温度以20℃/10℃生根率最高。

4.3.1.6 茎和根生长与温度变化

苗木芽的萌动需要一定的温度变化机制，这方面因树种不同而异(金铁山 1985)。温带树种如红松、臭松、沙松、侧柏、白榆、美国赤松、水曲柳等，必须经过一段时间低温(春化处理，在0℃甚至-10℃以下，经过15d以上的阶段)越冬芽才能解除休眠而萌发(表4-1)。

表4-1 红松越冬幼苗顶芽解除休眠与低温的作用

苗木从室外搬入温室时间(日/月)	不同观察日期(日/月)顶芽解除休眠状况(萌动、转绿的比率%)					
	3/1	20/1	3/2	24/2	2/3	14/7
前一年25/9	—	3	20	—	50	针叶黄绿色
前一年3/10	—	50	70	100	—	针叶黄绿色
前一年3/12	85	100	—	—	—	—
3/1	—	80	100	—	—	—
5/2	—	—	—	60	100	—

注：根据金铁山(1985)，有调整。

根系温度控制对生长的重要性与茎温度控制同样重要。茎周围气温既影响其代谢，也影响蒸腾。植物各部位反应不一致，如植物茎干在气温0℃以上(侯平均气温稳定通过1～2℃)时就开始活动；而植物根系往往要求土壤温度超过5℃才开始活动。研究表明，分别控制气温和根系温度时，植物生长受限于根系温度变化。日本落叶松在地温20℃左右最适宜于根的生长，而南方系树种如加勒比松，地温30℃则促进根生长(金铁山　1985)。

4.3.1.7　温度日变化与苗木生长

植物适应于温度昼夜变化产生的反应称为温周期现象。昼夜温度都对生长有影响，很多实验表明，昼高夜低格局对生长有利，这也是正常的自然界温度变化格局。但也有些树种要求恒温。精细测定苗木白天与夜间高生长量可以看到，同一株苗木在苗高速生期，高生长量有时昼间大于夜间，有时夜间大于昼间(金铁山　1985)。逆温度变化格局(昼低夜高)对植物有特殊作用，可以在育苗中加以利用(Steenis，网络资料)。

4.3.1.8　苗木发育阶段与温度关系

了解树木各个发育阶段的最适温度范围，是有效控制(促进或限制)苗木生长的需要。

幼苗期要求温和而稳定的温度格局。温度过高、过低或变化剧烈都不利于幼苗的生长发育。所以春末夏初特别要注意降温天气，温度高时灌溉降温的水量也不宜多，以免导致温度变化过大，影响幼苗生长发育。

速生期需要较高温度，但近苗木层温度不宜超过30℃，因为它不利于苗木光合作用的正常进行。

温度对苗木生理状态，如芽的发育、休眠和抗寒性有普遍影响；而这些特性都是在木质化阶段形成。苗圃用低温(特别是夜间低温)来诱导茎休眠和顶芽形成。木质化期苗圃温控可分2个阶段：亚最适温4～6周可促进直径和根系生长；稍高于0℃(特别是晚上)的温度4～6周可促进芽形成，提高抗寒性(Landis　1992)。

4.3.1.9　苗木生长与极端温度

过高过低的温度都不利于苗木生长。高温会导致日灼危害，春末夏初和冬季都比较容易发生日灼危害。低温会导致霜冻、冻拔危害等，霜冻多发生在春秋苗木开始生长或邻近结束生长的时期。一般苗木在近地面空气温度达到－1℃(地面温度为－2℃)，发生冻害；近地面空气温度达到38℃以上时，发生烫伤(迟文彬，周文起　1991)。

4.3.2　空气湿度

水分是细胞原生质的重要成分，是很多代谢活动过程的原料和必要条件，也是苗木体内吸收和运输物质的主要溶剂；水能保持苗木膨压，使其舒展直立；水还能调节苗木体温。水分通过空气湿度和土壤水分2种形式与苗木发生关系而发挥上述功能。

空气湿度通常指相对湿度，即某温度条件下单位体积的空气中实际含有的水汽量与该温度下空气能含有的最大水汽量(饱和状态)之比，用百分数表示。

大田育苗情况下，空气湿度受空气温度、降水状况、灌溉情况和风向风速等因子的影响。环境控制育苗设施内，则主要受空气温度、灌溉情况和通风情况等因子的影响。

适宜的湿度可以促进苗木生长。实生苗湿度控制的研究很少，现有的控制参数多数是经验总结，而且非密闭条件下湿度的控制也较难。有经验指出，出苗期(生长初期)需要高湿(60%~90%)；速生期湿度要适度(50%~80%)，苗冠郁闭时通风要好；木质化期要求低湿。温室育苗在木质化期要控制成低湿状态比控制成高湿状态难，可以将苗木移出温室，放置于室外低湿环境(Landis 1992)。综合来看，生长季节60%~80%的空气湿度可以保证苗木正常生长。空气湿度过大时(饱和甚至过饱和状态时)苗木生长不良，产生茎叶腐烂，导致死亡。树种不同，受空气湿度影响程度不同。樟子松对空气湿度反应不十分明显；而落叶松、红松、黄波罗等对湿度要求苛刻，空气湿度小于39%时，树叶停止生长，小于20%时出现生理失水、茎叶萎蔫，甚至干枯死亡(迟文彬，周文起 1991)。

无性繁殖时，湿度控制更重要，初期一般要求高湿(90%~100%)，因为插穗需要减少蒸腾保持膨压以形成根系，嫁接需要高湿环境避免水分胁迫。近年来国内外扦插实践证明，近苗木层空气湿度的重要性要大于土壤(基质)湿度。在扦插后生根期间内，土壤含水量(湿土重减去干土重的差值与干土重的比值)60%~80%，空气相对湿度以90%至饱和，更有利于生根成活。北美地区扦插繁殖生根期内，人工控制空气湿度在90%以上的近饱和至饱和状态，基本上是常规操作，而土壤(基质)的湿度不能过高。

4.3.3 土壤水分

由于受人为灌溉的影响，苗床土壤水分含量及其时间变化与空间变化不明显。建立科学灌溉制度的苗圃，土壤含水量随着苗木不同物候期的需水量而变化。但是，土壤水分含量的不均匀性却始终存在。

4.3.3.1 土壤毛管水分

降水或灌溉水进入土壤中，在大孔隙中由于受到重力的作用渗到下层土中或加入地下水；在毛管孔隙或微孔隙中由于受毛管引力或分子引力保存于孔隙中。当孔隙直径大于8mm时便没有毛管现象。当孔隙直径由8mm向0.1mm过渡时，毛管作用越来越大，在0.1~0.001mm作用最大。孔隙直径小于0.001mm时，其保有水分属于束缚水，苗木根系难以吸收。土壤中保持毛管水的引力为8.106~633.281kPa，远小于苗木根系吸水力(约1 519.875kPa)，所以毛管水易于被苗木吸收利用。

一般土壤毛管水上升高度为1.5~2.5m，在地下水深不超过此高度时，地下水可不断补给地面蒸发，但地下水矿化度高时，容易引起盐渍化。

4.3.3.2 土壤水分蒸发

苗床土壤水分的蒸发有明显的规律(金铁山 1985)。灌溉后，土壤充分湿润，床面水分蒸发只由气象条件(空气的温、湿度和梯度、饱和差、气压、风等)决定，与土壤含水量无关。当苗床土壤含水量降低到田间饱和持水量的60%~70%以下时，水分的蒸发消耗，一方面受气象条件影响，另一方面受土壤含水量多少的影响。在此时期以前，松土可以切断毛细管，减少蒸发。当蒸发面继续降低，土层干燥层很厚(育苗的苗床是不允许出现的)，水分以气态水逸出土层，松土不但不会降低蒸发量，而且会加快蒸发，合理的耕作措施应是镇压，当然最需要的是灌水。

土壤质地对土壤水分的蒸发影响很大。当苗床土壤充分灌溉后，黏土水分的蒸发量约为沙土的2倍。当土壤达全蓄水量时，土壤表面的蒸发量约为水面蒸发量的2倍。仅仅湿润的土壤蒸发量要小于水面蒸发量。在苗木速生期内，土壤水分充足，苗木群体密度足够大(叶面积系数大于4)时，苗床上的蒸散量(苗木蒸腾与床面土壤蒸发之和)可能大于水面蒸发量。

苗床位置高低、床面平整程度、耕作状况、土壤的结构性等也都影响苗床土壤含水量及其变化。苗床(垄)越高，土壤表层越易失水，低床或平作则表土层土壤含水量较高。床面高低不平，低凹处易积水而涝，凸处失水而旱。耕作质量不佳，床(垄)内埋有土块，土壤含水量在苗床上的不同点差异很大。

4.3.3.3 土壤水分常数

在苗圃育苗中具有很大生态意义的水分常数，有饱和含水量、田间持水量和凋萎系数。

- 饱和含水量　当土壤内自由水面与土壤表面在同一高度，土壤中的全部孔隙为水充满，这时土壤所含有的水量称土壤的饱和含水量。用土壤绝对含水量表示为：土壤饱和含水量=总孔隙度/容重。

土壤饱和含水量是土壤最大的含水量。土壤达饱和含水量时，土壤供水能力强，但土体内固相、液相、气相三相比不协调，土壤通气性差，苗木根系吸水能力差，而且，苗床土壤长期处于饱和含水量下，会造成绝大多数不耐水淹的苗木死亡。

- 田间持水量　当土壤中充满水任其渗流，至渗流停止时土壤所保持的水分，称为田间持水量。它表示土壤在田间情况下所能保持的最大的悬着水量。该水分处于静力学平衡状态，不受重力作用。用土壤绝对含水量表示。

田间持水量约与全蓄水量的70%~75%相当。通常认为从田间持水量的60%到田间持水量之间，土壤可保持良好的固体、液体和气体三相比，可以保证土壤有良好的供水能力，苗木根系又有良好的吸收能力。灌溉水量以达到土壤田间持水量为灌溉水量上限值，超过田间持水量，要么造成积水，要么浪费灌溉水，提高地下水位。

• 凋萎系数　通过栽培实验确定，当土壤绝对含水量低于某一数值，苗木呈现永久萎蔫现象时的含水量界限称凋萎系数。它主要由土壤质地、有机质含量多少决定，与苗木种类关系较小。

土壤含水量在凋萎系数以下，属于苗木不能吸收利用的水分，称无效水分。土壤含水量在凋萎含水量以上部分，称有效水分。育苗经验及实验证明，土壤含水量超过凋萎系数2倍以上时，任何种子萌发的水分都可满足，当然不一定是最适宜的土壤含水量。土壤含水量超过凋萎系数、低于田间持水量的70%时，土壤最适宜耕作。苗床土壤中有机质含量较高时，土壤水分的凋萎系数可能很高，如黑龙江省桦南县孟家岗林场苗圃，土壤质地为黏壤，含有机质5%~7%，凋萎系数为20%~24%（金铁山　1985）。

4.3.3.4　种子萌发与土壤水分

要使种子达到萌发，必须满足其对水分的基本要求。水分不足，种子不能萌发。一般说来，每个树种的种子萌发时，都有其适宜的种子相对含水量。如红松种子萌发时，种子相对含水量以50%~60%为宜，若相对含水量低于30%~35%，萌发就受到抑制。为了给种子提供足够的水分又不影响种子自身的气体交换（呼出CO_2，吸入O_2），通常在种子中掺混河沙或水藓或草炭等物质，并保持其含水量在掺混物饱和持水量的60%左右（金铁山　1985）。

在种子催芽处理过程中，常常由于种子处理与播种期配合不协调，种子需要延缓播种，除了采用降温法（降温幅度不宜过大），也可用降湿法，通过改换种子混合物，换以低含水量的物质混拌种子或给混拌物减少浇水，起到抑制种子萌发的作用。降湿法与降温法相结合，可以起到明显的延缓作用。如果种子萌动程度很深，胚根已突出种皮之外，使用降湿法应格外注意，或不用降湿法，以避免芽干。

4.3.3.5　苗木自身的水分平衡与土壤水分

播种苗出土时含水量最高，相对含水量（苗木鲜重和干重的差值与苗木鲜重的比值）可达90%以上，苗木进入速生期后，相对含水量在70%~80%。到秋季，苗木地上部分停止生长，相对含水量65%~75%（金铁山　1985）。测定苗木的根、茎、叶的相对含水量，同样可以发现不同部位含水量的差异，而且许多树种的苗木，苗根相对含水量略低于地上部分的含水量。

在一天内，苗木叶子的状态因水分平衡的缘故而变化很大，上午叶挺直，午间萎蔫，但是叶子相对含水量或绝对含水量的变化比其形态表现出的程度要小得多。同样，入冬后测定1年生红松、樟子松苗黄叶与绿叶含水量的差异，也不如见到的程度那样明显。

土壤供水不足或苗木吸收能力弱，会导致蒸散比降低，造成苗木自身水量平衡失调，这种现象持续一定时间，苗木形态表现异常，如兴安落叶松、西伯利亚落叶松早期封顶（北方苗圃称“心止”）或多次高生长。但是，落叶松心止苗或多次高生长苗的含水量与正常苗差异不大。

4.3.3.6 苗木生长与土壤水分

苗圃土壤水分和空气湿度对苗木生长的影响有时比土壤矿物营养的作用更明显。东西走向的苗床，在干旱年份，生长在北侧的长白落叶松苗总是高于南侧的。如果对南侧苗木增加灌溉量，可使苗木生长均一。

根据水分对苗木生长的影响，可以比较出不同树种苗期对水分要求数量的多少。同是1年生播种苗，兴安落叶松对水分的要求远远大于红松，可是这并不等于说每生产1g干物质消耗的水分数量也保持此种关系（金铁山 1985）。

苗木的蒸腾系数不仅因树种不同而异，而且同一个树种的不同生长阶段，蒸腾系数也不稳定。许多生态实验证明，太阳辐射、空气温度和湿度、土壤水分、土壤肥分等对苗木的蒸腾系数有强烈的影响。

土壤水分即使在凋萎含水量与田间持水量之间，对苗木生长的影响也是不等效的。这种不等效性至少表现在两方面：一是等量的水分变化，并不伴有等量的高生长或径生长；二是等量的水分变化，对于根、茎、叶的作用是不同的。如同其他生态因子一样，土壤水分与苗木生长的关系也不是直接的，苗木生长是受自身水分平衡控制的。

一般情况下，在苗木生长期土壤水分不足，对苗高生长量的影响比对地径生长的影响表现明显。在苗木速生期内，土壤水分稍有不足，即可见到叶节间距短缩现象，严重时会引起苗木停止高生长，并形成顶芽。单纯从生长量的变化中区分土壤水分供给不足或苗木根系吸收能力弱是很不容易的。

4.3.3.7 形态建成与土壤水分

水分对苗木形态的影响很大。供水及时且水量和水质适宜时的苗木生长发育状态，与供水不及时或水量和水质不适宜时有明显差异。

一般说来，水分条件差，会导致苗木叶片厚度与叶面积比值明显增加、叶色黄、反射率降低、缺乏光泽。如果水质不良，叶尖枯黄，叶片密集于茎轴上，叶片数量并不增加，苗木茎轴短小；茎皮粗糙，地径粗度并不增加，但苗高与地径比值降低；根量增加不明显，苗木地上部分重与地下部分重的比值降低；根、茎、叶干物重比，叶量变化不大，根量比值略增，茎重比值略减（金铁山 1985）。

水分过多，也改变苗木的正常形态，如叶片薄，根系发育小；但是在土壤饱和含水量以下，水分略多的危害比水分不足的危害，对大多数苗木来说要小得多。

4.3.3.8 水分的生态调节作用

水分在苗圃生态环境调节中可起重要作用。夏季苗床表面温度过高时可少量灌溉降温，避免发生日灼；春秋苗木遭受霜冻危害时，灌溉可以抢救苗木，尤其是用于抢救新播种苗时效果显著。苗木遭受药害、风害、雹害时生长发育受阻，适当灌水并调节小气候的温、湿度结构，都有一定的益处(金铁山 1985)。

4.3.4 土壤质地

土壤中不同大小的矿物颗粒配合比例的组合，称为土壤质地或机械组成。可按土壤中物理黏粒(粒径小于0.01mm)和物理砂粒(粒径大于0.01mm)的相对比例，把苗圃土壤划分为沙土、砂壤土、壤土、黏壤土和黏土。土壤质地影响着土壤的蓄水、供水、保肥、供肥、导热、导温能力和适耕性(表4-2)，而这些特性对于苗木的生长发育有着重要作用。

生长期内，沙土由于非毛管性大孔隙多，因此通气性好、透水性强、土壤干燥。沙土上不论垄作或床作育苗，床或垄的高度宜低，采用侧方灌水时，垄长不宜过大，否则灌水不匀，甚至垄末无水。在沙土上育苗，常因灌水不及时引起播下的种子、插入土中的插穗芽干，换床成活率低。沙土本身所含矿物养分数量少，育苗时需施大量肥料，并应以有机肥为主。追施化肥时，应本着“量少次多”的原则施用。培育生长量大、生长期长的树种(杨树、落叶松等)，如果后期追肥不及时或数量不足，容易出现“脱肥”现象，苗木高生长速度减小，提早形成顶芽，降低苗木生长量。沙土热容量较小，春季土壤增温快，俗称“热土”，播种、插条出苗快于黏土1~2d。但沙土夜间降温急剧，春季发生霜冻时，危害通常较重。

表4-2 不同质地土壤的生态性质

生态特性	沙 土	壤 土	黏 土
保水能力	弱	适中	强
保肥能力	弱	适中	强
增温速度	快	适中	慢
通气性	好	中	差
耕作性	好	中	差
养分转化速度	快	适中	慢
出苗难易	容易	容易	困难
苗木贪青状况	否	可控制	易

注：引自金铁山(1985)。

黏土由于粒间毛管性孔隙多、大孔隙少，因此通气性差、透水性弱、保水性强。垄作或床作育苗时，床或垄高度宜高些。黏土热容量大，春季土壤增温慢，俗称“冷土”，播种、扦插出苗慢。黏土本身含有一定数量的矿物养分，施肥时必须考虑土壤通气性差、好气性微生物活动弱的特点，避免施肥过深，延缓肥效，以致造成苗高年生长期长的树种贪青、秋末与入冬受冻害和冬害。

用当年生播种苗或苗高年生长期长的树种，比较沙土和黏土的育苗效果可以看出，在一个生长季内，沙土上生长的苗木，前期生长比较好；黏土上生长的苗木，后期生长比较好。概括起来，沙土育苗“发小不发老”，黏土育苗“发老不发小”（金铁山　1985）。

沙土与黏土都不是育苗的理想土壤质地，需要进行土壤质地改良，使之成为壤土。壤土提供了育苗的一个最佳土壤环境条件，有一定数量的大孔隙和相当数量的小孔隙，通气性与透水性良好，保水性与保肥性强，土壤热状况良好，耕作性良好，适耕期较长。

4.3.5　土壤矿质营养

4.3.5.1　苗木的元素组成

苗木种类多种多样，生长地点各不相同，但它们的元素组成，有很大的相似性。在苗木累积的干物质中，碳、氧、氢三元素占有的重量一般在95%以上，氮、磷、钾、硫、钙、镁、铁等合计占有的重量不足5%。根据苗木体内的元素含量的多少，有大量元素与微量元素之分。大量元素包括碳、氧、氢、氮、钾、钙、硫、磷、镁、铁；微量元素包括硼、锰、锌、铜、铝、钴、镍等。

苗木元素组成中的含量比值多少，并不能说明它的重要性大小。在苗木干物质组成中，氮、磷、钾元素含量并不多，对苗木生长发育却起着重要作用，被看作矿质营养三要素。微量元素在苗木体内含量极微，如果完全没有，即便增加其他元素成分也不能抵偿微量元素的作用。

根据苗木的元素组成，在实测苗木生物产量的基础上，可推算出苗木从土壤中带走的养分数量。例如，红松1年生苗在某苗圃的生物产量为300kg/hm^2，根据苗木的元素组成推算，它将从圃地带走30～90kg氮素，1.5～30kg磷素，9～180kg钾素。这对于研究苗圃施肥或土壤中矿物营养元素的平衡都是必需的资料（金铁山　1985）。

4.3.5.2　苗圃土壤中矿质元素的含量

苗木吸收的氮素是由根系从土壤中获得的。苗圃土壤中存在的全氮量很高，但是速效态成分的含量不多，并且受温度、土壤水分、pH值的制约，为了培育优质苗木，施肥是必需的。

磷、钾、钙、镁、铁、硫及微量元素，都是由根系从土壤中吸收。土壤中各矿质元素总量一般可满足苗木的需要，但是可利用态含量（有效养分含量）并不总是充分的，如北方苗圃土壤有效磷素普遍缺乏。

在一个苗圃内，土壤矿质营养元素全量的年变化是很小的，即使连续育苗数年不施肥，测定营养元素的全量也不会有很明显的减小，苗木的生长则有降低趋势。

苗床土壤中的速效态氮以硝态氮为主，但硝态氮含量受土壤温度的影响很大，夏季苗床土壤硝态氮含量很高，而春季苗床土壤硝态氮含量较低，所以，单纯根据硝态氮含量难以判断土壤供氮能力。至于由不同分析方法测得的含量，更不能进行比较。

矿质营养元素在圃地上的含量尤其是速效态成分含量不均，差异也很大。上层土壤比下层高，水平方向上由于施肥不均匀，差异也很大。

4.3.5.3 氮素对苗木的效应

苗木吸收的氮素主要是铵态氮(NH_4^+)和硝态氮(NO_3^-)，其次有少量的亚硝态氮(NO_2^-)、有机态氨(蛋白质态氮和腐殖质态氮)。氮素是组成蛋白质基础的氨基酸的成分，广泛存在于苗木体内许多种化合物中，如嘌呤、生物碱及维生素都含有氮元素。氮素吸收量多少，与苗木生长发育、形态建成、苗木抗性(抗病、抗寒、抗旱等)等密切相关。苗木氮素吸收不足时，植株矮小、叶短缩、叶色黄、根系小、顶芽形成时间提前、苗木受灾后恢复能力弱，恢复时间长。苗木移植时，土壤中氮素含量过高，缓苗期就会延长，对成活不利。

树种不同，不同形态氮素的效应不同，需要量也有差异。在苗期要求低氮的树种有红松、水曲柳、蒙古栎、核桃楸等；要求高氮的树种有兴安落叶松、长白落叶松、黄波罗、红皮云杉、樟子松等；居间的树种有小叶杨、紫椴、白桦、沙松等(金铁山 1985)。表现苗木对氮素要求量多少的标志，最明显的在于苗高增长与土壤中的含氮量高低的关系中。

国外试验证明，栎树对硝酸铵、硝酸钠的吸收利用比硫酸铵好，椿树对硫酸铵吸收利用比硝酸铵和硝酸钠好，这暗示硝态氮与铵态氮肥效在不同树种上存在差异。更复杂的是，土壤中钙和其他阳离子的含量可以改变上述状况，钙离子丰富时宜用含铵态氮肥料；钙离子缺乏时宜用硝态氮；当土壤中钾离子比钙离子多时，硝态氮比铵态氮利用得多。

4.3.5.4 磷素对苗木的效应

可供苗木根系吸收的磷素主要是磷酸态(PO_4^{3-}，HPO_4^{2-})。磷素是核蛋白和磷脂的组成成分，而伴随磷酸基结合的高能键，可能是植物中能量传递的主要媒介。磷素吸收量的多少与苗木生长发育和苗木的抗性密切关联。苗木磷素吸收不足的形态表现，在许多方面与氮素吸收不足十分相似，如植株矮小、根系发育不良、叶短缩等，叶色变化多呈紫色(落叶松、樟子松苗多见，但樟子松苗针叶变紫，在许多情况下是与秋季低温出现有关)。增加磷素供给量，对提高苗木抗寒能力效果明显，但在北方单纯依靠增加磷素供给量，不能完全避免常绿针叶树苗的冻害。

树种不同对磷素的反应也不同。长白落叶松、樟子松1年生播种苗对磷素需要量高于红松、水曲柳的当年生播种苗(金铁山 1985)。磷对苗高的影响同氮素一样，是十分明显的。

4.3.5.5 钾素对苗木的效应

钾素以钾离子(K^+)形式由土壤进入根内，并以无机态存在。一般认为钾与酶的活性有关，苗木体内钾不足将阻碍碳水化合物的运输和氮代谢。钾在苗木体内有高度的移动性，甚至用水浇灌苗木可将钾素冲洗出一些。苗木吸收钾素不足，会降低生长量、影响木质化、降低苗木的抗病和抗寒能力。

4.3.5.6 其他矿质元素对苗木的效应

硫、钙、镁、铁及微量元素都有其独特的作用。在元素周期表中，许多化学性质十分接近的元素完全不能相互代替，如钠元素不能代替钾元素。另一方面化合价不同的同种元素化合物，作用也完全不同，如常绿针叶树在苏打盐碱土或酸性土上施用硫酸亚铁($FeSO_4$)有类似植物生长调节剂的作用，促使苗木叶色鲜绿、提高生长量，但施用硫酸铁[$Fe_2(SO_4)_3$]，则无促进苗木生长的作用。

4.3.5.7 土壤酸碱度对矿质营养元素有效性的影响

土壤酸碱度以pH值标志，表示土壤溶液的氢离子(H^+)浓度。pH值对矿物营养元素的有效性影响较大。一些矿物营养元素在近中性时可利用性最高，一些矿物营养元素在碱性条件下可利用性较高，一些则在酸性条件下可利用性较高。

pH值既有空间变化，也有时间变化。一般在生长期内时间变化幅度较小，空间变化受土壤类型影响严重。在苏打盐碱土地带，pH值空间变化范围大，在酸性土地带，相对来说要小。

苗木对pH值的适应能力差异很大，绝大多数树种在中性和微酸性条件下生长发育良好。红松、红皮云杉、鱼鳞云杉、沙松、臭冷杉等树种在碱性土壤上播种，可以出苗但不能成苗；落叶松、樟子松、赤松等可以成苗但生长量低；小叶杨、小青杨、小黑杨、小青黑杨、白榆、复叶槭、苦枥木、花曲柳、蒙古栎、柽柳等可以在pH值7.5条件下育苗成功(金铁山 1985)。

土壤中pH值过高或过低，都会使矿质养分元素间的平衡变为不良，某些物质超量地溶解，使苗木中毒。如pH值过低时，土壤中的铝、铁、锰、锌和铜可能发生毒害，而且氢离子(H^+)本身可直接伤害苗木；pH值过高时，氢氧根离子(OH^-)也可以直接伤害苗木。

4.3.5.8 钙离子与其他阳离子之间的颉颃作用

钠对苗木有害，在土壤中加入钠含量5%的钙，即保持钙: 钠 =5:95，可消除钠离子危害(金铁山 1985)。钙离子与氢离子可以互相消除含量过高的毒害。不同树种的苗木，要求保持各自一定的钙、镁离子比。与此相类似，钙离子与钾离子、铁离子、铝离子之间的颉颃作用也是如此。在酸性土壤上，锰离子过量时，会产生毒害作用，施入钙可解除。在土壤中铵离子过多，产生毒害作用，施入钙可缓解。在酸性土中单独施钙，有助于吸收铵态氮。

4.3.6 土壤有机质

土壤有机质是土壤的重要组成成分，是土壤肥力的物质基础。土壤有机质可以提供苗木生长发育所需要的各种养分、增强土壤的保水保肥能力和缓冲性、改善土壤的物理性质、促进土壤微生物的活动等。世界各国在育苗过程中，用地、养地和护地的关键都是增加土壤有机质含量。苗圃保持较高的土壤有机质含量，对提高地温、保持良好的土壤结构、调节土壤的供水供肥能力都是十分重要的。

有机物料一次施用量不宜过多，小兴安岭林区苗圃提供的改土经验，每公顷施草炭4.5万kg效果较好。每公顷施麦秸3.75万kg，固氮酶活性比对照多8.6倍，而施化肥仅多1倍。3年后微生物总数每克土达1 029.66万个，比施用化肥多13.9%，其中固氮菌与纤维分解菌比施化肥分别多89.0%和615.9%。土壤施入一定量的有机物料后，不但为微生物繁殖创造了营养条件和环境条件，还可通过微生物的分解和一系列生化作用，形成腐殖质、果胶与多糖等有机胶结物，这些胶结物与土粒复合形成大小不等、形态不同的团聚体，由小团聚体团聚成大团聚体和团粒结构。这些良好的土壤结构又为微生物活动创造了水肥丰富而协调的土壤环境条件。通过不断地增施有机物料，更新土壤有机质，土壤肥力才能不断地提高，抗逆性和协调性才能不断地增强。试验表明，施有机物料1年后，可看到土体疏松，孔隙较多，0.005～0.1mm的小团聚体增多；2年后，大团聚体形成，0.5～1.0mm团聚体增加；3年后1～2mm的团聚体出现。由于团聚体的形成，对蓄水保肥和调节土壤中水、肥、气、热的功能增强，从而为苗木生长创造了有利条件。

4.3.7 土壤毒理性质

枯枝落叶、根桩及根腐解物以及根系分泌物等自毒物质在圃地积累到一定程度后，与土壤中的其他不利因素相结合，会对幼苗产生毒害效应，影响幼苗生长。自毒物质不仅抑制种子萌发，而且会影响幼苗光合、呼吸及其他部分生理生化过程。如杉木幼苗在土壤中邻羟基苯甲酸含量达100mg/kg土时，对其种子萌发及幼苗光合、呼吸、叶绿体片层结构、气孔开张等部分生理生化过程，以及基因、蛋白质表达产生显著的影响。

土壤酸化的实质就是铝毒害。土壤中活性铝达到一定浓度后，影响幼苗的生长及部分生理生化过程。如杉木幼苗在土壤活性铝浓度达到48.06mg/L时，对其光合、呼吸、SOD、POD等部分生理生化过程以及基因表达产生显著的影响。

4.3.8 栽培基质

栽培基质又叫人工土壤、盆土、盆混合物、土壤混合物、混肥等，是人工配制的用于苗木培育基质。容器育苗中不同程度地都在使用人工基质。原因是使用自然土壤存在如下问题：①容积限制：树木育苗容器更小，空间、养分、水分都有限；②滞水层存在：下部积水层影响基质物理和园艺特性；③土壤微生物不均衡：利于苗木生长的环境(高肥、高湿)往往利于病菌生长，而不利于菌根菌生长；④缺乏土壤团料结构，且不能通过耕作措施促进(Landis　1990)。

由于以上原因，容器育苗工作者开始在土壤中添加一些适合容器育苗的附加成分。一些泥炭藓、蛭石和珍珠岩等基质被使用。但我国仍未跳出使用营养基质(含有自然土壤)的圈子。如1991年制定的容器育苗技术标准(LY1000—1991)规定，容器育苗用的基质要因地制宜、就地取材并应具备下列条件：①来源广，成本较低，具有一定的肥力；②理化性状良好，保湿、通气、透水；③重量轻，不带病原菌、虫卵和杂草种子，并规定，基质必须添加适量基肥。国外广泛应用的泥炭、蛭石、树皮粉、锯末等，我国资源也很丰富，且还有大量的稻壳资源，但目前商品化程度较低。

4.3.8.1　栽培基质的作用

栽培基质要为生长在容器中的植物提供其生长所需要的如下物质或条件(图4-3)：

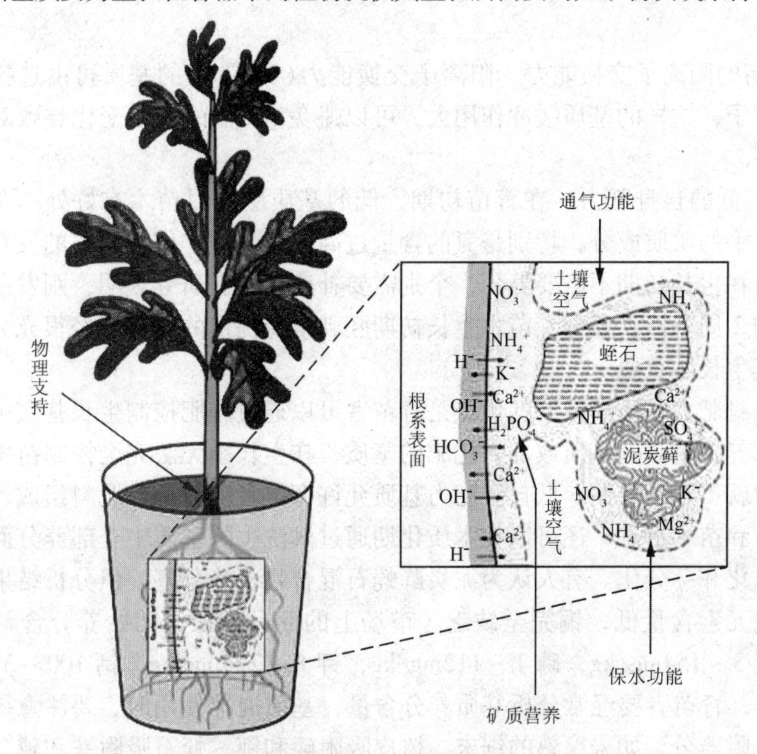

图4-3　栽培基质的4项功能(根据Dumroese博士图片调整)

- 水　植物需要大量的、连续不断的水分供应，容器苗也不例外，因此基质保水性要好，即要有足够的小孔隙度。
- 空气　植物通过呼吸作用获得能量，氧和二氧化碳的交换需要基质有一定大孔隙度(水中氧气扩散速度仅为空气中的1/10 000)。
- 矿质营养　除了碳、氢、氧元素外，植物还需要13种必要的矿质营养，这些都需要基质溶液来提供，因此，基质必须具有较高的阳离子交换量。

• 物理支持 基质要使苗木在容器中呈垂直生长状态，这就要求基质又要一定的紧实度，单个大苗更要求基质有一定质量。

4.3.8.2 基质特性与苗木生长

主要是一些与生长有关的特性，包括微酸性，高度的阳离子交换能力(CEC)，较低的自身肥力，合理孔隙度，无害虫等，以及其他一些与苗圃作业和经营管理相关的特性，包括基质材料要有合理的价格、充足而稳定的来源，高度的匀质和可重复获得，体积稳定，持久性耐藏和易湿润等(Landis 1990)。

• 微酸性 pH值是基质酸碱性的测量尺度，显然不同基质的pH值是不同的。基质最终的pH值是由营养成分的比例、起始pH值和后来的不断调控，尤其是施肥、灌溉决定的。基质的pH值会影响矿质元素的吸收以及微生物的类型和数量。基质的pH值尽量保持在5.5~6.5的范围内，但要根据具体树种而定，如美国赤松要求pH值5.0~5.3生长最好，4.5~6.0可以生长，6.0以上生长不良。

• 高的阳离子交换能力 阳离子交换能力(CEC)高的基质可由选择地吸收或释放离子，这样的基质缓冲作用大，可以避免pH值的突然变化导致对苗木根系的伤害。

• 较低的自身肥力 在育苗初期，低的基质肥力对苗木有好处。在育苗萌芽期高水平的矿质成分，特别是氮的含量过高，会促进猝倒病菌类的发育。多数种类树苗在生长初期不需要养分，个别需要补充磷。有研究表明，刚发芽长出的苗木最初2周不需要养分，苗木生长初期胚乳本身提供的养分已经很充分，外界养分对其生长不重要。

低自身肥力基质最重要的优点是育苗者可以通过施肥控制生长基质中养分浓度。而营养含量高的基质或加入化肥的基质，在生长季无法完全控制苗木营养供应，肥力就不容易控制。低自身肥力基质允许育苗者随时调节肥料组成，以控制苗木生长和苗木形态；还可以在木质化期通过淋洗去除基质中全部养分而促进苗木的木质化和芽分化。有人认为泥炭藓蛭石混合物含养分多，但分析结果证明不多，微量元素含量低，铜完全缺乏。市场上的商品基质，初始养分含量差异很大，如氮3~154mg/kg，磷1~112mg/kg，钾8~224mg/kg，钙100~3 160mg/kg。所以，育苗者要经常分析基质养分含量，基质混拌使用时，要注意搭配。有些基质吸附养分，如未腐熟的锯末，树皮吸附磷和钾，蛭石吸附铁和磷。这将导致与苗木争夺养分，使用时要注意控制。

• 合理的孔隙结构 孔隙度影响着苗木生长的每个方面，所以非常重要。拥有适当的稳定的孔隙结构有利于根部气体交换。孔隙度是任何生长基质中物理特性方面最重要的。孔隙空间用孔隙度表示，是生长基质颗粒大小、形状和空间排列不同的反应。

孔隙度一般分为总孔隙度、气体孔隙度和含水孔隙度。孔隙大小的平衡，好的基质组成是大小孔隙比例适当。但由于测定方法差异，推荐的比例方案很多。

苗圃需要自己实验确定。

> *测定孔隙度简易程序(Landis 等 1990):
>
> 设备：底部有孔的容器 a；封孔的塞子或胶带 b；测量液体体积的仪器 c；比有孔容器直径大的盘子 d。
>
> 步骤：封 a 底部孔，加满水，测定水的体积标记为“容器体积 *A*”；倒空 a 中的水并干燥，之后加入基质，慢慢加水使基质饱和(数个小时)，记载加入水量为“总孔隙体积 *B*”；把装有水饱和基质的 a 放在 d 上，去掉底部封孔物，让水慢慢渗出 a，测量渗出水的量记为“空气孔隙体积 *C*”。按下列式子计算：
>
> 总孔隙度(%) = $B/A \times 100$
>
> 空气孔隙度(大孔隙度,%) = $C/A \times 100$
>
> 保水孔隙度(小孔隙度,%) = 总孔隙度 - 空气孔隙度
>
> 对于林木育苗来说，本种方法测定的空气孔隙度适宜范围在 25%~35%。

孔隙度的影响因素有：①个体粒子大小，孔隙度主要由基质中粒子大小决定。如泥炭藓的粒子尺寸在 0.8 ~6.0mm 范围内比较理想，而沙子的理想尺寸是 60% 的粒子在 0.25 ~1.00mm。②粒子特性，粒子本身的物理、化学特性影响基质的孔隙度。如泥炭藓和蛭石可以被压缩；而珍珠岩在压缩后仍恢复原来的尺寸。③不同大小粒子的混合，不同大小的粒子混合导致最终的体积都变小。④粒子随时间的变化，基质的分解、灌溉和重力的沉积作用，以及根的向下生长都会影响基质的孔隙度。因此，理想的基质是具有一定的物理稳定性，即保持大孔隙和小孔隙的平衡。

- 无病虫害　基质中最重要的问题就是土壤中有许多有害物，如病原菌、害虫、线虫和杂草种子，因此，在使用土壤基质前应用加热法或喷洒化学物质灭菌。尽管许多基质在制造时已经灭菌，但并不是完全无菌，它可能还含有病原菌或其他某种有害物，所以使用前还要采取适当灭菌措施。
- 其他特性　基质材料要有合理的价格，以利于苗圃控制育苗成本；充足而稳定的来源，以便满足苗圃长期使用的要求；高度的匀质和可重复获得，以便于苗木生长环境的同一性；体积稳定，以利于锥形根的形成和根系正常生长；持久性耐藏和易湿润(便于水分控制)等。

4.3.8.3 基质的构成成分与苗木生长

有的地方的生长基质只用 1 种，但多数地方由 2 种或更多的成分组成，有时加一些其他的成分，如化肥、湿润剂等，一般把大于 10% 的组成成分作为基质组分，把低于 10% 的组成成分称为改良剂。

基质材料通常划分为有机和无机 2 类成分，二者作用互补。

有机成分提供小孔隙和高 CEC，从而提高保水能力，防踏实，保持养分离子，提供缓冲能力，防止盐碱度急剧变化。有机物最好的比例是在 40%~50%，多为 25%~50%。常见有机成分主要有草炭，锯末、树皮和其他有机物质的堆沤

物，树木的残渣，如锯屑、树皮和树木碎片，松针(干后无松香味时切碎直接用)，稻壳(腐熟或炭化后使用)，树叶、采伐剩余物等的炭化物，椰糠(粉碎后大容器直接用，小容器需要切碎至小于5mm后用)，自然土壤(心土、黄心土)，森林腐殖土，草皮土，火烧土，塘泥等。

无机成分可以增加大孔隙，从而促进通风和排水。蛭石、珍珠岩和沙子最常见。其中，蛭石是最常用的，珍珠岩其次，沙子少用。其他如浮石、矿渣、煤渣、石灰、黏土、聚苯乙烯片、泡沫等可被用来代替蛭石和珍珠岩在容器育苗中作为无机成分。

4.3.9 光照

光照是影响植物生长发育的最复杂、最易变，也是最重要的因子。太阳是林木育苗的主要光源，人工光源有日光灯、白炽灯、碘钨灯等。光通过光照强度、光照时间、光质形式影响苗木的生长发育。

4.3.9.1 光合作用与苗木生长

太阳总辐射中，参与光合作用的最主要部分是可见光。但可见光光能远远没有得到充分利用，绝大多数树木幼苗，在其光合作用过程中，光能转换系数不足2%，即在可见光能中未被利用的能量占98%以上(金铁山 1985)。

光合作用所产生的碳水化合物与呼吸作用消耗的碳水化合物能量相等时的光照数量(lx)称为“光补偿点”。此值常大于光合作用所需的最低量，在高等植物中，它变动于27~4 200 lx之间。对于树木幼苗来说，光补偿点相当于冬季全日照照度的20%~30%。

苗木生长只能发生在光合作用的合成物超过呼吸作用的消耗时，这种情况只能当光照超过补偿点才能实现。一般来说，光照增强，会引起呼吸作用速度与光合作用速度微微增快，这样光补偿点也会因此增高。此外，在光照强度很低时，略微增加一点照度，会使光合作用速度比呼吸作用速度更快的增加，因此对育苗有利。

就苗木的一片叶子来说，光合作用的最适光照要比全日照照度小得多；但就一株枝叶繁茂的苗木来说，即便在全日照下，由于上下叶片遮蔽，许多叶片仍得不到足够的光照来进行最大的光合作用。当然，这也与叶片的排列、太阳高度、入射方向等有关。由于这种情况，全日照对苗木群体内的叶片进行光合作用还是需要的，可以保证苗木群体叶层同化作用最快。

对于露天培育的苗木，所谓光合作用的最适光强，只具有统计学上的平均性，实际光强不是偏弱便是偏强。最适，只是指在一定时期中生态因子在某种综合情况下，光的净效应要比它在另一种综合情况下对光合作用更为有利。

耐荫性树苗的光补偿点只有几百勒克斯，阳性树苗则可达10 000lx以上，它们都可以随栽培条件不同而有变化。随着光照强度的增加，光合作用强度不再增加时，光照照度称为光饱和，耐荫树苗的光饱和点约在10 000lx，喜光树苗光饱和点在30 000～50 000lx。

用单色光做试验，发现红光下植物形成碳水化合物多些，在蓝紫光下则形成的蛋白质、脂肪数量多些。波长短于280nm的紫外光对苗木具有强烈的破坏作用；波长稍长的紫外光、蓝紫光能抑制苗木伸长而使苗木矮粗，并诱导苗木趋光；波长650nm左右则影响苗茎伸长、种子萌发。红外线可提高苗木温度、蒸腾等。

各种辅助光源与日光比较，可以发现，白炽灯蓝紫光较少，红外线较多，日光灯蓝紫光及绿光较多，红光较少，有小太阳之称的氙灯，与太阳光近似，但紫外光、红外线较多。

4.3.9.2 苗木生长、形态建成与光照变化

在光照补偿点以上，光照饱和点以下，苗木干物质累积数量随光照增加而增加。据对我国北方主要针阔叶树种1年生实生苗干物质累积速率测定表明，即使具有丰产型群体结构，生长期内平均每日、每平方米面积累积干物质重也不超过10g。

李万英等(1956)应用不同庇荫程度研究光照与红松幼苗生长的关系，揭示了地径生长随光照减少而有规律地单调减少，苗高生长从全日照到不同程度的遮荫，表现出一个最适遮蔽度，此最适遮蔽度随苗龄增加而有规律地单调减少；研究红松苗高二次高生长现象，揭示了不论二次高生长发生频率或二次高生长量都与光照有密切关系。减少日照，降低红松苗二次高生长发生频率，也减小二次高生长量。

光的生态效应反映在不同树种上，可以划分出喜光树种和耐荫树种，在苗期耐荫、喜光树种的差异也是能看出的。如鱼鳞云杉、臭冷杉、沙松等耐荫树种，在适度遮荫下，比全光下育苗效果好(针叶色浓绿，叶量大，苗高生长也较大)，当育苗密度达到苗床郁闭时，只要具有一定苗高，耐荫树种苗床横向断面呈现床两边苗高小、床中心苗高大的拱形。喜光树种苗床横向断面呈现床两边苗高大，床中心苗高低的"V"字形。

尽管光的生态效应在长日照型树种、短日照型树种与耐荫树种、喜光树种上表现各不相同，但在苗期，随光照增加，苗高、地径、根冠重量比、全株苗重、茎杆重、根重等变化都有相近的函数型。

光照强度、光照时间和光谱成分的改变，对苗木的生长和形态都发生明显的影响。温室育苗，尤其是玻璃温室，造成苗木地上部徒长现象严重，这首先是光照不足及温室内空气温度过高的影响，也与玻璃对蓝紫光、紫外线的透过率低有关。温室中出现的此种现象，从种苗一出土就可表现出来。

使用透明覆盖物(如聚乙烯薄膜)，实行温室育苗，太阳辐射透过覆盖物而被削弱，既与覆盖物本身的透过率有关，也与大量水蒸气冷却形成的水滴附着在透明覆盖物内表面上有关，后者常常是更主要的原因。

树木生理学研究证实，远红光促进叶与叶之间的节间生长，而温室育苗、林

间育苗，苗木出现的徒长现象，正是由于此类光照中远红光比例增加的缘故。

日本学者在人工气候室中试验发现，在昼25℃、夜20℃下，柳杉苗在冬季短日照下仍继续生长，白桦和岳桦入秋形成冬芽、落叶，停止高生长。试验说明，南方系树种高生长时间与日照时数无关，而北方系树种则与日照时数有关。

4.3.9.3 种子萌发与光照变化

在树木种子萌发过程中，光照的作用比水分、氧气和温度因子要小得多。但已经发现某些树木种子在光照下比在黑暗中萌发要好些。然而，更多的树种种子，在黑暗中和在光照下都能良好萌发。冷杉、椴树种子在黑暗中或单色蓝光下萌发不如在红橙光下发芽率高，而云杉、欧洲赤松、落叶松和白桦等种子，在黑暗或单色蓝光、红－橙光中无大差别。

在林木种子萌发过程中，温度与光照之间交互影响。对于未冷冻的欧洲桦木种子，发芽温度为15℃时，在长日照下比在短日照下萌发的更好些；但在发芽温度为20℃时，长日照与短日照都能同样良好萌发，甚至只照射一次光也能萌发。

苗圃育苗的过程是，树木种子经催芽处理后，播种于田间，整个萌发过程都是在覆土下黑暗中完成的。对于经常培育的树种，尚未发现只有在光照下才能萌发的种子类型。

红松、水曲柳、核桃楸等深休眠类型种子经过隔年层积埋藏处理后，播种前将种子置于日光下暴晒十几分钟到几十分钟进行萌发种子的光处理，都有提高种子场圃发芽势和发芽率的作用。但人们对此生态效应的解释是各不相同的(金铁山 1985)。

4.3.9.4 光照其他效应

光照的增强与减弱，影响苗木蒸腾的变化。一般情况是光照下的苗木比被遮荫的苗木要消耗更多的水分。苗木在夜间蒸腾耗水要比白天少得多。

光照的强弱，影响钾肥对苗木的有效性。育苗密度很大或处于遮荫下的苗木，对钾肥不足反应明显，但是在育苗密度低、光照充足时，稍微缺少一些钾肥，并无明显表现。

光照影响苗木茎杆的木质化程度，强光有促进苗木茎杆木质化的作用。在水肥充足的圃地上，樟子松播种苗育苗密度超过1 000株/m^2时，由于密度过大，较低矮的苗木，虽然可以形成顶芽，但茎杆木质化多数不良，仍不能忍耐自然分布区或适栽区的冬季低温、干旱，造成苗木大量死亡。

减少苗木的光照强度，在光的生态效应方面，有时与增加育苗密度相同。在落叶松属苗木中，日本落叶松是多侧枝类型的，增加育苗密度或在侧枝发生前开始上方遮阳，都可起到减少侧枝密度(侧枝数/每株苗)的作用，但对苗木质量并无益处。对于杨树杂种小叶杨×黑杨，侧枝密度很大，如果适当增加育苗密度，可大大减少夏季摘芽用工，同时提高穗条质量及利用率。

单方向射入光照，会引起苗木茎部的向光性弯曲。叶子在枝、茎上的排列也受光的影响。

播种苗新出土时，给予充足的日照，可提高苗木的抗性。在大多数情况下，它是苗木抗霜冻、抗病的基础，比霜冻、病害发生时的各种急救措施(浇水防霜、喷药治疗等)更有效。

在高纬度地区，可以利用光照的补偿作用提高温度，进行育苗。

4.3.9.5 光照的有害作用

光照对于苗木并不总是有利的。在中高纬度地区，接近夏至日，太阳辐射在幼苗茎轴的南侧引起的日灼害，造成红松、落叶松、樟子松、赤松、云杉、冷杉等幼苗的大量死亡。为了防止日灼，春季播种苗刚刚出土时，晴天午间要淋浇降温水。在冬季及早春，许多杨树品种，如双阳快杨、加拿大杨、新疆杨的萌条南向遭受日灼，产生日灼带，引起杨树烂皮病，造成萌条死亡。

春播新出土幼苗遭遇霜冻后，如果翌日晨受太阳光照射，常造成严重损失，如及时遮光，可减轻危害。常绿性针叶树种幼苗，苗床南侧通常比北侧遭受冬害严重，在土壤氮素肥料施用量大的苗圃土壤生长的苗木，受害更严重。

4.3.9.6 光照与苗木生长阶段

- 生长初期(建成时期) 种子发芽不受光强影响，但光质和光照时间都有显著影响，如红光促进火炬松种子发芽，而远红外则抑制；多数树种每天8~12h光照有利于萌发，而花旗松16h好于12h。萌发的针叶树苗木，子叶开始光合作用；真叶的发育依赖于子叶的光合产物。多数树种幼苗光强达到55μmol/(s·m^{-2})(3 000lx)，即能满足要求；而美国赤松要求120μmol/(s·m^{-2})(6 500lx)以上，南方松苗圃更不能遮光。发芽需要强光，光照、温度和湿度，以及覆盖物综合影响发芽，要注意调节各因子到最适状态(Landis 1991)。
- 速生期 速生期要逐渐把光照调节到光饱和点附近，不是十分必要就不用遮荫，遮荫最好是每天都调节。当苗木高度达到要求的80%~90%时，减少光照时间，促进顶芽形成。
- 生长后期(木质化期) 本期目标，首先终止高生长，形成饱满顶芽，刺激径、根生长，并促进逐渐木质化。减少光照时间是首选。

光照对扦插育苗非常重要，插穗新根的形成，一方面依靠插穗内所含的营养物质，另一方面还要依靠在同化过程中所形成的营养物质和植物激素。硬枝扦插育苗，光照能提高地温，促进生根；嫩枝扦插，适宜的光照强度有利于光合作用，制造营养物质、保持插穗营养物质平衡，促进生根。但光照过强，水分又不能及时补充时，容易使插穗失水，要适当遮荫。遮荫虽可以抑制蒸腾，使插穗保持水分收支平衡，但许多喜光树种常常随着遮荫程度的加强，而生根率下降。通过修剪调节叶量也可减少蒸腾，但这种办法也不是很可取的。在嫩枝扦插时，插穗叶量的多寡对发根状况常起着决定性的作用。因此，最好还是采用喷雾等方法，既保证光照，又能控制环境的湿度。

4.3.10 二氧化碳

构成苗木体的基本元素碳、氧、氢，在苗圃生态环境中的含量是丰富的、充足的。碳素来自于空气和土壤中的二氧化碳。土壤中二氧化碳含量较高，可以超过空气中二氧化碳含量的数十倍，土壤呼吸放出二氧化碳，被苗木叶部吸收。土壤二氧化碳逸出量与土壤温度关系密切，空气中二氧化碳的含量，除贴地气层1~2cm厚空气中含量较高外，在整个苗木叶层高度上，空气中的二氧化碳含量是均匀的，但是叶面积系数大的郁闭苗床上，空气中的二氧化碳含量较高。关于空气中二氧化碳含量的时间变化，有这样的定性研究结果，即在一天内的午间含量最低，这显然对光合作用不利；土壤中的二氧化碳含量的变化，主要取决于土壤含水量与土壤温度。

空气中二氧化碳含量很少，尤其在温室育苗中更少。科学测定表明，植物光合作用理想的二氧化碳浓度为1%（1 000mg/kg）左右，大气环境中二氧化碳280~350mg/kg，苗圃中二氧化碳200~400mg/kg，温室等密闭育苗设施内二氧化碳浓度又比室外低得多，是限制因素。有研究表明，增加空气中的二氧化碳，可以促进插条尽早产生愈伤组织，并提高生根率（王正非等 1985）。现在北美17%左右苗圃可以调控二氧化碳浓度。大田育苗，主要是加强通风，必要时可以施干冰；温室育苗，主要通过通风、施干冰、碳燃料燃烧来增加二氧化碳浓度。

4.4 苗木培育生物环境

除了温度、湿度（水分）、光照、二氧化碳、土壤和营养物质等因素以外，苗木生长还受周围生物环境（杂草、病、虫、菌根等其他生物）的影响，了解这些因子及其对苗木培育的影响，对于培育优质壮苗是非常重要的。

苗木生物环境包括有益和有害2类。有益生物主要指菌根菌和根瘤菌，有害生物主要指病菌、害虫和杂草。鸟类、鼠类、兔、鹿等有时也会产生危害，但不普遍、不经常。

4.4.1 菌根菌

植物的根系界面附近区域通常称作根际。根际定居着大量微生物，包括病毒、细菌、放线菌、真菌、藻类和原生动物等，其种类繁多，数量巨大。在1g根际土壤中，万余种细菌和放线菌的总数约为百万之巨，真菌菌丝总长可达几千米（花晓梅 1999）。这些生活于根际的微生物分泌出各种有机物，包括氨基酸、低分子糖类、低分子核酸、生长激素及各种酶等，对植物生长、生殖等生理作用有显著的效果。绝大多数根际微生物是从其他活的或死的有机体获得营养，尤其是碳水化合物。它们与高等植物吸收根往往形成寄生、共生和腐生3种关系的联合体。寄生关系的菌与根的联合体只对微生物有利，而对寄主植物会造成不同程度的危害。腐生是根际微生物从已死的植物根中获取所需要的营养物质，它们一般不能侵害活的植物根。共生微生物对植物组织不造成侵害和破坏，微生物和植物两者之间互助、互利，所以称为有益微生物。菌根菌就是其中与苗木培育关系比较直接、影响比较大的一类。

菌根是自然界中一种普遍的植物共生现象。它是土壤中的菌根真菌菌丝与苗木营养根系形成的一种联合体，具有强化苗木对水分和养分的吸收，特别是对磷和氮的吸收的作用。形成菌根的植物称为宿主植物或寄主植物，形成菌根的真菌称为菌根真菌。菌根真菌既与宿主植物根部组织细胞关系密切，又与土壤颗粒和土壤溶液紧密相连。菌根真菌外延或外生菌丝扩展蔓延，形成在植物与植物之间起着桥梁作用的菌丝桥。高等植物在光合作用下合成碳水化合物供自身和真菌利用，真菌从土壤中吸收营养物质，包括水和无机盐转送给宿主植物利用。可以说共生体双方，即宿主植物和菌根真菌彼此分享它们吸收和合成制造的营养物质来建造自身，同时，通过菌丝桥传送给其他植物。菌根不仅参与了宿主植物的各种生理活动和生化过程，而且还通过外生或外延菌丝在土壤中生长蔓延，改善土壤理化性质，增强土壤的透气性和提高根内化合物的可得性与有效性，促进植物生长。共生体双方互惠互利，默契配合，构成了菌根的伙伴关系。

4.4.1.1 菌根的类型

根据菌根真菌本身的特征及其与不同植物形成菌根的形态结构，可将菌根划分为外生菌根、内生菌根和内外生菌根3种主要类型及其他次要类型，如混合菌根、假菌根等(表4-3)(花晓梅 1999；孟繁荣 1996)。

• 外生菌根 外生菌根简称ECM，很容易用肉眼看到(图4-4)。具有外生菌根的宿主植物根的外部形态发生明显变化。表现出膨大、短粗、脆弱，并且因种不同而具有各种颜色。主要鉴别特征是：菌根的菌丝缠绕吸收根，在根表面交织形成致密的菌丝套；菌丝套表面通常有形状各异的附属物，即外延菌丝，向外延伸到土壤中，向内在根皮层组织细胞间隙延伸，围绕皮层细胞形成网格状的哈蒂氏网(Hartig net)；外生菌根真菌菌丝不侵入细胞内部。只有当菌根衰老、解体后，菌丝才有可能侵入细胞内。通常形成外生菌根的吸收根没有根冠和表皮，根毛萎缩消失。

表4-3 几种主要菌根类型特征

菌根类型		菌丝套	哈蒂氏网	菌丝隔膜	胞内菌丝
外生菌根		有	有	有	无
内生菌根	VA菌根	无	无	无	泡囊—丛枝
	杜鹃类菌根	无	无	有	圈状
	兰科菌根	无	无	有	圈状或结状
内外生菌根		有或无	有	有	圈状

注：引自孟繁荣(1985)。

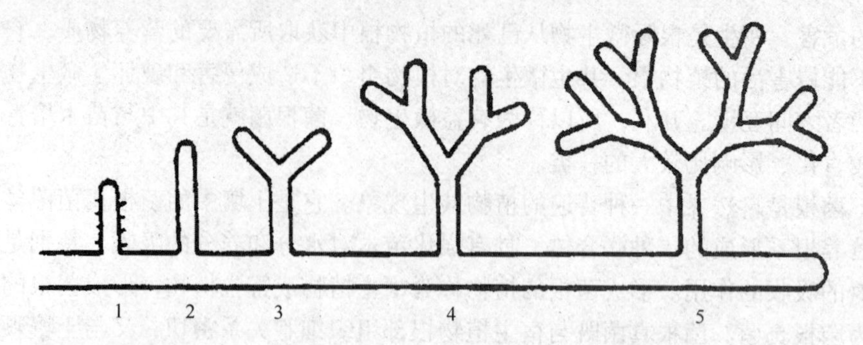

图4-4 普通根与外生菌根形状示意图(引自花晓梅 1999)

1. 普通根(非菌根) 2. 单轴状菌根 3. 二叉状菌根 4. 羽状菌根 5. 珊瑚状菌根

• 内生菌根 内生菌根的形态结构与外生菌根不同。宿主植物吸收根的外部形态不发生变化，仅仅凭肉眼很难将其与正常根区别开来，只有将根制成切片，染色后借助显微镜观察才能进行鉴别。主要鉴别特征是：内生菌根真菌在根的表面不形成菌丝套；菌丝不仅侵入到寄主植物根的皮层细胞间隙，在细胞间隙有纵向的胞间菌丝扩展蔓延，但不形成哈蒂氏网，而且菌丝穿入根皮层组织细胞内部，形成各种不同形状的吸器。根据形成内生菌根真菌的种类、菌丝有无隔膜以及菌丝在细胞内形成吸器结构的不同，将内生菌根分为3种类型：①泡囊丛枝状菌根，简称为VA菌根，属菌丝无隔的内生菌根。细胞内的菌丝呈泡囊状(Vesicular)和丛枝状(Arbuscular)，故称泡囊丛枝菌根。VA菌根通常根毛仍然存在，既不萎缩，也不消失。②杜鹃类菌根，为菌丝有隔膜的内生菌根，胞内菌丝呈圈状。形成菌根的真菌主要是担子菌，其宿主植物只有1个目，即杜鹃花目(Ericales)。③兰科菌根，菌丝也有隔膜，胞内菌丝呈结状或圈状，统称为胞内菌丝团。形成兰科菌根的真菌为担子菌，其宿主仅限于兰科(Orchidaceae)植物。VA菌根是3种内生菌根中最为常见的一种类型，也是与苗木培育关联最大的内生菌根。

• 内外生菌根 内外生菌根兼具外生菌根和内生菌根的特点。外部形态与外生菌根很相似，具有菌丝套、哈蒂氏网，但是有的菌丝套不明显，或者无菌丝套；菌丝通常有隔膜。菌根切片观察可发现菌丝不仅在根皮细胞间隙形成哈蒂氏网，而且在细胞内还形成不同的菌丝圈。这类菌根多发生在松科、桦属等一些树种的幼苗上，杜鹃花科中的浆果鹃属(*Arbtus*)和熊果属(*Arctostaphylos*)的灌木，以及水晶兰科、鹿蹄草科的草本植物上。

• 混合菌根 混合菌根是指在同一株植物的根系上，不同的菌根真菌形成不同类型的菌根，即在一部分侧根上形成外生菌根，在另一部分侧根上形成内生菌根(多为VA菌根)。偶而也发现在同一小根上既有外生菌根真菌形成的菌丝套和哈蒂氏网，又有内生菌根真菌形成的泡囊丛枝。这种混合菌根与内外生菌根不同，是由不同菌根真菌在同一小根上形成的菌丝套、哈蒂氏网和胞内菌丝。有些专性很广的树种，如云杉属、松属、圆柏属、柏木属、杨属、柳属、榆属、椴属中的某些树种，既能同外生菌根真菌形成外生菌根，又能同内囊霉科的菌根真菌形成 VA 菌根。在苗圃地上，同一树种苗木除了可能产生单一菌根类型外，往往也会发现在同一植株的根系上有不同类型的混合菌根。从理论上讲，在同株植物根系上形成混合菌根对宿主的有益作用，无疑要比单一类型菌根优越，因为它集不同类型菌根优点于一身。

• 假菌根　假菌根多出现在针叶树上，它不是由外生菌根真菌形成，而是由致病的寄生真菌形成的。针叶树受这类致病真菌侵染，仅细胞内有菌丝，缺菌丝套和哈蒂氏网。Melin 等人将这种细胞内含有菌丝的结构称为假菌根。这种现象多发生在针叶树生理失调(Young　1940)或老苗圃光照条件很弱的幼苗根上，它们对寄主植物危害不大(Harley　1959)。

• 外围菌根　外围菌根是菌根真菌的菌丝在侵染根皮层过程中，由于某种原因使侵染过程受到滞延和阻碍，菌丝网附着在根表面形成的，对皮层内部感染不严重。这种外围菌丝网有利于宿主植物对养分的吸收和调节。

4.4.1.2 菌根对苗木的作用

菌根对苗木的作用主要在于强化苗木对水分和养分的吸收，特别是对磷和氮的吸收，此外还具有增强植物抗逆性和免疫性、改良苗圃土壤、产生生长激素等作用，从而最终促进苗木生长、改善苗木质量、提高圃地生产力水平和造林成活率。

(1)菌根可以提高苗木的水分和养分吸收能力

菌根可以有效扩大寄主植物根系的吸收面积。宋福强等(2005)应用丛枝菌根(AM)真菌对大青杨苗木进行人工接种，菌根化苗木的主根长、地径、侧根数、根生物量均与对照苗木差异显著；菌根真菌使苗木根系体积增大、总吸收面积增加，特别是使苗木根系的活跃吸收面积显著增加。苗木有了菌根就可以通过无数细长的菌丝吸收水分，并持续不断地供给自己，尤其在干旱条件下，能提高土壤水分利用率；发育完好的菌根化根系的全部吸收根都形成了菌根，能使吸收输送水分的速度提高 10 倍(花晓梅　1999)。菌根菌可以同时利用有机态 N 和无机态 N。菌根菌在氮代谢过程中，可以将土壤中 N 吸收进，并运输至植物的根部，可以将有机态 N 转换成植物可以利用的无机 N。菌根可以有效促进寄主植物对磷素的吸收利用，VA 菌根真菌可以从土壤中直接吸收磷，经转化后供植物利用；ECM 菌根菌能使植物吸收到根系空间不能利用的磷。阎秀峰和王琴(2002)在温室花盆对辽东栎幼苗接种铆钉菇和臭红菇合成外生菌根，有菌根幼苗的生物量、株高、净光合速率和水分利用效率均高于无菌根幼苗，蒸腾速率则相反；有菌根幼苗的氮磷含量分别为无菌根幼苗的 1.7 倍和 2.2 倍；外生菌根的合成还改变了氮磷在幼苗器官间的分配比例，与无菌根幼苗相比，有菌根幼苗茎中的氮磷减少，而叶片中的磷显著增加。菌根菌能吸收和贮存土壤中的 Zn、Cu、Mg、Fe、S、Ca 等多种矿物养分，并转输给植物，满足它们生存的需要。菌根能通过分泌多种酶，扩大土壤有效利用空间，保持主动吸收率，降低吸收临界浓度等方式提高苗木对养分的吸收和利用率。

(2)菌根可以有效增强苗木对环境的适应能力

菌根真菌对环境温度的适应性、对土壤酸碱度的适应性及对土壤有毒物质的抗性均比苗木要强。菌根通过增强苗木的适应性、抗逆性，帮助苗木在不利的环境条件下正常生长。菌根能通过生物作用、物理作用和化学作用提高植物的免疫性，防止或减轻根部病害。菌根有较强的络合金属元素的功能，在一些重金属含量高的土壤里，VA菌可增强植物对重金属离子的忍耐性。外生菌根具有保护植物根的功能。有些菌根菌形成菌根后，产生抗生物质，能排除根际其他微生物。菌根还具有减轻环境污染的作用，外生菌根菌能持久性地在较广的范围内通过羟基化来降解芳香属的污染物(Meharg and Cairney 2000；Meharg 2001)。

(3)菌根可以改善土壤理化性质

菌根真菌能分解土壤中的有机质，加速土壤养分循环，改善土壤结构，提高土壤中养分的有效性。稠密的菌丝网，使土层变得疏松、透气和具有弹性。菌丝网具有较好的保土和保水性能，起固定和团聚土壤作用。菌根通过产生的酶，使土壤中不溶的有机质或被固定的矿物质分解为植物能够吸收利用的养分，从而提高土壤肥力。菌根还通过增加土壤有机质含量、扩大根际的黏胶层范围、加速矿质土壤风化、形成独特的森林土壤微生境等改善土壤的化学性质。在改善土壤理化性质的同时，并能保持土壤结构，提高土壤的可耕性。

(4)促进苗木生长，改善苗木质量，提高圃地生长力

这是以上作用的综合效果，有很多实例可以说明这些效果。孟繁荣(1996)对这种效果有较多综述。弓明钦等(2000)对西南桦幼苗实施VA菌根和ECM菌根的接种试验，接种ECM180d后，平均苗高比对照增加了92.98%~106.85%，地上干质量增加206.43%~554.69%，地下干质量增加202.83%~566.40%；接种VA菌根菌90d后，苗木平均高、地上干质量及地下干质量分别比对照增加50.48%~63.41%、78.65%~151.04%和215.25%~311.86%；接种菌根的苗木可在150~180d后出圃造林，比对照苗木至少提前5个月。孟繁荣和汤兴俊(2001)用外生菌根真菌对盆钵播种的山杨实生苗进行接种试验，结果表明最好的*Cortinarius russus*菌根菌接种后，苗高、地径、侧根数及整株干物重增长率分别为38.13%、20.27%、70.97%和33.39%。花晓梅等(1995)发现典型外生菌根真菌*Pisolithustinctorius*(Pt)具有明显的菌根化效果和促进苗木生长、提高生物产量的作用，菌根化率均为100%，提高合格苗产量14.6%以上，平均苗高、地径、干物重、侧根数和根系总长分别增加28.1%~71.4%、22.8%~49.2%、66.7%~457.1%、128.0%~200.0%和82.4%~101.0%。

4.4.2 根瘤菌

根瘤菌(Root nodule bacteria)是与豆科植物共生，形成根瘤并固定空气中的氮气供植物营养的一类杆状细菌。这种共生体系具有很强的固氮能力。

4.4.2.1 根瘤菌发生发育

根瘤菌是通过豆科植物根毛、侧根杈口(如花生)或其他部位侵入，形成侵

入线，进入根的皮层，刺激宿主皮层细胞分裂，形成根瘤。根瘤菌从侵入线进到根瘤细胞，继续繁殖，根瘤中含有根瘤菌的细胞群构成含菌组织。根瘤菌进入这些宿主细胞后被一层膜套包围，有些菌在膜套内能继续繁殖，大量增加根瘤内的根瘤菌数，以后停止增殖，成为成熟的类菌体；宿主细胞与根瘤菌共同合成豆血红蛋白，分布在膜套内外，作为氧的载体，调节膜套内外的氧量。类菌体执行固氮功能，将分子氮还原成 NH_3，分泌至根瘤细胞内，并合成酰胺类或酰尿类化合物，输出根瘤，由根的传导组织运输至宿主地上部分供利用。与宿主的共生关系是宿主为根瘤菌提供良好的居住环境、碳源和能源以及其他必需营养，而根瘤菌则为宿主提供氮素营养。

4.4.2.2　根瘤菌的应用效果

根瘤菌的应用在农业、园艺、牧草等方面研究很多、很深入，在木本植物苗木培育中应用研究还不多。近年来的少量研究基本集中在相思类树种上。

吕成群等(2003)从不同立地条件的6种相思林中采集根瘤并分离14株根瘤菌，将其接种到厚荚相思幼苗，多数菌株接种的厚荚相思幼苗与对照相比，其苗高生长量增加4.5%~18.6%，地径生长量增加2.5%~46.8%，固氮酶活性提高7.6%~241.8%，叶绿素含量提高11.0%~19.1%，叶片硝酸还原酶活性提高3.3%~34.4%，叶片含氮量提高7.4%~43.8%，叶片含磷量提高9.1%~72.7%，叶片含钾量提高8.3%，叶片含钙量提高7.3%~41.5%，叶片含镁量提高12.5%~25.0%，叶片含铁量提高10%以上。

根瘤菌接种直杆型大叶相思幼苗的结果表明，接种根瘤菌对相思苗木的生长有显著的促进作用。6个月后，接种不同根瘤菌的直杆型大叶相思幼苗与不接菌的对照相比，株高生长量增加1.1%~44.8%，地径生长量增加6.8%~26.2%，总生物量增加10.6%~104.3%，根瘤鲜质量增加18.8%~420.8%，固氮酶活性增加28.6%~106.1%，叶片含氮量增加0.5%~5.3%。同时，根瘤菌接种对土壤中全氮、有效磷、速效钾元素含量的影响明显(张慧等 2005)。

康丽华和李素翠(1998)研究表明，接种不同根瘤菌的相思苗木其苗高、总生物量和根瘤生物量分别比不接菌的对照苗木增加35.38%~160.26%、17.85%~238.79%和2.4%~102.61%。接菌的不同相思树种/种源苗木其苗高、总生物量和根瘤生物量分别比各自不接菌的对照苗木增加2.64%~109.82%、1.82%~281.48%和64.7%~211.15%。接菌苗木的氮含量和总氮量比对照高出8.58%~77.55%和11.64%~262.50%。

4.4.3　苗木病害

根据苗木病害能否侵染，可将苗圃病害分为侵染性病害与非侵染性病害2类。由真菌、细菌、植原体、病毒、线虫及寄生性种子植物等病原物引起的病害叫侵染性病害；由环境条件不良或苗圃作业不当造成的苗木伤害叫非侵染性病害，又叫生理病害。在苗圃育苗上，习惯上把苗木病害只理解为侵染性病害。苗木受害后，表现出的主要病状和病症类型(金铁山 1985)和主要病害种类如下。

4.4.3.1 病状类型

• 变色 苗木受病部位细胞的色素发生变化，通常细胞并不死亡。红松根腐病能引起红松针叶变黄，落叶松落针病的病状主要表现在针叶黄化，然后脱落。叶变色并不是侵染性病害所独有，许多非侵染性病害，如缺氧、缺水、土中毒害性物质的存在、低温等原因，以及许多苗木叶自然脱落前都有变色现象。实际发生时，要注意区分鉴别。

• 坏死和腐烂 苗木受病部位细胞和组织的死亡引起坏死和腐烂。阔叶树叶片的坏死部分可能形成叶斑、穿孔，针、阔叶树苗茎、根局部病组织木栓化或病腐后形成疮痂，根部腐烂形成根腐病等。

• 萎蔫 苗木根部腐烂或茎部坏死，造成苗木根或茎部维管束组织的破坏，使输导作用受阻而发生的局部或全苗萎蔫现象。萎蔫现象也可能由于恶劣的环境条件所引起，如干旱、高温、水淹等。

• 畸形 苗木感病部位细胞体积的变化、数目的增减，引起苗木徒长，如樟子松(1-0)多头病，或引起器官短小，如杨苗黑斑病等。

4.4.3.2 病症类型

• 粉状物 如丁香苗叶片上的白粉病，椴树叶片上的黑粉病，杨、落叶松苗叶片上的锈病等。

• 霉状物 如黄波罗、核桃楸、水曲柳叶片上的霉菌层等。

• 菌脓 如红松根腐病苗根端的胶液等。

4.4.3.3 苗圃中由病菌引起的侵染性病害

• 苗木立枯病 立枯病危害播种苗，多发生在幼苗出土后，尤其是幼苗出土后1个月内在高温、高湿条件下易发生。立枯病对播种繁殖苗危害较大，属于全球性苗木病害，一旦发生，轻者缺株断垄，重者造成局部或全部苗木死亡。北京地区常危害圆柏、白皮松、油松、刺槐、海棠及多种花卉等。我国南北各地分布的松属、落叶松属、杉木属、云杉属、冷杉属等针叶树种幼苗都有严重受害的记载，桦属、赤杨属、白蜡树属、榆属、桑属、檫木属等阔叶树种幼苗也颇受其害。在地域上，高寒山区、温暖平原、酸性土地域、盐碱土地域，肥沃土壤、贫瘠土壤，干旱地区、湿润地区等都有发生。立枯病病状在不同树种上表现各不相同。以在落叶松等树种上表现最完全。有4种类型：①种腐型立枯病，发生于播种后出苗前。通常在土壤中施未充分腐熟的高氮有机肥、种子催芽过头、覆土过厚等情况下发病严重，与土体黏重、过湿有关，种子粒度越大、抗种腐型立枯病越强，反之则弱。②猝倒型与根腐型立枯病，发生于出苗后生侧根前。幼苗地上部分长(H)与地下部分长(L)比值(H/L)越大，立枯病越重。通常与出苗后阴湿环境条件相关联。强光照射但有降温水防止日灼的条件下，可减轻危害。③烂叶型立枯病，发生于幼苗生侧根后到苗高速生期到来前。通常与育苗密度过大、与浓雾天气有关。通过及早间苗可减轻危害。④立枯型立枯病，发生于苗高速生期内，病原物侵染部位在地际根茎处。苗床南沿明显多于北沿，西沿多于东沿。

• 叶部病害　常发生的有锈病、白粉病、黑斑病、花叶病等。病菌危害苗木叶片、幼嫩枝梢等，影响苗木生长，降低苗木质量，造成焦叶、落叶，甚至影响苗木安全越冬。

• 枝干病害　常发生的有杨、柳、槐树等腐烂病、溃疡病，刺槐的疫霉病，常绿树的枝枯病等，危害苗木主干及枝条，造成枝干烂皮、干枯、溃疡，病害多由弱寄生苗引起。一旦发生，对成品苗影响较大，可造成苗木死亡或产生大量残次品。

• 根部病害　除幼苗立枯病外，危害园林苗木根部病害也很多，如根癌病、线虫病、根茎日灼病、紫纹羽病等，这类病害危害多种植物，除降低苗木使用价值外，严重时可导致苗木死亡，如线虫病等。

4.4.4 苗木害虫

苗圃中危害苗木的昆虫，种类繁多，习惯上划分为叶部害虫、茎杆害虫和地下害虫。其中危害严重的、给苗圃带来重大经济损失的种类只有数种(金铁山 1985)。根据害虫危害方式及危害苗木部位，可将苗圃害虫分为以下几类。

(1)地下害虫

这类害虫在土表下或接近地面处咬食发芽种子、苗木根茎、幼苗嫩茎或心叶，对当年播种苗、慢长珍贵小苗以及某些品种的保养苗危害很大，直接影响繁殖任务的完成，降低出圃苗木质量。常发生的有蛴螬、蝼蛄、沟眶象、地老虎、金针虫、大蚊等。其中蛴螬和蝼蛄危害最为普遍。

• 蛴螬　蛴螬即金龟子幼虫。危害苗木根部的金龟子种类有东北大黑鳃金龟子、棕色鳃金龟子、灰粉鳃金龟子等(金铁山　1985)。据观测，东北大黑鳃金龟子在吉林、辽宁、山西(长治)、山东(胶东)、黑龙江(桦南)2年1代。在北京地区完成一代需390~430d，在河南、山东(菏泽)、安徽(临泉)、江苏(南京)等地1年1代。棕色鳃金龟子、灰粉鳃金龟子的幼虫(蛴螬)常与东北大黑鳃金龟子幼虫同时存在，共同危害。1968年，黑龙江省桦南县孟家岗林场苗圃红皮云杉播种区苗木被东北大黑鳃金龟子、棕色鳃金龟子的幼虫全部咬死；1975年，黑龙江省嫩江县国营苗圃落叶松播种区苗木被蛴螬全部咬死，局部损失的几乎到处年年可见。据观察，在针叶树种中，它喜欢云杉、落叶松，不喜欢樟子松和红松；在阔叶树种中，它喜欢紫椴、水曲柳、丁香、杨、榆，不喜欢黄波罗、核桃楸。它们发生的地区有一定规律性，在平坦的圃地上倘有略微高燥的地点，发生蛴螬危害的几率大。蛴螬一旦大量发生，要进行消灭而又不伤害苗木，是很难做到的，因此，预防至关重要。

• 蝼蛄　在苗圃常见的有华北蝼蛄、非洲蝼蛄。在北方，同一苗圃可以同时发现其危害。几乎所有针阔叶树种的当年播种苗都有发生。除咬食苗根外，还破坏床(垄)面，造成密集的隧道，使新发芽的种苗、待萌发的种子不能从土壤获得水分而死亡。蝼蛄以成、若虫危害。华北蝼蛄的生活史很长，若虫 13 龄，需 3 年左右时间完成 1 代。非洲蝼蛄生活史较短，若虫 6 龄，在北方 2 年 1 代；在南方 1 年 1 代。

根据金铁山(1985)在黑龙江省桦南县观察，蝼蛄在一年里的活动可分为 6 个阶段：①冬季休眠，9 月下旬到翌年 4 月上旬，虫体处于冻僵阶段。②春季苏醒，从 4 月上旬到 5 月上、中旬，随着气温上升稳定到 0℃以上，完全解除休眠。③出窝迁移，从 5 月上、中旬到 5 月下旬苗床开始出现孔洞。④危害猖獗，5 月下旬到 6 月下旬，苗床表面隧道密布，严重者达 $3m/m^2$ 以上。⑤越夏产卵，从 6 月下旬到 8 月中旬，成虫入土越夏、产卵。⑥秋季危害，从 8 月中旬到 9 月下旬，若虫与成虫再次危害。

(2)蛀干害虫

蛀干害虫钻进苗木枝干梢内部啃食苗木形成层、木质部组织，造成苗木枝干枯死、风折，降低苗木出圃合格率，如毛白杨透翅蛾、枝天牛、松梢螟等。

(3)刺吸害虫

以口针刺吸苗木枝叶等组织造成苗木卷叶、焦叶、落叶，使枝干失水，消耗苗木营养，降低苗木抗逆能力，影响苗木生长、抽条，以致招引次生害虫或病害的发生，如红蜘蛛、侧柏蚜虫、桑白介壳虫等。

(4)食叶害虫

这类害虫种类多，以取食苗木叶片、幼芽、花而造成危害，有的甚至吃光树叶，常见的害虫有槐尺蠖、天幕毛虫、刺蛾、杨扇舟蛾、叶甲等。

4.4.5 苗圃有害动物

(1)蚂蚁

蚂蚁对杨、柳等微粒种子播种育苗的威胁很大。它主要是盗食种子，大面积育苗可造成局部地块缺苗断垄，小面积育苗可能引起完全失败。

(2)鸟害

鸟害是播种育苗的大敌。小兴安岭林区林间苗圃播种樟子松、云杉、落叶松，常因鸟害而失败。大型国有苗圃播种区，每年驱除鸟类很费时费力。

(3)鼠、兔、鹿害

鼠、兔、鹿害在某些地区或个别年份可能会盗食种子、咬坏苗木而导致苗圃经济损失。

4.4.6 苗圃杂草

苗圃有害植物就是我们通常所说的杂草。杂草是一类特殊的植物，它既不同于自然植被植物，也不同于栽培作物，它既有野生植物的特性，又有栽培作物的某些习性。杂草是随着人类而产生的，没有人类的生产，就不存在杂草，因此，杂草的概念都是以植物与人类活动或愿望的关系为根据的，通常杂草的定义是

(苏少泉 1993)：①长错地方的植物；②不受欢迎的植物；③无价值的植物；④干扰人类对土地使用意图的植物；⑤不是人类有意识栽培的植物；⑥无应用与观赏价值的植物，野生、繁茂、妨碍土地利用及地上植物生长。这些定义意味着，杂草不仅包括种子植物，也包括木本植物、孢子植物与藻类，同时，栽培作物也能成为杂草(表4-4)。

4.4.6.1 杂草的发生发育规律

环境对杂草的生长和发育具有深刻的影响，在环境因素中尤以水、热状况的变化，对田间杂草的生育有着极其重要的作用。以东北地区为例，其气候特点是，春季短，升温快，少雨、干燥风大；夏季温热多雨，光照时间长；秋季多晴暖天气；冬季漫长干燥而寒冷。杂草经过长期自然选择，在该区干旱条件下，形成了适应不同水、热条件的类型和特性。根据杂草发生先后，生长旺盛期各不相同，基本可分为以下几个阶段(齐明聪 1992)。

表4-4 世界危害最严重的杂草

中 名	学 名	分布(原产地)
香附子	*Cyperus rotundua*	从热带到温带广泛分布(亚洲)
狗牙根	*Cynodon dactylon*	热带至温带(亚洲、非洲)
稗	*Echinochloa crusgalli*	世界各地(欧洲)
芒 稷	*Echinochloa colonum*	热带、亚热带等地(印度)
牛筋草	*Eleusine indica*	除地中海沿岸以外的世界各地
假高粱	*Sorghum halepense*	热带、温带部分地区，寒带(地中海、中东)
凤眼兰	*Eichhornia crassipes*	南半球到北纬40°(南美)
白 茅	*Imperata cylindrica*	东南亚、非洲
马缨丹	*Lantana camara*	高温地带(亚洲、非洲、中南美)
大 黍	*Panicum maximum*	亚洲、中南美洲、非洲

注：引自苏少泉(1993)。

第一阶段，3月中旬至4月中旬，为越年生杂草和大部分多年生杂草发生的时间，大量发生时期在4月上中旬。

第二阶段，从4月下旬至5月中旬，是1年生早春杂草大量发生期，个别多年生杂草在此期也大量出土。

第三阶段，从5月中旬开始一直延续到7月上旬，是晚春杂草大量发生期。

第四阶段，从6月初开始是最晚发生的1年生杂草，如马齿苋、马唐、野西瓜苗等大量发生。多年生杂草地上部铲除后又继续再生，而早春杂草仍有出苗的时期。

第五阶段，从8月初到9月中旬，是越年生杂草和多年生杂草重新大量发生期。

以上情况随各地气候条件、土壤条件和每年的天气条件及耕作栽培措施而有所差异。如气温上升快则提前，水分条件好则发生早。杂草发生在群体上的这种“同步性”，是发挥除草剂药效的基础，应掌握以上的变化特点并加以充分利用。

从杂草的生长速度来看，以6月上中旬为一界限，6月以前1年生杂草生长较慢，6月中旬以后其生长速度明显增快，这和水、热条件有关。以稗草为例，每日生长高度可达1～2cm，而且杂草的覆盖度和鲜重急剧增加。而此时苗木的生长还处在幼苗期，小苗幼嫩，生长缓慢，生长量很小，抵抗力弱，枯损率很高的阶段。它比杂草旺盛生长要晚15～20d。这种旺盛期的“时差”对苗木生长极为不利。因此，6月是苗圃除草的关键月份。

4.4.6.2 杂草的特性

世界上的高等植物约有20万种，杂草类约3万种，其中，危害农林业较重的约1 800种，平均1种栽培植物要受到10～50种不同的杂草为害。由于遗传性和生育环境的支配，在适应人类耕作的过程中，形成了特殊的传宗接代本领，归纳起来有以下3点特性(齐明聪 1992)。

• 高度的适应性 ①耐低温酷寒。大多数越年生草，通常是夏季或秋季发芽，第一年只长丛叶，发展根系，不怕早霜，一直到降霜以后，它们才逐渐枯萎。而在背风向阳处生长的越年生草，到初雪融化时，叶子还有最后生机。到第二年清明前后，枯萎的叶子便又开始返青，恢复生长。在东北地区8～9月，秋翻的麦茬地中，常常长出很多矮小的新草和小麦，小麦越冬以前便冻死了，而狗尾草等是需要高温生长的1年生草，遇到低温的时候，往往提前结实，或是产生厚皮种子，这种现象在栽培植物中是看不到的。另外，很多种靠根芽、根茎繁殖的杂草，同样能够正常越冬正常繁殖，这种耐寒的特性，远非一些冬作物可以比拟的。②耐干旱、抗涝害。东北多数地区易遭春旱，但苗圃地的狗尾草和灰菜等杂草很少发生旱象。一般说来，墙头和房屋顶是最干燥的地方，但有些草在这些地方能够密密麻麻地生长结实；而木本植物的种子，即使能在墙头和屋顶上发芽，但往往生长不大即因干旱而死。在雨季有些苗圃常常出现涝象，但野稗子、蓼吊子等耐湿抗涝的杂草，在苗木遭灾受害的情况下，它们却生长得十分健壮，显示出对雨涝的高度适应性。③耐瘠薄地、硬板地和草荒地。很多树种在瘠薄不施肥的土地上育苗，显然生长不良，严重减产，而灰菜、野蒿子、谷莠子等杂草则依然生长繁茂，开花结实。苗木对硬板地是不适应的，而多年生的苣荬菜、问荆、刺儿菜等丝毫不受影响。苗木对草荒地是无能为力的，而杂草不会因为上年是草荒地而减少种类与茂密程度。

• 惊人的繁殖能力 ①结籽数目多。很多农田杂草有着惊人的结实能力。据调查，1株狗尾草结籽约9 000粒，这已是作物最高结实数的3倍，但在杂草家族中，它却是小字辈，许多杂草结实数要以万为单位来计算。东北地区常见的画眉草、鸭舌草每株结实达1.5万粒，1株苣荬菜结实2万粒，1株荠菜6万粒，1株蒿子10万粒，1株苋菜50万粒，有一种兰科植物1株结籽达7 400万粒，其1g重的种子为1 200多粒。②多有无性繁殖能力。许多杂草除了用种子繁殖外，还有用根蘖、根茎、块茎、鳞茎和茎的一部分进行无性繁殖。杂草具有这种无性繁殖的能力，大大增加了防除的困难。据日本实验，切一段打碗花、印度焊菜的茎节插入土壤中，其再生力达100%。据统计，$1hm^2$ 地上狗牙根的根茎长达54km，有芽30万个，在良好条件下，根茎数量1年内可增加几十倍。根茎被农具切断后，那怕只有一个活芽也能发育出新根。苣荬菜是我国分布广的一种害草，$1m^2$ 地下器官长达70m，在主根和侧根上生着大量的根芽，根脆易断，断根的再生力很强，15cm以上的断根在耕作层任何深度都能成活，即使只有1cm长的断根也能长出新株。在我国南方分布很广的世界十大害草之一的香附子，它的块茎在地下形成纵横交错的网状体系，每个块茎有若干芽眼，当侧芽萌发受到伤害时，其他芽眼迅速长出新植株，块茎发芽率达98%~100%。在生长季节种植单个块茎，1周左右便长出植株，约20d即产生新的块茎，100d内可产生100以上的植株，近150个块茎。杂草如此强的繁殖能力，无疑会消耗土壤中的大量养分。据调查，在半年之中，它从 $1hm^2$ 土地中吸收95.6kg氮，49.3kg磷，11.6kg钾。总之，能用地下器官繁殖的杂草，经多次铲除仍能顽强再生。③种子发芽适应性广。有些杂草种子在低温3℃左右发芽，有的在10~20℃发芽，1年生杂草多在23~27℃时发芽，而多年生杂草有的需要25~30℃的高温，因而从土壤解冻到炎夏，田间总不断地有杂草发生。稗草种子早春发芽主要取决于水分和温度两个因素。当地温稳定通过10℃后，水分变化动态即为全年萌发的限制因素。例如，在黑龙江省当冻融返浆期，耕层水分足，是稗草种子萌发的第一盛期；到雨季开始，形成萌发的第二盛期。即当土壤水分含量达10%时开始发芽，含水量达30%~40%时，其发芽率为97.5%~99.0%。④种子成熟有很多特点。第一个特点是早熟性。夏季1年生杂草一般20~40d结实，因中耕切断后的再生株，10d后当高度达2~5cm时就可结实。如狗尾草、野稗子在黑龙江省花期为7月下旬，果实成熟为8月下旬到9月上旬，当8月中旬将其上部植株和穗子割掉后，能够在留茬的叶腋间，又抽出5~10个穗子，穗上的草籽到结冻前也能成熟。第二个特点是种子成熟期拖得很长。如画眉草，一面分蘖一面开花结实，种子成熟期，在北京郊区由小满一直延续到白露。第三个特点是种子成熟度不同，发芽率也不同。如稗草开花8~12d后，发芽率为10%~14%，14d后发芽率为32%，16d后种子全部成熟，大部分种子有发芽力。看麦娘的发芽率在抽穗15~25d后迅速提高，30d后完全成熟达到最高发芽率。马唐在开花后4~10d就可形成能发芽的种子，开花后16d都可发芽。灰菜同一植株上能生出3种类型的种子，第一类粒大、面平、褐色，落土3~5d即萌芽，第二类粒较小、黑色，第二年萌芽，第三类粒最小、圆形、黑色、第三年萌芽。第四个特点是杂草种子有后熟的特点。一些正在开花的杂草被拔除之后，已受精的胚珠可以发育成种子，如高纬度地区的蒲公英、刺儿菜等都有此种特性。

- 多种多样的传播方法　杂草种子有巨大的传播能力。如蒲公英、苣荬菜有降落伞般的冠毛，可随风飘送很远；苍耳、鬼针草种子上带刺，可挂在人和动物身体上带到各处；许多杂草种子有翅，能藉灌溉水传播。据美国统计，在一个

2.9m 宽的渠道上，每 24h 通过几百万粒杂草种子。鸟在散布杂草种子中也起了很大作用。据试验，许多杂草种子通过鸟的胃肠便出后，仍有 60%~90% 的发芽率。有些杂草可利用气候的变化进行传播，如野燕麦种子用扭曲的长芒，富于感湿性，大气中湿度改变时，能自动卷扭和伸展，在地面"爬行"，可钻入土中。

4.4.6.3 杂草的危害

杂草是苗木的主要竞争者，使苗木生长条件恶化，给育苗工作带来了许多严重的危害(齐明聪 1992)。

• 夺取养分、水分，影响光照和空气流通 俗话说，"杂草和苗木吃的是一锅饭"，说明两者之间顽强的竞争性。试验证明，杂草消耗的养分比苗木多 2~4 倍。以云杉为例，杂草消耗的养分为其 3 倍，氮平均为 36.9%，磷为 10.5%，钾为 19.0%。杂草消耗的水量约为苗木的 1 倍。一株灰菜所消耗的水分比谷子、玉米要多 2~3 倍。苍耳每生成 1kg 干物质需水量为 900kg，灰菜为 720kg，而谷子为 250kg，玉米为 330kg。另外，杂草对光的影响也很严重，绝大部分杂草生长都很迅速，而苗木大多有一个缓慢生长的幼苗期，杂草在较早时期的繁茂生长，其遮蔽作用限制了苗木的生长，造成生境条件变差，新陈代谢过程受到抑制，各种物质积累减少，土壤温度下降(平均约为 3℃)，因而影响土壤有机物的分解和微生物的活动，从而影响到苗木的生长。

• 降低产量，增加成本 苗圃除草用工，一般要占育苗作业的 40%~60%。苗圃工作花费在除草上的用工最多，尤在高温多雨季节，草苗一齐长的阶段，大部分劳力都要用在除草上。若有时因人力调配不足，误了农时，苗木生长受到影响，产量降低，质量下降，影响到育苗任务的完成。

此外，许多杂草是病菌和害虫的中间寄主，容易助长病虫害的发生和传播。

本章小结

本章对幼苗形态，苗木生长类型与时期，苗木培育的非生物环境和生物环境等苗木培育的生物学基础进行了简要的讨论。其中，苗木生长类型与时期是本章重中之重，要充分理解和掌握；各个非生物环境是育苗过程中始终要注意调节的因子，它们与苗木生长的关系是本章重点，要结合以前学过的有关知识，深入理解和掌握；幼苗形态、病虫害和杂草等对理解掌握苗木培育技术有重要作用，要有足够的了解；菌根菌、根瘤菌和人工基质等与现代育苗技术发展关系密切，也要有足够的理解和认识。特别要注意的是，不要孤立地看待苗木生长和各环境因子关系，要运用植物生理学和森林生态学的原理去综合考虑各生长指标和各生态因子。充分考虑苗木各部分生长的协调：生长速度与健壮程度的关系、茎叶生长与根系生长的关系。充分注意各生态因子的协调作用：各生态因子的综合作用、主导因子和限制因子、生态因子间的补偿作用、生态因子间的不可替代。不断了解和掌握苗木生长与生态环境因子的关系：苗木与环境关系、个体环境与群体环境、环境与苗木各部分的协调。只有这样，才能在苗木培育的研究和生产中，自觉运用这些原理，提升研究和生产管理水平。

复习思考题

1. 幼苗形态包含哪些内容？有什么重要性？
2. 苗木高、径、根有什么生长特点？各类苗木的各生长发育时期的特点是什么？
3. 苗木生长的非生物和生物环境因子都有哪些？与苗木生长都有什么关系？

第5章　苗木培育技术

苗木培育技术是指从繁殖材料获取到成苗出圃全部培育过程中所涉及的各项技术措施。苗木培育技术虽然内容庞杂，且因时、因地、因种不同而异，但从培育的苗木类型上可划分为裸根苗培育系统和容器苗培育系统，从经营对象上可划分为小气候环境管理、土壤管理和生物管理。苗木培育技术要求精准化，即各项培育技术措施实施过程中要做到科学化、规范化、标准化，这是现代苗木培育技术的趋势，也是现代苗木培育的技术精髓。

5.1　苗圃土壤管理

土壤是植物主要的生活环境之一，在培育苗木过程中，对土壤的一系列管理措施都直接影响到苗木的质量和产量。土壤管理的核心问题是提高土壤肥力。土壤肥力是土壤为植物生长提供并协调水分、养分、空气和热量的能力，是土壤各种特性的综合表现。土壤改良主要是用物理的、化学的和生物的方法，调节土壤中水分、养分、通气、热量和生物等状况，是提高土壤肥力的有效措施。对于容器育苗来说，人工基质制备具有土壤改良的作用。

5.1.1　土壤改良概述

土壤是育苗生产的物质基础，是苗木所需水分和养分的来源，而土壤肥力则是苗圃功能持续发挥的最关键的因素。在育苗生产中，随着育苗年限的增加，苗圃土壤肥力下降的现象十分普遍。因此，土壤改良非常必要。

5.1.1.1　土壤改良的意义

(1)苗木培育周期长，而且是全株利用，土壤养分消耗大，需要通过土壤改良来补充

苗木培育至少需要1年的周期，造林用苗木需要在苗圃中培育2～4年，绿化用苗木培育的时间更长，苗圃需要不断补充因苗木培育时间长、土壤养分消耗量大而缺乏的养分元素。如每公顷280万株1年生欧洲松苗与大麦苗相比，前者氮和磷的消耗量分别是37.0kg和10.3kg，而后者只有19.1kg和9.1kg。每年育苗仅从土壤中被苗木吸收的可给态养分，氮素为30～100kg/hm^2，磷素为5～30kg/hm^2，钾素10～80kg/hm^2(金铁山　1985)。

苗木出圃是全株移走利用，遗留有机残体少，带走土壤多，需要不断补充有机质。如美国很多苗圃的圃地高程因为苗木带走表层土壤而不断降低(David South，个人通讯)；东北地区在1hm^{2}苗圃地上平均每年可带走4t表层土壤，日本苗圃起苗时苗根可带走表层沃土达3～5t；而1hm^{2}水稻根茬可为土壤每年留下1t的有机质，玉米1.7t，小麦2t，大豆2.5t，棉花3.6t(齐明聪 1992)。

(2)育苗活动及土壤天然缺陷产生的土壤养分不足和结构不良，需要通过土壤改良来调节

育苗集约经营，人为活动和机械活动多，机械轮压、灌溉等都会破坏土壤结构、增加紧实度，因而需要通过补充有机质，不断调整土壤结构。当土壤水分大于35%时，机械轮压一次，>0.03mm的孔隙消失，供根系生长的0.1mm的孔隙也没有了；轮压1次，0～10cm土层的穿透阻力比对照增加2.6倍，出苗减少27.0%；轮压2次，0～10cm土层的穿透阻力比对照增加4.7倍，出苗减少50.7%。黑龙江省伊春林区设在草甸土上的苗圃，在经历了10多年的育苗后，土壤密度由0.7～0.9g/cm^{3}升至1.36～1.54g/cm^3，总孔隙度由65%～75%降至50%以下(齐明聪 1992)。

有些苗圃土壤有天然缺陷，土壤自身养分元素含量不均衡，需要人工施肥调节。如东北林区建在山前台地白浆土地段上的苗圃，表土层肥沃，但亚表层贫瘠、底层黏重，必须通过耕作消灭白浆层，改良结构，改土增肥。建在沙土上的苗圃，保水保肥性差，养分元素不足；建在较黏重土壤上的苗圃土壤结构不良，需增施有机质改良等。

(3)树木正常生长所需要的有益生物，苗圃中常缺乏，需要人工添加

许多树种生长过程中需要共生菌类(如菌根菌、根瘤菌等)的参与，缺乏就会生长不良，需要人工添加。详情见4.4.1和4.4.2部分的论述。

(4)合理施肥可以有效调节土壤肥力，有效促进苗木产量和质量的提高

土壤肥力即水、肥、气、热条件：①有机肥料和矿质肥料都能直接给苗圃土壤添加营养物质如氮、磷、钾等；②有机肥可以增加土壤有机质，调节土壤质地和结构，调节土壤化学性质，提高养分元素有效性，改善土壤通气透水性和热量条件，促进微生物活动，减少土壤养分的淋洗和流失；③有机肥和菌肥可以为土壤增加大量有益微生物，促进矿质养分的固定与释放，提高难溶性磷的利用率；④根外追肥及植物生长调节物质的应用，直接促进苗木生长发育；⑤轮作、连作及施用沙、石灰、石膏等可以改良土壤物理、化学和生物性质。

5.1.1.2 土壤改良方法

根据多年育苗生产和苗圃土壤管理的研究与实践，总结出如下土壤改良的措施。

(1)合理耕作

通过合理耕作，可以有效改变土壤物理性质，进而改善土壤的化学性质和生物状况。另外，免耕也是一种耕作方法，合理使用可以使土壤保持良好状态。

(2)休闲轮作

休闲是恢复苗圃地力的一种有效方法，苗圃地经过一定年限培育苗木后，土壤肥力会降低，最好的解决办法是每出圃一茬苗木，圃地休闲1年。休闲时，通常在雨季将地上的杂草翻压在土壤中，任其腐烂以作肥料。轮作是在苗木出圃后，种植1年农作物、绿肥植物或培育与前茬苗木不同种类的苗木(换茬)。秋季作物收获后，结合施基肥进行耕耙，整平耙细，翌春再进行育苗生产。

(3)施肥

- 施有机肥改良土壤　在育苗过程中，养地和护地的最有效手段是增加土壤有机肥料。通过提高土壤的有机质含量，对提高地温，保持良好的土壤结构，调节土壤的供肥、供水能力均起着重要作用。土壤施入一定量有机肥后，为微生物生长繁殖创造了有利条件，还可以通过分解和生化作用，形成腐殖质、果胶和多糖等有机胶体，这些胶凝物和土壤复合形成大小不等、形状不同的团聚体和团粒结构。

- 施化肥增加养分元素　直接提供苗木生长发育需要的营养元素，改善土壤的物理性质和化学性质。

(4)覆盖地膜等措施

在干旱和(或)寒冷地区，覆盖地膜可提高土壤温度，在一定程度上保持土壤水分，从而有利于增强土壤中微生物活动，以此提高全量养分的释放强度，提高养分有效性，促进苗木生长。

也可以采用土面增温剂改良土壤。土面增温剂是一种农田化学覆盖物，有增温、保墒、压碱、抵御风吹雨蚀等多种功能，增温增产效果与塑料薄膜相当。一般将土面增温剂稀释成6~8倍溶液，春季均匀地喷撒在播种地上，喷撒后1~2h，即能凝固成薄膜，可维持2~3周。

(5)加施河沙、石灰、石膏，接种菌根菌或根瘤菌等

土壤黏重时加河沙，偏酸时加石灰，偏碱时加石膏，缺菌根菌时用森林客土或直接施用菌根菌种，缺根瘤菌时接种根瘤菌等，都可以改良土壤。

(6)日光温室的土壤改良

北方寒冷地区经常采用日光温室(塑料大棚)内裸根育苗，可能会因重茬、连作导致土壤结构不良、有机质含量降低、土壤盐碱化或酸化、养分供需不平衡、病虫害严重、农药和化肥污染等问题。可参照以上方法采用全室换土、种养结合、轮作换茬、增施有机肥、测土配方合理施化肥等办法加以解决。

5.1.2 苗圃耕作

通过苗圃耕作(整地)，翻动耕作层的土壤，能促使深层土壤熟化，有利于恢复和创造土壤的团粒结构，从而提高土壤的通透性，提高土壤温度，促进土壤微生物活动，加速有机质分解，进而促进苗木对养分的吸收利用。此外，苗圃耕作还起到翻埋杂草种子和作物残茬、混拌肥料及防治病虫害的作用。苗圃耕作主要的内容包括浅耕、耕地、耙地、镇压和中耕等5个基本环节。

(1)浅耕

一般在耕地前进行。其目的在于减少土壤水分蒸发、消灭杂草和病虫害、减少耕地时土壤的机械阻力、提高耕地的质量。

浅耕的时间和深度要根据耕作的目的和对象而定。在种植农作物的休闲地上，作物收割后地表裸露，土壤水分损失较大。因此，应在收割后2~3d及时浅耕，使土壤形成隔离层，阻止下层毛细管水直接上升至地表，以减少土壤水分蒸发。试验表明，收割后及时浅耕比18d后浅耕可提高土壤含水量3倍(齐明聪1992)。浅耕深度一般7~10cm。如在生荒地、撂荒地或采伐迹地上开垦苗圃，由于杂草根系盘结紧密，伐根粗大，浅耕深度应适当加深到10~15cm。浅耕使用的机具主要有圆盘耙、钉齿耙等。

(2)耕地

耕地具有苗圃耕作的全部作用，是苗圃耕作的主要环节。

• 耕地深度　耕地的深度对苗圃耕作的效果影响很大。深耕破坏了原有的犁底层，加深了松土层，在深耕的同时如能实行分层施肥，特别是施厩肥、绿肥等有机肥料，更能促使深层的生土熟化，增加土壤的团粒结构，为苗木的根系生长发育提供良好的土壤环境。具体耕地深度，要根据圃地条件和育苗要求来确定。耕地过浅，起不到耕地的作用；耕地过深，苗木根系生长太长，起苗时主要根系不能全部起出，伤根过多易降低苗木的质量。从育苗角度说，播种苗的营养根系主要分布在5~25cm之间，因此在播种区的耕地深度一般以25~30cm为宜。营养繁殖苗和移植苗的根系比较大，所以在营养繁殖区和移植区耕地深度以30~35cm为宜。但同一种苗木在不同的气候、土壤条件下，耕地深度应有差别。如在北方干旱地区，为了蓄水保墒；在南方土壤黏重瘠薄地区，为了改良低产土壤；在盐碱地上，为抑制返盐和便于排水洗盐，耕地深度都应适当加深。对于沙地，为防止风蚀和土壤水分蒸发，耕地不宜太深。在北方地区为了保墒，秋耕宜深些，春耕则宜浅些。

• 耕地时间　苗圃耕地时间要根据气候、土壤情况而定。秋季耕地有利于蓄水保墒，改良土壤，消灭病虫和杂草，所以北方干旱地区和盐碱土地区均适于秋耕，但沙土地苗圃仅适于春耕。山地育苗时，宜在雨季以前耕地。为了提高耕地质量，必须掌握适耕时机，以抓住土壤不湿、不黏状态，土壤含水量为田间持水量的60%~80%时进行耕地为好。此时土壤的可塑性、黏着性和黏结性都小，耕地受到阻力小，耕地质量好。已经进行过浅耕的苗圃地，待杂草种子萌发时再进行耕地为好。

耕地的机具主要有双轮双铧犁和机引五铧犁等(图5-1)。

图5-1　林业专用机引五铧犁

(3)耙地

耙地是在耕地以后进行的表土耕作措施(图5-2)。其作用是疏松表土，耙碎垡块和结皮，平整土地，清除杂草，混拌肥料，轻微镇压土壤，从而达到蓄水保墒的目的，并为作床、作垄打下良好的基础。耙地要防止过度，以免使表土过度细碎，结构破坏，雨后易成结皮，加速土壤水分的蒸发。

图5-2 耙地(引自美国林务局"Forest Images")

耙地的适宜时间取决于气候和土壤条件。在北方干旱或无积雪地区，为了蓄水保墒，秋耕后应及时耙地。在冬季有积雪地区，宜早春顶凌耙地。对于黏重的土壤，为了促使其风化或氧化土壤中的还原物质，在耕地后要经过晒垡，待土壤干燥到适宜的程度或翌春时再行耙地。对于休闲地，为了保存土壤水分，常在雨后土壤湿度适宜时进行耙地。

耙地机常用的有圆盘耙、钉齿耙、柳条耙、拖板(耢子)等。

(4)镇压

镇压是在耙地后，使用镇压器压平或压碎表土。其目的是为了使一定深度的表土紧密，从而减少气态水的损失。在春旱风大地区，对疏松的土壤进行镇压有蓄水保墒作用。但是，镇压也能勾墒，引起毛细管水的损失。在这种情况下，宜在压碎压平表土后进行轻耙，以免水分损失。作床作垄后的镇压能避免床、垄变形。

镇压机具有无柄镇压器、环形镇压器、齿形镇压器。此外尚有木磙、石磙等。

(5)中耕

中耕是在苗木生长期间对土壤所进行的浅层翻倒、疏松表层的耕作措施，一般与除草结合进行。中耕能使土壤疏松，改善土壤通气条件，减少土壤水分蒸发，清除杂草，有助于苗木的生长。

中耕要选择最佳耕作时间，土壤湿度过大时，中耕会破坏土壤结构，耕作后的土壤的空隙度、透水性和通气状况都明显恶化，对苗木生长造成不利影响，一般作为土壤含水量超过凋萎含水量，并低于田间持水量的70%时，最适合耕作，重壤土不超过37%，轻壤土不超过30%，砂壤土不超过22%，土壤过湿严禁耕作。

中耕的机具主要有机引中耕机、马拉耘锄和锄头等。

(6)常见苗圃地耕作的特点

• 育苗地苗圃耕作　在气候干燥，降雨较少，春风较大的地区，育苗地在秋季起苗后要立即进行秋翻、耙平，并做出床形，以便翌春提早细致做床、适时播种。在冬季有积雪的地区，秋翻后可在翌春耙地。在干旱地区，具有灌溉条件的宜在秋耕后灌冬水，翌春土壤解冻后立即耙地。山地苗圃则应在雨季前苗圃耕作做床，苗圃耕作深度不应小于生草层。在气候较温暖、湿润，降雨较多、土壤较黏重的地区，宜采取秋翻地，翌春顶凌耙地。春季起苗出圃的育苗地，可在起苗后立即翻耙，随即作床或作垄，以利土壤保墒。

• 农耕地苗圃耕作　新建苗圃或轮作后，可能遇到农耕地。农耕地在作物秋收后，立即进行浅耕灭茬，待杂草种子萌发时再进行深耕。其他与育苗地相同。

• 生荒地苗圃耕作　生荒地经常生长多年生或1年生杂草，草根盘结，有时土壤较为干燥，耕作的主要目的是消灭杂草，促使生草层迅速分解，疏松土壤，保蓄水分，加速土壤熟化。生荒地的耕作方法，主要取决于杂草的繁茂程度和生草层的厚度。在杂草不多、生草弱的生荒地上，可不浅耕，采取秋耕秋耙或秋耕春耙，翌春育苗。对于杂草繁茂的生荒地，开荒之前要割草堆沤绿肥或烧荒，清除杂草，消灭病虫害。然后用重型圆盘耙交叉耙地2～3遍，切碎生草层和翻埋杂草种子，待杂草种子萌发或根蘖萌发时，再进行翻地，翻地后应及时耙地。在冬季降雪多的地区，秋翻后可不耙地，以增加积雪，并促进土壤风化。开荒后，第一年先种植农作物、绿肥作物或进行休闲，通过田间管理，消灭杂草，促进生草层分解。如果是休闲，则在整个生长季内进行3～4次中耕除草。生荒地在经过1年的种植或休闲后，可于秋季再进行苗圃耕作，翌年春季开始育苗。

• 撂荒地苗圃耕作　撂荒地有新、老撂荒地2种。新撂荒地多长蒿类杂草，而禾本科杂草很少，割去蒿草或烧荒后，即可苗圃耕作育苗。老撂荒地因禾本科杂草繁茂，形成紧密的草根盘结层，其苗圃耕作方法与生荒地相同。

5.1.3 苗圃的轮作

在苗圃中同一块育苗地上，将不同树种的苗木或与牧草、绿肥、农作物按一定的顺序轮换种植的方法称为轮作，又称换茬。轮作能调节苗木与土壤环境之间的关系，合理轮作可提高苗木的产量、改善苗木的质量。轮作可以增加土壤有机质含量，改善土壤结构，提高土壤肥力，减少病原菌和害虫的数量，减轻杂草的危害程度。

与轮作对应的是连作，又称重茬，即在同一圃地上连年培育同一树种的苗木。连作可使许多树种苗木产量和质量下降，其原因是：①多年消耗同种养分，使之缺乏；②某一病原积累发展；③苗木本身分泌酸类及有毒物质等。除了有菌根菌的树种(如松科树种、桦木、栎树等外)，应该避免连作。

(1)苗木与苗木轮作

苗木与苗木轮作是在同一育苗地上，不同种类树木的苗木进行轮换种植的方法。适用于育苗树种较多而苗圃面积有限的情况下采用。各地实践经验表明，红松、落叶松、樟子松、油松、赤松、侧柏、马尾松、云杉、冷杉等针叶树种，既可互相轮作，又适于连作。因为这类针叶树种具有菌根，育苗地土壤中含有相应的菌根菌，可促进土壤中养分的分解，有助于苗木对养分的吸收，因而无论是轮作还是连作，苗木都能生长良好。杨树、榆树、黄檗等阔叶树种间仅适于相互轮作，不宜连作。油松在刺槐、杨树、紫穗槐、板栗等茬口地上育苗，生长良好，病虫害较少。油松、白皮松与合欢、复叶槭、皂角等轮作，可减少猝倒病。但若将油松安排在白榆、核桃、黑枣等茬口地上育苗，效果不好。根据实践，落叶松与梨、苹果、毛白杨，刺槐与紫穗槐等不宜轮作。此外，为了防止锈病感染，落叶松与桦木，云杉与稠李属，圆柏与糖槭等在同一圃地上不宜同时育苗。

(2)苗木与农作物轮作

主要是苗木与豆类进行轮换种植的方法(图5-3)。内蒙古赤峰多年轮作实践表明，在大豆茬上育小叶杨苗，可以提高苗木产量和质量。根据辽宁省建平县的经验，在大豆茬上育油松苗，生长良好。黑龙江省浩良河苗圃采取水曲柳—大豆—杨树—榆树—黄檗—休闲或大豆—黄檗—水曲柳—大豆等轮作制度，也收到良好的效果。这些例子都说明阔叶树种与豆类轮作比较适宜。但是，对于某些针叶树种苗木，如落叶松、樟子松、云杉等，则不宜与大豆轮作，否则易引起松苗立枯病和金龟子等地下害虫的为害。

图5-3 黑龙江省伊春市金山屯苗圃的大豆轮作

(3)苗木与绿肥植物轮作

苗木与绿肥植物轮作是用绿肥植物(如草木犀、苜蓿等)与苗木轮换种植的方法。与绿肥植物轮作，能增加土壤有机质，促进团粒结构形成，协调土壤中的水、肥、气、热状况，为苗木生长发育创造良好的条件。苗圃地应该在三、四年内种植一次绿肥，分区轮换种植。

图5-4 轮作苜蓿(引自美国林务局“Forest Images”)

种植绿肥可与苗圃地休闲或轮作结合进行，以苜蓿、大豆、紫穗槐等豆科植物为最好，播种密度要大，在雨季植株鲜嫩、种子未成熟时，将其翻入土中，任其腐烂以作肥料(图5-4)。

5.1.4 苗圃施肥

肥料是指为了促进苗木的生长、提高其产量或者改善其质量，直接或间接地供给苗木吸收利用的一切有机或无机物质。施肥就是将含有1种或多种营养元素的肥料输送到土壤中、土壤上或植物上的过程。

5.1.4.1 肥料的种类与性质

根据性质和应用效果的不同，肥料可分为有机肥料、无机肥料和生物肥料三类。

(1)有机肥料

有机肥料又称农家肥料，是由植物的残体或人畜的粪尿等有机物质经过微生物的分解腐熟而成的肥料。有机肥料具有改良土壤和提供营养元素的双重作用。苗圃中常用的有堆肥、厩肥、绿肥、泥炭、人粪尿、饼肥和腐殖酸肥等。草炭和森林腐殖土有时也可以作为有机肥使用。容器育苗或珍贵树种育苗时还可以使用商品有机肥，这些商品有机肥可能是使用包含生活垃圾、工业废料(如糖渣)等材料在内的多种材料经特殊工艺制作而成。

其特点是：属于完全肥料，含有氮、磷、钾等多种营养元素，肥效长，既可以满足苗木整个生长周期中对养分的需求，还能改善土壤的水、气、热状况和土壤结构，为土壤中微生物活动和苗木根系生长提供有利条件。缺点是有机肥通常肥效较慢。

(2)无机肥料

无机肥料又称化肥，主要由矿质养分元素构成。包括氮、磷、钾肥料、微量元素肥料等。其特点是：见效快，易溶于水，易被苗木吸收，肥效快；但属于不完全肥料，肥分单一，对土壤改良作用远远不如有机肥。如使用不当，会使土壤结构变坏、肥力降低。常用的无机肥料主要有硫酸铵、碳酸氢铵、氯化铵、硝酸铵、尿素、过磷酸钙、钙镁磷肥、硫酸钾、氯化钾等大量元素肥料，及硼砂、硫酸锌、硫酸锰、钼酸铵、硫酸亚铁、硫酸铜等微量元素肥料。

目前市场上有多种肥料成分复合在一起构成的复合肥料，很多制成颗粒状缓释肥料，其使用成本较高，在造林用苗的培育中使用较少，但在园林绿化苗木培育中使用较多。

(3)微生物肥料

微生物肥料是用从土壤中分离出来的、对苗木生长有益的微生物制成的肥料，如菌根菌、磷化细菌、根瘤菌及固氮细菌肥料等。

此外，植物生长调节剂广义上也是一种肥料，稀土作为特殊肥料近年来在育苗中也有一些应用。

5.1.4.2 施肥方法

在苗圃中常用的施肥方法有基肥、种肥、土壤追肥和根外追肥4种。

(1)基肥

基肥是在播种、扦插、移植前施入土壤的肥料，目的在于保证长期不断地向苗木提供养分以及改良土壤等。用作基肥的肥料以肥效期较长的有机肥料为主。一些不易淋失的肥料如硫酸铵、碳酸氢铵、过磷酸钙等也可作基肥。具体方法是将充分腐熟的有机肥均匀撒在地面，通过翻耕，使其翻入耕作层中(15~20cm)。

用饼肥、颗粒肥和草木灰等作基肥时，可在作床前均匀撒在地面，通过浅耕等施在上层土壤中。使用硫磺或石灰改良土壤时，多和基肥一起使用。

(2)种肥

种肥是在播种、幼苗定植或扦插时施用的肥料。主要目的在于集中地向幼苗提供生长所需营养元素。多以颗粒磷肥作种肥，与种子混合播入土中，或用于浸种、浸根和浇灌播种沟底。容易灼伤种子的尿素、碳酸氢铵、磷酸铵等不宜用作种肥。

(3)土壤追肥

土壤追肥是在苗木生长期中直接施于土壤中的肥料。目的在于补充基肥和种肥的不足。多用无机肥料和人粪尿。追肥有3种方式：

- 沟施　在行间，距苗木10cm处开沟，沟深6～10cm，施后随即覆土、灌水。
- 浇施　将肥料稀释后全面喷洒在苗床上或配合灌溉浇灌于育苗地中。
- 撒施　将肥料均匀撒在床面，然后灌水。

在3种方式中以沟施效果最好，利用率较高。但目前圃地土壤追肥以利用灌溉系统浇施最为常用。容器育苗的施肥，基本上都与灌溉系统配合进行。

(4)根外追肥

根外追肥是将营养元素以较低浓度的溶液直接喷洒在苗木的茎叶上，通过皮层被叶肉吸收的施肥方法。根外追肥可避免土壤对肥料的固定和淋失，肥料用量少，效率高，供应养分元素的速度比土壤追肥快。肥料溶液的浓度为：尿素0.2%～0.5%（每次7.5～15kg/hm^2），过磷酸钙0.5%～1.0%（每次27.5～37.5kg/hm^2）；硫酸钾、磷酸二氢钾0.3%～1.0%，其他微量元素0.2%～0.5%。根外追肥应在早晚或无风天进行。

根外追肥最大的意义在于消除短期缺肥对苗木的不利影响。一般在干旱的情况下，根系分布层没有足够的水分，难以吸收和利用养分，易出现短期缺素现象；或者在一次长时间的降雨后，减少了土壤和叶片中贮藏的养分，以至苗木表现出微量元素缺乏症。通过根外追肥可以消除缺素现象或微量元素缺乏症。当苗木能够得到正常的养分供给时，可不必进行根外追肥。

根外追肥时，由于叶面喷洒后肥料溶液易于干燥，浓度稍高就易灼伤苗木地上部分，有时叶面吸收的养分量不足以保证对苗木所需养分的供给，故根外追肥只是作为补充营养的辅助措施，只有与土壤追肥配合施用才能取得更好的效果。

5.1.4.3　施肥原则

合理施肥就是处理好土壤、肥料、水分和苗木之间的关系，正确选择施肥的种类、数量和方法。施肥时应遵循以下原则。

(1)明确施肥的目的，根据不同目的施用不同的肥料

如果施肥是为了直接增加营养元素，可以矿质速效肥料为主；如果要同时提高土壤有机质含量、改善土壤结构，则以有机肥料、绿肥、塘泥肥等为主；要增

加通气透水性，则可以只施入河沙；为改良土壤酸碱度，可以直接使用石灰或硫磺。

(2)联系圃地环境条件与苗木特性施肥

施肥要充分考虑苗木所处环境条件及苗木本身特性，即要看天施肥、看土施肥和看苗施肥。

- 看天施肥　就是根据天气和气象条件施肥。温暖多雨地区，有机肥应该半腐熟，多次少量施肥；寒冷地区，有机肥应该充分腐熟，可少次多量施肥；如夏天大雨后，土壤中硝态氮大量淋失，应立即追施速效氮肥；雨前和雨天不要施肥，尤其不要施氮肥；气温高可以提前施肥；根外追肥可以在清晨、傍晚或阴天进行等。

- 看土施肥　就是根据土壤理化性质施肥。①根据土壤养分状况，缺什么补什么，缺多少补多少；并考虑前期施肥状况。②根据土壤质地施肥。土壤质地不同，施肥量、施肥部位和时间、施用肥料的性质、不同肥料的比例等都应该不同。如沙土施肥应少量多次，每次施肥量要少，施肥频度要高，宜使用牛粪、猪粪等冷性肥料，施肥宜深不宜浅。而壤土则可以适当少次多量施肥。黏土宜使用马粪、羊粪等热性肥料，施肥宜浅不宜深。③根据土壤 pH 值施肥。生理酸性氮肥如硫酸铵、氯化铵等使土壤变酸；强酸性和石灰性土壤中，磷易被固定；中性和石灰性土壤一般不缺钾和钙，强酸性土壤易缺钙；铁在 pH 值 7 以上有效性极低、在强酸性土壤中与锰有颉颃作用等。

- 看苗施肥　就是根据树种、苗木类型、苗木长势等情况施肥。①根据树种不同。如一般树种需氮较多，以氮肥为主；而有根瘤菌的树种需磷较多，像刺槐类豆科树木苗木就要以磷肥为主。②根据苗龄型不同。1 年生播种苗需精细施肥，留床苗、扦插苗、移植苗等可以粗放一些。③根据苗木生长时期不同。出苗期、幼苗期、速生期、木质化期苗木生长特点不同，对营养条件的要求不同，施肥方法、施肥种类和施肥量、施肥频度等都有区别。④根据苗木密度。密度大，养分消耗多，应该多施肥。⑤容器苗与裸根苗的区别。容器苗集约经营强度高，生长快，养分需求大，要比裸根苗更精细施肥。⑥受灾苗木应施速效肥、根外追肥。苗木长势弱时，要重点施用速效氮肥。表现某种缺素症(缺乏某种养分元素表现出的症状)时，要有针对性施用含有相应养分元素的肥料。

(3)考虑肥料特性和增产节约原则

化肥种类不同，特性不同，施肥量与比例不同。如氮肥应集中施用才会有效，磷肥在酸性土上施用才有效。磷钾肥的施用，必须在氮素充足的土壤上。有机肥料应该多用，但注意养分元素比例问题。基肥与追肥配合，基肥应以有机肥和磷肥、复合肥、缓效肥为主，追肥以速效肥料为主。有机肥要腐熟。此外，施肥在经济上一定要合算，收入应大于支出，入不敷出就失去施肥的意义了。

(4)多种肥料配合施用的原则

一般原则是有机肥料与矿质肥料混合，氮磷钾同时或不同时按比例混合，大量元素与微量元素混合使用等。原因是实际中往往是多种肥料同时起作用，不同肥料之间有相互促进作用，经常地一种肥料可以提高另一种肥料的肥效或有效性，而且肥料混合对苗木生长有利。如洋白蜡苗木施用单一元素肥料的苗木质量指标都不如2种或3种元素肥料混合处理的好，有氮和磷元素肥料混合的处理生长最好(表5-1)；氮、磷、钾的配比不同，效果不一样，对侧柏而言，N: P: K以3: 2: 1为好，即氮150kg + 磷100kg + 钾50kg的效果最好(表5-2)。建议氮、磷、钾的配比4 ~ 1: 3 ~ 1: 1 ~ 0，北方土壤一般不缺钾，可不施；南方的红壤和黄壤缺钾，可适当多施(孙时轩 1992)。最好的办法是加强施肥的精准化实验研究，按根据实验结果提出的科学方案施肥。

表5-1 氮、磷、钾对洋白蜡苗(1-0)生长的影响

处 理	平均地径(cm)	平均苗高(cm)	平均生物量(g)
氮	0.82	56.5	529.0
磷	0.63	35.7	231.6
钾	0.61	36.2	205.3
氮和磷	0.85	59.5	566.8
氮和钾	0.80	54.9	462.3
磷和钾	0.68	39.6	257.3
氮、磷、钾	0.83	70.0	538.8
对 照	0.65	36.5	199.2

注：引自孙时轩(1992)。

表5-2 氮磷钾配比对侧柏苗木质量的影响

序 号	配 比	平均地径(cm)	平均苗高(cm)	平均单株干重		合格苗产量	
				干重(g)	与对照比率(%)	产量(万株/hm²)	与对照比率(%)
1	对照	0.24	13.27	1.08	100	177.90	100
2	1: 1: 1	0.28	16.24	1.13	105	189.84	107
3	2: 1: 1	0.26	14.46	1.26	117	207.37	117
4	3: 1: 1	0.28	15.64	1.23	114	199.18	112
5	3: 2: 1	0.30	16.48	1.29	119	212.46	119
6	3: 3: 1	0.28	16.04	1.24	115	196.83	111
7	4: 2: 1	0.25	14.46	1.13	105	181.65	102
8	4: 3: 1	0.27	16.44	1.20	111	189.55	107

注：引自孙时轩(1992)，微调。

5.1.4.4 施肥量

各种肥料的施肥量理论上等于单位面积土地耕作层土壤中该种元素的可利用含量，减去单位面积上所有苗木的需要量，再根据某种肥料的有效成分计算施肥量。但实际土壤肥力受多种条件的影响，肥料的利用率也同样受多种条件的影响。因此，环境条件不同，相同的面积、同样的植物、同样的肥料，结果会有较大的差异。

生产中一般根据生产经验和科学试验来确定施肥量。各地苗圃也积累了很多施肥经验。在一定的栽培条件下，各种苗木都有稳定合适的施肥范围，一般而言，1年生苗木每年每公顷施肥量为：氮(N)45~90kg，磷(P_2O_5)30~60kg，钾(K_2O)15~30kg；2年生苗木增加2~5倍。根据每公顷施用营养元素的数量和肥料中所含有的有效元素量，即可粗略地估算出每公顷实际施肥量。有机肥作基肥时，每公顷施45 000~90 000kg。追肥一般每公顷施硫酸铵75~112.5kg，尿素60~75kg，硝酸铵、氯化铵、氯化钾各为75kg左右。

5.1.5 接种菌根菌

在苗圃土壤中缺乏菌根菌情况下，需要接种菌根菌。一般苗木接种菌根菌的方法有森林菌根土接种、菌根“母苗”接种、菌根真菌纯培养接种、子实体接种、菌根菌剂接种。

(1)森林菌根土接种

在与接种苗木树种相同的林内或老苗圃内，选择菌根菌发育良好的地方，挖取根层的土壤，而后将挖取的土壤与适量的有机肥和磷肥混拌后，开沟施入接种苗木的根层范围，接种后要浇水。这种方法简单，接种效果非常明显，菌根化程度高，但需求量大、运输不方便，也有可能给苗圃带来新的致病菌、线虫和杂草种子。

(2)菌根“母苗”接种

在新建苗圃的苗床上移植或保留部分有菌根的苗木作为菌根“母苗”，对新培育的幼苗进行自然接种。具体做法是：在苗床上每隔1~2m移植或保留1株有菌根的苗木，在其株行间播种或培育幼苗。通常菌根真菌从“母苗”向四周扩展的速度是每年40~50cm。一般有2年时间苗床就充分感染了菌根真菌。待幼苗感染菌根后，母株即可移出。

(3)菌根真菌纯培养接种

从菌根菌培养基上刮下菌丝体，或从液体发酵培养液中滤出菌丝体，直接接种到土壤中或幼苗侧根处。该方法还没有在生产上广泛应用。

(4)子实体接种

各种外生菌根真菌的子实体和孢子均可作为幼苗和土壤的接种体。特别是须腹菌属、硬皮马勃属和豆马勃属等真菌产生的担孢子，更容易大量收集，用来进行较大面积的接种。一般将采集到的子实体捣碎后与土混合，或直接用孢子施于苗床上，然后翻入土内，或制备成悬浮液浇灌，或将苗根浸入悬浮液中浸泡，或将子实体埋入根际附近。还可以采用2种或多种子实体混合接种，其效果更好。

(5)菌根菌剂接种

对于松树、云杉、杨树、柳树、核桃等树种，可使用人工培养的菌根制剂进行浸种处理、浸根处理或喷叶处理。

5.1.6 接种根瘤菌

使用根瘤菌剂播种前浸种或苗木移植时浸根，可以接种根瘤菌。

(1)菌种制备

根瘤菌感染专一性很强，所以没有统一的广谱性菌剂。目前，通用的办法是从要接种的苗木树种的成年林分中采集根瘤，从根瘤中提取菌种。如在相思类树种上应用的根瘤菌种，基本上是广西大学从大叶相思、厚荚相思、马占相思、杂交相思、黑木相思和台湾相思林分中采集根瘤、分离根瘤菌，经过培养纯化得到的菌种(张慧等 2005；侯远瑞等 2004；樊利勤等 2004；吕成群等 2003)。

(2)接种方法

• 浸种 将目的树种种子经过播前处理，用根瘤菌液浸泡一定时间进行接种。如马占相思种子用浓硫酸处理去掉蜡质层并用清水浸泡12 h后，捞起沥干；将根瘤菌种制成液态，把去蜡和浸水的种子浸泡在根瘤菌液中(菌液没过种子)，经过90min时间处理后用于播种，效果很好(侯远瑞和邓艳 2002)。张慧等(2005)将大叶相思种子在无菌条件下催芽至胚根长约1cm，用菌液浸泡24h后接种。农业上还有种肥(种子与菌剂混合后同时播种)、拌种(用适量清水将种子浸湿，然后将菌剂与种子拌匀，稍阴干后即播种)、拌肥(将根瘤菌剂与颗粒肥料混拌均匀后机播)、种子丸衣化(利用包衣机、黏着剂和丸衣剂将根瘤菌剂黏着并包裹在种子上，主要用于大面积机械播种和飞机播种)等方式。

• 浸根 先培养芽苗，移栽前用菌液浸泡芽苗根部。如侯远瑞等(2004)将马占相思和大叶相思密播于圃地，在发芽出土后芽苗有一对叶片时，用根瘤菌液体试剂浸泡根部20min后移栽。

用菌液浇灌苗木根际土壤也是常用方法(张慧等 2005；樊利勤等 2004；吕成群等 2003)。

5.2 苗圃水分管理

水分既是苗木生活的基本条件之一，又是土壤肥力的一个重要因素。苗圃水分管理包括水分性质调节、灌溉和排水等方面。

5.2.1 水分性质调节

苗木的水分来源主要靠根从土壤中吸收。土壤中的水主要靠自然降水、人工灌溉和地下水。自然降水一般难以满足苗木生长需要，必须根据不同生长阶段的需要量通过人工灌溉补充土壤水分。不同来源的水分性质不同，需要加以调节，以适应苗木生长和苗圃管理对水质的要求。

(1)水源选择

人工灌溉的水源分河水、湖水、水库水、井水、截贮雨水等。有条件的应首先使用河水，其酸碱度比较稳定，养分含量优于井水。其次可以选用湖水或水库水。井水和截贮雨水一般只作为辅助水源。

(2)盐碱度与pH值控制

苗木常常由于土壤溶液中盐分过多而遭受危害。盐害对苗木的危害主要通过以下几个途径：增加土壤溶液的渗透压，造成生理干旱；使土壤结构和团聚作用遭到破坏，由此降低土壤通透性；溶液中的钠、氯、硼等其他离子的直接毒害；改变土壤pH值和溶解度，进而影响养分有效性。

灌溉水中可溶性盐分的盐量一般要求小于0.2%~0.3%；以碳酸盐为主的灌溉水全盐量应小于0.1%，含NaCl为主的水全盐量应小于0.2%，含硫酸盐为主的水全盐量应小于0.5%。

灌溉水的pH值，要求中性至弱酸性，具体应根据培育树种不同而调节。灌溉水经常用酸处理降低pH值到标准的5.5~6.5范围，最常用的酸是磷酸、硫酸、硝酸和醋酸。国外通常使用磷酸作为水pH值的调节剂，既调节pH值，又增加磷素营养。酸化不改变灌溉水的盐分，但能移走碳酸盐和重碳酸盐的盐离子。

目前，我国实际生产中灌溉水pH值的调控还是较薄弱环节。

(3)水温控制

一般作物春秋季灌水的水温应大于10~15℃；夏季水温不宜小于15~20℃，不宜大于37~40℃。如水温过低或过高，应采取适当措施调节，如建立晒水池晒水(图5-5)、人工加温、利用太阳能加温等。

图5-5 黑龙江省伊春市五营苗圃的主渠道兼晒水池

(4)杂质控制

灌溉水中杂质包括沙粒、土粒、草木碎片、藓类孢子、昆虫、病菌孢子、草籽等，它们或者影响灌溉系统，损坏灌溉和施肥设备或灌溉喷头，或者给苗圃土壤带来病虫杂草，因此，要加以控制。灌溉水中有真菌、细菌、地钱等，可用氯化的方法进行处理：向灌溉水中加入次氯酸钠或次氯酸钙溶液，或向灌溉系统中注射加压的氯气。灌溉水中有悬浮的和胶状的粒子，如小细沙、杂草种子、藻类等，可以用过滤的方式去除。

5.2.2 苗圃灌溉系统

苗圃的灌溉系统包括水源、提水系统、引水系统、蓄水系统和灌溉系统等组成部分。

水源最好在苗圃的高处，以便引水自流灌溉。如用井水，水井的数量应根据井的出水量和圃地一次灌水量来决定，并力求均匀配置在各生产区，以保证及时供水。如果水源位置过低，不能直接引水灌溉时，则需安装抽水机等提水设备。

引水主要通过灌溉渠道。苗圃渠道有固定渠道和临时渠道2种，按其规格大小又可分为主渠和支渠。主渠直接从水源引水供应整个圃地的灌溉用水，规格较大。支渠从主渠引水供应苗圃的某一生产区的灌溉用水，规格较小。其具体规格大小和数量多少，可根据实际需要来确定，以保证育苗用水的及时供应而又不过多占用土地为原则。灌溉渠道的设置可与道路相结合，并均匀分布在各生产区，力求做到自流灌溉，保证及时供水。

设计渠道时，可直接挖沟开渠，也可用铁管、塑料管、瓦管、竹管、木槽或用砖石砌成渠道，以减少水分渗透流失，提高水流速度。渠道的水流要保证畅通无阻，渠道不要发生淤积和冲刷现象。大田育苗时，灌溉渠道方向与耕作方向一致。

在北方苗圃中，通常建筑蓄水池以提高灌溉用水温度、提高灌溉水的利用效率，尤其是以深井水或山区河水作为灌溉水源时，使用蓄水池提高温度后的水灌溉可以有效地提高苗木质量。蓄水池通常设置在圃地水源附近，其规格大小依灌溉面积和一次灌溉量而定。

目前，苗圃常用的灌溉系统有喷灌系统(固定式和移动式2种)、微喷系统、雾喷系统、滴灌系统等。环境控制育苗设施内还可能配备地下灌溉(渗灌)设施。

5.2.3 灌溉方法

苗圃的灌水方法根据当地水源条件、灌溉设施不同而不同。

(1)漫灌

又称畦灌，即水在床面漫流，直至充满床面并向下渗透的灌溉方法。其优点是投入少，简单易行。缺点是水以及水溶性养分下渗量大，尤其是在砂壤土中造成漏水、漏肥。漫灌容易使被浇灌的土壤板结。经过改造用水槽或暗管输水到苗床，浪费水会少些。

(2)侧方灌溉

又称垄灌，一般用于高垄、高床，水沿垄沟流入、从侧面渗入垄内。这种灌溉方法不易使土壤板结，灌水后土壤仍保持原来的团粒结构，有较好的通透性并能保持地温，有利于春季苗木种子出土和苗木根系生长。该方式灌溉省工，但耗水量大。

(3)喷灌

喷灌是利用水泵加压或自然落差将灌溉水通过喷灌系统输送到育苗地，经喷头均匀喷洒到育苗地上，为苗木生长发育提供水分的灌溉方法（图5-6），主要优点是不受苗床高差及地形限制，便于控制水量，控制浇灌深度，省水、省肥。喷灌不会造成土壤板结。配合施肥装置，可同时进行施肥作业。

我国苗圃喷灌大规模应用已经有30多年历史，是一项成熟的技术。喷灌系统由水源工程、首部装置(控制器、电气设备、过滤器、压力表、进气阀、排气阀、肥料注入系统等)、输配水管道系统和喷头组成。有固定管道式喷灌系统(喷灌系统的全部设备在整个灌溉季节甚至全年都固定不动)、移动管道式喷灌

图 5-6 苗圃喷灌系统(左上为喷灌状态，左下为喷头，右为喷灌管道及喷头)

系统(除了水源工程固定不动外，其他所有设备均可以移动)、半固定管道式喷灌系统(水源工程、首部装置和主干管道不动，支管和喷头可移动)、机组式喷灌系统(即喷灌机组，除了水源工程以外，其他部分自成体系，在工厂内构建完毕)、旋转式喷灌系统(又叫时针式喷灌机或中心支轴自走式连续喷灌机组，由固定的中心支轴、薄壁金属喷洒支管、支撑支管的桁架、支塔架及行走机构等组成)、平移式喷灌系统(即连续直线移动式喷灌机或平移自走式喷灌机，除了水源外，其他自成体系，行走靠自己的动力)、软管牵引绞盘式喷灌机(由绞盘车、输水管、自动调整装置、水涡轮驱动装置、减速箱、喷头车等组成)等。

我国苗圃以固定管道式喷灌系统和平移式喷灌系统为主。随着管道材料的发展，现在采用高强度轻质塑料管道的前提下，半固定管道式喷灌系统的应用越来越多。移动管道式喷灌系统、机组式喷灌系统和旋转式喷灌系统的应用很少，软管牵引绞盘式喷灌机多在温室内作为辅助灌溉设备使用。

各类喷灌系统都需要通过专门的专业设计、施工才能建设完成。

(4)*微喷灌*

微喷灌是通过低压管道将有压水流输送到圃地，再通过直接安装在毛管或与毛管连接的微喷头或微喷带将灌溉水喷洒在育苗地的方式。整个系统的组成与喷灌系统基本一样，只是喷灌压力、喷头结构和喷洒雾滴大小有区别。一般微喷灌是水雾(Mist)，雾滴大于50μm；雾室微喷是汽雾(Fog)，雾滴2～40μm。

(5)*滴灌*

土壤滴灌是通过管道输水以水滴形式向土壤供水，利用低压管道系统将水连同溶于水的化肥均匀而缓慢地滴在苗木根部的土壤，是目前最先进的灌溉技术。适用于精细灌溉，特别是在盐碱地，能稀释根层盐碱浓度，防止表层盐分积累。其优点是：每次灌溉用水量仅为地表漫灌的1/6～1/8、喷灌的1/3；干、支管道埋在地下，可节省沟渠占地；随水滴施化肥，可减少肥料流失，提高肥效；减少了修渠、平地、开沟筑畦的用工量；灌溉效果好，能适时适量地为苗木供水供肥，不致引起土壤板结或水土流失，且能充分利用细小水源。缺点是投入较高。

(6)地下灌溉

又称“渗灌”。将灌溉水引入地下，湿润根区土壤的灌溉。有暗管灌溉和潜水灌溉。前者灌溉水借设在地下管道的接缝或管壁孔隙流出渗入土壤；后者通过抬高地下水位，使地下水由毛管作用上升到作物根系层。设施(如温室)育苗时，在设施建设时，预先设计铺设灌水管道和出水孔，育苗时灌溉水从苗床底部排出，苗木如自然状态下吸收水分那样从下部吸水利用。

该方法具有如下优点：不破坏土壤结构，上层能保持良好的通气状态，水、热、气三因素的比例协调，并能自动调节，能均匀输送水分和养分，为植物提供稳定的生长环境，增产效果显著；地表含水率较低，蒸发很少，输水基本无损失，水的利用率高，与喷灌相比可节水50%~70%；灌溉水只需低压输送，一般约0.2MPa即可，且流量小，扬程低，减少了装机容量，节能效果好；地表下5~10cm厚的土壤控制在干燥条件下，不具备温湿环境，能减少病虫草害的滋生，可减少农药费用。缺点是建设投资大，施工技术复杂。目前，国内外均未普及。

5.2.4　灌水的技术要求

灌溉要合理，就是要求灌溉要区分不同季节、不同土壤、不同树种、不同生长阶段、不同作业内容分别进行灌溉，实施时具有不同的技术要求。

(1)播种苗的灌溉要求

播种苗的水分管理技术要求比较高，要求播种前先行灌水洇地，做到底墒足，土壤疏松；播种后种子发芽前不宜漫灌，如蒸发量大、土壤过于干燥，可以喷灌给予补充；高垄播种苗，出苗前土壤过干，可用小水垄沟侧灌。

出苗期的喷灌量宜少量多次，以便在保障苗木水分需求的前提下，通过控制苗床土壤水分促进根系生长。进入气温较高的盛夏季节，还可以通过少量多次喷灌降低土壤表面温度，避免苗木遭受日灼危害。以补充土壤水分为目的时，喷灌时间多选择在15:00以后气温相对较低的时间段。以降温为主要目的时，可在上午气温进入高峰前喷灌，但不宜直接使用河水或井水喷灌。在中午气温达到高峰时，通常不宜喷灌。

(2)扦插和埋条苗的灌溉要求

扦插、埋条苗的插穗和母条生根发芽都需要充分的水分。尤其是春末夏初，北方气候干燥季节，要经常补充水以保证生根环境的湿度。这个阶段补水最好利用喷灌，如果没有喷灌条件采用漫灌时，要求水流要细、水势要缓，防止冲垮垄背或冲出插条。在早春和晚秋扦插作业中(小拱棚扦插、阳畦扦插)，扦插、埋条繁殖苗灌水应注意调整同地温的矛盾，因为补充一次水就使扦插苗(埋条)的局部环境降一次温，地温过低会影响扦插(埋条)生根，应掌握土壤基质湿度适当控水。

嫩枝扦插育苗可采用全光喷雾灌溉，或者在遮荫条件下定时喷灌(图5-7)，

(a) (b)

图 5-7 大田嫩枝扦插全光喷雾(a)和遮荫温室嫩枝扦插喷雾(b)

以保持扦插育苗环境的高湿。通常需要保持扦插环境的相对湿度不低于85%。

(3)移植苗和根蘖分根苗的灌溉要求

苗木移植后要连续灌水3~4次(称作连三水)，中间相隔时间不能太长，且灌水量要大，起到镇压土壤、固定根系的作用。

(4)留床苗的灌溉要求

对于留床苗，早春应在解冻后及时灌水；养护阶段要按不同树种习性区别给水；秋冬季节灌冻水，以利苗木越冬；视降雨情况及时调整灌溉和排水作业，防止干旱和涝害发生。

(5)不同生长发育时期的灌溉要求

在北方，4~6月是苗木发育旺盛时期，需水量较大，而此期又是北方的干旱季节，因此，这个阶段需要灌水6~8次才能满足苗木对水分的需求。有些繁殖小苗，如播种、扦插、埋条小苗等，由于根系浅更应增加灌水次数，留床保养苗至少也应灌水5~6次。7~8月进入雨季，降水多，空气湿度大，一般情况下不需要再灌水。9~10月进入秋季，苗木开始充实组织、枝条逐步木质化，准备越冬条件。此阶段不要大量灌水，避免徒长。11~12月苗木停止生长进入休眠期。对秋季掘苗的地块应在掘苗前先灌水，一是使断根苗木地上部分充实水分，以利过冬假植；二是使土壤疏松，以利掘苗，保护根系。对留床养护苗木应在土壤冻结前灌一次冻水，以利苗木越冬。

(7)不同土壤质地的灌溉要求

不同理化性质的土壤对水分的蓄持能力不同，灌水的要求也不同。黏重的土壤保水能力强，灌水次数应适当减少。沙质土漏水、漏肥，每次灌水量可少些，次数应多些，最好采用喷灌。有机质含量高，持水量高的土壤或人工基质，灌水次数及数量可少些。

5.2.5 灌溉施肥

灌溉施肥(Fertigation)是灌溉(Irrigation)与施肥(Fertilization)相结合而形成的一项符合技术，即每次灌溉都结合施肥，灌溉与施肥同时进行的一项新技术。

灌溉施肥具有提高肥料利用率，节省施肥劳力，灵活、方便、准确地控制施肥数量和时间，施肥及时且养分吸收快，有利于应用微量元素，改善土壤环境状况，使植物能在边际土壤条件下正常生长，以及有利于保护环境、节省用水，并能进行精准化施肥等优点(张承林，郭彦彪 2006)。但灌溉施肥设施投资大、需要使用溶解度大的肥料、易产生盐分积累等缺点，因此对该技术要求高，管理要求严。

灌溉施肥要求在喷灌系统中加上一个肥料注入系统。肥料注入系统有旁通施肥罐、文丘里施肥器、注射泵等，还有重力自压式施肥法、泵吸水侧施肥法、加压泵肥料注入法等。

我们以美国ITASCA苗圃公司的脂松(*Pinus resinosa* Ait.)容器苗的灌溉施肥体系为例，说明灌溉施肥的过程。

脂松灌溉用水pH值要求6.0~6.5，育苗基质pH值以5.0~5.3最佳，4.0~5.5一般，6.0以上不好，树苗变黄；7.0以上不行。播种后在幼苗完全脱去种壳之前保持土壤湿润，只浇水，不施肥。幼苗脱去种壳之后，进行灌溉施肥，不单独灌溉。每次灌溉施肥要灌透。程序如下：

第一步：施肥2次。N∶P∶K=10∶52∶10，加树木用标准微量元素复合肥，N的基准浓度100mg/kg，其他按比例配制。第一次浇灌后，视土壤湿度情况隔5d左右(3~7d)再浇1次。

第二步：施肥3次。N∶P∶K=20∶8∶20，加树木用标准微量元素复合肥，N的基准浓度100mg/kg，其他按比例配制。第一次浇溉后，视土壤湿度情况每隔5d左右再浇2次。

第三步：施肥3次。N∶P∶K=20∶8或10∶20，加树木用标准微量元素复合肥，N的基准浓度100mg/kg，其他按比例配制。第一次浇灌后，视土壤湿度情况每隔5d左右再浇2次。

*基质酸碱度检查：第二步和第三步实行过程中和完成后，随时检查土壤pH值。如果pH值偏低(低于5.0)，则在营养液中加入$CaCO_3$，浓度为200mg/kg。如果pH值正常(5.0~5.3)，进行下一步。

**顶芽控制(封顶控制)：第二步和第三步实行过程中，如果发现苗木有形成顶芽的趋势，则将N的浓度加大到500mg/kg，$CaCO_3$的浓度加大到400mg/kg，以控制顶芽的形成。

第四步：施肥10周。N∶P∶K=20∶8∶20，加树木用标准微量元素复合肥，N的基准浓度300mg/kg，其他按比例配制。第一次灌溉后，视土壤湿度情况每隔5d左右再灌溉1次，持续10周。

*顶芽控制(封顶控制)：第四步进行过程中，如果发现苗木有形成顶芽的趋势，则将N的浓度加大到400~500mg/kg，以控制顶芽形成。

**盐渍化控制：第四步进行过程中，如果有可溶性盐溢出(盐渍化现象，容器中育苗基质表面白霜出现)，则在浇灌时，延长同一地点浇灌时间(持续1~2h)，使盐溶解渗漏到基质下部。营养液浓度同上。可进行2~3次这样的操作。

第四步完成后，苗木基本达到当年生苗要求的规格，这时停止灌溉，以促进苗木的顶芽形成和木质化。

5.2.6 苗圃排水

排水作业是指对因雨季雨量过大时，避免发生涝灾而采取的田间积水的排除工作。这是苗圃在雨季进行的一项重要的育苗养护措施。北方地区年降雨量的60%~70%都集中在7~8月，此间常出现大雨、暴雨，造成田间积水，加上地面高温，如不及时排除，往往使苗木尤其是小苗根系窒息腐烂，或减弱生长势，或感染病虫害，降低苗木质量。因此，在安排好灌溉设施的同时必须做好排水系统工作。

苗圃在总体设计时，必须根据整个苗圃的高差，自育苗床面开始至全圃总排水沟口，设计组织安排排水系统，将多余的水从育苗床面一直排出圃外。

进入雨季前，应将区间小排水沟和大、中排水沟联通，清除排水沟中杂草、杂物，保证排水畅通，并将苗床畦口全部扒开。连雨天、暴雨后应设专人检查排水路线，疏通排水沟，并引出个别积水地块的积水。

对不耐水湿的树种苗木，如臭椿、合欢、刺槐、山桃、黄栌、丁香等幼苗，应采取高垄、高床播种或养护，保证这些树种的地块不留积水。

此外，苗圃经常应用一些肥料和杀虫剂，排水时水中含有的这些物质会对环境造成污染。苗圃应该建立废水沉淀池，先将水排入沉淀池，经过沉淀处理，再把符合环保要求的水排放。

5.3 裸根苗培育系统

裸根苗可以是露天培育、也可以在人工控制的环境下培育，可以在自然土壤上培育、也可以在人工基质上或培养液中进行。但是，以在露天条件下自然土壤中培育的应用最为广泛，也是传统、有效、成本低、技术要求相对较低的苗木培育系统。本节主要介绍播种苗、留床苗、扦插苗、嫁接苗和移植苗的培育技术，对埋条苗、压条苗等的培育技术只作简要介绍。

5.3.1 裸根苗的育苗方式

(1)垄作

垄作操作简单，适合机械化作业，便于中耕锄草和其他管理作业，节省人力，工作效率较高。垄作分高垄育苗和平垄育苗2种方式。

一般在排水不良的圃地使用高垄作业。高垄的规格是：垄距60~80cm，垄高20~30cm，垄面宽15~25cm。在垄面开沟，将种子播下或用播种机直接播种。高垄可播单行或双行。生长较慢的树种可播双行。如油松、落叶松、侧柏、银杏等；生长较快的树种可播单行，如山桃、山杏、刺槐等。

平垄也叫低垄，在苗圃耕作后直接播种。优点是操作简单，节省土地，单位面积产苗量高；缺点是不便灌溉和排水。

垄作的方式，在森林苗圃播种育苗中较为少见，常用于扦插育苗等营养繁殖苗培育中；也可见于园林苗圃，特别是大苗、定型苗(形体苗)培育中常见。

(2)床作

床作指采用苗床进行育苗的方式，分高床育苗和低床育苗2种形式。

高床指床面高于步道的苗床(图5-8)。高床床面高10～30cm(15～20cm最为常见)；宽80～100cm(完全机械化育苗可以宽至120cm)；长度根据地形和机械化程度(机械化程度高则长，低则短)而定，我国多为10～20m，国外机械化育苗苗床很长，平坦的地方可达数百米。床间步道的宽度40～50cm。高床排水良好，肥沃疏松的土层厚，可以侧方灌溉，步道兼起灌溉和排水道及防寒土源等，所以是国内外应用最广的育苗方式，尤其是以播种育苗应用最广(图5-9)，营养繁殖苗、移植苗也常见。

图5-8 育苗高床

图5-9 塑料大棚内高床播种育苗(张羽 摄)

低床指床面低于步道的苗床。床面一般低于步道15～25cm，宽100～120cm，步道宽30～40cm。低床适用于缺水的圃地。

生产中可以见到种床，它是一种小型日光温室。床面低于地面，上方覆盖塑料薄膜。床的高度和宽度同高床要求，长度很短。多见于温暖地区无温室设施时，培育种子或穗条量少、种子发芽或穗条生根较难、需要特殊条件时应用；有温室的条件下，在温室内进行，不必建立专门的种床。种床主要用于播种小苗或扦插苗生根阶段的育苗。

(3)做床做垄

圃地经过耕、耙以后，根据不同的育苗方式，要做垄或做床。一般苗圃做床做垄都采用专门的机械进行，做床形、碎土、镇压等工作一步完成。在没有机械的情况下，人工完成做垄和做床。

我国一般要求苗床或垄的方向为东西方向，以便于各个部位受光均匀。东北林业大学在大兴安岭地区的研究(迟文彬，周文起 1991)认为，寒冷地区如用东西向苗床，苗床北侧受光弱温度低，不利于苗木生长；采用南北向苗床且加宽步道为60cm，床的两侧受光一致，温度均匀；采用南低北高(床面坡度2°)斜面床，床面增温效果明显(相当于向南移动1个纬度)。在温暖地区可以不考虑苗床的方向，根据地形和苗圃作业的方便程度而定，如美国中东部地区森林苗圃的苗床基本上不考虑苗床方向问题。位于美国南卡罗莱纳州爱恳市(Aiken)的惠好公司

图 5-10 位于美国南卡罗莱纳州的惠好公司(Weyerhaeuser)的 Quail Ridge 苗圃的弯曲苗床

1. 旋转式喷灌系统 2. 喷灌系统通道 3. 弯曲苗床

(Weyerhaeuser)的 Quail Ridge 苗圃，为了适应旋转式喷灌系统的运行模式，苗床相应地做成了弯曲形式(图 5-10)。

5.3.2 土壤消毒处理

苗圃在播种或扦插等育苗活动前要进行土壤消毒。这里所说的消毒主要指消灭土壤中的病菌，有些消毒剂同时还具有消灭虫卵或幼虫、杀死杂草种子的作用。消毒的方法随着科学技术的发展和生产水平的提高而不断变化着，在实际工作中要随时注意新方法的及时开发和利用。下面介绍的是国内外采用过且效果较好的几种方法。

(1)高温处理土壤

- 烧土法　在柴草方便之处，可在圃地堆放柴草焚烧，使土壤耕作层提高温度，达到灭菌的目的。这种方法不但能灭菌，而且有提高土壤肥力的作用。在日本，烧土法是把土放在铁板上，在铁板下加热。它具有杀菌和提高土壤肥力的效果，适用于小面积苗圃。
- 火焰消毒机处理法　美国和日本用特制的火焰土壤消毒机，用汽油作燃料加温，使土壤温度达到 79～87℃，不会使有机质燃烧。用加热消毒土壤法不仅能消灭病原菌，而且可以杀死害虫、土壤微生物和杂草种子。
- 高压蒸汽灭菌处理法　美国的苗圃土壤，尤其是容器育苗苗圃的人工基质，经常采用高压蒸汽灭菌的方法，效果很好。

(2)药剂处理

药剂处理是适合于各种规模和条件的、简便易行的方法，但使用不当易对环境造成负面影响。

- 硫酸亚铁(黑矾)消毒法　一般用浓度为 2%～3% 的水溶液，用量 4.5kg/m^2

(9L左右)。而雨天可用细干土再加入2%~3%的硫酸亚铁粉，制成药土，每公顷施药土1 500~2 250kg，可防治针叶树苗木的立枯病等。该法成本较低，在实际生产中应用较多。

- 硫酸铜或波尔多液消毒法 小面积应用或病害较重时，可以使用1%硫酸铜取代硫酸亚铁。硫酸铜灭菌效果彻底，但要注意药害，施药后要过一定时间(7~10d)后再进行播种、扦插等。使用波尔多液(硫酸铜:石灰:水的比例为1:1:100)代替硫酸铜溶液可以减轻药害。每平方米苗圃地用波尔多液2.5kg，加赛力散10 g喷洒土壤，待土壤稍干即可播种、扦插等。该法对防治立枯病、黑斑病、斑点病、灰霉病、锈病、褐斑病、炭疽病等效果较明显。

- 五氯硝基苯消毒法 以五氯硝基苯为主加代森锌(或苏化911、敌克松等)的混合剂。混合比例一般为五氯硝基苯75%，其他药剂25%。施用量为4~6g/m^2。将药配好后与细沙土混匀做成药土。播种前把药土撒于播种沟底，厚度约1cm，把种子撒在药土上，并用药土覆盖种子。加土量以能满足上述的需要为准。对防治由土壤传播的炭疽病、立枯病、猝倒病、菌核病等有特效。五氯硝基苯对人畜无害。

- 多菌灵消毒法 多菌灵能防治多种真菌病害，对子囊菌和半知菌引起的病害效果很明显。土壤消毒用50%可湿性粉剂，每平方米施用1.5g，可防治根腐病、茎腐病、叶枯病、灰斑病等，也可按1:20的比例配制成毒土撒在苗床上，能有效地防治苗期病害。还可以使用市场上的其他新型杀菌剂替代多菌灵。

- 辛硫磷 对金龟子幼虫、蝼蛄等地下害虫，用辛硫磷乳油拌种。药与种子的比例为0.3:100，也可以用50%辛硫磷颗粒剂施入土壤，每公顷用30~37.5kg。

- 甲基溴熏蒸 北美在苗圃生产中广泛使用甲基溴进行土壤熏蒸，可以起到同时杀菌、杀虫和除草的功效。

5.3.3 苗木密度

苗木密度是单位面积上种植苗木的数量。苗木密度关系到生产苗木的质量和数量。适宜的苗木密度是培养质量好、产量高、抗性强苗木的重要条件之一。不同的树种其生物学特性不同，适宜的密度也不一样。单位面积苗木密度大，苗木获得的营养面积不足，争夺养分激烈；光照不足，降低了苗木的光合作用，苗木内营养积累少，生长势弱；通风不良，易滋生病虫，对苗木产生危害。这些都导致了苗木根、茎、叶发育不良，抗逆性差，I级苗产量低。单位面积密度小，苗木产量低，苗间空地多，易生杂草，杂草与苗木争夺养分，也会增加抚育管理成本。

苗木密度应根据树种的生物学特性、育苗环境和育苗目的确定。归根结底，就是要根据造林绿化对苗木质量指标的要求而定。苗期生长快的树种密度要小；土壤水肥好的育苗地，根据育苗目的不同，选择合适的密度，如作砧木的苗木可适当稀疏一些，播种后第二年移植的苗木可适当密一些。美国南方速生松树(火炬松等)育苗，从造林成活率和造林后13年内早期生长量角度考虑，认为200株/m^2，配合适宜的施肥和其他措施，I级苗率可以达到100%。新西兰的辐射松育苗，则以120~125株/m^2为好(David South，个人通讯)。

苗木类型不同、育苗机制不同，苗木密度也不同。播种苗密度较大，移植苗、扦插苗、嫁接苗等密度小。不移植(播种苗出圃)时，播种密度应该等于或稍微大于育苗密度；要进行移植培育时，播种密度可以很大，移植时按苗木质量及出圃要求，调整为正常育苗密度(出圃密度)。

苗木密度具体体现在苗木的株行距(特别是行距)上，床作行距一般为10~25cm，大田垄作一般垄距为60~80cm。为了适应机械化作业，要考虑机具触土部件的尺寸确定行距，行距太小，不利于机械作业。

生产上，各树种的具体播种密度可以参照育苗技术规程要求；没有规程的，需要通过实验确定。

5.3.4 播种苗培育

播种苗是利用种子繁殖而来的苗木，又称为实生苗(图5-11)。播种育苗是林业苗圃繁殖苗木的一种最主要的方法。全国各地的主要造林树种，如落叶松、油松、樟子松、红松、华山松、马尾松、杉木、侧柏、柏木、杨树、榆树、刺槐、臭椿、苦楝、水曲柳、黄檗、核桃楸、桦木、赤杨、核桃、板栗、文冠果、沙枣、沙棘、紫穗槐等针、阔叶树种，绝大部分都是采用播种育苗。

图5-11 云杉播种苗
(黑龙江省伊春市五营苗圃)

5.3.4.1 种子处理

(1)种子催芽

深休眠的种子，播种前必须进行催芽处理；强迫休眠(静止)的种子，为了出苗整齐和培育壮苗，也需要催芽。具体原理与方法见“种子休眠”和“种子催芽”部分。

(2)种子筛选

在种子贮藏时已经过净种、选种。经过贮藏(催芽)，一些种子变质、虫蛀。沙藏的种子在播种前需要再次选种、净种，将变质、虫蛀的种子清除，并筛去沙子。

(3)种子消毒

在播种前要对种子进行消毒，一方面消除种子本身携带的病菌；另一方面防止土壤中病虫危害。一般催芽的种子在催芽前进行消毒；催芽后由于种子萌发，种皮开裂，药物对幼芽有影响，不宜再进行消毒。以下几种常用的消毒方法，适用于尚未萌发的种子。

• 紫外光消毒　将种子放在紫外光下照射，能杀死一部分病毒。由于光线只能照射到表层种子，所以种子要摊开，不能太厚。消毒过程中要翻搅，0.5h翻搅一次，一般消毒1h即可。翻搅时人要避开紫外光，避免紫外光对人的伤害。

• 硫酸铜浸种　播种前，用0.3%~1.0%的$CuSO_4$溶液浸种4~6h，用清水冲洗后晾干播种。

• 高锰酸钾浸种　播种前，用0.5%的溶液浸种2 h，或用3%的溶液浸种30min，然后用清水冲洗。

• 药剂拌种　药剂有防治病菌的药剂，有防治虫害的药剂，还有综合防治药剂，根据不同需要选择使用。也可结合杀菌剂和种肥，制作种衣以保护种子，提高种子抗性，提高发芽率，防止病虫害发生。

• 热水浸种　用40~60℃热水浸种一定时间。

对于经催芽已经萌发的种子，如果有必要消毒处理，可以选择无药害的药剂处理。具体请参照药剂使用说明。

(4)接种、防鸟兽害

• 接种　有菌根菌或根瘤菌树种的种子，如松属、壳斗科(如麻栎类和水青冈等)、桦木科和榆树等树种种子，在育苗时，接种菌根菌，能提高苗木质量(详见本章土壤改良部分)。

• 防鸟害　许多针叶树的种子，发芽出土后子叶带着种皮，易遭受鸟类啄食。用铅丹(Pb_3O_4)在播种前把种皮涂成红色，以防鸟害，但不一定有效。现仍以用声响等办法驱除的效果较好。

• 防动物为害　为防止橡实和板栗等被动物偷食，洒煤油及其他种类的毒药，如磷化锌(Zn_3P_2)处理栓皮栎的效果很好。具体方法，每千克种子用50g植物油，再加80~100g磷化锌粉，充分搅拌，使每粒种子全部沾上油和药。处理过的种子稍加阴干即可播种。注意磷化锌有强烈的毒性，拌药时必须穿上工作服和带上防毒器具。

5.3.4.2　播种期确定

播种期有春播、夏播、秋播、冬播。播种期对苗圃生产安排、苗木质量、苗木出圃年限都有影响。掌握播种期、合理安排苗木生产，是育苗工作者的重要任务。

播种期要根据树木的生物学特性和当地的气候条件来确定。我国幅员辽阔，树种繁多，在南方一些省份一年四季均可播种。选择播种期要掌握"适树、适地、适时"原则。

(1)春播

我国的大多数树木都适合春播。在北方，春季气温上升，土壤解冻，种子开始发芽，植物开始生长，是播种的最好季节。春季土质疏松，温度提高，种子发芽率高，发芽整齐。春季播种的苗木，生长期较长。

春播宜早，在土壤解冻后应开始苗圃耕作、播种，在生长季短的地区更应早播。早播苗木出土早，在炎热夏季来临之前，苗木已木质化，可提高苗木抗日光灼伤的能力，有利于培养健壮、抗性强的苗木。北方一般在3月至5月中旬、南方一般在3月春播。当地温达到某树种种子发芽所需的最低温度（如落叶松、日本赤松和日本黑松为9℃，油松为5℃）时即可播种。

（2）夏播

大多数种子可在夏季播种，但夏季天气炎热、太阳辐射强，土壤易板结，对幼苗生长不利。一些夏季成熟不耐贮藏的种子，可在夏季随采随播。播前应使土壤湿润，播后应加强管理，有的幼苗需要遮荫。夏季播种应尽量早播，在冬季来临之前使苗木充分木质化，以安全越冬。

（3）秋播

有些树木的种子在秋季播种比较好，如圆柏，种子冬末成熟，深休眠，当年秋季播种，翌年春季才能发芽出土。秋季播种还有变温催芽的功能，经秋季的高温和冬季的低温过程，起到变温处理的作用，翌年春季出苗。秋季播种不宜太早，有些树种的种子没有休眠期，播种后如发芽，则幼苗越冬困难。秋季播种还应注意防鼠害。

东北地区秋播，只能选择沙质土等经冬床面不变形的地点进行。一些深休眠的树种，如水曲柳、杜松等，秋播可以替代层积催芽过程，促进萌发。

（4）冬播

我国北方一般不在冬季播种，南方一些地区由于气候条件适宜，可以冬播。冬播其实是春播的提前。提前播种可增加苗木生长期，提高苗木生长量和质量。

5.3.4.3 播种量

播种量是单位面积或单位长度播种沟上播种种子的数量。大粒种子可用粒数来表示，如核桃、山桃、山杏、七叶树、板栗等。

播种苗的稠密可用间苗来调控，但造成种子浪费且费时、费工。种子短缺或珍贵种子不宜采用间苗方式，因此，播种前要计算好播种量，避免盲目播种造成浪费。

计算播种量要考虑以下因素：①树种的生物学特性，苗圃地条件，育苗技术水平；②单位面积的产苗量，出圃苗质量要求；③种子品质指标，种子净度、千粒重、发芽率等；④种苗的损耗系数。

计算公式如下（孙时轩，刘勇 2004）：

$$\text{单位面积的播种量(kg)} = \text{损耗系数}\ C \times \frac{\text{单位面积的计划产苗量}\ A(\text{株}) \times \text{种子千粒重}\ W(\text{g})}{\text{种子净度}\ P \times \text{种子发芽势}\ G \times 1\,000 \times 1\,000}$$

损耗系数 C 因树种、苗圃地条件、育苗技术水平等有较大差异，一般变化范围如下：$C \leqslant 1$，适用于千粒重在700g以上的大粒种子；$1 < C \leqslant 5$，适用于千粒重在3～700g的中、小粒种子；$C > 5$，适用于千粒重在3g以下的极小粒种子。每个树种的损耗系数，苗圃可以根据多年积累的经验数据提供。

上式计算出的单位面积播种量，为净育苗面积的播种量。根据育苗技术规程规定，净育苗面积一般每公顷按6 000m^2(每亩400m^2)计算。

5.3.4.4　播种方法

(1)撒播

撒播就是将种子均匀地撒在苗床上，适用于小粒种子。为了撒得均匀，小粒种子需要加沙等基质，随种子一同撒到苗床。撒播一般用于平床。特点是产苗量高，播种方式简便；但由于株行距不规则，不便于锄草等管理。另外，撒播用种量较大，不宜大面积播种。

把在实验室最优条件下发芽的种子悬浮在液体中进行播种(图5-12)，也是撒播的一种。在圃地发芽条件较差时，这种方法可以有效提高成苗率。

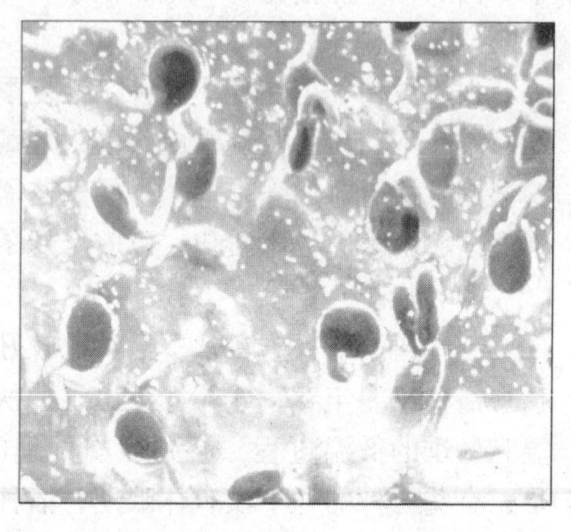

图5-12　在实验室适宜条件下发芽的种子悬浮在溶液中用于液播
(根据Geneve博士提供图片调整)

(2)条播

条播是按一定的行距，将种子撒播在播种沟中，或采用播种机直接播种，覆土厚度视树种而定。条播一般是南北方向，因有一定的行距，利于通风透光；便于机械作业，省工省力，生产效率高。大多数树种适合条播。北方地区采用宽幅条播(苗条宽10～20cm，间距5～10cm)很普遍(图5-13)。

图5-13　人工宽幅条播
(黑龙江省伊春市五营苗圃)

(3)点播

点播是按一定的株、行距将种子播于圃地上的播种方法。适用于大粒种子，如银杏、山桃、山杏、核桃、板栗、七叶树等。株、行距根据不同树种和培养目的确定，一般行距30～80cm，株距10～15cm。覆土厚度一般是种子直径的1～3倍，干旱地区可略深一些。点播由于有一定的株、行距，节省种子，苗期通风透光好，利于苗木生长。

东北林业大学种苗组研究认为，落叶松、樟子松等中小粒种子使用均匀定点点播效果很好，为此专门设计了均匀

图5-14　均匀定点点播播种器(张羽　摄)

定点点播器(图5-14)，在大兴安岭地区进行了实际应用。该点播器按625株/m^2产苗密度设计，播种时视种子质量情况，每个点播1～3粒种子，最后通过间苗移植等达到预定育苗密度。

5.3.4.5　播种技术要点

(1)人工播种

人工播种，为了使播种行通直，一般先划线，然后照线开沟。沟的深度因种粒大小而异，深度要均匀。特小粒种子(如杨、柳类种子)可不开沟，直接播种。生产中人工播种多数不开沟，将种子播于床面后覆土。为了播种均匀，可以制作专门的播种框，播种框可以按照条播或点播的要求制作。

为了防止播种沟干燥，播种时应边开沟边播种边覆土。要控制好播种量，且下种要均匀。播种小粒种子，为了下种均匀，可与细沙混合均匀后再播。覆土的目的是为了保水，防止种子被风吹和鸟兽等的危害。为确保幼苗出土早而整齐，要求覆土厚度适宜而且均匀。

覆土厚度对于土壤水分、场圃发芽率、出苗早晚和整齐与否，有很大影响。应根据树种的特性确定覆土厚度，大粒种子宜厚，小粒种子宜薄。子叶不出土的宜厚，子叶出土的宜薄。气候条件、土壤的质地、覆土材料和播种季节等，都与覆土厚度有关。覆土过厚会降低场圃发芽率(图5-15)。

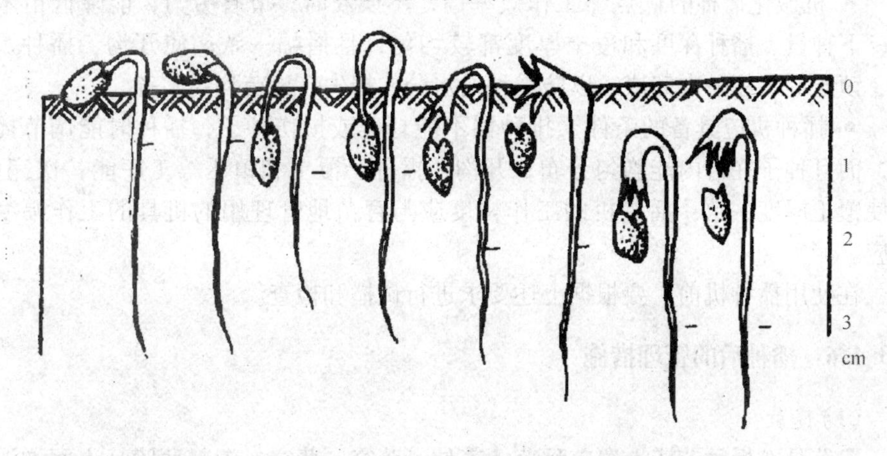

图5-15　覆土厚度影响出苗示意图(引自孙时轩　1992)

极小粒种子，如杨、柳、桉、桤木等种子的覆土厚度为0.15～0.5cm，即隐约可见的程度；小粒种子为0.5～1.0cm；中粒种子为1.0～3cm；大粒种子为3～5cm，在干旱条件下可达8cm(表5-3)。

大、中粒种子一般用播种地原土(粉碎过筛)覆盖种子，小粒种子宜用含沙量较多的土覆盖。极小粒种子如杨、柳、桦、桉和泡桐等一般用沙子、腐殖质土、泥炭土、糠皮和锯末等覆盖。黑龙江省孟家岗林场苗圃近年来使用落叶松枯落叶对落叶松、樟子松、水曲柳、红皮云杉等播种后覆盖，效果均好于其他常用材料。

表5-3　不同树种适宜覆土厚度

树　种	覆土厚度(cm)
杨、柳、桦、桉、桤木、泡桐等极小粒种子	以隐约可见种子为度
落叶松、杉木、柳杉、樟子松、榆、黄檗、黄栌、马尾松、云杉等种粒大小相似的种子	0.5~1.0
油松、侧柏、梨、卫矛、紫穗槐及种粒大小相似的种子	1~2
刺槐、锦鸡儿、白蜡、水曲柳、花曲柳、臭椿、复叶槭、椴树、元宝枫、槐树、红松、华山松、枫杨、梧桐、乌柏、苦栎、女贞、皂角、樱桃、李子及种粒大小相似的种子	2~3
核桃、板栗、栓皮栎、麻栎、油茶、油桐、山桃、山杏、银杏和其他种粒大小相似的种子	3~8

注：引自孙时轩(1992)。

用播种器播种的工作效率比手工播种高，播种质量也较高。

为了使土壤和种子紧密结合，使种子能充分利用毛细管水，在气候干旱和土壤疏松、土壤水分不足的情况下，覆土后要进行镇压。但对于较黏的土壤不宜镇压，以防土壤板结，不利幼苗出土。对于不黏而较湿的土壤，待其表土干时，再镇压。

(2)播种机播种

• 机械化播种的优点　工作效率高，不误农时；节省劳力，能降低苗木成本；下种量、播种深度和覆土厚度都较均匀，且播幅一致；使开沟、播种、覆土、镇压等工序一次完成，以防播种沟水分的损失；出苗均匀整齐。

• 播种机应具备的条件　排种器不能打碎或损伤种子；播种时能调节播种量，而且种子在行内能均匀分布；开沟、播种、覆土和镇压等工序能一次完成，并使覆土厚度一致；播种机的工作幅度应与育苗地管理用的机具的工作幅度相适应。

在使用播种机前，要根据上述要求进行试播和检查。

5.3.4.6　播种后的管理措施

(1)覆盖

覆盖是在播种苗床上覆盖稻草、麦秸、苇帘、蒲帘、塑料薄膜、土面增温剂等覆盖物的技术措施。覆盖的目的是保持土壤湿度、调节土壤温度、防止土壤板结、促进幼苗出土等。

覆盖材料要固定在苗床上，防止被风吹走、吹散。当幼苗出土达到60%~70%时，要及时撤去覆盖物。撤覆盖物最好在多云、阴天或傍晚，强阳光时会灼伤幼苗。对有些树种，覆盖物也可分几次逐步撤除。覆盖物撤除太晚，会影响苗木受光，使幼苗徒长、长势减弱。注意撤除覆盖物时不要损伤幼苗。

塑料薄膜和土面增温剂是20世纪80年代后发展起来的覆盖材料，对保持土地湿度、调节地温有很大的作用，可使幼苗提早出土，防止杂草滋生。

覆盖增加了育苗成本，加大了劳动强度。因此，中、大粒种子，在土壤水分条件好时，多不进行覆盖。

(2)遮荫

一些树种幼苗时组织幼嫩，对地表高温和阳光直射抵抗能力很弱，容易造成日灼，幼苗受害，因此，需要采取遮荫降温措施。遮荫同时可以减轻土壤水分蒸发，保持土壤湿度。遮荫方法很多，主要是在苗床上方搭遮荫棚，也可用插枝的方法遮荫。

遮荫的苗木由于阳光较弱，对苗木质量影响较大。因此，能不遮荫即可正常生长的树种，就不要遮荫；需要遮荫的树种，在幼苗木质化程度提高以后，一般在速生期的前期可逐渐取消遮荫。

(3)松土除草

由于灌溉等原因引起土壤板结和圃地有杂草的情况下，需要进行松土除草。松土要注意深度，防止伤及苗木根系。土表已严重板结时要先灌溉再进行松土除草，否则会因松土造成幼苗受伤。

(4)灌溉

一般在播种前灌足底水，将圃地浇透，使种子能够吸收足够的水分，促进发芽。播种后灌溉易引起土壤板结，使地温降低，影响种子发芽。在土壤墒情足以满足种子发芽时，播种后出苗前可不进行灌溉。

苗期灌溉的目的是促进苗木的生长。灌溉要适时、适量，要考虑不同树种苗期的生物学特性。有些树种种子细小、播种浅、幼苗细嫩、根系发育较慢，吸收水分相对比较困难，要求土壤湿润，出苗期灌溉次数要多些，如杨、柳、泡桐等。幼苗较强壮、根系发育快的树种，灌溉次数可少一些，如白蜡、刺槐、元宝枫等。

苗期不同发育阶段，树苗的需水量和抗旱能力有所不同，灌溉次数和灌溉量应有所不同。出苗期及幼苗期，苗木弱、根系浅，对干旱敏感，灌溉次数要多、灌溉量要小；速生期苗木生长快，根系较深，需水量大，灌溉次数可减少，灌溉量要大，每次灌溉要灌足、灌透；进入苗木木质化期，为加快苗木木质化，防止徒长，应减少或停止灌溉。越冬苗要灌冻水，则属防寒的范畴。

要关注当地的气象预报，尽量避免灌溉与降雨重合。灌溉时间一般以早晨和傍晚为宜，此时水温与地温较接近，有利于苗木生长。

(5)间苗与定苗

尽管经过理论计算和实际工作经验确定了播种量，但为了保证出苗率，往往要适量增加播种量，使幼苗过密，如不间苗，将导致苗木生长细弱，降低苗木质量。间苗是调节光照、通风和营养面积的重要手段，与苗木质量、合格苗产量密切相关。

间苗宜早不宜迟，具体时间要根据树种的生物学特性、幼苗密度和苗木的生长情况确定。间苗早，苗木之间相互影响较小。间苗分次进行，一般 2 次。阔叶树第一次间苗一般在幼苗长出 3 ~ 4 片真叶、相互遮荫时开始，第一次间苗后，比计划产苗量多留 20%~30%。第二次间苗一般在第一次间苗后的 10 ~ 20d。间苗后应及时灌溉，防止因间苗松动暴露、损伤留床苗根系。

第二次间苗可与定苗结合进行，确定保留的优势苗和苗木密度，亦即确定单位面积苗木产量，定苗时的留苗量可比计划产苗量高6%~8%。

因针叶树幼苗生长较慢，密集的群体对它们生长有利，一般不间苗。仅对播种量过大、生长过密、幼苗生长快的树种适当进行间苗，如落叶松、杉木可在幼苗期中期间苗，在幼苗期末期定苗。生长较慢的树种在速生期初期定苗。对于第二年计划移植的苗木，只要密度不是过大，一般不间苗。

(6)切根

切根又叫断根、截根，是把生长在苗圃地上的幼苗或苗木的根用工具割断(图5-16)。主要为促使苗木多生侧根和细根，达到根系发达、提高苗木质量和造林成活率的目的。给幼苗切根是对主根发达的树种如核桃、板栗、栎类等，限制其主根生长，促使多生侧根和须根。给1年生苗切根，对促进根系发达效果显著，可以收到与移植相似的效果。

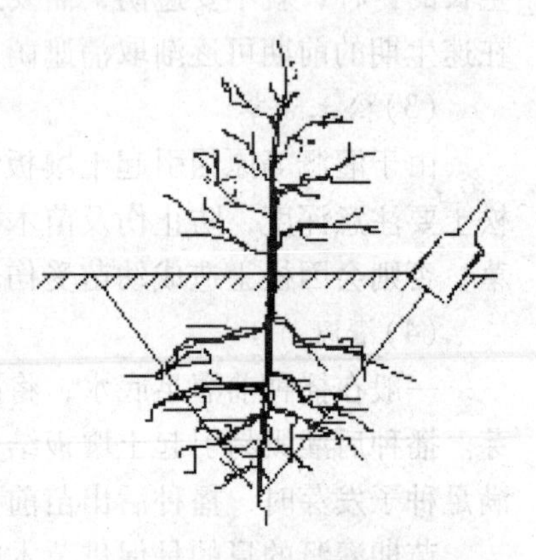

图5-16 苗木切根示意

据试验证明，华北落叶松1年生播种苗于春季断根处理的苗木，经过1个年生长周期，比对照苗木的地径粗度提高30.7%，侧根数增加70.8%，合格苗率提高28.1%，苗高降低28.9%(表5-4)，造林成活率提高12%，幼林当年的高生长提高98.1%(实际平均高生长量为10.3cm，对照为5.2cm)。

• 切根时间 对主根发达的核桃等树种，宜在幼苗期进行切根。具体时间是当幼苗展开2片叶子进行切根。对1年生或1年生以上的苗木断根，在秋季比春季切根好。秋季切根的具体时间是在苗木木质化初期，即在高生长即将停止时进行切根。这时地温在15℃以上，有利于被切断的根形成愈伤组织并发新根。

• 切根深度 幼苗期切根深度8~12cm。1年生播种苗的切根深度10~15cm(因树种而异)。

表5-4 华北落叶松2年生苗切根试验

处理	地径(cm)	苗高(cm)	侧根数(条)	主根长(cm)	地下鲜重(g)	地上鲜重(g)	合格苗率(%)	备注
切根	0.51	24.9	12.3	15.3	3.4	3.8	94.1	4月上旬断根，10月调查
对照	0.39	32.1	7.2	27.5	2.2	3.6	66.0	

注：引自马履一(1998)。

• 切根工具 人工切根可用特制的切根铲。面积较大的苗圃可用弓形起苗刀，但要把抬土板取下。断根后要及时浇1次透水，使松起的土壤及苗根落回原处，以防透风。

5.3.4.6 苗木的越冬及防霜冻

(1)苗木越冬死亡的原因

苗木冬季在原地越冬常出现大量死亡现象，主要有以下原因：

• 生理干旱 在早春因干旱风的吹袭，而地下部又因土壤冻结，根系难于吸收水分，使苗木地上部分失水太多而致死。苗木对春旱的抵抗能力因树种而异。据吉林省八家子林业局的试验，在不做任何保护的情况下，核桃楸1年生播种苗的死亡率只有2%。而红松1年生苗为31%，3年生苗为10%。鱼鳞云杉1年生苗的死亡率为76%，3年生苗为36%。所以，对红松、云杉和冷杉等苗木的越冬应采取防旱措施。

• 地裂伤根 因冬季严寒，地冻开裂拉断苗木根系，或被风吹干而致死。

• 冻死 因严寒使苗木细胞原生质脱水结冰，损伤了细胞组织，失去了生理机能而致死。

上述3种情况中以第一种致死的最多，后两种的情况较少。因此，在中国北方地区苗木越冬防寒要以防止生理干旱为主。

• 光氧化伤害 北方苗圃培育的常绿性针叶树苗木，如果不覆土防寒，则苗木针叶变黄，严重时影响第二年生长，甚至死亡。这种现象称之为冬害。研究证明(齐明聪 1992)，诱导红松苗越冬伤害的主导因子是冬季的强日照。冬季对常绿针叶树苗采用的覆土措施，实质上是防止太阳的辐射而不是防寒。

(2)越冬保苗的措施

越冬保苗的方法很多，如用土埋、覆草、设防风障和架暖棚等方法。在北方以土埋的效果最好。

• 土埋法 它是防止苗木生理干旱的最好方法。辽宁省阜新市的樟子松苗用土埋法的死亡率只有3%。用土埋能防止苗木地上部的水分大量蒸腾，避免了苗木因生理干旱而造成的死亡。埋苗的开始时间不宜太早，在土壤冻结前开始埋，过早埋苗易腐烂。埋土的厚度约超过苗梢3~10cm，一般土壤宜薄，3~6cm，沙土宜厚。生长高的苗木可以卧倒用土埋住。翌春撤土时间很重要，早撤仍易患生理干旱，晚撤易导致苗木腐烂。在要起苗时或在苗木开始生长之前，分两次撤出覆土。埋苗用土一般用苗床步道或垄沟的土。本法适宜于北方多数针叶树种和阔叶树种的苗木。如红松、云杉、冷杉、侧柏、油松、樟子松、核桃和板栗等。

• 防风障 在冬春风大的地区，还可用防风障防止苗木的生理干旱。因防风障能减低风速，改变小气候，减少苗木水分蒸腾，并增加积雪，能起到保护苗木的作用。防风障防干旱的效果也较好，据吉林省八家子林业局用鱼鳞云杉2年生播种苗的试验，设防风障的死亡率为11.2%，未设防风障的死亡率为64%。当年苗木生长情况前者也比后者好。

采用防风障一般在秋冬季节用秫秸秆作防风障。针叶树苗每隔2~3排床，用秫秸秆等作一道障，风障的长度方向与主风方向垂直，两端向顺风方向稍倾斜或垂直均可。针、阔叶树苗木覆草防寒区和假植区防风障的距离，每隔障高的15倍设一道防风障。防风障在春季起苗前数日分两次撤除。设防风障不仅可以降低风速，而且有利于土壤保墒能有效地预防春旱。

• 暖棚　又叫霜棚。在我国南方，苗木越冬时，可用暖棚，春季也有防霜冻的作用。其构造与荫棚相似，但是暖棚的帘子要密而厚，要北面低并与地面相接，南面高利于阳光照射。棚的高度要比苗高稍高。

(3)防霜冻措施

春季播种或插条，当幼苗刚发芽如遇晚霜，幼苗易遭霜冻害。防除方法如下：

• 灌溉防霜冻　在霜冻到来之前，用喷灌或地面灌溉有防止霜冻的效果。因水的比热较大，冷却迟缓，当水气凝结时放出凝结热，能提高地表温度。试验证明，灌溉地比不灌溉地的温度高2℃左右。喷灌的效果比地面灌溉效果好。灌溉法既能防霜冻，又能免受春季干旱。

• 熏烟法　烟能使地温散失缓慢。温暖的烟粒能吸收一部分水蒸气，使它们凝成水滴放出潜热，可以使地表气温增高1～2℃。这种方法用于平地育苗防霜冻效果较好。

5.3.4.7　1年生播种苗不同生长时期的培育技术要点

播种苗分为出苗期、幼苗期、速生期、木质化期4个阶段。在苗木培育过程中要有针对性地进行管理，对不同时期的苗木采取不同的管理措施。

(1)出苗期

出苗期要保证种子萌发快，出苗早、齐、匀、多。

出苗期的主要技术措施是：有效的催芽措施，使种子出芽早；播前施足基肥，有机肥应充分腐熟；仔细苗圃耕作，为种子发芽创造条件；土壤干燥时，播种前要灌足底水；覆土厚度适宜，覆土均匀，覆土后在土壤湿度适宜时应进行镇压，使种子与土壤接触良好、吸水受热均匀，使出苗整齐；播种量要适度，播种要均匀；春播在避免冻害的条件下适时早播，如北京地区一般在3月20日前后可开始播种；干旱缺水地区可使用地膜覆盖，保温保湿，促使种子发芽出土均匀整齐；小粒种子、采用落水播种的种子播种后可覆盖稻草、薄膜，保持土壤湿度、防止土壤板结；防止病、虫危害，结合耕地、施肥、播种进行土壤消毒，要防止鼠、鸟对种子及幼苗的危害。

(2)幼苗期

在幼苗期要保证幼苗的根系生长，保证幼苗成活，防止病虫害发生。

幼苗期的主要技术措施是：如不十分干旱，可不急于灌溉，促使幼苗根系向地下伸长生长，培养根系(这种措施叫蹲苗)；有些树种，当阳光强烈时要采取遮荫、浇降温水等措施防止灼伤幼苗，特别要防止土表温度过高，造成幼苗死亡或引发病害；要适时进行间苗、定苗，生长快的树种间苗是关键的环节；幼苗期的后期对氮肥要求增多，可适量追肥，追肥可结合灌溉进行。

(3)速生期

速生期要保证苗木生长、提高苗木质量所需的各种条件。

速生期的育苗技术措施是：这个阶段是苗木生物量增长最大的时期，也是需要水、肥量最多的时期，要加强水、肥管理，适时适量为苗木提供水、肥，促进苗木生长发育，提高苗木质量和产量。在速生期前期，可追肥2~3次，到后期应及时停止施用氮肥，停止浇水，防止水肥浪费，防止苗木徒长影响苗木硬化，造成越冬困难。为保证苗木根系生长，要结合锄草，进行中耕松土，为根系创造良好的通气条件。

(4)木质化期

木质化期要保证苗木充分木质化，增强越冬抗寒能力和抗旱能力。

这个时期的技术要求是：在苗木木质化期前期要适当施有利于苗木木质化的磷、钾肥，促进苗木的木质化。留床苗越冬需要防寒的树种，要采取防寒措施；要灌冻水，灌水时间一般选在土壤夜间结冻，白天化冻的时段。

5.3.5 实生留床苗培育

实生留床苗是播种苗在原育苗地继续培育的苗木类型，一般多为2年生的苗木，对生长缓慢的云杉苗可达3年，因为在原播种地连续培育年限太长时，不利于培养根系发达的苗木，影响苗木质量。留床苗的苗期管理内容，主要有追肥、灌溉、中耕除草和病虫害防治等。

留床苗系2年生或2年生以上的苗木，所以完全表现出2种生长型的生长特点。因此，对不同生长型苗木的肥、水管理等措施应有所区别。

(1)追肥

留床苗在春季根系开始活动较早，对氮、磷肥比较敏感，而春季圃地氮的供应量又较少。因此，春季追肥宜早。一般应在苗木生长初期的前半期进行第一次追肥。以后的追肥，对全期生长型苗木，氮肥要在苗木速生期最后一个高生长高峰之前结束；对前期生长型苗木，氮肥的追肥时间同全期生长型苗木，但在苗木木质化期之前期施钾肥和少量氮肥(不致造成二次生长为限)，促进苗木的径、根生长。留床苗比1年生播种苗生长快，需肥量多。

(2)灌溉

留床苗因苗木较大，根系分布较深，需水量较多，灌溉深度要比1年生播种苗深，但灌溉的间隔期可适当延长。

留床苗春季第一次灌溉，要根据土壤湿度适时进行，不宜过晚。每次追肥后要立即进行灌溉。其他有关灌溉问题，可参照本章灌溉部分内容。

(3)防寒土扒除等其他措施

在北方如果用土埋越冬的苗木，到春季要适时除掉防寒土。一般在土壤解冻后，苗木开始生长之前，分期扒去覆土。至于覆草和防风障等的撤除时间，也应本着上述原则分次撤为宜。但撤防风障宁早勿晚。关于中耕除草和病虫害防治等问题，请参阅本书有关章节。

(4)留床苗各发育时期的育苗技术要点

• 生长初期 生长初期对水肥比较敏感，北方早春土壤中的铵态氮常常不足，应早追氮肥。磷肥要一次追足。春季生长型更应尽早追施氮、磷肥。要及时进行灌溉除草，防治病虫害。

• 速生期 春季生长型苗木在高生长速生阶段施氮肥1~2次；高生长速生期结束后，径和根生长高峰前适量追施氮肥。及时灌溉，促进苗木高生长。其他参照播种苗。

• 木质化期 停止一切促进生长、不利于木质化的措施，做好越冬防寒、浇防冻水，或苗木出圃工作等。

5.3.6 扦插苗培育

扦插是把离体的植物营养器官如根、茎(枝)和叶等的一部分制成插穗扦插到一定基质中，在一定条件下培育成完整的新植株的育苗方法。通过扦插繁殖得到的苗木称扦插苗。扦插繁殖具有操作简便、成苗快、能保持母本的优良性状、适用性广、成本低等特点，是广泛应用的传统育苗技术之一。随着无性系林业的兴起，扦插繁殖已经成为林木优良无性系育苗的重要手段。

5.3.6.1 扦插的种类

扦插的插穗种类有枝(茎)段、根段、叶片等，对应的扦插方法为枝(茎)插、根插、叶插。枝插是常用的方法，根插和叶插在林业生产中应用较少，但在园林绿化植物中经常应用。

利用完全木质化的休眠枝条制作的插穗称为硬枝插穗，利用硬枝插穗扦插的方法叫硬枝扦插，也称休眠枝扦插。利用半木质化枝条制作的插穗称为嫩枝插穗，利用嫩枝插穗扦插的方法叫嫩枝扦插。

硬枝扦插简便易行，凡插穗容易成活的树种，都可用硬枝扦插。适用的树种有杨、柳、悬铃木、水杉、池杉、柳杉、雪松、柽柳等。容易生根树种的硬枝扦插大多在春季进行，一般在大田用低床、高垄或平床扦插。有时在苗床上硬枝扦插时搭塑料小棚，以保证温度和湿度，插穗生根后可撤掉。难以生根的树种，应该在人工控制的环境(如室内、温室)中的人工基质上扦插，温暖地区在特制的种床上进行。

嫩枝扦插一般在温室、荫棚等地方，采用专门的扦插苗床进行扦插。可以做电子控温、控湿苗床，根据不同树种的具体要求，调节温、湿度。我国推广应用的全光喷雾扦插技术用于嫩枝扦插的效果显著。国外很多生产部门有专门的雾室用于扦插，以控制给与高湿环境。嫩枝扦插如能创造防止萎蔫，控制插穗腐烂的条件，不仅具有生根期短，而且成活率高，当年可以培育成苗的优点。例如，以65种植物进行比较，其中嫩枝生根率优于硬枝的44种，占67.7%；硬枝优于嫩枝的只有13种，占20%；嫩枝和硬枝生根率相似的8种(齐明聪 1992)。所以，在严格控制的环境条件下，对难生根的树种，用嫩枝扦插比用硬枝扦插容易成功。

根插是利用根段培育苗木的育苗方式。一些根萌芽力强或根能形成不定芽的树种，如泡桐、毛白杨、山杨、楸树、刺槐、香椿、山楂、玫瑰、龙牙楤木、火炬树等，都可用根插繁殖。由于根比枝条的抑制物质含量低，所以根插生根容易，但必须要从根条中形成不定芽才能形成独立的植株。一般说来，根系粗壮容易产生不定芽。根插多在早春进行。

单芽插的插穗是一个叶片带一个腋芽和一小段茎(又叫短枝插，通常插穗不足10cm)。一般将插穗插在细沙、珍珠岩、蛭石等基质中。由于插穗太小，为防止干燥失水，要保持基质和空气的湿度。本方法多用于扦插极易成活、插穗缺少又急需大量苗木的种类。由于插穗短，含营养物质及水分少。扦插后要加强管理，注意喷水，保持湿度。单芽插在温室内效果较好。

叶插多用于针叶树的水插育苗及草本花卉的繁殖。如秋海棠叶插时，可取成熟的叶片，将主叶脉割伤，将叶片平放并固定在基质上，保持基质和空气湿润，可使其生根、发芽并长成植株。针叶树的针叶束扦插实质上属于枝插，因为针叶束生长在短枝上。

硬枝扦插和根插除圃地湿度大，冻拔严重地区，不宜过早扦插外，应在早春土壤解冻后进行；土壤不结冻地区晚秋至早春可随时进行。

5.3.6.2 插穗采集

(1)插穗的来源

插穗的来源对插穗生根影响很大。以健壮的1年生实生苗或其扦插苗的干茎做插穗成活率高。以幼龄植株建立采穗圃是培育健壮插穗的好方法。生产上有时也利用生长健壮、干直、无病虫害的幼树枝条制作插穗。

(2)采穗时间

阔叶落叶树种春季采用硬枝扦插时，采穗时间应在树木落叶后，至翌年树液流动前。这段时间枝条内营养物质含量达到最高，插穗容易生根。有研究认为，在树液开始流动后、树芽没有萌动前采条扦插最好。这个时机比较难于掌握，但对于难生根树种，应该考虑按照这条原则进行。对于容易生根的树种(如柳树，黑杨派和青杨派的杨树)，可在从秋季树木完全停止生长到翌年春季树木萌动之前的时间段采条、制穗，春季前插；对于一些难生根的树种，为了促进其体内抑制物质的转化，可采用秋季采条，冬季低温(0~5℃)沙藏催根的方法处理种条或插穗。

常绿树种春季扦插，一般在芽萌动前采穗较好。要选择幼树的1年生枝条，老树树冠上的枝梢不宜采穗。但是，对于某些老枝条上已经形成许多不定根原基的树种(如圆柏)，2年生枝条最容易生根，生长季嫩枝扦插，随采随插，避免放置时间过长，使插穗失水影响成活。一般应在早上或晚上采穗，应避免在中午阳光强烈时采穗。

5.3.6.3 插穗的制作

(1)硬枝扦插的插穗制作

原则上要保证上部第一个芽发育良好，组织充实。插穗基部应该在芽或者芽鳞痕下端1~2cm处，插穗的上切口距离芽或芽鳞痕1~2cm。插穗长度从6~7cm到20cm左右，常用的长度是15~20cm，易生根树种插穗长度可以10~15cm。插穗直径视树种而定，如杨树通常为0.8~1.5cm。插穗上至少有2~3个节，留有2个以上的芽。但是超短插穗可以只取带一个芽的插穗，即所谓单芽扦插。柳属树种即使在枝条上没有芽，也可以扦插成活。对于一些老枝条更容易生根的树种，如圆柏，在1年生插穗下端应带一小段(2~3cm长)2年生枝条，即带踵(图5-17：5)，仅用1年生枝条扦插难以生根。常绿阔叶树种的硬枝插穗顶端应至少保留1~3个叶片。针叶树和常绿阔叶树的插穗，应将下部相当于插穗1/3长度插穗上的叶片摘掉，注意不能破坏皮部。

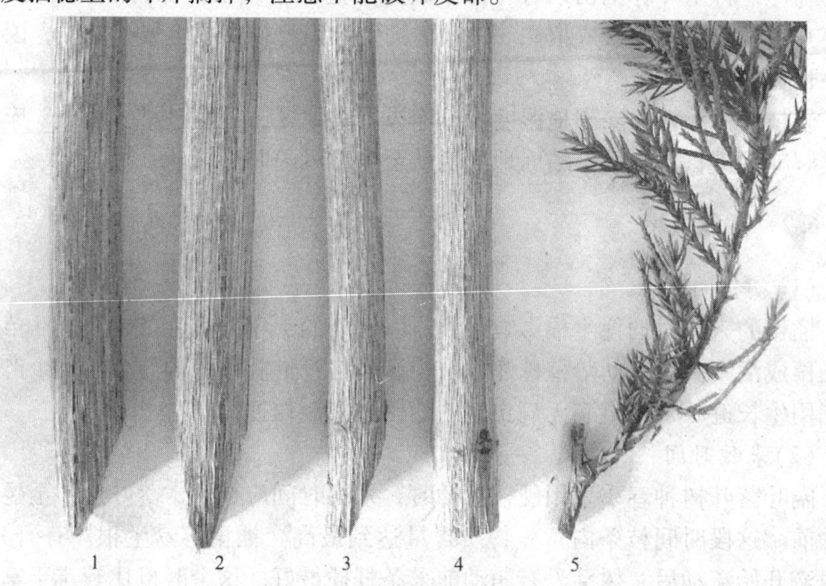

图5-17 插穗下去切口类型

1. 单马耳去尖 2. 双马耳型 3. 单马耳型 4. 平截 5. 基部带踵

(2)嫩枝插穗的制作

应即采即制，如不能及时制穗，应将采下的枝条置于清水中保持活力。采穗时间原则上要求在枝条半木质化之后采条制穗。但是，较难生根和难生根的树种，应在枝条开始木质化即采穗，当枝条已经半木质化后，扦插生根率大幅度降低(如核桃楸)。嫩枝插穗的长度通常为10~15cm，上下切口平截、距离叶柄或叶片1~2cm。插穗上保留的叶片数量视树种而定，叶片较大的树种保留叶片的数量少，叶片较小的树种保留叶片的数量可稍多。对于复叶树种，可留2~4个复叶，每复叶保留1~3对叶片。叶片较大的树种，在制穗时尽可能将叶片剪除1/3~1/2(如核桃)，以保证叶片容易保持膨压、降低叶片蒸腾失水速率。

(3)根插插穗的制作

采自幼、壮年树木侧根，制作方法类似硬枝插穗。根插穗的粗度和长度对根插成活率和苗木生长有一定的影响。一般长度为10～15cm，粗度为0.5～1.5cm。过细的插穗成活率较低，将来苗木生长也比较纤弱。制作时注意极性方向，避免扦插时出现倒插现象，可以采用上端平切、下端斜切的方式区别。

(4)叶插的插穗制作

通常采自成熟叶片，如果是肉质叶片，如景天科石莲花属的大和锦(*Echeveria purpusorum*)，应将叶片晾晒1～2d，然后扦插。叶片插穗可用全部叶片，也可以用叶片的一部分。

(5)插穗下切口形状

多数树种插穗的下切口形状为平切口，有些相对难生根树种的下切口可以制成单马耳形状、双马耳形状等(图5-17)。剪口要平滑、不破皮、不劈裂、不伤芽，以利愈合。插穗平切口生根比较均匀，而单、双马耳形扩大了切口面积，使之与土壤接触面增大，愈合组织形成较好，利于插穗吸收水分和促进切口生根较多。但常形成偏根，一般根系多集中在斜面先端，这是由于下降的生根物质集中于此部位，因而促进了生根。所以，应根据树种生根的难易，生根类型和环境条件等来决定采用哪种形式。大多数扦插繁殖容易的造林树种，如杨、柳、悬铃木等，宜采用平切口，并且截取插穗省工，起苗时容易，造林时方便。而生根较难，或以愈合组织生根为主的树种，可采用马耳形。插穗在生根前约80%的水分是从切口吸入的，所以保护切口新鲜完整，对成活是有重要意义的。

5.3.6.4 插穗贮藏

插穗截制后，按粗度分级捆扎，及时扦插或妥善假植，防止失水。树木落叶后采集的插穗，不立即扦插时，可贮藏在地窖中。地面铺5～10cm的湿沙，将捆扎好的插穗直立摆放在沙子上，摆一层插穗铺一层沙，最后一层用沙覆盖。地窖要干净、卫生，沙子含水量宜在50%～60%，地窖的温度保持在5℃左右。也可在室外挖沟，沟底铺一层湿沙，将插穗成捆直立摆放，一层沙子，一层插穗，最上一层用沙子盖严。如贮藏种子一样，要插入秸秆把，以利通气。顶层沙面低于地面30cm，保持沙子湿度，寒冷时覆盖稻草防冻。

东北地区速生杨树插穗，冬季用水浇灌后自然成冻，翌春扦插效果很好。加拿大有实践证明，针叶树插穗雪藏后扦插效果很好。美国对葡萄等硬枝插穗的贮藏结合愈伤化(Callusing)处理一起进行，可以有效地改善扦插效果(Geneve，个人通讯)。

5.3.6.5 插床准备

硬枝扦插的插床有垄作和床作2种方式，制作规格同前述。为了促进插穗根系生长，要求垄的土壤疏松，并在做垄前施入一定量的有机肥；床的高度要大于插穗长度。扦插基质可以是自然土壤(易生根的杨树和柳树)，也可以是河沙、珍珠岩等人工基质(较难生根树种)。

嫩枝扦插通常采用床作，规格同前述，但是扦插基质多为细河沙、珍珠岩、蛭石、草炭及其混合物等人工基质。若采用沙床扦插繁殖较难生根的树种(如玫瑰、黄刺玫、核桃楸等)，在做插床时，先铺一层混有有机肥的土壤，约占插床总高度的2/3以上，之上再铺厚度约4cm的河沙。

5.3.6.6 扦插方法

(1)硬枝扦插

落叶阔叶树种扦插时，将插穗垂直或呈小于45°角斜插入基质，寒冷干旱地区和土质疏松的圃地，插穗上端与地面平，温暖湿润地区和土质较黏的圃地，地面上可露出1~2个芽的长度。针叶树和常绿阔叶树种扦插时，将插穗垂直插入基质5~10cm，如果带踵扦插，应把老枝条部分全部插入基质。

扦插密度根据树种而异，一般高于生产苗量的5%~10%。如杨树扦插，垄作密度通常为10cm×20cm，床作密度通常为15cm×20cm。

(2)嫩枝扦插

扦插深度为穗长的1/3左右，一般为8~10cm。北方嫩枝扦插宜浅，尤其繁殖难生根树种，扦插深度3~4cm即可。浅插可通过较高的地温促进不定根发生，扦插过深将延长生根时间，并易引起插穗下部腐烂。扦插密度以插穗间不感觉拥挤为准，密度过大，通风不良，插穗容易腐烂。

(3)根条扦插

根插的方法有横埋、斜插和直插3种。直插的上端与地面平，或露出地面1~2cm，覆以土堆。如分不清根的上、下端可平埋于土中。横埋操作比较简单，开沟浅，工效高，也不必区分插穗的上、下端，但生长不良。直插开沟较深，费工。在土壤较黏重的情况下，最好采用斜插，使插穗接近于地表，处于土温高、通气条件较好的环境中，有利插穗生根。

5.3.6.7 促进插穗生根的措施

为了提高扦插繁殖的成活率，除了幼化、黄化、环剥等种条预处理措施外，对插穗可做如下处理：

- 水浸处理　一些树种的插穗难生根，是由于该树种含有的抑制物质起了主导作用，特别是在组织受伤时，产生更多的抑制物质。用水浸插穗，可以溶解或稀释抑制物质，使插穗生根。闫万祥、郝建华在1985年4月用毛白杨根蘖条作插穗，经流水冲洗7d，扦插成活率比对照提高14%；冲洗12d，成活率比对照提高22%。

- 生长激素处理　把插穗基部速蘸或浸泡一定浓度的生长素，基本上是扦插繁殖的常规措施。常用的生长素有萘乙酸(NAA)、吲哚乙酸(IAA)、吲哚丁酸(IBA)、ABT生根粉等。激素处理可用水剂，也可用粉剂，有高浓度速蘸(>500μmol，插穗基部1~2cm浸泡在溶液中3~5s)、低浓度浸泡(<200μmol，插穗基

部1～2cm浸泡在溶液中2h以上)2种处理方法。大规模商业化扦插生产一般使用高浓度速蘸的方式进行。

• 化学药剂处理 用化学药剂处理插穗，可增强新陈代谢作用，促进插穗生根。常用的化学药剂有蔗糖、高锰酸钾、二氧化锰、磷酸等。蔗糖处理插穗的含量一般在1%～10%，蔗糖主要为插穗提供营养物质。用高锰酸钾0.05%～0.1%的溶液浸插穗12h，既可提高成活率，又可对插穗消毒。

5.3.6.8 扦插后的抚育管理

(1)水分管理

硬枝大田扦插育苗，扦插前向插床基质灌足水分，经过2～3d的自然晾晒后再进行扦插。插后及时灌水，使插穗和基质充分接触，以免插穗透风死亡。在育苗过程中，应根据土壤水分条件及时灌溉，保证土壤水分达到田间持水量的60%～80%。到苗木生根、且正常生长后，可按照正常程序管理。如果土壤水分过多，会造成插穗腐烂，或因降低土壤温度而延迟生根时间。

嫩枝扦插一般要定时给苗床喷水，生产上常采用全光喷雾方法，保持扦插基质和周围空气的湿度。在不具备全光喷雾条件下，采用塑料小拱棚扦插时，应采用科学的人工水分管理措施。一般要求保持棚内空气相对湿度在85%以上，低于70%时，必须通过浇水补充湿度，浇水后将拱棚严密封闭以保持空气湿度。插床基质的水分含量不宜过高，基质出现明显缺水迹象时，浇一次透水，其余浇水以补充空气湿度、降低叶片蒸腾为主要目的。嫩枝扦插灌溉所使用的水必须经过晾晒，否则用温度较低的水分浇灌嫩枝插穗，将导致愈伤组织发育停止、插穗基部腐烂等后果。

针叶树和常绿阔叶树硬枝插穗扦插后，通常采用嫩枝扦插的水分管理办法。

(2)光照管理

对于嫩枝扦插育苗来说，光照管理十分重要。控制光照不仅可以控制插穗叶片的光合和蒸腾作用，而且可以有效地控制扦插环境中的温度。通常将光照强度控制在透光30%～70%，具体强度应根据树种、育苗地理等不同而异。扦插育苗季节温度较低的地方，透光率可适当提高。一般采用遮荫的方式控制光照，荫棚高度以不影响育苗工人正常工作为准，应保持荫棚通风良好。黑色遮荫网不影响投射光的光质，是常用的遮荫材料。此外，蓝光有利于插穗生根，采用蓝色塑料薄膜覆盖比白色膜效果好，不宜采用绿色薄膜。

(3)温度管理

温度是影响插穗生根的关键因子之一。扦插基质低温、扦插环境高温极其容易导致扦插育苗失败。

对于大田硬枝扦插育苗来说，较高的基质温度和较低的环境温度是插穗迅速生根的重要保障条件。为此，生产中通常通过合理灌溉、选择适宜的扦插时间等措施间接控制扦插基质和环境的温度，也可以通过在插床上覆盖塑料薄膜，提高插床基质温度后扦插的方式。

针叶树和常绿阔叶树种硬枝扦插以及嫩枝扦插的温度管理相对比较复杂，多依靠温室、大棚、小拱棚等增加扦插环境和基质的温度，科学灌溉也可以起到调节扦插基质和环境温度的作用。在温室、大棚、小拱棚等环境扦插育苗时，环境温度一般控制在20~30℃，在盛夏季节的环境温度也不可超过35℃，否则将直接引起插穗失水死亡。盛夏季节往往通过遮荫、通风降低扦插环境的温度。在现代化温室中开展扦插育苗，高床扦插、扦插在容器中均可以有效地提高扦插基质的温度，遮荫、通风、水帘降温等措施可较好地控制环境温度。全光自动喷雾扦插育苗，通过喷雾可有效地协调环境温度和湿度的关系。

在早春季节进行硬枝扦插，还可利用加温设施提高扦插基质的温度，以便形成基质温度高、环境温度低有利于插穗生根的环境。

(4)养分管理

及时补充养分是插穗生根、生根后扦插苗快速生长的基础。落叶树种插穗展叶后、针叶树种和常绿阔叶树种硬枝扦插以及嫩枝扦插育苗过程中，插穗还可以通过叶片吸收养分。因此，叶面施肥通常是补充插穗养分的直接途径。叶面施肥应注意C/N比，往往以蔗糖、尿素(或加入其他矿物质元素)、杀菌剂等混合液形式喷洒叶片来补充养分。插床施入适量的基肥，在容器中扦插时向基质添加有机肥等可为生根后的插穗提供合理的养分。

(5)中耕除草

插穗未生根以前，一般不进行中耕除草，以免影响生根成活。一般阔叶树地上部分长到10cm左右，可进行中耕。一般生长季可中耕除草2~3次，视苗木生长和土壤及灌溉情况确定。

(6)摘芽、除蘖

生根后的扦插苗经常发生多梢现象，尤以速生树种为重。为了培育合格苗木，应及时留优去劣、摘除多余的芽和幼小枝条，以保证将扦插苗培育成优质、独干苗。摘芽、除蘖宜早不宜迟，要及时处理，以免形成死芽或长成较大的枝条。在扦插苗速生期，速生阔叶树扦插苗的摘芽、除蘖工作每隔3~5d开展一次。

(7)病、虫害防治

扦插苗由于生长旺盛，与播种苗比，较少感染病、虫害。当发现病、虫为害时要及时防治。但是，在嫩枝扦插过程中，由于育苗环境温度、湿度调节不当，会引起叶片腐烂，甚至导致插穗腐烂。所以，通常采用百菌清、多菌灵、退菌特等杀菌剂定期随浇水喷洒插穗，以起到预防和及时治理的作用。大田杨树扦插育苗过程中，也会发生黑斑病等常见杨树叶部病害，一旦发生病害，可用波尔多液、石硫合剂、百菌清、甲基托布津等治理。

(8)扦插苗各发育时期的育苗技术要点

- 成活期　该期应设法创造适宜的土壤(基质)温度、空气和土壤湿度、通气条件等促进插穗生根、萌芽、成活。特别是生根困难的树种，应创造25~28℃的土壤(基质)温度和80%~90%的空气湿度环境，促进其生根成活。常绿插穗和嫩枝插穗都带叶，能进行光合作用制造营养物质，因此要给予适宜的光照条件，并适时适量灌溉(自动微喷或雾喷最为理想)。

- 幼苗期与生长初期　本时期插穗已经生根，应及时追施氮、磷肥，促进生根苗的生长。追施氮肥1~2次并及时除草和防治病虫害，适时除蘖。温室内扦插要注意逐渐通风透光，驯化苗木。
- 速生期与木质化期　参照留床苗。

5.3.7 嫁接苗培育

嫁接是把优良母本的枝条或芽(称接穗)嫁接到遗传性不同的另一植株或插穗(称砧木)上，使其愈合生长成一株苗木。嫁接繁殖的优势主要包括以下几个方面：一是嫁接适用于有性繁殖败育、扦插不易生根、种子繁殖时品种特性容易发生变异、树势衰弱及病虫害严重的树种的无性繁殖；二是嫁接繁殖能充分利用林木的成熟效应，使嫁接成活的植株提早开花结实；三是扩大优良个体繁殖系数。

5.3.7.1 嫁接方法

选择或培育好接穗和砧木材料，根据当地的气候、土壤条件、树种特性，选用适宜的嫁接方法进行嫁接。培育嫁接苗的常用方法有：①枝接，具体方法有切接、劈接、插皮舌接、髓心形成层贴接(主要用于针叶树)等。②靠接，对于嫁接难成活的树种，可用这种方法。③芽接，具体方法有丁字形芽接、套芽接、方块芽接等。蔷薇科树木多用此法。④子苗嫁接，主要适用于留土萌发的大粒种子，如核桃、板栗、银杏、栎树、油桐、油茶等。用种子育砧，当幼芽伸出地面将要展叶时，在子叶柄上剪断幼芽，顺子叶柄进行劈接(木质化接穗，嫩枝接穗均可)。

5.3.7.2 嫁接季节

枝接通常在春季或秋季进行，以春季为佳。春季树液流动前后嫁接，树液流动后细胞分裂活跃，接口愈合快，嫁接成活率高。部分常绿针叶树适宜于夏季嫁接，如龙柏、翠柏、洒金柏等。芽接宜在夏季进行，嫁接后，成活率高、成苗率高。

5.3.7.3 砧木和接穗选择与接穗采集

选用嫁接的砧木应与接穗亲缘关系较近、亲和力较强的树种(或亚种、变种、栽培品种、家系、无性系)；选择生长旺盛、无病虫害、且与接穗同龄或异龄的植株。接穗生长速度远比砧木高时，会形成“小脚”现象，并影响嫁接繁殖个体生存的长久性。降低砧木高度在一定程度上可以减轻“小脚”的发生。劈接和切接时，将砧木在距地面3~5cm处截断，针叶树嫁接砧木处理只发生在1年生枝条上，不计高度。经济林树种经常采用高枝嫁接方法改良品质，建立种子园也通常使用同种砧木高接。红松种子林所用嫁接苗则通常使用3~4年生实生苗作为砧木。

接穗一般采自生长健壮、无病虫害的优良母株。选用的枝条应是树冠外围发育良好、芽发育饱满的1年生营养生长枝条。

接穗多随采随接。接穗数量较大时，可集中采集，在苗窖或大田挖坑分层埋藏。需要长途运输的接穗，应采取枝条下端切口蜡封措施，防止接穗失水。

5.3.7.4 嫁接技术

(1)劈接

砧木较粗时使用劈接。在接穗下端芽的两侧各削约3cm长的削面成楔形(图5-18)，使有顶芽一侧稍厚。在砧木断面中心用嫁接刀垂直下劈，深度与接穗削面相同。将砧木切口撬开，把接穗以宽面向外、窄面向里的方向插入劈口中，使两者的形成层对齐。接穗插至削面上端距砧木切口0.2~0.3cm，用塑料薄膜紧密绑扎。如果砧木较矮，可用土掩埋好。

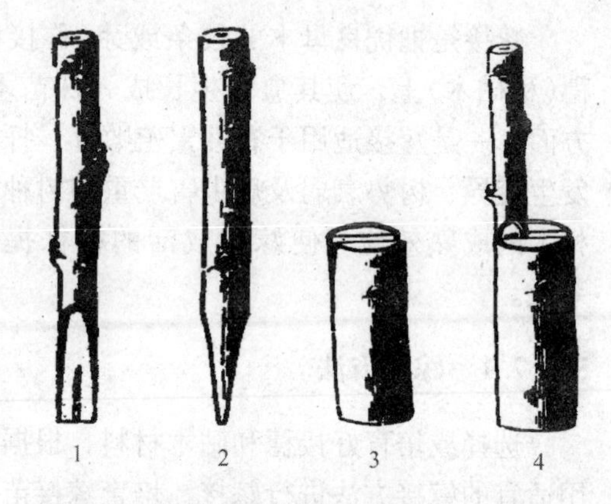

图5-18 劈接示意图(引自孙时轩 1992)

1. 插穗正面 2. 插穗侧面
3. 劈开的砧木 4. 接穗插入

(2)切接

切接适宜于直径1~2cm较细的砧木。在接穗下芽背面1cm处斜削一刀，削掉1/3木质部，斜面长2cm左右，再在斜面的背面斜削一个长0.8~1cm的小斜面。选择砧木皮较厚、光滑、纹理顺的地方，略带木质部垂直向下切开2.5cm左右，将带皮薄片横向切掉0.5cm以内(也可以在插入接穗后切掉)。将接穗大斜面向内插入切口，使形成层对齐(图5-19)。用塑料薄膜紧密绑扎。如果砧木较矮，可用掩埋保护。

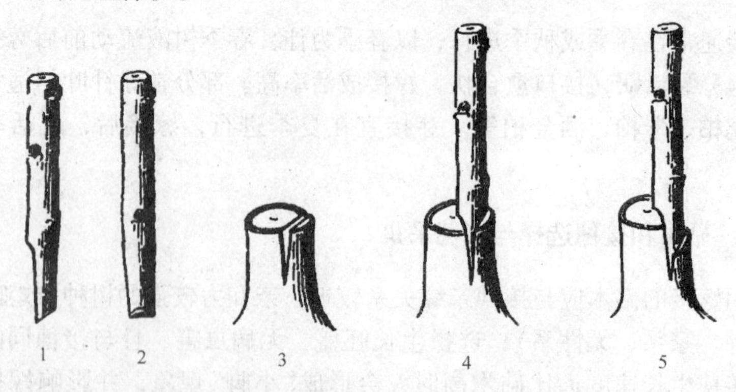

图5-19 切接示意图(引自孙时轩 1992)

1. 接穗侧面 2. 接穗背面 3. 切开的砧木 4、5. 接穗插入

(3)皮接

皮接也称插皮接、皮下接，适宜于直径 2～3cm 以上的砧木。接穗制作时，在下芽背面 1～2cm 处，向下削一个 2～3cm 长的斜面，再在斜面的背后尖端 0.6cm 左右削一个小斜面。在砧木皮光滑处垂直向下划 1.5cm 的开口，顺刀口向左右挑开皮层。有些树种不必开口，直接用竹签在砧木的木质部和韧皮部中间插出空隙即可。将制好的接穗大斜面对准砧木木质部方向插入切口或空隙，使接穗和砧木密接，然后进行严密绑扎(图 5-20)。嫁接位置较低的，应埋土保护接穗。

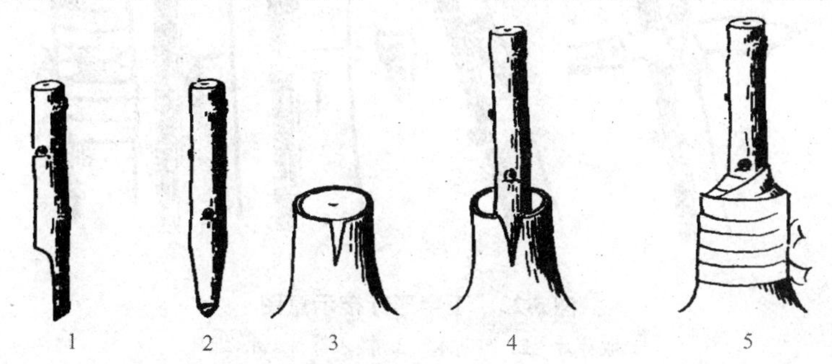

图 5-20 皮接过程示意图(引自孙时轩 1997)

1、2. 削接穗 3. 剪砧木 4. 插入接穗 5. 绑扎

(4)髓心形成层贴接

髓心形成层贴接法是我国针叶树种常用的嫁接方法之一。接穗长取 8～10cm，应具有完整顶芽；顶端保留 10 束左右针叶，摘去其他针叶；用刀先将接穗基部切一短斜面，再从顶部针叶附近斜切到髓心，并顺着髓心纵向削去半边接穗，形成平直光滑切面。2～4 年生移植苗做砧木，去除嫁接部位全部针叶，用刀切出与接穗相对应的切面。将接穗与砧木形成层相互对正密接，塑料薄膜带绑紧(图 5-21)。

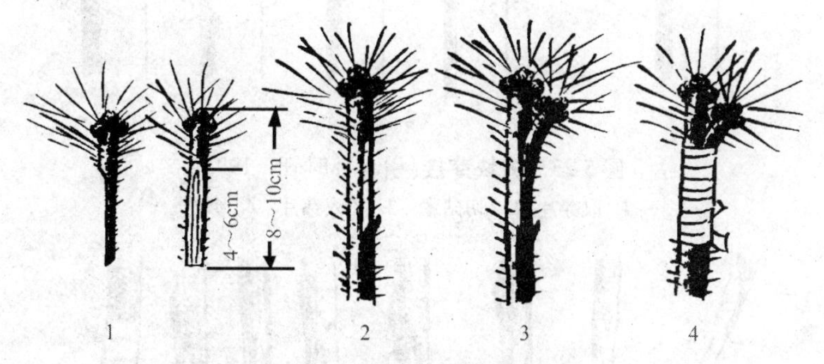

图 5-21 髓心形成层对接(引自孙时轩 1992)

1. 削接穗 2. 削砧木 3. 接穗与砧木对接 4. 绑扎

(5)丁字形芽接

在砧木北侧距地面 5～8cm(也可以根据需要确定)横切一个长约 1cm 的切口，深度以切断皮层为准；再从横切口中间向下垂直切一个长 1～1.2cm 的纵切口。采用削芽或刻芽法从接穗上取长 2～2.5cm、宽 0.6～1.5cm 芽片。削芽法是由芽

的下方距芽1.5～2cm处下刀，向上斜削至芽上方0.5cm处，横切一刀，将芽片取下；刻芽法是在距芽上方0.5cm处先横切一刀，然后以芽为中心，沿切口两侧等距成弧形向下刻割皮层，成为长盾形芽片。将芽片插入切口内，使芽片上端和砧木横切口皮层紧靠、对齐。紧密绑扎，不留空隙(图5-22)。

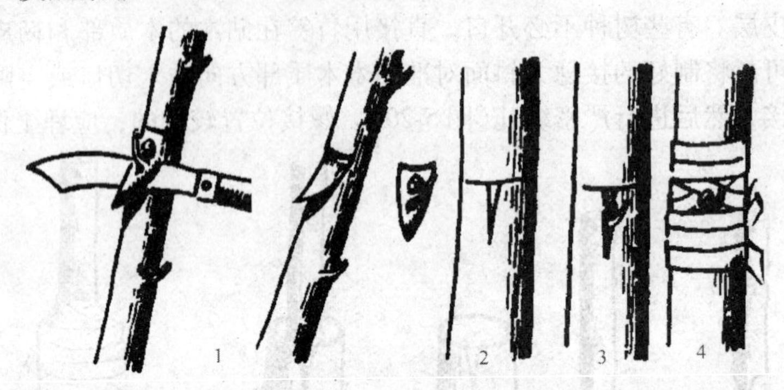

图5-22 丁字形芽接示意图

1. 取芽片 2. 切砧木 3. 插入芽片 4. 绑扎

芽接还可以采用方块芽接(图5-23)和嵌芽接(图5-24)。前者芽片形状与丁字形芽接不同；后者芽片略带木质部，砧木削掉的木质部与芽片大小、形状相同。

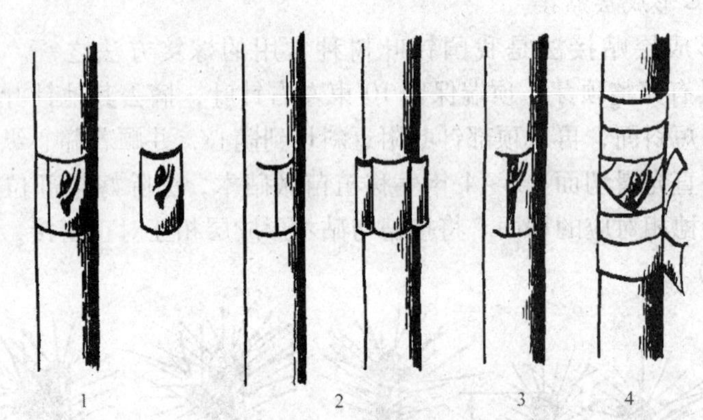

图5-23 方块芽接(引自孙时轩 1992)

1. 取芽片 2. 切砧木 3. 插入芽片 4. 绑扎

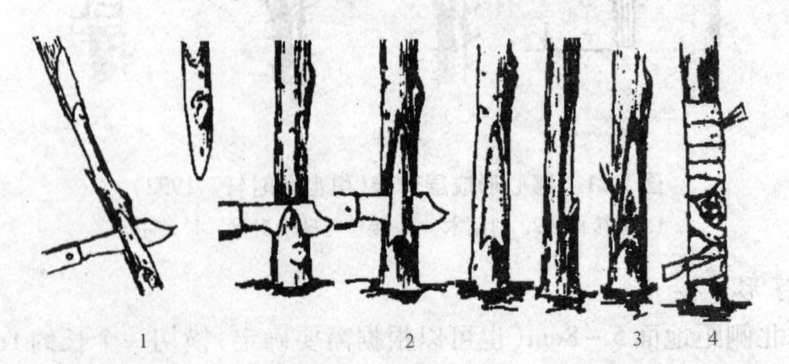

图5-24 嵌芽接(引自张东林等 2003)

1. 取芽片 2. 切砧木 3. 插入芽片 4. 绑扎

5.3.7.5 嫁接后管理

(1)枝接后的管理

• 撤除覆土 枝接一般在30d左右即可成活。当接穗萌芽后，分几次逐渐撤除覆盖的土壤。

• 解除绑缚物 在接穗新芽萌发抽枝长至2～3cm时，可全部解除绑缚物。解除太早，影响新芽成活；解除太晚，影响新枝生长。

• 修剪 嫁接成活的苗木生长到20cm左右时，选留一个直立健壮的枝条，剪除其余枝条。

(2)芽接后的管理

• 检查成活率、补接 芽接后10～20d，应及时检查成活状况。用手指触动接芽上的叶柄，如叶柄很容易脱落，可初步证明已经成活。如未成活，则可进行补接。

• 解除绑缚物 正常情况下，嫁接后3周左右即可成活，届时可解除绑缚物。如果嫁接成活时间较长的树种，在1个月内必须解除绑缚物，以免影响接口生长，造成绑带深入皮内形成畸形。

• 剪砧除蘖 嫁接成活的芽接苗要及时剪砧。夏季嫁接苗，当年剪砧，秋季嫁接苗，翌春发芽前剪砧。在丁字横口上方2cm处把砧木剪断。如砧木较粗，可用蜡或油漆封、涂剪口。如果砧木上发生大量萌蘖枝条，应及时剪除，以免与嫁接芽争夺养分、水分。

• 培土防寒 在冬季寒冷的地区，为了保证嫁接苗成活，应在封冻前培土防寒。培土高度以超过接芽4～8cm为宜，翌春解冻后及时撤土。

5.3.7.6 嫁接苗各发育时期的育苗技术要点

成活期应创造适宜的温、湿度条件以保证砧穗的愈合。其他各期与扦插苗相似。

5.3.8 埋条育苗、压条育苗与根蘖育苗

(1)埋条育苗

埋条育苗是用带根或不带根的1年生苗干横埋于育苗地，促其生根的育苗方法。优点是种条长，生根机会多，成活率高。带根埋条时，苗木根系可以吸收水分和养分，成活情况更好。

(2)压条育苗

压条育苗是将未脱离母株的枝条埋在土壤中，或用湿润物包裹其局部促使其生根后，再切离母株培育成苗的方法。由于生根前所需的水分和养分由母树供给，埋入土中的部位黄化易生根，所以，多用于生根困难的树种。可分为堆土压条法、偃枝压条法和高压法等方法。

(3)根蘖育苗

根蘖育苗又叫留根育苗，是利用起苗后遗留在圃地里的根系进行育苗的方

法。根蘖性强的树种可以使用本方法育苗。

以上3种方法都不是大规模育苗的方法，是非常规育苗方法。

5.4 容器苗培育系统

容器苗是在装有育苗基质(土壤、营养土、草炭、稻壳、蛭石、珍珠岩及它们的混合物等)的育苗容器中培育而来、造林时带有由育苗基质与根系一起形成的根坨(根团、锥形根)的苗木。容器苗起苗和运输时不能伤根系，栽植时带着完整的根团，这与裸根苗有着明显的区别。

5.4.1 容器育苗发展简史

容器育苗起源于20世纪50年代后期，六七十年代得到了迅速发展，我国零星栽培始于20世纪30年代。大规模实验始于50年代，但直到70年代才有了现代化的温室容器育苗。现在，该育苗方法已经在很多地方得到大规模应用。

(1)国外容器育苗发展简史

20世纪三四十年代开始，英国等开始试验容器育苗。50年代，北欧各国如瑞典、芬兰、丹麦、挪威、捷克及奥地利等相应开始容器育苗实验研究。60年代，美国、加拿大、法国、日本、巴西、德国等开始试验。70年代，北欧各国首先在生产上大规模推广应用，接着加拿大、美国、巴西等国生产上推广应用。80年代，已经有50多个国家采用容器育苗造林。但各国容器苗占育苗总量的比例差异较大。东南亚热带国家及前苏联，比重较小；美国20%左右，加拿大、瑞典、挪威等35%~50%；巴西达92%。90年代后，各国稳步发展，许多相对落后国家增长较快。先进国家已经进入温室自动化、工厂化生产阶段。目前，各国更重视容器育苗技术的全面研究应用发展上，如环境调控技术、容器和基质研制、水肥调控、大规模生产设施建设、生物技术应用和病虫控制等。

(2)我国容器育苗发展简史

20世纪30年代，广东用小盆钵装沃土培育木本观赏植物，马尾松土团根苗造林。40年代，广东雷州半岛在中山、白云两地用水泥纸袋装营养土培育2~3个月的柠檬桉小苗，后来用营养钵育苗。马尾松纸袋“百日苗”有效提高造林成活率和初期生长量。50年代，海南竹箩容器培育橡胶苗，湛江稻草杯、纸袋、营养泥团等培育桉树苗和木麻黄苗，雷州首创营养砖育苗。60年代，广东阳江营养杯、大兴安岭甘河和根河塑料薄膜育苗，四川、云南和陕西等地也有实验研究。70年代，南方高潮，“三北”小面积试验，并采用大棚进行环境控制。70年代末至80年代，开始引进国外技术和设备，全国范围内广泛开始研究和生产应用。但先进设备成本过高，手工操作劳动强度高，效率低。90年代，特别是中后期，自主开发的符合我国实情的容器育苗技术体系和设施得到有效开发，大大促进我国容器育苗发展。现在桉树、木麻黄、相思树类基本都用容器苗造林。目前，我国小规模、手工操作为主的容器育苗生产相当普遍，在大规模工厂化容器育苗方面，虽然硬件设施已经非常先进，但容器育苗技术方面还与国外先进国家有很大的差距。

(3)容器育苗发展阶段

综合来看，容器育苗大致经历了大田容器育苗、温室和大棚容器育苗和工厂化容器苗生产3个阶段(李二波等 2003)。目前世界上只有少数林业发达国家如美国、加拿大、日本和芬兰等已经部分实现工厂化容器苗生产，绝大多数国家都处于第二阶段。我国虽然已经建立了一些林木容器育苗工厂(如广东湛江的国家林业局桉树研究中心育苗基地)，但总体上还处于第一阶段的后期和第二阶段前期的水平上。这与我国在资金、技术和劳动力方面的特点相适应，因为我国容器育苗投资水平尚不高、技术尚比较落后(但有自己一些特殊的适合我国国情的特殊技术)、劳动力成本很低(导致机械化、自动化发展动力不足)。

5.4.2 容器育苗的优越性

容器育苗之所以能迅速得到推广与应用，关键在于与其他育苗方法相比，它有着明显的优越性。

(1)苗木生长迅速，有效缩短育苗周期

容器苗使用合适的容器、合理配制的营养基质、人工调节的生长条件(水分、养分、二氧化碳浓度和光照条件)，所以苗木生长迅速，短期内可以培养出合格苗木。

例如，华南地区培育的桉树容器苗，60d左右苗高可达15~20cm，可以出圃造林。而同样规格的圃地裸根苗，需要10~12个月。南方的松树、相思类树种，在一般情况下，冬季培育容器苗需要3~4个月，春夏季只需要2~3个月，甚至30~40d就可以出圃造林；肉桂育苗，培育裸根苗一般为2年，而培育容器苗1年即可造林(李二波等 2003)。黑龙江省带岭苗圃培育的红松苗，圃地培育的裸根苗需要培育4年；而容器苗只需要在大棚内培育3个月左右，再在室外炼苗培育1个半生长季(3月份播种的苗木)或2个生长季(6月末7月初)即可达到相同的规格，用于上山造林(李继承等，个人通讯)。东北的兴安落叶松裸根苗要2年一个生产周期，而容器苗1年可产三茬苗。

(2)造林成活率高，初期生长速度大大加快

容器苗的主要特点是带有完整的根团，造林时全根、全苗带土栽植。其一不会出现裸根苗起苗、运输和储存过程中伤根、伤苗、失水等现象，苗木质量有保证；其二可以避免造林后的生理缓苗期，根系很快恢复生长，初期生长速度大大加快。

我国南方往往有较长的春旱，采用容器苗造林，只要有小雨，造林穴湿润便能成活，一般都比裸根苗造林成活率高，能达到95%以上(李二波等 2003)。例如，柠檬桉裸根苗造林成活率只有30%，甚至更低，而容器苗造林成活率均在92%以上。1990年4月至1991年6月，广西横县林业技术推广站用柠檬桉、尾叶桉、湿地松容器苗造林1 151.5hm^2，造林成活率达95%以上，节约补植费

14.35万元。容器苗带根团造林，既能适应不良气候，又能在水土流失地区、流沙地区营建水土保持林和防风固沙林。东北的兴安落叶松容器苗在干旱阳坡造林成活率为92%，而裸根苗仅为46%。内蒙古的梭梭是荒漠、半荒漠的主要造林树种，其飞播和扦插造林成效极低，直播造林平均成活率、保存率仅为10%左右。而采用3个月以上的梭梭容器苗造林，其成活率和保存率分别达到88.2%和82.6%。若在非雨季造林，在用容器苗造林的同时使用吸水剂，同样可使造林成活率达到70%以上。

山西太行山用半年生油松容器苗造林，造林后第1年高生长量为6.6cm，造林后第2年的高生长量达9.5cm，而2年生裸根苗造林后第1年高生长量为2.6cm，造林后第2年为7.0cm，两者差异显著(李二波等 2003)。桉树容器苗比裸根苗造林1年后生长量高60%~80%，桐棉松(马尾松的一个优良种源)容器苗营造的速生丰产林林木生长量比裸根苗提高20%~50%。目前广东、广西、海南三省、自治区营造桉树丰产林、纸浆原料林均采用容器苗造林。

(3)不占用肥力较好的土地，并节约土地

容器育苗可以用比裸根苗更高的密度育苗，可以使用沙石地面或废弃地等，能有效节省育苗用地面积和好的立地；容器育苗比较规范，适合机械化、自动化作业，能够节省劳动力。

容器尺寸的大小影响到单位面积的产量及质量，也就影响到节约用地的问题。但适宜的育苗容器尺寸仍取决于当地生态环境条件和树种苗期的要求。造林地的生态环境条件越恶劣，容器的尺寸越要大。桉树类、松树类以及相思树类所要求的育苗容器，一般为直径5cm、高12cm左右，每平方米排放容器400个左右，比培育较大的裸根苗节约圃地1/2以上。广东省雷州林业局培育窿缘桉营养砖苗比培育10个月大裸根苗节约土地3/4。肉桂苗的培育，每公顷产2年生的裸根苗(传统造林用苗)45万~60万株，而每公顷产容器苗可达150万~240万株，肉桂容器苗培育用地为裸根苗的1/4，东北的兴安落叶松在1 334m^2的塑料大棚1年产容器苗100万株，是培育裸根苗用地的1/5(李二波等 2003)。美国南方长叶松容器苗栽培密度是裸根苗的2倍，而且使用的是废弃沙石地。

(4)节省种子

由于容器育苗的环境多为人工调控，能够保证种子发芽的条件，因此每个容器中只播入1~2粒种子就能保证出苗、成苗，可以有效节省种子。

容器育苗所用的种子，一般都经过检验、精选和消毒，品质较高，经过浸种、催芽、露白之后，手工点播的种子，每个容器只需播1粒种子，如果不催芽的种子，机械播种或手工播种，则每个容器播2~3粒种子。很小粒的树种种子，如尾叶桉、窿缘桉的种子，每千克可达30万~100万粒，就需要在苗床上，撒播培育幼苗后移植于容器，培育成合格容器苗，既节约了种子，又培育较整齐的壮苗。马尾松、湿地松、云南松、相思类、木麻黄、黑荆树等树种用容器育苗比培育裸根苗节约50%~90%的种子(李二波等 2003)。这意味着节约种子费用，降低育苗成本，这对缺乏种子的树种和地区造林有着特别重要的意义。

(5)各个季节都能造林，劳动力使用均衡

用裸根苗造林，一般以春季为主要造林季节，这时往往与农业争农时，争劳动力。因安排不及时或不够周密，经常有部分苗因为得不到及时起苗造林而报废。尤其马尾松裸根苗，因春季来临，气温回升，马尾松苗顶芽立即萌动长出新梢，长出新梢的马尾松裸根苗很难栽植成活；而采用容器培育的容器苗能延长造林季节。在气候温暖、雨量充沛的我国南方，几乎全年都可以用容器苗造林。在北方地区，春、夏、秋三季亦可用容器苗造林。因此，容器苗造林不受季节限制，能比较合理地安排劳动力，利用农闲常年造林，与农业不争农时，又不会造成苗木的浪费。

(6)有利于实现育苗和造林标准化

现代容器育苗的发展，往往与机械化过程同步进行。容器育苗的全过程，从容器制作、育苗基质调配、装填基质、播种、覆土、传送以及在温室或大棚内培育苗木，都可以实现机械化和自动化，以减轻劳动强度，提高生产效率。使用标准的容器培育的容器苗，可以使用标准的栽植工具或机械造林，提高造林效率，降低造林费用和劳动强度。

5.4.3 容器育苗技术

(1)容器的种类、特点、形状和规格

目前主要应用的容器种类有2类：一类是可与苗木一起栽植入土的容器，主要用泥炭、纸张、黄泥、稻草、树皮、无纺布等制成，它们在土壤中可被水溶解、植物根系所分散或微生物所分解，但这类容器存在育苗的最后阶段容易分解、运输不便、成本较高等缺点；另一类是不能与苗木一起栽植入土的容器，主要由聚乙烯、聚苯乙烯所制造的塑料构成(图5-25，表5-5)，它具有能反复使用、成本较低、易于机械化生产应用等优点。

容器形状有六角形、四方形、圆形、圆锥形等。由于圆筒状营养杯易造成根系在杯内盘旋成团和定植后根系伸展困难的现象，现已不常使用；而六角形、四方形则有利于根系的舒展、易排列、互相之间无空隙、土地利用率较高，实际使用较多。育苗容器的形状应满足两个要求：保证正常苗木根系发育和根团的形成，同时制作和使用要简便。现在北美造林绿化容器苗的培育，多为第4代容器，以内部带竖向导引线的子弹头型圆锥容器为主，大苗一般用单体可组合式容器，小苗多用由子弹头型圆锥蜂窝(Cells)组成的集成块容器。

容器的规格相差很大，主要受苗木大小和费用开支的限制。如北美和北欧的容器苗主要用来进行大面积造林，要求尽可能迅速、经济、合算地培育出匀质的苗木，以利栽植。此外，容器苗的培育不依赖于当地培育条件(气候和土壤)，所以他们几乎只培育小于1年生的苗木，容器体积一般在40~50cm^3，因此使用的容器是小型的。而中欧培育容器苗的主要目的是为了战胜杂草和野兽的危害，培育的是多年生的大苗，所以使用的容器一般要大一些，体积在90~380cm^3。由于我国国土面积较大，难以有统一的规格，但就目前我国普遍使用的塑料袋容

图5-25 各种各样的育苗容器

表5-5 国内外常用的育苗容器类型规格

容器名称	制作材料	规格(cm)	体积(cm³)	能否分解	能否透根	产地
安大略管	塑料	1.3×7.6 1.9×8.3	10 24	不分解	不透根	加拿大
华特氏枪弹形容器	苯乙烯、聚乙烯(加淀粉)、卡普纶聚脂	1.9×11.4		不分解	透根	加拿大
蜂窝纸杯	纸浆加人造纤维	Fh408：3.8×7.5 每盒336孔 Fh305：3×5 每盒532孔 Fh408：5×7.5 每盒420孔 Fh408：6×7.5 每盒280孔	35～212	分解	透根	芬兰 日本 中国黑龙江
	一纸一膜类(塑料薄膜复合纸)	4.8×12或16；5.2×12或16；6.44×12或16		不分解	不透根	中国广西

（续）

容器名称	制作材料	规格(cm)	体积（cm^3）	能否分解	能否透根	产地
油毡纸容器	油毡纸、不透水的牛皮纸	6.4×6.4×23 5×5×18	942 450	分解缓慢	透根缓慢	美国
凯斯三楞柱状营养块	泥炭、蛭石、纸浆、加肥料	三角截面的底和高3.2，柱高12.7	20～25	能分解	能透根	美国
改良华特式容器	聚苯乙烯、卡普纶聚脂	长度6.3～14，一般采用11.4，直径1.9	15～25	不分解	能透根	加拿大
多杯式容器	聚乙烯、硬塑料	容器盘22×36×8，由67个育苗孔组成，育苗孔上口直径3.3		不分解	不透根	瑞典
组装式水滴形硬塑料育苗盘	硬质塑料、聚乙烯	每盘60个杯，4×2×12	103	不分解	不透根	中国山西
新泥炭营养块	沼泽地泥炭(85%)加纸浆(15%)	三棱柱状，柱高13，三角形截面高3.5		能分解	透根	爱尔兰
营养块	泥炭、蛭石、纸浆加肥料	三角形高3.2，容器高12.7	66	能分解	透根	美国
营养砖	肥土加肥料	四方体7×7×10	490	能分解	透根	中国广东
苯乙烯块	聚苯乙烯泡沫塑料盘	2号：块体积51.4×35.2×11.4每块192孔，孔上口直径2.54，底孔直径0.94，倾斜度4° 2A号：块体积60×35.2×11.4，每块240孔，单孔尺寸同2号 4号：块体积60×35.2×12.7，每块160孔，孔上口径3.05，底孔径1.62 8号：块体积51.4×35.2×15.2，每块80孔，孔上口径3.9，底孔直径1.4	40 4 65 125	不分解能回收使用2～3次	不透根	加拿大
书本式容器	苯乙烯、醋酸纤维素	6个育苗格，无底，上口直径2.54，底孔直径1.9，深10.2	49	不分解	不透根	加拿大、美国
农林用蜂窝纸容器	木浆纸或牛皮纸	不等边六角形，外围圆直径6.8以下，高度8.8以下		能分解	能透根	中国广西
俄勒冈黑色聚乙烯多管容器	聚乙烯硬塑料	每组100管，单管长15.2，直径1.9	49	不分解	不透根	美国
尼索拉塑料卷	聚乙烯塑料膜	卷幅宽34，中间切开，每卷移植苗50株，培养基厚1.5～2.5，卷直径约50	100～150	不分解	不透根	芬兰

(续)

容器名称	制作材料	规格(cm)	体积(cm^3)	能否分解	能否透根	产地
基菲钵	泥炭加纸浆	半截圆锥体，上部直径6~12	20~40	能分解	透根	挪威
芬兰泥炭杯	泥炭70%，纸浆30%，加黏结剂	FP615型：3×6，每盘50个杯 FP620型：5×8，每盘18个杯 FP825型：6.5×10，每盘8个杯		能分解	透根	芬兰
泥炭肠式容器	聚乙烯外膜，泥炭	长7.6，直径2.54	39	分解慢	不透根	加拿大
勃利卡容器	沼泽地泥炭、穿孔塑料袋	将松和云杉实生苗根系夹在两块不易腐烂的泥炭砖中培育移植苗		能分解	透根	前苏联
金属容器	白铁皮	筒状，2×8	25	不分解	不透根	澳大利亚
单板容器	木板	筒状，5×18	353	不分解	不透根	巴西、大洋洲
隔膜式蜂窝纸容器	两纸夹一塑料膜复合纸	不等边六角形，外接圆直径为5.4，5.9，6.8，8.2，10.13，18，高度任选		不分解	不透根	中国广西
蜂窝塑料薄膜容器	聚乙烯塑料薄膜	4.8×12，8.4×12，5.6×12，6.4×12高度任选		不分解	不透根	中国山西
聚乙烯袋又称薄膜袋(筒)	聚乙烯塑料膜	5×12，6×12，8×15，11.0×20，12.5×15		不分解	不透根	中国等

注：引自李二波等(2002)，微调。

器来看，大多属小型容器，容器高10~20cm，直径4~10cm。

我国目前使用的容器类型比较繁杂，低成本简易的塑料薄膜容器应用较多、蜂窝纸杯有一定的应用，近年来一体化的轻基质容器得到一定的推广应用，而适合于造林绿化容器苗培育的径:高比较小、容积较小的硬质可重复利用的容器的应用还未形成气候。现在很大程度上还在借用适合于蔬菜和花卉应用的径:高比较大、容积较大的容器。

(3)育苗基质的配制

目前国内外所使用的育苗基质可以分为土壤基质(自然土壤为主要成分)和无土基质(不含自然土壤，即人工基质)2大类(表5-6，表5-7)，林业发达国家目前基本上都采用人工基质，而我国这两类基质都在用。人工基质的特性及其与苗木生长的关系我们在前面已经讨论过。我国配制育苗基质(营养土)的材料主要有泥炭、森林土、草皮土、塘泥、黄心土、炉渣、蛭石、火烧土、菌根土、腐殖质土等。育苗基质一般不是单一应用，而是用2种或2种以上的营养土配合使用

表 5-6 我国常用的营养土配方

营养土配方	培育树种
沙土 65%，腐熟马、羊粪 35%	油松、樟子松
黄土 56%，腐殖质土 33%，沙子 11%（1:80 福尔马林溶液消毒）	油松
杨树林土（黄心土）60%，腐殖质土 30%，沙子 10%，每 50kg 土加过磷酸钙 1kg（3% 硫酸亚铁消毒，每立方米喷药液 15kg）	油松、白皮松、樟子松、华山松、侧柏
森林土 95.5%，过磷酸钙 3%，硫酸钾 1%，硫酸亚铁 0.5%	油松、侧柏、文冠果、白榆、臭椿、刺槐
黏土 80%，沙土 10%、羊粪或黏土 80%，沙土 20%	花棒、杨柴、梭梭、柠条
森林表土（黑褐色森林土）80%，羊粪 20%	
黑钙土 90%，羊粪 10%，加少量氮、磷、钾复合肥料	雪岭云杉、落叶松
墙土 70%，沙子 20%，羊粪 10%，加少量尿素（0.3%）和磷酸二氢钾（0.2%）	花棒、毛条
墙土 70%，沙子 20%，羊粪 10%	梭梭、沙枣
肥沃表土 60%，羊板粪 30%，过磷酸钙 8%，硫酸亚铁 2% 草炭土 50%，蛭石 30%，珍珠岩 20%	油松、华山松、侧柏、落叶松

注：引自翟明普（2001）。

表 5-7 国内常用无土基质配方

基质配方	培育树种	使用单位
锯末炭 50% + 蛭石 50%；腐熟锯末 50% + 蛭石 50%	柠檬桉、尾叶桉、马尾松、湿地松	广西林业科学研究院容器育苗工厂
树皮粉 50% + 蛭石 50%；松针 70% + 珍珠岩 30%	尾叶桉、窿缘桉、柠檬桉、火炬松、湿地松、马尾松	
泥炭藓 50% + 蛭石 25% + 树皮 25%	油松	甘肃省林业苗圃容器育苗工厂
泥炭藓 50% + 蛭石 25% + 核桃核 25%（或炉渣 25%）	香椿、侧柏	
泥炭藓 50% + 蛭石 50%	日本落叶松、侧柏、油松	
泥炭 70% + 厩肥（猪粪）28% + 过磷酸钙 2%	樟子松	吉林东丰县林业局
泥炭 76% + 厩肥（猪粪）14% + 人粪尿 8% + 过磷酸钙 2%	樟子松	辽宁省固沙造林研究所
草炭 100% + 磷酸二氢铵	油松、兴安落叶松	山西林业科学研究院、黑龙江大兴安岭林业科学研究所
腐熟锯末 100%	油松	山西林业科学研究院
腐烂锯末 100%；草炭（堆放 2～3 年）100%	兴安落叶松	黑龙江大兴安岭林业科学研究所苗圃

注：引自李二波（2003），微调。

的。国外主要用泥炭(树皮粉、椰糠)、珍珠岩(泡沫塑料粒)和蛭石的混合物，采用草炭等配制成轻型基质是目前的发展趋势。营养土的配制比例应根据树种特性、材料性质和容器条件等决定。育苗基质的配制是容器育苗成败的关键，因此，一定要精细选择，合理配制。

自然土壤基质的配制首先是取土，一般取地下一定深度(20~80cm以下)的心土单独使用，或将其他类的土壤混合制作堆肥；然后是晒土、粉碎和过筛。无土基质材料如沙子、草炭等，如果是自行挖取的，也需要晾晒(草炭要破碎)、过筛。之后，无论是自然土壤基质还是无土基质，都可按以下步骤配制：①按一定比例将基质材料混合；②将基质调至一定的湿润状态，湿润的程度以装杯后不致从容器的排水孔漏出、握成团后不变形为宜。需要注意的是：混拌育苗基质的场所应保持清洁。如果采用机械混拌基质，设备在使用前要消毒。不同树种苗木生长要求不同的酸碱度范围，一般针叶树要求pH 4.5~5.5，阔叶树要求pH 5.7~6.5。使用前要对基质的pH值进行调节，使其符合培育树种的要求。另外，培育松树、栎类容器苗时应接种菌根菌。育苗基质一般在配制之前应进行消毒处理(消毒方法可参照前面裸根苗培育部分)。配制时还要特别注意基质材料的破碎程度和基质装填的紧实度等要适当。

(4)容器装土、排列

播种前要把营养土装到容器中，可以手工装土，也可以机械装土。手工装土时不要装得过满，一般比容器口低1~2cm，装满土后从侧面敲打容器使虚土沉实。容器装土后，要整齐摆放到苗床上。摆放时，容器之间要留有空隙。

(5)容器播种育苗

容器中播种与裸根苗播种过程相似。播种前种子要进行品质检验、包衣处理、消毒、催芽等程序。播种后应覆盖或遮荫。播种量要根据种子发芽率决定，每个容器播种的数量参见表5-8。容器播种育苗更容易实现机械化和自动化。国外林业发达国家基本上实行机械化和自动化播种，我国大部分还是人工播种(有的苗圃具备播种设备，但由于运行成本高，也很少用)。

对于特别珍贵、种子量很少或发芽率低且持续时间长的树种，可以在实验室适宜条件下促使其发芽，只取发芽种子播种在准备好的容器内，或采用种子引发方式使种子达到胚根突破种皮但未发芽的状态用于播种。

表5-8 发芽率与每个容器内播种量

发芽率(%)	每个容器内播种量(粒)
95	1
75	2
50	3
30	5
25	6

注：引自翟明普(2001)。

(6)容器扦插育苗

容器扦插育苗与裸根扦插育苗相似。容器扦插育苗的插穗通常较短，一般为5~10cm；扦插基质多为营养土、蛭石、珍珠岩等的混合物；扦插容器包括穴盘容器、单体塑料容器等。容器扦插育苗多在温度、光照、空气湿度等易于控制的温室中进行，由于插穗较小，单位面积育苗数量加大，通常要对带叶片插穗采取部分截叶处理，每插穗上保留1～3片叶片即可。

容器扦插育苗的技术环节与裸根扦插育苗相同。

(7)容器嫁接育苗

美国针叶树嫁接过去也采用髓心形成层贴接法，但现在普遍采用形成层贴接法(张鹏，沈海龙 2008)。形成层贴接法嫁接部位位于砧木基部，嫁接时砧木开口很薄，刚刚达到木质部，而不是切到髓心处。接穗的切削类似于我国的髓心形成层嫁接，但也有所不同。有的树种(如松属、刺柏属)接穗只切削一侧，而有的树种(如云杉属)接穗切削两侧(切面长度不同)效果更好。嫁接步骤为：①砧木的准备。购买1年生容器苗在温室再培育1年，培育增厚的形成层，翌年2月份供嫁接使用。②对砧木和接穗处理、嫁接、嫁接后管理(环境控制、砧木修剪、解绑、嫁接苗移植、灌溉和施肥)等。嫁接苗培育1年后可按常规进行管理，除冬季在温室内越冬外，生长季节可移至室外培养。

(8)容器苗的抚育管理

容器苗的抚育管理基本与露天播种育苗相同。出苗前需要覆盖，出苗后及时撤除覆盖物并需要灌溉、施肥、松土除草、间苗等。

- 灌溉　容器苗不能引水灌溉，而土壤又需要保持湿润，因而，喷灌是容器育苗中重要的措施。在出苗前灌溉时，尽可能用出水水滴较小的喷灌设备，或者采用雾状喷灌(微喷)，水流不能太急，以免将种子冲出。

- 追肥　容器苗虽然生长在营养土中，但容器空间有限，营养土难以满足苗木全生长过程对养分的全部需要。因此，容器苗仍需要追肥。容器育苗的追肥一般与灌溉同时进行。常用含有一定比例的氮、磷、钾的复合肥料，用1∶200的浓度配成水溶液，而后进行喷施。每隔1个月左右追肥一次，但每次数量要少。最后一次在8月中下旬，之后应该停止追肥，以利于苗木木质化安全越冬。

- 除草　容器内也会杂草发生。所以，也应除草。要做到“早除、勤除、尽除”。

- 间苗和补苗　在容器育苗生产中，往往因为播种量偏大或撒种不均匀而出现密度过大或稀密不均的现象，必须及时进行间苗和补苗。一般在出苗后20d左右，小苗发出2～4片叶子时进行间苗和补苗。每个容器内保留一株健壮苗，其余苗要拔除。注意：间苗和补苗前先要浇水，等水渗干后再间苗，这样不会伤根。补苗后一定要再浇一遍水，但不要太多。

(9)根系控制

我国经常采用的塑料薄膜袋、蜂窝纸杯、轻基质容器等一般比较大，在苗木根系长满容器之前已经出圃造林，所以很多时候并不涉及根系控制的问题。在使用小型容器或培育大苗时，必须对容器苗的根系生长进行控制。目前主要有如下2种方法：

- 空气修根　空气修根就是把培育中的容器苗放置在距离地面一定距离的地方，使容器底部悬空可以直接接触空气，使伸出容器底部排水孔的苗木根系直接接触空气，这些根系由于悬空于空气中，吸收不到水分而干枯，从而达到控制根系生长的目的。

• 化学修根　化学修根是将铜离子制剂[$CuCO_3$，$Cu(OH)_2$]或其他化学制剂涂于育苗容器的内壁上，杀死或抑制根的顶端分生组织，实现根系的顶端修剪，从而控制根系的方法。化学修根的苗木，根团内根系形态发育与正常根基本一样。

(10)容器苗出圃

容器苗的育苗期，因树种和气候等条件而异。如广东的马尾松苗高达到10～12cm需17～20周，桉树苗需8～9周；山西省油松苗17～18周；美国的容器苗育苗期为7～24周，多为10～16周；加拿大为12～16周；日本与上述相似，有的到1个生长周期。

(11)苗木的贮存和运输

容器苗的贮存与裸根苗一样，可贮藏在冷藏库(或地窖)中。运容器苗时，美国用涂蜡的纸箱，也有用塑料筐、胶合板包装箱和铝制包装箱等。总之，运苗时要严防容器破裂或碰伤苗木。

5.4.4 容器育苗的环境控制

容器育苗环境控制的程度取决于树种特性、培育时期和外界环境特点，主要是保持和控制苗木生长所需的光照、温度和水分，有时也包括二氧化碳。

5.4.4.1 露地容器育苗

在南方水热条件比较好的地区，容器育苗常在露地条件下进行，此时环境受控制程度较低，通常只有光照控制一项。常见的光照控制有人工加光增加日照长度和遮荫。有时在播种出苗或扦插生根阶段，搭建塑料小拱棚或遮荫棚。

5.4.4.2 塑料大棚容器育苗

(1)塑料大棚育苗的优缺点及应用

近几十年来，随着塑料工业的发展，林业上常采用塑料大棚进行育苗。塑料大棚是用塑料薄膜建成的简易温室。它的优点是保温保湿、延长苗木生长期、缩短育苗年限、提高种子发芽率、苗木生长量大，同时幼苗免受风、霜、干旱等危害，杂草也少，特别在干旱、寒冷地区显得更为重要。但塑料大棚育苗成本高，技术要求比一般露天育苗高。塑料大棚适合在气候寒冷，苗木生长期短的地区，或晚霜迟，风沙灾害严重的地区应用。

(2)塑料大棚育苗技术

• 棚址选择　大棚应选择在靠近村、镇、居民点附近，地势平坦，排水良好，背风向阳，空气流通，且有灌溉条件的地方。

• 大棚构造　目前采用的大棚多呈圆形，棚顶半圆形，多为轻型角钢构架，上覆耐老化的聚氯乙烯塑料薄膜。大棚规模一般以长30～80m，宽10～16m，高

2.0～2.5m为宜，大棚过长，腰门设置过多，不利于增温、保温；过宽，通风降温效果不佳，过高不利抗风保温。因此，在不影响苗木生长和人工作业的情况下，尽量降低高度为好。

• 大棚育苗　塑料大棚温室育苗与露天育苗的方法和步骤基本相同，但在大棚内进行容器育苗时，应注意将生长缓慢、当年不出圃的苗木更换到较大的容器中，以利于苗木生长。

• 大棚管理　利用塑料大棚可进行育苗，关键是控制好棚内的温度和湿度。通常大棚内的温度靠门窗的开闭或搭遮荫网来调节。在白天大棚内的温度应控制在25℃以上，但最高不超过40℃，夜间控制在15℃左右。出苗前棚内相对湿度保持在80%左右，出苗后棚内相对湿度保持在50%～60%。大棚内育苗时，棚内病菌繁殖快，一定要防治病虫害，坚持“预防为主，综合防治”的原则。

• 撤棚与苗木锻炼　苗木出棚前应逐渐撤棚以对苗木进行锻炼，因为苗木生长在条件比较优越的棚内，对外界条件的适应性较差，如果苗木直接出棚，对苗木生长极为不利。撤棚的时间要根据棚内外的自然条件而定，撤早了容易造成温度低而影响苗木生长，撤晚了会因棚内温度高使苗木徒长而降低抗病力。所以，只有正确地安排撤棚程序，对苗木进行锻炼，才能促进苗木木质化程度，提高苗木质量，以适应造林地环境。在苗木锻炼过程中，开始时将大棚周围的薄膜卷起，逐步增加通风能力，逐渐再将上部薄膜撤除1/4～1/2，最后彻底撤除薄膜。

5.4.4.3 塑料小拱棚育苗

该技术自20世纪80年代初在林业科学试验和生产上得到应用，现已取得宝贵经验。

(1)小拱棚的规格及效果

小拱棚呈拱形，棚中心高度0.4～0.5m，宽1.2～1.5m，长10m左右。在拱形棚架上面盖塑料薄膜，薄膜周围用土压住。用塑料小拱棚在春季(4～5月上旬)能提高地温(10～15cm深)3～5℃(北方4月为5℃左右，5月上半月3～4℃)。小拱棚内温度高，比大拱棚温差小，能促进种子早发芽，对提高场圃发芽率，加速幼苗出土和插穗生根等都有明显效果。而且幼苗生长快并延长了苗木的生长期。

(2)棚内管理

• 温度控制　要经常检查棚内温度。在出苗期和幼苗期，夜间如果棚内温度太低，可在棚上再加盖草帘之类物品保温。到中午高温时期，可将棚两端打开，通风降温。为保持棚内温度，下午要把两端关闭。

• 湿度控制　要经常检查棚内的土壤湿度及空气相对湿度，如不足要及时喷灌。

• 撤除薄膜　经过幼苗期，苗木渐渐增强了对低温的抵抗力，可逐渐延长开棚时间以增强苗木对外界环境的适应能力，待夜间气温不低于15℃，白天气温不低于20℃时，即可除掉塑料薄膜。

小拱棚内苗木的灌溉、追肥、间苗、中耕、除草和防治病虫害等工作，照常规要求进行。

5.4.4.4 温室容器育苗

塑料大棚实际上是一种简易温室，只用自然日光为能源。这里讲的温室指除了利用日光外，还利用了其他能源的可控环境温室，可以人为地创造、控制环境条件，在寒冷或炎热的季节进行苗木的生产。

(1)温室设施

• 加温及保温系统 它是温室的基本系统，温室的加温设备一般有热水锅炉、燃油风炉、电加热器、太阳能加热器等，通过热风或散热器向温室提供热量。现在很多温室都有保温幕设施，一些新的保温、节能加温技术也在不断开发出来。

• 通风降温系统 温室的自然通风系统可分为天窗(顶部)通风以及将覆盖围护(侧方)打开进行通风。天窗通风的结构有抽拉式、翻动式、扬落式及升降式等多种形式。这些都是被动通风降温系统，不用能量驱动。

• 遮荫系统 根据安装的位置分为外遮荫系统和内遮荫系统。外遮荫系统除了遮挡阳光外，还有降温作用。内遮荫系统有遮挡阳光和夜间隔热保温作用，可降低冬季温室运行成本。遮荫幕分为密闭型和透光型2种，遮荫率在40%~90%。

• 湿帘降温系统 湿帘降温系统需要有湿帘、供水系统、风扇和附件，利用水的蒸发降温原理实现降温目的，它是主动降温系统，需要消耗能量。

• 灌溉系统 温室育苗均需人工灌溉系统，小苗培育通常是喷灌系统，喷灌有人工喷灌、半自动喷灌、全自动喷灌。繁殖用温室通常有雾化喷灌系统；大苗培育有滴灌系统或地下灌溉系统。

• 施肥系统 温室施肥通常通过灌溉系统施肥，这需要一个肥料混拌注入系统。设备完善的灌溉系统附有液肥注入器，配比大小是可调的。无土栽培时，会有专门的营养液配制和供给系统。

• 其他设施系统 有育苗架(育苗床)、加光设备、二氧化碳供给系统、病虫防治系统、自动控制系统等。

• 机器人及视觉摄像系统 新型高级温室内有机器人及视觉摄象系统。机器人一般用于育盘苗的移动、搬运，苗木移栽等。机器人具有视觉和触觉两种功能，可将穴盘内的小苗移至大苗孔的苗盘上，并能辨别苗的质量，自动剔除坏苗。视觉摄像系统为机器人提供较为完善的图像数据，为计算机系统判别植物不同生长阶段提供数据。

(2)温室环境调控

温室容器育苗虽然克服了自然界的季节限制和气候影响，但必须依靠人工来调解室内环境因子，使苗木始终处在比较适宜的温度变化的范围内，以便达到苗木生长的生态要求。

• 温度控制　温度是植物生长发育的重要条件之一，温度过高或过低都会直接影响苗木生长，所以控制温度的变化，使其适合苗木生长的要求至关重要。虽然温室内的温度由人为控制，但仍受自然界的影响，会随着自然界的气温的变化而升高或降低。一般8:00温度开始快速上升，11:00～14:00温度最高，14:00～16:00逐渐下降，16:00后温度变化趋于平缓，23:00至翌日2:00温度最低。播种育苗时，出苗前的温度温室内要高于温室外播种时的温度。温室气温控制在18～22℃为宜，最高不要超过30℃，最低不要低于5℃。基质温度控制在5～23℃。冬季和早春，晚间需加盖防寒设备。出苗后的温室内气温白天在25～30℃为宜。

• 湿度控制　湿度是植物生长发育的重要条件之一。育苗温室内的空气相对湿度不宜过高，湿度过高有利于某些微生物的滋生，容易发生病害。空气相对湿度超过80%～90%，就容易发生苗木叶部病害和猝倒病。种子发芽和出苗期间，空气相对湿度最好保持在70%～80%，幼苗发根以后，空气相对湿度应降低到50%～70%。温室内要有适当的空气流通，否则在灌溉以后，叶面附近会造成局部水分饱和，影响苗木的正常生长。但是，无性繁殖的最初阶段，较高的空气相对湿度(接近饱和)有利于插穗生根或嫁接愈合。

• 灌溉　在出苗前可不灌溉，或只少量灌溉；5～6月温室内气温高，空气湿度低，可用喷灌降温并增加湿度，为苗木创造适宜的生长环境，促进其生长。喷灌要力求喷洒均匀，水滴成雾状。每次喷洒的时间要短，喷洒的时间短，室内的空气湿度就可以较快地从100%下降到所要求的状态，这样会减少真菌病害发生几率。

• 施肥　温室容器苗的施肥要结合喷水来进行。当幼苗生长到2片叶时，开始施第1次肥。将液肥按比例配好，人工可用喷壶喷洒，自动、半自动喷洒可把预先配好的肥液按比例注入灌溉水中即可。要根据苗木不同生长阶段所需的营养进行，生长初期磷肥比例高，速生期氮肥为主，生长后期磷、钾肥为主。

• 二氧化碳　温室内补给二氧化碳，可以增加光合作用净值，促使苗木快速生长，所以二氧化碳又称气肥。通常补充二氧化碳采用燃烧气体燃料的方法。但要注意增施二氧化碳时必须停止室内通风；气体中不应含有有毒成分；不能在夜间施用二氧化碳；燃烧时有足够的空气供应。二氧化碳发生器可以吊挂在温室内上方，使发生的二氧化碳直接渗入空气内；也可安装在室外，发生的二氧化碳通过管道输入室内。空气流动还有利于二氧化碳被植物所利用。试验表明：如果气流速度达到0.5 nm/s，空气中的二氧化碳含量可提高50%。

• 温室内病虫害防治　温室内温度高、湿度大，有害生物特别是真菌、细菌容易繁殖，最易发生灰霉、立枯、根腐病等病害。因此，要加强管理和注意环境卫生。

5.5　微繁育苗系统

组织培养是在无菌条件下，把与母树分离的植物器官(根、茎、叶等)、组织、细胞及原生质体放在人工配制的培养基中，在人工控制的条件下，培养成大量完整的新植株。由于组织培养有以下优点：①在严格控制下完成繁殖；②繁殖速度快，繁殖系数高；③繁殖材料少；④不受季节限制，可周年生产；⑤不易受病虫害侵染；⑥组培苗无性系的性状比传统无性系的性状更加整齐一致，使得其在植物繁殖实践中得到广泛应用。以试管苗为代表的微繁工业被视为“朝阳产业”，是组织培养在生产上应用最广泛、最成功的一个领域。有上千种植物离体繁殖得到无性系，并带来了巨大的经济效益，不少国家成立专业公司，形成一种产业。全球组培产业年交易额为150亿美元，并且每年以15%的速度在提升（周根余，2002年上海组培苗商品化讨论会会议材料）。

植物离体快速繁殖（*In vitro* propagation）又称微体快繁（微繁，Micropropagation），指利用植物组织培养技术进行的一种营养繁殖方法；是常规营养繁殖方法的一种扩展和延伸。它是应用植物细胞的“全能性”理论，在无菌条件下，把离体的植物器官、组织，放在人工控制的环境中，使其分化、繁殖，在短时间内产生大量遗传性一致的完整新植株的技术。由于这种繁殖方式的繁殖数量大、速度快，因此称作离体快速繁殖。

(1)微繁的特点与条件

微繁技术具有以下特点：一是繁殖周期短，可加快培育某些难繁殖、繁殖速度低、珍贵或濒危等类植物；二是繁殖数量大，集约化培养使每平方米面积每年可生产数以万计的株苗，增殖速度大大提高；三是可以通过消毒，在无菌条件下进行，特别适合一些易感染病毒的植物；四是不受季节和环境条件的限制，适于工厂化生产，扩大规模，降低成本。

在进行组织培养之前，首先要建立实验室。实验室包括准备室、无菌操作室（接种室）和培养室。需要的设备有：100～200L电冰箱1台，高压灭菌锅2～3个，4～6L不锈钢锅或电饭锅及2～2.5kW电炉，洗涤用水槽1～2个，工作台1～2张。放药品的玻璃橱1个，搁架2～3个，干燥箱1个，天平，培养器皿，各种试剂瓶和容量瓶，等等。此外，还要有驯化室和温室，用于生根苗的培育、驯化等。

(2)树木微繁的基本程序

树木微繁从把外植体接种到培养基上开始，到长成生根的完整植株的全过程。一般可以分为5个时期，即：①稳定的无菌培养体系的建立时期；②稳定培养系的增殖、生长和增壮时期；③诱导茎芽生根形成小苗时期；④生根小苗移栽和驯化时期；⑤商品苗培育时期。

• 稳定的无菌培养体系的建立时期　指从外植体选择、采取、清洗、灭菌、接种和茎芽发生，一直到获得茎芽稳定生长和增殖，茎芽扩繁数量可以随意控制的整个时期。时期的长短主要受植物种类影响，短的数个月，长的数年。实际上是组织培养研究的全过程。

稳定化培养，也就是组织培养的目的产物（对于微繁来说就是茎芽，Shoots）的产出数量和质量已经达到随意控制的程度，即想生产多少个茎芽、生产什么样的茎芽，都可以控制，需要多少时间，也可以预测，这样的一种培养状态。

• 稳定培养系的增殖、生长和增壮时期　是指使已经达到稳定状态的培养物，通过不断的继代培养进行增殖，从而达到所要求的数量；培养增殖后的培养物生长和壮大到生根所需要的大小和壮实程度的时期，是商品化组织培养的主要时期。

• 诱导茎芽生根形成小苗时期　前一时期产生的培养物，通常是没有根系的(个别的种如美国紫罗兰除外)。本时期就是使前一时期培养出来的微枝(Microcuttings)发出不定根，形成完整的小苗(Plantlets)。

茎芽生根诱导的途径有2条。一条是试管(瓶)内生根，另一条是试管(瓶)外生根。试管内生根是传统的组培茎芽生根方法，即在试管内无菌环境下的生根培养基上诱导生根、生根后的小苗再移植到试管外有菌环境下驯化培养的方法。试管外生根即将组织培养茎芽的生根诱导同驯化培养结合在一起，直接将茎芽扦插到试管外有菌环境中的扦插基质中，边诱导生根边驯化培养的技术。这是从1980年代中期开始开发研究，近年来已经成熟，并被广泛应用于商业化组织培养微繁实践中的先进生根诱导技术，是影响深远的一项技术改革成就。

• 生根小苗移栽和驯化时期　这个阶段是将已生根的完整植株从培养室移植到室外土壤中，使小苗继续长大并形成发达的根系及健壮的苗干。包括2个过程，即异养(供糖)阶段过渡到自养阶段(仅试管内生根方式)，和人工环境过渡到室外自然环境。要注意的是小植株旺盛生命力的保持和高湿环境到正常室外环境的逐渐过渡。

• 商品苗培育时期　经过驯化培养的小苗，可以按照一般苗木的培育要求进行培养。

5.6 移植苗培育

移植苗是经过一次或数次移栽后再培育的苗木，移植的幼苗又叫换床苗。移栽前的苗木可以是实生苗、各类营养繁殖苗。林业苗圃中移植苗多为实生苗，插条等无性繁殖苗木很少进行移栽，但园林苗圃中的大苗，都可能经历多次移栽培养。多年生大苗造林已经成为华北、西北地区利用针叶树种营造公益林的重要方法，城市绿化和城市森林营建所使用的树木材料主要是幼树，大苗甚至幼树还是营建风景林的主要材料。所以，培育移植苗是林业苗圃的重要工作之一。

我国移植育苗多为人工作业，苗木移植工作量大，费工费时。为了提高移植育苗效率和作业质量，生产上发明了一些育苗器械，如育苗模板、育苗枷等，较好地规范了植苗位置和株行距。国外移植育苗已经实现机械化作业。如何将目前移植育苗中高度劳动密集型作业方式转变为机械化作业方式，是我国移植育苗亟待解决的问题。因此，在条件许可的地区，应注意向机械化方向发展。

5.6.1 苗木移植的目的

• 提高苗木质量　裸根苗木通过移植，截断主根，促进并增加侧根和细根生长，抑制苗木当年的高生长，降低苗木的茎根比值，从而提高苗木质量，最终提高造林成活率。绿化树种的大苗经过移植后，形成发达的侧根，有利于造林成活。

● 促进苗木生长　移植苗有一定的株行距，扩大了单株营养面积，养分分配均等，有利于苗木生长。

● 培育良好的冠型和干型　通过移植，还可以培育良好的干形和冠形。高密度栽植移植苗，可通过高密度促进树木形成通直、高大的树干。低密度栽植移植苗，可使林木形成饱满的树冠，培养美观的树姿。

● 节约种子　对于珍贵树种或种源稀少的树种，播种后经过芽苗移植和幼苗移栽，节约种子，便于管理，可以提高出苗率。

5.6.2　苗木移植的依据

(1)根据苗木培育特点和生长特性确定移植苗龄

幼苗移植一般指1年生和1年生以上苗木的移植，有时也指芽苗的移植。为促进多生侧根和须根，培养好的干形和冠形，提高苗木质量，培育2年生以上的苗木，一般都应进行移植。芽苗移植是指播种苗在子叶出土后、真叶刚刚形成时，或真叶刚刚出土(子叶留土型)、根系正处于第一次伸长生长高峰时所进行的移植。芽苗移植工序简单、成活率高，是容器播种育苗中补苗常用技术。

大田移植育苗中，移植用的苗木年龄过小则移植费工，且效果不佳；过大，根系生长粗而长，移植后缓苗期长，移植效果也不理想。适宜的移植苗龄因树种不同而异。速生树种如桉树，当幼苗高达6～10cm时即可开始移植，当年移植，当年出圃；生长较快的多数阔叶树种和部分针叶树种如落叶松、侧柏等，1年生播种苗即可移植；生长慢的树种如红松、冷杉等在播种地生长2年，云杉生长2～3年再进行移植。

(2)根据移植苗培育目的确定移植次数和移植后的培育年限

移植次数和移植后的培育年限作为造林用苗，一般移植1次即可出圃造林，云杉苗有时需要移植2次。如果为培育城市绿化用的大苗，针、阔叶树都可根据需要进行多次移植，通常是速生树种移植1～2次，慢生树种移植2次以上。

培育造林用苗，每次移植后培育的时间，因树种、气候和土壤等条件而异。如速生的桉树只需数月，落叶松、油松、侧柏、柳杉等苗木和阔叶树苗多为1年，而生长缓慢的云杉和冷杉等苗木，一般培育2年。

(3)根据气候和树种特性确定移植季节

苗木移植季节，应根据当地气候条件和树种的生物学特性来决定。一般树种主要在苗木休眠期进行移植。对于常绿树种，也可在生长期的雨季进行移植，最好在雨季来临之前进行，如在雨天或土壤过湿时移植，苗木根系不易舒展，破坏土壤结构，对苗木成活和生长不利。移植在早春土壤解冻后或秋、冬土壤结冻前进行，土壤不结冻地区，在苗木停止生长期间都可进行。

春季是各种苗木适宜的移植时期，在北方应以早春土壤解冻后苗木未萌动前进行比较适宜。每个树种移植的具体时间，应根据树种发芽的早晚来安排，一般针叶树早于阔叶树。

秋季移植一般适用冬季不会遭低温危害，春季不会有冻拔和干旱等灾害的地区。移植的时间在北方应早移植，对落叶树种，当苗木叶柄形成离层、叶子能脱落或能以人工脱落时即可开始移植；常绿树种的两种生长型苗木，都应在直径生长高峰过后移植。因为无论是落叶树种还是常绿树种，此时根系尚未停止生长，移植后有利于根系恢复生长。

幼苗分床移植，在苗木生长期间的阴天或早、晚进行。

5.6.3　苗木移植技术

(1)移植密度的确定

移植密度(株行距)取决于树种的生长速度，苗圃地的气候条件和土壤肥力，移植用苗的年龄和移植后需要培育的年限。另外，即使是同一树种在同一环境条件中，由于作业方式、育苗地管理所用的机器和机具不同，株行距也不相同。一般移植株距(12～20)～50cm，行距为20～60cm。针叶树宜小，阔叶树宜大。

(2)移植前的准备

主要包括土地和劳力的准备及苗木的准备两项。

在移植前先做好圃地的区划、定点、划印，组织好人力、物力。

需要移植的苗木应做到随起苗、随分级、随运送、随修剪、随栽植，不立即栽植的苗木必须做好假植等贮藏工作。在移植过程中，必须保持根系湿润，切勿暴晒。

在移植前必须对苗木进行分级，分级的目的是将不同规格的苗木分别移植，使移植苗木生长均匀，减少苗木分化现象，另外也便于苗木出圃与销售。

移植前要对根系和枝叶进行适当修剪，这是苗木移植很重要的一环。修剪主要剪去过长和劈裂的根系。一般根系长度应在12～15cm，根系过长，栽植容易窝根，太短，会降低苗木成活率和生长量。常绿树种，可适当短截侧枝，以减少水分蒸腾，提高苗木成活率。

为防止苗根在分级和修剪过程中干燥，作业应在棚内进行，且修剪后的苗木应立即栽植或假植在背阴而湿润的地方。

绿化苗木移植育苗时，生根容易的阔叶树和灌木可以直接用裸根苗移植；针叶树以及一些根系不发达、生根较难、生长相对缓慢的阔叶树，应带土坨移植，以保证苗木成活。尺寸较大的幼树，移植时必须带土坨，否则成活困难。一般移植裸根苗时，要求根系幅度在直径的8～10倍以上，确保有较多的侧根。带土坨移植苗木，要求土坨直径相当于树干直径的7～10倍，土坨厚度相当于土坨直径的1/3～2/5，浅根系土坨直径大、厚度小，中、深根系土坨直径相对小、厚度相对大。但个别树种也有例外，如木棉等极易生根的南方树种，可以直接用无根树干移植育苗，而棕榈等单子叶树木移植时对树根要求也不严格。对带土坨的移植苗，应采用草绳、草袋、无纺布等材料包装，以免土坨松散。

(3)移植方法及栽植技术

• 移植方法 根据作业方法可分为沟植法和穴植法。沟植法在移植时先按行距开沟，再把苗木按照株距移在沟中，填土踩实。穴植法适用于比较大的苗木的移植，移植时按照预定的株行距定出栽植点，挖坑栽植。根据作业设施还可分为人工移植和机械移植，国外主要为机械移植(图5-26)。

• 栽植技术 无论采用哪种移植方法，都要注意以下栽植技术要求。其一，栽植深度要超过苗木原土印1~2cm。栽植时，根系要舒展，严防窝根。为此，人工栽苗时把苗木放于穴或沟中，先填土到八成，再把苗向上提一下使苗根下垂，再踩实覆土，填土再踩实，最后使覆土高出原地面1~2cm。其二，带土苗移植时，苗干要直，萌芽力强的阔叶树，还可采用截干苗移植。针叶树在移栽过程中要保护好顶芽，起出的苗木要立即移栽，移植时一次不要拿苗过多。其三，在夏季，移植较大的常绿树种绿化苗时，土坨上部土壤面应高于移植地土壤表面10~20cm，以充分提高土坨土壤温度，促进新根系产生。

近几年来，为了培养根系发达的绿化苗木，将苗木移植到塑料钵、花盆、木桶等容器中，也有的移植在无纺布软容器中进行培育。可按照自己需求进行拼接的塑料容器已经成为培育容器绿化移植育苗的重要设施。

(a) (b)

图5-26 人工移植(a)和机械移植(b)作业

5.6.4 移植后的管理

(1)灌溉

苗木移植后要立即灌水，最好能灌溉2次，灌水后适时松土，改善土壤通透性，以促进根系的生长。另外，灌溉后要注意扶直苗干，平整圃地。园林绿化苗木移植后应马上浇一次透水，3d左右再浇一次透水，到1周后第三次浇透水(张东林等 2003)。之后，可根据土壤水分状况、天气状况以及林木生长状况适时浇水。

(2)施肥

移植苗施肥对于提高苗木质量意义重大，但是，施肥是我国大田移植苗培育的薄弱环节。幼苗移植后，在高、径生长高峰到来之前，应及时施肥，必要时可以根外施肥。在生长季通常要施肥2~3次。如果移植前以有机肥作为底肥，育苗效果更佳。具体施肥技术可参考本章5.3裸根苗培育部分。

(3)中耕除草

幼苗移植后，应同留床苗一样进行中耕除草。在标准化苗圃中，移植苗除草通常采用喷洒化学除草剂除草。

(4)修剪、遮荫、苗木保护

在培育绿化苗木过程中，为了提高苗木成活率、定向培育干型或冠型，通常需要剪掉部分树枝，尤其是培育灌木树种和培育特殊冠型的乔木树种移植苗。对于生根较慢的树种和常绿树种，有时需要用遮阳网遮荫保成活，在确定成活后，撤除遮荫网。培育大树冠苗木，为了防止大风造成根系与土壤分离，还需要用木杆、竹竿设置三脚架固定移植苗木。

5.7 苗木年龄表示方法

5.7.1 裸根苗苗龄表示方法

苗木的年龄以经历一个年生长周期作为一个苗龄单位，用阿拉伯数字表示。第一个数字表示由种实或无性繁殖材料形成苗木后在初始育苗地生长的年数，第二个数字表示第一次移植后在移栽地上生长的年数，第三个数字表示第二次移植后在移栽地上生长的年数，依此类推。数字之间用短横线间隔，各数之和即为苗木的年龄。表示方法举例如下：

1-0　　表示1年生未移植的苗木，即1年生苗木。

2-0　　表示2年生未移植的苗木，即为留床苗。

1-1　　表示2年生移植1次，移植后培育1年的移植苗。

1-1-1　　表示3年生移植2次，每次移植后各培育1年的移植苗。

0.5-0　　表示约完成1/2生长周期的苗木。

0.3-0.7　　表示1年生移植1次，移植前培养3/10年生长周期，移植后培育7/10年生长周期的移植苗。

1_1-0　　表示1年干1年根未移植的插条苗(插根苗或嫁接苗)。

1_2-0　　表示1年干2年根未移植的插条苗(插根苗或嫁接苗)。

1_2-1　　表示2年干3年根移植1次、移植后培育1年的插条(插根或嫁接)移植苗。

注意：GB6000—1999主要造林树种苗木质量分级标准中，把下脚标用括号括了起来，即1(2)-0、1(2)-1等，含义相同，即表示插条苗、插根苗或嫁接苗等在原育苗地(未移植前)的根系年龄。

5.7.2 容器苗苗龄表示方法

对于容器苗，目前尚没有统一的表示方法，北美一般使用“容器类型＋体积”或“容器类型＋容器直径深度＋移植时间”的方式表示。前者如“Styro 4”，表示使用Styrofoam公司生产的泡沫塑料集成块容器，容器的体积约4立方英寸

($65cm^3$)；后者如“PSB 313 B 1+0”，表示在Styrofoam公司生产的泡沫塑料集成块容器中培育1年没有移植，容器直径3cm，深度13cm，在B型立地条件下栽植的1年生(没有移栽过)的容器苗。我国基本参照上述办法表示。

5.8 苗木灾害控制系统

苗圃灾害主要有病虫害、鼠害、鸟害、杂草危害和极端环境危害等。其中杂草控制是最经常、最常规的作业，但杂草危害是非致命的；其他危害虽然不是经常的，但可能是致命的。所以苗圃灾害控制也是非常重要的作业内容。

5.8.1 苗圃杂草控制系统

苗圃除草指主要针对繁殖区、小苗区，为解决杂草与苗木争光、争水、争肥的问题，保证幼苗正常的生长条件，清除杂草的一项作业活动。

除草一般结合中耕作业进行，原则是“除早、除小、除了”。“除早”是指除草工作要早安排、提前安排，只有安排并解决了杂草问题之后，其他作业，如施肥、灌水等才有条件进行。“除小”是指清除杂草从小草开始就动手，不能任其长大形成了为害才动手，那时既造成了苗木损失，又增大了作业工作量。“除了”是指清除杂草要清除干净、彻底，不留尾巴，不留死角，不留后患。

5.8.1.1 苗圃除草的方法

目前除草的方法主要有人工除草、机械除草、化学除草、异株克生物质除草和生物除草等。

(1)人工除草与机械除草

人工除草就是人工直接拔除杂草或者使用锄头、镰刀之类的简单工具铲除或割除杂草的方法，是传统的、彻底的、无其他副作用的方法，但是劳动强度大、速度慢。适用于杂草密度较小、个体较大的场合。

机械除草就是使用专用除草机械或中耕机具进行除草的方法，速度较快、效率较高。但是对于苗行内苗木间的杂草无法去除，适用于去除顺床条播时苗行间、垄间杂草、大苗的行间株间杂草。

(2)化学除草

化学除草就是使用化学药剂进行除草的方法。这种化学药剂叫除草剂或除莠剂。化学除草速度快、效率高、效果好，适宜在杂草密度大、分布均匀时使用。缺点是有些杂草种类去除效果不好，应用不当易产生药害，使用过量对环境有污染等。

(3)异株克生物质除草

异株克生物质除草，是利用某些植物向环境中释放出的一些有毒气体、有机酸、芳族酸、香豆素、生物碱等对另一些植物可以产生毒害作用的原理，选择性杀除某类杂草的方法。目前，它还是一种概念性方法，实际尚没有应用。

植物源除草剂的开发主要是利用植物间的异株克生物质，其对植物的生长发育和代谢均有影响。这类具除草活性的化合物，主要有醌酚类、生物碱类、肉桂酸类、香豆素类、噻吩类、类黄酮类、萜烯类、氨基酸类等(何军等 2006)。Zobel 等(1991)发现柠檬树中的莨菪亭、蒿属香豆素等香豆素类化合物具有明显的杀草活性。杨世超等(1992)、李善林等(1997)先后报道了小麦提取物对白茅的杀除作用。

微生物代谢物治草是以微生物的代谢产物或从微生物中分离得到的植物毒素作为除草剂治理杂草的一种方法。茴香毒素(Anisomycin)也是链霉菌代谢的产物，能强烈抑制稗草和马唐等杂草。

(4)生物除草

生物除草即利用昆虫、病原菌、线虫、动物(如稻田养鱼)及生物除草剂等除草的方法。以虫(动物)或微生物除草是利用专性植食性动物、病原微生物，在自然状态下通过生态学途径，将杂草种群控制在经济上、生态上可以接受的水平；生物除草剂是指在人工控制下施用人工培养繁殖的大剂量生物制剂杀灭杂草，具有2个显著的特点：一是经过人工大批量生产而获得大量生物接种体；二是淹没式应用，以达到迅速感染、并在较短时间里杀灭杂草(强胜 2001)。

- 以虫治草　用作杂草生防天敌昆虫应根据其自身的生物学、生态学特性和与寄主植物的关系来判别，即昆虫的专化程度、取食类型、取食时期、发生时期、发生代数、繁殖潜力、外部死亡因子、取食行为与其他生防作用物的协调性和作用物的个体大小等。用虫控制仙人掌、空心莲子草、紫茎泽兰、豚草、黄花蒿、顶羽菊、麝香飞廉、香附子、扁秆藤草、眼子菜、鸭跖草和槐叶萍等都是成功的例子。

- 以病原微生物治草　一般来讲，杂草病原微生物都是杂草的天敌，但是从生物防除的要求来看，只有那些能使杂草严重感染，影响杂草生长发育、繁殖的病原微生物才有望成为生防作用物。到现在为止，已有不少病原微生物防除杂草的成功实例，有的已大面积推广应用，如灯芯草粉苞苣、紫茎泽兰等杂草利用微生物控制获得成功或部分成功。

- 生物除草剂除草　1981 年，DeVine 在美国被登记注册为第一个生物除草剂。DeVine 是土生于美国佛罗里达州的棕榈疫霉(*Phytophthora palmivora*)致病菌株的厚垣孢子悬浮剂，用于防除杂草莫伦藤(*Morrenia odorata*)，防效可达90%，且持效期可达2 年，被广泛用于该州橘园。随后，Collego 获得登记，并实用化。基因工程和细胞融合技术的介入，可以重组自然界存在的优良除草基因(如强致病和产毒素等)，给人们提供了改良生物除草剂品种、提高防效和改良寄主专一性的可能性。

- 植物治草　人类利用植物治草主要包括下列3 个方面：利用作物群体遮荫和竞争优势来控制杂草；替代植物治草；利用他感作用治草。

5.8.1.2 苗圃化学除草

由于机械除草、人工除草综合成本高，效果经常不理想，异株克生物质除草和生物除草属于新技术，林业苗圃中研究和应用尚未展开，所以目前苗圃中以化学除草应用较多。

除草剂的种类很多，性质各异。有的植物遇到某种除草剂迅速死亡，通称对某药剂的敏感性；而有的植物对某药剂的反应迟钝，则称为抗性。各种植物对某一除草剂的敏感性和抗性，随年龄和发育阶段而异。芽期最敏感，抗性随着发育成熟度的提高而逐渐加强。

(1)除草剂的类别

除草剂的种类很多，可以按商业名称分类、按化学成分分类(无机化合物除草剂和有机化合物除草剂)、按作用方式分类(选择性和灭生性除草剂)、按除草剂在植物体内转移性分类(触杀型和传导型除草剂)、按除草剂使用方法分类(土壤和茎叶处理除草剂)等。

- 选择性除草剂　在不同植物间有选择性，能够毒害或杀死某些植物，而对另外一些植物则较安全。这种选择性与剂量和植物的生育阶段等因素有关。如2,4-D用量较大时就成为非选择性。

- 灭生性除草剂　在植物间没有选择能力或选择能力很小，因而这类除草剂不能直接喷洒在生长期的苗木上。可以通过一定的方式，如百草枯可以通过"时差"，五氯酚钠可以通过"位差"或"时差"的选择性，而用于苗圃地除草。

- 触杀型的除草剂　被植物吸收后不能在植物体内移动或移动很少，药剂主要在接触的部位发生作用，如除草醚、五氯酚钠、敌稗等。

- 传导型除草剂　被植物茎叶或根部吸收后能够在植物体内转移，把药剂运转到其他部位，甚至遍及植株。如苯氧类、三氮苯类、氨基甲酸酯类等。

- 土壤处理除草剂　是以土壤处理法施用的药剂。药剂施在土壤，杂草通过根、芽鞘或下胚轴等部位吸收而产生毒效，如敌草隆、西玛津、威尔伯、扑草净、氟乐灵等。

- 茎叶处理除草剂　是以茎叶处理法施用的药剂，称为茎叶处理剂。如盖草能、草甘膦、果尔、拿扑净、精禾草克等。

(2)化学除草剂的选择性

使用除草剂的目的是除草保苗，故除草剂必须具有选择性，才能安全有效地用于育苗地除草。化学除草剂选择性的实现主要有以下途径：

除草剂在植物体中活化反应的差异　这类除草剂本身对植物并无毒害或毒害作用较小，但在植物体内经过酶系或其他物质的催化，可活化变成为有毒物质。除草剂对植物的毒性强弱主要取决于不同种类植物转变药剂的能力，转变能力强的植物种类将被杀死，而转变能力弱的植物种类则较安全。如二甲四氯丁酸或2,4-D丁酸本身对植物并无毒害，但经植物体的β-氧化酶的催化产生β-氧化反应，则产生活性强的2甲4氯或2,4-D。β-氧化酶转变能力强的杂草如荨麻、灰菜、蓟等被杀死，而体内没有β-氧化酶的豆科植物可存活。三氮苯类除草剂可乐津本身不具有杀草活性，但经N-脱烷基酶系的作用生成草达津，最后生成杀草活性非常强的西玛津而起到杀草作用。赛松无杀草活性，落在土壤中经微生物水解生成2,4-D醇，再经氧化生成具有杀草活性的2,4-D。

除草剂在植物体中钝化反应的差异 这类除草剂本身对植物是有毒害的，但在植物体内被降解后则失去活性。如水稻和稗草是同科不同属的两种植物，水稻体内含酰胺水解酶系，能够迅速地分解钝化敌稗，生成无杀草活性的2,4-二氯苯胺与丙酸，而稗草等杂草则因含有酰胺水解酶系量很少，结果被敌稗所杀死。

除草剂在植物体外部形态的差异 植物形态主要指叶的结构和生长点的位置等条件的差异，也是选择性的一种原因。不同形态的植物对药剂的承受和吸收上的不一样，对药剂的耐药性带来差别，如单子叶和双子叶植物在形态上就有很大差别。单子叶植物叶片竖立，狭小，表面角质层和蜡质层较厚，表面积较小，叶片和茎杆直立，药液易于滚落，顶芽被重重叶鞘所保护，触杀型除草剂不易伤害其分生组织，不利于药剂发挥作用，故抗药性较强。而双子叶植物叶片平伸，面积大，叶片表面的角质层和蜡质层较薄，药液易于在叶子上沉积，幼芽裸露，触杀型药剂能直接伤害其分生组织，利于药剂发挥作用，易被伤害。

时差选择性 除草剂虽然对苗木有较强的毒害，但其药效迅速，药剂的残效期很短，利用施药时间的不同而安全有效地防除杂草。如五氯酚钠在有阳光的情况下，3～7d药效即消失。

位差选择性 利用植物根系在土壤中分布的深浅，或除草剂在土壤中淋溶性大小的差异。一般地说，栽培植物的根系在土壤中分布较深，而多数杂草在土壤表层萌芽乡根系较浅。根据这一特点，将除草剂施于土壤表层，灭除杂草。如百草枯等药剂对植物的光合作用具有强烈的抑制作用，可是一旦进入土壤中就失效，对植物的根不起作用，根据这些特点，可把它们应用于果园、桑园、橡胶园等地除草。

(3)除草剂的施用量

除草剂和其他农药不同，一般对药液的浓度没有严格的要求，但对单位面积的使用量有严格的要求，且要均匀的施在规定的面积。除草剂的用量，一般不是固定的，同一药剂在不同地区的用量是不同的。一般南方用量低，北方用量高。如果同一药剂在同一地区使用，则随环境条件等因素而改变。因此，除草剂的用量，需要因地、因时灵活掌握。

气温高的地区或气温高时可适当降低药剂的施用量。在降雨较多的地区或季节，药剂易溶解于水，容易使药剂下渗或流失，引起药害或缩短有效期，要选用溶解度低的除草剂或适当降低药量。雨量少的地区或季节，则应选用较易溶解于水的除草剂或适当增加药量。

土壤是影响除草剂进入植物体和保持药效的重要因素，在黏性小、沙性重或比较贫瘠的土壤中，除草剂的用量应比黏性重和较肥沃的土壤少。因前一种土壤对药剂的吸附能力差，药剂易随水下渗，如果用量过多或所用药剂的溶解度较大，则往往发生药害。

另外，除颗粒型的除草剂可以直接应用外，粉剂和乳剂的除草剂在应用时要对成药水。因除草剂只是其有效成分具有杀草作用，故在使用前必须了解药剂的含量，根据需要计算除草剂的施用量。

(4)除草剂的施药方法

除草剂的施药方法有喷雾法和毒土法2种。现分述如下：

• 喷雾法 喷雾就是使用喷雾机械在一定压力下将喷出细小雾点的药液均匀地喷在防除对象的表面。适合喷雾的除草剂剂型有可湿性粉剂、乳油及水剂等。喷雾法一般要求喷洒的雾点直径在100～200 μm以下。雾点过大，附着力差，容易流失；雾点过细，易受风吹飘移、蒸发，附着量减少。影响喷雾质量的因子很多，最主要是药剂的润湿展着性能。由于植物体的表面都有着不同程度的拒水性蜡质层，药剂能否润湿展着在其上面，是发挥药效的关键之一。如果药液不能展着在具有蜡质的植物体表面，药剂与围体表面接触面积小，则药液易于流失，药效降低。

喷雾前应准备好配药容器。如水缸、水桶、过滤纱布、搅拌用具等。然后按单位面积确定施药量和加水的比例。为了配制药量准确，应当定容器、定药量、定水量，这样可以避免出错。药量应依据容器的大小；事先用天平或较准确的小秤秤好，并包好，每配一次放一包。水量力求准确，可用固定水桶，在桶上划定量水线，每次按定量取水。把称好的药剂倒在纱布上包起来，在有水的容器中使药剂完全溶解为止，然后将纱布中的残渣除去，加入所需水量稀释后，即配成药液。也可将定量的药剂溶于少量的水中，充分搅拌成糊状，再加入定量水混匀，即为药液。水量一般以每公顷450～750kg为宜，原则要求喷雾均匀。药水要现配现用，不宜久存，以免失效。茎叶处理时，雾点应细而均匀。土壤处理时，雾点可粗些。

• 毒土法 毒土是用药剂与细土混合而成。细土一般以通过10～20号筛目筛过较好。土不要太干，也不能过湿，以用手能捏成团，手张开土团即能自动散开为宜。土量以能撒施均匀为准，一般每公顷为225～300kg。药剂如是粉剂，可以直接拌土，乳油则先用水稀释，用喷雾器喷在细土上拌匀。如果药剂的用量较少，可先用少量的土与药剂混匀后，再与全量土混合。撒施毒土与撒化肥一样，但它更要求均匀一致。由于毒土法用土做除草剂的载体，配制容易，撒施简便，工作效率高。

(5)施药时的注意事项

喷雾应选择无风或风力在1～2级的晴天，在早晨叶面的露水干后，傍晚露水出现以前进行。不论是毒土法还是喷雾法，都要施药均匀周到，严格防止漏施和重施。茎叶处理时，喷头应与喷射的目的物保持适当的距离和角度，以保证除草效果和减少除草剂发生飘移伤害邻近敏感植物。喷药的方向，应顺风或与风向呈斜角。背风喷药时，要退步移动。最好在一定的面积内刚好喷完一定量的药液，如果药液没有喷完，应把剩下的药液再加进一些水，均匀喷开，不要集中一地多喷，以保证药效和防止药害：在停止喷药或在地头转弯处要关闭喷管，更不能随意向其他禁忌植物地喷洒。某些非内吸型及附着力极差的药剂，在喷药后半天内如遇大雨，应考虑补喷一次。

除草剂在土壤中的残留影响到除草剂的持效性和对环境的安全性。从防除杂草的角度，除草剂应具有一定的残留期，残留期太短，除草效果不好，残留期太长，又会对下茬作物造成药害。但从环境的角度，除草剂的残留期越短越好，除草剂太稳定，不易降解，在环境中的残留量大，污染环境。在播种后、扦插前，根据除草剂的残效期和培育苗木出苗期选择适宜的除草剂除草，并根据苗圃杂草发生规律合理地确定除草剂使用频率。林业苗圃常用除草剂在土壤中的半衰期见表5-9。百草枯和草甘膦在土壤中的半衰期很长，但它们进入土壤后，迅速被土壤颗粒吸附而失活，因此可普遍应用于播种育苗的芽前除草。

表5-9 部分常见除草剂在田间土壤中的半衰期

除草剂	半衰期(d)	除草剂	半衰期(d)
2,4-D丁酯	7	盖草能	60~90
丁草胺	12	百草枯	1 000
果　尔	30~40	草甘膦	47
恶草灵	60	拿扑净	5

(6)除草剂的混用

2种或2种以上的除草剂混用，可以起到降低用药量，扩大杀草范围和增加药效与安全性等作用。除草剂与杀菌剂、杀虫剂、增温剂及肥料混用，做到一次用药，达到多种效果，并起到节约人力物力的目的。混用的一般原则是取长补短。混合的原则如下：残效期长的与残效期短的结合；在土壤中移动性大的与移动性小的结合；内吸型与触杀型结合；药效快与药效慢的结合；对双子叶杂草杀伤力强的与对单子叶杂草杀伤力强的结合；除草与杀菌、杀虫、施肥等结合。

除草剂的混用应注意下列几个问题：①遇到碱性物质分解失效的药剂，不能与碱性物质混用；②混合后产生化学反应引起植物药害的药剂，不能相互混用，③混合后出现乳剂破坏现象的药剂剂型或混合后产生絮凝或大量沉淀的药剂剂型，不能相互混用。

一般地说，2种除草剂混用药量，是它们各自单用量的一半，3种混用则是各自单用量的1/3。但这不是绝对的，混用时必须依照杀草对象、植物情况、药剂特点及环境条件等灵活掌握。

5.8.1.3 苗圃主要除草剂简介

(1)果尔(割地草)——醚类除草剂

果尔(Goal)商品名称为乙氧氟草醚，是目前苗圃中应用最广的除草剂，化学名称为2-氯-4-三氟甲基苯基-3′-乙氧基-4′-硝基苯基醚。果尔的纯品为橘黄色结晶，工业品为橙黄色乳油，易光解，易燃，对金属无腐蚀性，挥发性小，用药后不会污染空气和影响昆虫活动。移动性小，在土壤中半衰期为30d左右，可被土壤微生物分解为CO_2，在光照下分为无毒性。果尔对人畜低毒，但对眼睛和皮肤有刺激作用，接触药剂后，要用清水冲洗。果尔对鱼类毒性较大，注意不要污染水源。

果尔为选择性除草剂，在针叶树种育苗地使用安全，以红松苗抗性最强，云杉苗最弱。落叶松苗萌发出土后最敏感，出苗后4周或长出2级侧根时抗性增加。在针叶树苗中形态选择性的原因，是由于针叶树幼苗出土多带种壳，幼芽有种壳保护，可以安全穿过土层，而且子叶呈针状，面积小，具蜡质，角质层较厚，不易接触药剂，故安全。而杂草多为留土萌发，顶芽裸露，叶片平伸，面积大，角质层膜易接触药剂而致死。

果尔药效迅速，茎叶处理1～3d便有反应，最先是叶尖，嫩叶出现褐斑，继而扩大，叶片变黄，干枯而死亡。其杀草效果与药量有关。果尔防除阔叶杂草效果好，对禾本科杂草效果差，苗圃地单子叶杂草多，可与盖草能、扑草净、拿扑净混用。按规定药量均匀地喷洒到床面即可。

茎叶处理时，药液浓度1/2 000～1/1 000范围内为宜，若浓度大于1/600易伤苗，若小于1/2 000药效较差。果尔的药效与土壤类型关系不大，但与土壤质地和有机质的含量有关。用药时要根据土壤的情况，酌情增减用量(表5-10)。温度越高，果尔药效越好，气温低于20℃时施药效果差。在温度低的地区，春季用药可酌情加大药量。这种除草剂具有见光反应的特性，在使用时应选晴朗的天气，由于是触杀型的药剂，茎叶处理时，不要在烈日的中午用药；土壤处理时，喷药后不要松土，以免打乱土表的药层，影响药效。

表5-10　土壤质地、有机质含量与果尔的药效

剂量(有效量)(mL/m^2)	沙质土(有机质<5%)	壤质土(有机质5%～10%)	黏质土(有机质10%～15%)
0.01	61	55	40
0.03	91	87	80
0.05	95	93	91
0.10	98	95	95

注：自齐明聪(1992)。

(2)盖草能——吡啶类除草剂

盖草能的商品名称为Gallant，化学名称甲基2-[4-(3-氯-5-三氟甲基吡啶)-2-苯氧基]丙酸。纯品外观为白色结晶，制剂为橙色至褐色，有轻微芳香味，挥发性低，原封时贮存2年以上性质不变。盖草能原药毒性中等，制剂剂型为12.5%或24%乳油，低毒。

盖草能是选择性内吸型除草剂，主要由植物的叶面吸收，并传导到整个植株，抑制茎和根的分生组织，使其停止生长而死亡。盖草能性质稳定，在土壤中残效期长，处理药剂洒落到土壤中仍有杀草作用，其效果因用量、杂草生长密度、土壤和周围环境而定。

盖草能在我国苗圃试验结果表明：每公顷用12.5%的成药600mL能把4～8叶期的禾本科杂草灭除，对针叶树苗及杨树苗、泡桐苗、桉树苗等安全。对上述

树种的留床苗、移植苗、扦插苗，每公顷用12.5%成药1 500mL对苗木安全，对高大的禾本科杂草也能灭除。主要防除的杂草有马唐、蟋蟀草、狗尾草、狗牙根、早熟禾、匍匐水草等，对阔叶杂草无效。在应用时，可与果尔混用，其比例视禾本科和阔叶杂草所占的比例而定，一般为1∶1，能有效地防除单、双子叶杂草。

盖草能的最佳施药期，北方为6月下旬至7月上旬，南方为5月下旬，防除1年生禾本科杂草效果为95%以上，残效期为1个月左右。盖草能为茎叶处理剂，施药前，需了解天气预报，施药后应3 h内无雨。盖草能为易燃品，贮存时要放在阴凉处，避开高温和火源，不要与饲料存放在一起。

(3)其他常用除草剂

• 草甘膦(春多多) 它是新型内吸传导型广谱非选择性芽后灭生除草剂。草甘膦具有下列特点：广谱性，能防除单子叶和双子叶、1年生和多年生、草本和灌木植物；内吸性，能迅速被植物茎叶吸收，上下传导，对多年生杂草的地下组织破坏力很强；彻底性，能连根杀死，除草彻底；安全性，对哺乳动物低毒，对鱼类没有明显影响；残留性，一旦进入土壤，很快与铁铝等金属离子结合而钝化，对土壤中潜藏的种子和土壤微生物无不良影响；长效性，使用一次草甘膦，抵过多次使用其他类除草剂，省时、省工又省钱；可混合性，能与盖草能、果尔等土壤处理除草剂混用，除灭草外，还能预防杂草危害等特性。主要弱点是单用入土后对未萌发杂草无预防作用。

• 森草净 它是内吸性传导型高效除草剂，具有芽前、芽后除草活性。可杀草，也能抑制种子萌发，用药量少，杀草谱广，持效期长，用药一次，可保持1~2年内基本无草。森草净是某些针叶树大苗苗床、针叶幼林地和非耕地优良的除草剂。

• 扑草净 它是内吸传导型除草剂，主要由植物根系吸收，再运输到地上部分，也能通过叶面吸收，传至整个植株，抑制植物的光合作用，阻碍植物制造养分，使植物饿死。播后苗前或园林里1年生杂草大量萌发初期，1~2叶期时施药防效好。能防除1年生禾本科、莎草科杂草、阔叶杂草及某些多年生杂草。

• 精禾草克 为内吸传导型选择性除草剂，专门防除禾本科杂草的茎叶处理除草剂，对阔叶草、莎草科杂草无效。

• 氟乐灵 它既有触杀作用，又有内吸作用，是选择性播前或播后出苗前土壤处理除草剂，可用于苗圃除草，在苗木生育期用药需洗苗后再覆土。能防除1年生禾本科杂草及种子繁殖的多年生杂草和某些阔叶杂草。对苍耳、香附子、狗牙根防除效果较差或无效；对出土成株杂草无效。一般在杂草出土前作土壤处理均匀喷雾，并随即交叉耙地，将药剂混拌在3~5cm深的土层中，在天旱季节，还要镇压，以防药剂挥发、见光分解，从而降低药效。

林业苗圃中常用化学除草剂的实用技术见表5-11。

5.8.2 苗圃病虫害控制系统

苗圃病虫害防治总的方针是以防为主，综合防治。平时要进行苗木病、虫害

表 5-11 苗圃常用除草剂使用技术

商品名称	剂 型	参考使用量	使用对象	使用方法	主要树种	备注
果尔	24%乳油	675～900mL/hm^2	广谱	茎叶、芽前土壤	针叶	触杀
盖草能	10.8%乳油	450～750mL/hm^2	禾本科杂草	茎叶处理	阔叶、针叶	触杀
森草净	70%可湿性粉剂	5～50g/hm^2	广谱	茎叶、芽前土壤	阔、针叶(杉木,落叶松除外)	内吸
		250～900g/hm^2	广谱	步道、大苗等		
氟乐灵	48%乳油	2 100mL/hm^2	禾本科,小粒种子阔叶杂草	芽前土壤	阔叶、针叶	触杀
敌草胺	20%乳油	1 500～3 750g/hm^2	广谱,对多年生杂草无效	芽前土壤	阔叶、针叶	内吸
乙草胺	50%乳油	900～1 125mL/hm^2	广谱	芽前土壤	阔叶	触杀
草甘膦	10%水剂	100～450g/hm^2	广谱	茎叶、芽前土壤	针叶	内吸
扑草净	50%可湿性粉剂	500～1 500g/hm^2	广谱	土壤处理	阔叶、针叶	内吸
丁草胺	60%乳油	1 350～1 700mL/hm^2	禾本科杂草	芽前土壤		内吸
百草枯	20%水剂	100～300mL/hm^2	广谱	茎叶处理	阔叶、针叶	触杀
阿特拉津	40%胶悬剂	450～750mL/hm^2	阔叶杂草	茎叶处理	针叶	触杀
精禾草克	5%乳油	600～3 000mL/hm^2	禾本科杂草	茎叶处理	阔叶	内吸
敌草隆	25%可湿性粉剂	2 750～4 500g/hm^2	广谱	芽前土壤	阔叶、针叶	内吸
拿扑净	12.5%机油乳油	200～400g/hm^2	禾本科杂草	茎叶处理	阔叶、针叶	内吸
西玛津	50%可湿性粉剂	1 500～3 750g/hm^2	禾本科杂草	芽前土壤	针叶树	内吸
2,4-D 丁酯	72%乳油	600～900mL/hm^2	对禾本科无效	茎叶处理	针叶树	内吸

监测，杜绝突发的、大面积的病、虫害发生。“防重于治，治早、治小”是重要原则，不要等到蔓延成灾后再治理。应使用化学、物理、生物、耕作等综合措施进行防治。防治措施要贯穿苗木培育的各个环节。把好种子、种苗、种条的检疫关，防治外来病、虫侵入；做好土壤消毒工作，使用腐熟的有机肥，防止将病、虫带入圃地；培育壮苗，增加苗木抗性；及时清除杂草，防止病、虫滋生；及时清除受害苗、受害枝，防治传播；使用农药应针对症状，合理用药，避免药害；使用先进的、科学合理的作业方式，避免自然、机械、人员伤害苗木。

(1)苗木病害与防治

要针对各类病害的危害方式与特点，采用相应的防治措施，有效控制病害的发生。这里以苗圃中最易发生、危害最大的苗木立枯病为例，说明病害防治方法。

• 做好苗圃地选择　低洼、土壤过于黏重以及前茬为蔬菜、瓜类、棉花、马铃薯、花生、玉米的地块，不宜作苗圃，而应选择地势平坦，排水良好的平地或1°～3°的缓坡地，且土壤肥沃，结构良好的沙质壤土和壤土为宜。

• 种子消毒　要对种子进行消毒，用以种子消毒的药剂种类很多，选用时尽量避免使用剧毒农药，禁止使用高残留的农药。用1.5%的多菌灵拌种然后播种；用95%敌克松拌种(100kg种子用药量150～350g)。

• 土壤消毒　在播种前每公顷用2%～3%的硫酸亚铁3 750kg喷洒土壤，用硫酸亚铁每公顷225～300kg并混20倍细土，然后均匀撒入苗床、耕入表土；于苗床上堆积柴草焚烧，使20cm土层内达到灼热灭菌的程度，冷却后播种；用不带菌的心土(50cm以下的深层土)、火烧土铺在苗床上，厚1～2cm，然后播种，使原苗床上的带菌土与种子隔离。

• 苗期喷药　幼苗出土后，可每隔7～10d喷一次等量式波尔多液，共喷2～3次，进行预防。当病害发生后，应销毁病苗，并用2%的硫酸亚铁溶液喷洒，每公顷用药液1 500～2 250kg，喷药后半小时再用清水喷洗掉叶面上的药液，免遭药害，共喷药2～3次。也可每半月喷一次0.3%的漂白粉液。

(2)苗木害虫防治

害虫对苗木的为害很大，要保护苗木正常生长，必须做好防治害虫工作。可针对各类害虫的危害方式与特点，采用相应的防治措施，有效控制害虫的发生。

苗圃害虫不是经常性发生，只要注意预防，一般不会出现大问题。特别要注意蛴螬和蝼蛄的发生和防治工作。目前防治害虫主要是人工扑捉和有机磷农药毒杀两种措施，尚无特效方法。

(3)其他生物性危害的控制

除了病虫害外，还要注意对蚁害、鼠害、鸟害等生物危害的防治。

5.8.3 非生物性危害的控制

苗圃非生物性危害由环境条件、营养条件等不良引起，应在查明原因的基础上对症处理。

苗木叶子卷曲，叶片叶柄下垂，出现萎蔫现象，植株幼叶枯焦等，可能是光线太强，气候太干燥，浇水过少或不足，造成植株缺水所致，应注意适时浇水。

苗木叶片发黄，下垂，枝叶萎蔫，逐渐枯萎落，可能是土壤黏重、板结，造成通风不良，排水不畅，根系发育不良，吸收能力减弱。应及时松土。

苗木突然落叶，可能是湿度、光强变化激烈或缺水所致，注意对苗床适时遮荫和对苗木及时浇水。植株整株发育不良，茎根细弱，叶瘦而薄，新叶色淡绿；下部枝叶老化，并自下而上发黄并相继脱落；可能缺氮肥，应追施氮肥改善。

整株叶片呈深绿色带暗，阔叶叶柄紫色，或较老叶子红色，基部叶片黄色，或老叶边缘出现黄色，针叶先端灰、蓝、绿褐，针叶小于正常茎弱，芽发育慢，根系较小，可能是缺磷肥造成的，应立即施用磷肥。

叶色失绿呈杂色，叶缘出现黄、棕、紫等色斑等，可能是缺钾所致，应施钾肥。

叶子生长畸形，斑点散布在整个叶片，可能是缺铜，应施复合化肥。

老叶边缘枯焦，叶片焦黄，出现烂芽干梢或新叶肥厚，老叶变黄脱落，可能是施肥过量或浓度太高造成的，应多浇水冲淡肥料。

5.9 苗木出圃

苗木出圃包括起苗、分级、包装、贮藏、运输等环节，是苗木生产的最后一道工序。苗木出圃前一般要进行苗木调查，在预定进行调查的育苗地上，选定标准行或标准地，其数量一般为各该树种苗木育苗总行数(或总面积)的5%~10%。苗木调查应按苗木种类不同(树种不同、苗龄不同、育苗方式不同等)分别进行。在进行调查时，除调查苗木数量外，还要调查苗木的质量，即苗木高度、地径、根系发育等情况，针叶树要看有无顶芽，同时观察病虫害感染情况。调查结果按树种、育苗方法、苗木的种类和年龄分别进行调查和记载。可根据需要调查苗木生物量，每一调查地段选有代表性的10~30株苗木测生物量，分别用1/100或1/10天平称其地上部分和地下部分的鲜重，烘干后测定干物质重。

5.9.1 起苗

容器苗的起苗很简单，这里的起苗是针对裸根苗而言的。起苗就是把苗木从生长的圃地土壤中起出的过程。起苗不可避免地对苗木根系造成损伤，因此对苗木活力有重要影响。

根据树种特性，选择适宜的起苗季节和时间，掌握好起苗深度和根系幅度，控制好起苗时的土壤水分和土壤疏松程度，减少根系损伤，是保持起苗后苗木活力的关键。

(1)起苗季节

树种特性不同，起苗季节不同。原则上要在苗木的休眠期，即从秋季落叶到翌年春树液流动前起苗。春季萌动早、造林时间早的树种，如落叶松，应该在秋季落叶后起苗；其他树种可以在春季苗木萌动前起苗，随起、随运、随造。

春季起苗宜早，在苗木开始萌动之前起苗，若芽苞开放后起苗，会降低成活率。

秋季起苗一般在落叶后的 10 月下旬开始。秋季起苗有利于苗圃地进行秋(冬)深翻，消灭病虫害。

一些可以夏季造林的树种如常绿针叶树及花椒、紫穗槐等部分阔叶树种也可以雨季起苗。夏季起苗一定要在凌晨、傍晚或夜间进行，要随起随栽。为减少苗木蒸腾，起出的阔叶树种应剪掉一部分叶子。

(2)起苗方法

• 人工起苗　人工起苗要注意起苗方法，尽量减少根系的损伤，起苗前若土壤墒情差，一定要提前 3～5d 浇一次水，使根系分布层的土壤湿润，便于起苗。

• 机械起苗　用 U 形犁或专门设计的起苗机起苗(图 5-27，图 5-28)，能减轻劳动强度，提高工作效率 10 至十几倍，而且起苗的质量较好，根长与根幅比较一致。机械起苗每台机器约需 20 人随机捡苗。

(3)绿化苗木起苗

绿化树种起苗方法和季节与上述内容相同，但对苗木根系有相对严格的要求。

图 5-27　针叶树机械起苗(左为前部，右为后部)

图 5-28　阔叶树机械起苗(左为正在起苗，右为起苗犁)

通常来说，根系分布较深的树种，起苗时要求保留主根垂直长度较大、侧根水平根幅可适当缩小；根系分布较浅的树种，起苗时要求保留的水平根幅较大、垂直主根长度可适当降低。总体上，绿化苗木裸根小苗保留的根系较大苗小，带土坨苗木根系比不带土坨苗木根系相对较小(表5-12)。

表5-12 绿化树种起苗的苗木根系标准 cm

苗木类型	苗木高度	留侧根宽度	留主根长度
裸根	<30	12	15
小苗	31~100	17	20
	101~150	20	20
裸根大苗、中苗	3.1~4.0	36~40	25~30
	4.1~5.0	45~50	35~40
	5.1~6.0	50~80	40~50
	6.1~8.0	70~80	45~55
	8.1~10.0	85~100	55~65
	10.1~12.0	100~120	65~75
苗木类型	苗木高度	土坨直径	土坨高
带土	<100	30	20
坨苗	101~200	40~50	30~40
	201~300	50~70	40~60
	301~400	70~90	60~80
	401~500	90~110	80~90

注：根据《城市园林苗圃育苗技术规程》(CJ 14-86)数据整理。

5.9.2 苗木分级

苗木分级是根据育苗技术规程或标准要求，把苗木分成不同等级的过程。分级指标有形态指标和生理指标2类，但生理指标只是一个控制条件，生产上主要用形态指标来进行分级。形态指标中地径为主，苗高为辅，同时考虑根系状况、根茎比、叶色、顶芽、木质化状况等。

在我国，苗木分级一般与起苗同时进行。拣苗同时，先将有病虫害的、有损伤的、未达合格苗规格的苗木及非目的树种苗木剔除，再把Ⅰ级苗拣出，剩下部分均为Ⅱ级苗。而国外林业发达国家通常先将所有苗木用容器运进室内，在室内分级传送带上进行苗木分级(图5-29)。

图5-29 国外苗木分级流水作业

5.9.3 包装

分级后，苗木要及时包装。一般分别苗木级别、按一定数量进行包装。

(1)常规包装

常规包装的材料主要有草包、麻袋、尼龙袋、特制纸袋等。包装一般过程是：

将包装材料铺在地上，上面放上湿稻草、湿麦秸等湿润物；把苗木根对根放在上面，并在根间加湿润物，将苗木卷成捆，用绳子捆住，捆时不要太紧，以利通透空气；夏季出圃的苗木最好将根系蘸上泥浆，以利保持根系的湿润；如果是夏季起苗，苗子根部要用湿草袋、麻袋包起来，放在阴凉处，最多不能超过4h；当苗圃在造林地周围并随起随栽时，则不需要包装。

(2)用塑料袋包装

用于容器苗包装时，首先将容器苗按30～50株一捆用绳子捆上，然后再放入塑料袋内。装袋前浇些水，可以保持1～2d，最多达14d，以后将它们埋在沟中，上面留出透气孔。

用于裸根苗时，$1m^2$ 的塑料布可以包装200～500株苗木(图5-30)，具体过程同常规包装。目前，用塑料袋包装的最好办法是用两层袋子，里面用黑色的，有利于散射热量，外面用白色的，有利于反射热量。

图5-30 塑料袋包装苗木

当运输时间短(24h以内)，一般可将苗木直接放在筐、篓、麻袋中或直接放在车上运输。在筐袋或车斗底部铺上湿草，然后根对根将苗子分层放入，最上面再盖上草帘子或作物秸秆。

5.9.4 苗木运输与贮藏

包装好的苗木可以直接运送到造林地或移植地，也可以进行贮藏。

(1)苗木运输

• 运输时间　苗木从圃地到造林地，需要经过运输。在运输过程中，苗木常常会因风吹日晒而失水，因装卸不慎碰伤顶芽和腋芽，包被过于密实不利通风而发霉。特别是路途远时更是如此。这些都会降低造林成活率和延长缓苗时间。天气暖的季节，应在夜间或阴雨天运苗，以免苗木日晒、受热而脱水较快。

• 裸根苗的运输　裸根苗运输超过6h，且数量多、天气热时，包被物不要过于紧实，要随时检查内部温度，防止发热，并经常喷水；超过12h，苗木要带土坨运输。天气冷时注意防寒，顶部覆盖3cm厚的草袋或作物秸秆，防止苗木冻伤和风抽干。

● 容器苗的运输 用车运输时，底部铺上松软和湿的草袋或厚草，然后放上容器苗，防止路途颠簸，造成容器袋损坏；装车要有秩序，彼此靠紧，以减轻运输过程中的晃动，避免营养土脱落。搬运时，应轻拿轻放，尽量减少人为毁坏。

(2)苗木低温贮藏

低温库贮藏和窖藏都属于低温贮藏。低温贮藏的温度控制在0～3℃，空气相对湿度保持在85%～90%以上，并注意通风。通常低温库的温度由人工控温设备完成，可在各个季节贮藏苗木。苗木窖利用的是自然控温，只适合于越冬贮藏。贮藏的苗木都要包装完好。

(3)假植

假植就是将苗木根系用湿润的土壤暂时埋植起来，以防止苗木根系失水或干枯从而丧失生命力的一种保护措施。假植按时间的长短分临时假植和越冬假植2种。临时假植指在起苗后或造林前进行的短期假植；越冬假植指秋季起苗后不能马上造林或移栽而进行越冬的假植，又叫长期假植。

假植地应选择地势较高、避风、排水良好、不会低洼积水也不过于干燥的地段，越冬假植地段要求翌年春天不育苗。

假植沟与主风方向垂直，沟的迎风面一侧削成45°斜壁，以免强风透入土壤，伤害苗根。沟深视苗木大小而定，一般20～100cm，沟宽100～200cm。沟土要求湿润。

临时假植由于时间不长，可成捆地埋植。越冬假植由于时间较长，最好散开捆，按10～20cm间距单株埋在假植沟内。如果成捆越冬假植，每捆苗木数量不能过多，视苗木大小50或100株为一捆。

假植时使苗向背风方向倾斜，用湿润的土壤将苗木埋上并用脚踩实，使根与湿土紧密接触，为防止透风，埋土厚30～40cm。如果土壤干燥，在根层适当喷洒些水，然后在上面盖上干土，切忌喷水过多，尤其在黏性土壤上。沙质和壤质土最适于假植，黏性土由于热量条件和通气状况较差，不适于作假植沟。一般针叶树采用全埋法，即将苗木全埋入土中；阔叶树一般要埋全苗的2/3，但是一些易干枯的苗如核桃等也需要全部埋起来。如果冬季风很强，要设置防风障。假植后要插上标牌，注明树种、苗龄和数量。

5.10 苗木质量评价

种苗是造林绿化的物质基础，苗圃的任务就是培育质量良好的苗木。质量好的苗木就是通常所说的壮苗。壮苗是指遗传品质好、生长发育健壮、抗逆性强、移植或造林成活率高且生长快的苗木。壮苗通常需要具备以下特点：苗木粗壮而竖直、粗度均匀一致、有一定高度，枝叶旺盛、树皮或叶色泽正常、无徒长现象，根系发达、主根健壮、侧根和须根较多且有一定的长度；地上与地下部分鲜重的比值适当，萌芽力弱的针叶树种要有发育正常而饱满的顶芽，顶芽无二次生长现象；无病虫害和机械损伤；容器苗要有完整的根坨，无根系卷绕现象。壮苗的这些特点，需要有具体的指标和评价方法，才能够应用于生产指导和管理。

5.10.1　苗木质量评价的目的和意义

苗木质量评价的目的是保证壮苗的生产和应用，具体说就是了解和掌握苗木品质状况，从而向用苗者说明苗木状况、决定起苗和贮藏的措施、评价苗圃栽培措施合适与否、决定该批苗木适宜栽植的造林地条件(适地适苗)、制定合适的苗木处理和栽植措施、避免用苗不当的损失、决定苗木栽植顺序、确定造林不成功的原因和影响造林成功最重要的质量因素等。也就是说，用于苗木培育的繁殖材料的遗传品质和播种品质到底如何；苗木培育的各项技术和管理措施是否合适，哪些需要舍弃、哪些需要保持、哪些需要改进；一批苗木是否有用于造林绿化的价值、适宜于在什么情况下应用、应用后会产生什么样的效果；在育苗前、育苗过程中和苗木收获与应用过程中，应该采取什么样的有效调控措施来保障苗木质量，这些问题都需要通过苗木质量评价来决定。

1979 年，国际林业研究组织联盟(IUFRO)在新西兰召开了首次"苗木质量评价技术"专题会议，会上讨论了苗木质量在造林中的作用，定植苗质量评价技术，影响苗木质量的因子等问题。会后，美国、加拿大、德国、日本等国家的林业研究部门更加重视对苗木质量及评价技术的研究，有些国家开展了改进育苗技术与苗木质量的研究。1994 年，IUFRO 的苗木生产、植物材料特性和树木生理三个工作组在加拿大安大略省联合召开苗木质量评价为主题的学术会议，对前人提出的各种苗木质量评价方法进行了科学总结，更加全面、客观地分析了苗木质量评价的复杂性，提出了各种测定方法的测定标准和应用范围，为苗木质量评价的规范化和科学化提供了进一步的依据。

我国对苗木质量与造林绿化关系的研究始于 20 世纪 50 年代，80 年代初开始，在林业部的领导下，通过定点研究，对中国主要造林树种苗木的质量，用形态品质指标制定了国家标准(GB6000—1985)；继而各省在此基础上，根据省的实际情况又制定出了地方标准，用来指导育苗工作和检验苗木的质量，对育苗技术的改进和提高，以及苗木质量评价研究的促进都起了一定的作用。1999 年，在大量研究和实践基础上，修订形成新的国家标准《主要造林树种苗木质量分级》(GB6000—1999)，标志着我国苗木质量评价工作进入了新的阶段。

5.10.2　苗木质量指标

通常描述苗木质量所采用的指标有 2 大类，一个是对苗木的形态或物理测量，另一个是对苗木生理或内在质量的测量。从 20 世纪 80 年代以来，各国对苗木质量的研究已从单一形态品质指标逐渐过渡到形态指标和生理指标相互结合的领域，并延伸到分子水平。苗木质量评价也从育苗过程延伸至包括起苗、贮藏、运输、栽植、直到栽植后早期生长的整个过程中。由于苗木生理质量的测量结果不直观，有些方法的结果不稳定，有些方法具有破坏性，而且需要专门的仪器设备和技术，因此该指标只适合于研究用，不适合于生产应用。如何通过研究找到各种生理指标与形态指标的相关关系，确定出各树种和各苗龄型在各个地区最能代表苗木质量的主要和辅助形态指标，以及便于测量和应用的生理指标，应用于生产实际，是苗木质量评价研究的重要任务。

5.10.2.1 苗木质量形态指标

苗木质量形态指标主要有地径、苗高、高径比、根系指标、重量指标、茎根比、顶芽状况，以及综合的质量指数等。形态指标在生产上简便易行、用肉眼可观测、用简单仪器可以测定、便于直观控制，而且各形态指标都与苗木生理生化状况、生物物理状况、活力状况及其他状况等有相关关系，如苗茎有一定的粗度可使苗木直立挺拔、有适当的根量保证向苗木提供充足水分和养分等。因此，形态指标始终是研究和生产上都特别关注的苗木质量指标。

(1)地径、苗高、高径比

地径(Root-collar diameter)是地际直径的简称，指苗木根茎结合部位(土痕处)的直径。在所有形态指标中，地径是评价苗木质量的首要指标之一。这不仅因为其简单易测，更重要的是因为在各个形态指标中，地径所包含的信息量最大。地径不仅与苗木高度、苗木根系状况、苗木重量、苗木矿质营养与碳水化合物含量、苗木抗逆性等指标有密切的相关关系，而且与造林成活率和造林后幼林的早期生长有着密切的相关关系(图5-31)。因此，地径反映苗木质量的可靠性很高。Mullin 和 Svaton(1972)对白云杉的研究表明，造林时苗木的原始地径与10年后苗木的高生长成正相关，苗木的保存率也随原始地径的增大而提高。

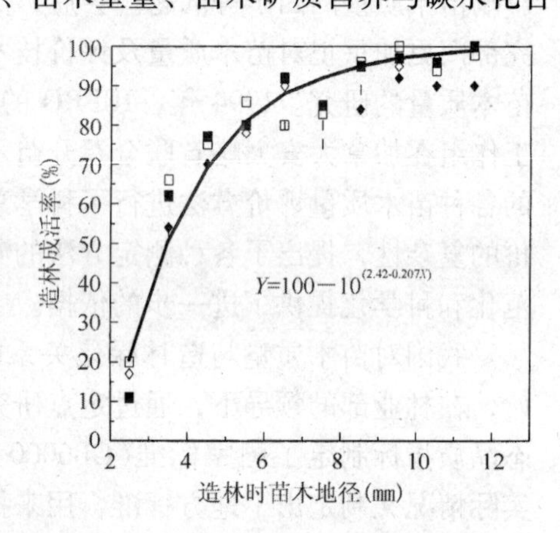

图5-31 美国乔治亚州一块造林地火炬松苗木地径与造林成活率的关系
(根据 David South 博士提供资料调整)

苗高(Shoot height)是指根颈部(土痕处)至顶芽为止的苗木茎干长度。苗木高度能在一定程度上反映其遗传优势，同时也反映出种子播种品质好坏和生存微环境优越与否。苗高可以反映苗木叶量多少，体现苗木的光合能力和蒸腾面积大小，进而反映苗木生长潜力的大小。因此，苗高与造林后的幼林生长关系密切，火炬松、白云杉、辐射松、红松的研究都表明，苗高大的苗木造林后的幼林高生长量明显优于苗高小的苗木。

高径比(Sturdiness quotient)是指苗高与地径之比。高径比反映了苗木高度与粗度的平衡关系，是反映苗木抗性及造林成活率的较好指标。通常认为，高径比同苗木造林成活率以及幼林生长的关系类似于苗木地径。一般在苗高达到一定的情况下，高径比越小越好。

(2)根系状况

根系是树木的重要器官，对造林成活及早期生长状况具有决定性作用。根系指标主要有根系长度(Root length)、根幅(Root width)、侧根数(No. of lateral roots)、根系总长度(Length of lateral roots)和表面积指数(Special area index of lateral roots)等。

根系长度主要是指主根长度，是从根系基部靠近地表处至根端的自然长度，是起苗时应保留的长度。根幅是从主根基部靠近地表处至四周侧根的长度，也是起苗时应保留的侧根幅度。侧根数一般指达到某一长度要求(如1cm、5cm、10cm等)的所有侧根的数量(相应地表示为大于1cm长的侧根数、大于5cm长侧根数、大于10cm长侧根数等)；根系总长度则是指达到某一长度要求(如1cm、5cm、10cm等)的所有侧根的总长度(相应地表示为大于1cm长的侧根总长度、大于5cm长侧根总长度、大于10cm长侧根总长度等)；根表面积指数是侧根数量与侧根长度的乘积(相应地表示为大于1cm长的侧根表面积指数、大于5cm长侧根表面积指数、大于10cm长侧根表面积指数等)。以上根系指标中，侧根数量与造林成活率和早期生长状况的关系最为紧密。我国一些研究(刘勇等 1995)证明，大于5cm的Ⅰ级侧根数能较好地反映苗木须根状况和造林成活率，并且易于在生产上推广应用。

(3)苗木重量与茎根比

苗木重量(Seedling weight)是指苗木干重或鲜重。鲜重容易测定但数据不稳定。干重需要烘干后测量，但数据更稳定、可靠。干重反映的是苗木干物质积累状况，是指示苗木质量的较好指标。苗木重量可以是苗木总重量，也可以是各部分重量，如根重、茎重、叶重等。苗木干重只能用于抽样调查，以估测整个苗批的质量状况。

茎根比(Shoot-root ratio)是指苗木地上部分与地下部分的重量或体积之比。也有人用根茎比，是茎根比的倒数。茎根比反映苗木根茎两部分的平衡关系，实际就是反映苗木水分和营养状况的收支平衡。茎根比是受到广泛重视的形态指标之一。苗木大小一定的情况下，茎根比越小，造林效果越好。

(4)质量指数

Dickson等(1960)提出苗木质量指数(QI)，其计算公式如下：

$$QI = \text{苗木总干重(g)} / [(\text{苗高 cm/地径 mm}) + (\text{茎干重 g/根干重 g})]$$

公式表明，苗木高径比、茎根比越小，总干重越重，则QI越高，苗木质量越好。

美国研究认为质量指数可以较好反映苗木质量，但我国研究结果说明这个指标并不理想(刘勇 1999)。

(5)顶芽

顶芽的大小和有无对一些萌芽力弱的针叶树种非常重要，发育正常而饱满的顶芽是合格苗木的一个重要条件，如马尾松、柳杉等苗木。因为顶芽越大，芽内原生叶的数量越多，苗木的活力越高，造林后的生长量越大。但对大多数阔叶树种及一些速生针叶树种(如火炬松)而言，顶芽与苗木质量的关系不大。

5.10.2.2 苗木质量生理生化指标

苗木质量生理指标主要有苗木水分状况、矿质营养状况、碳水化合物含量、生长调节物质状况、细胞浸出液电导率、根系活力、叶绿素含量、有丝分裂指数、打破芽休眠的日期、胁迫诱导挥发性物质等。

(1)苗木水分状况

苗木水分状况(Water status)与苗木质量密切相关。大量研究和生产实践也证明，造林后苗木死亡的一个重要原因就是苗木水分失调。说明苗木水分状况的指标很多，如根系含水量、地上部分含水量、地上部分水势、相对含水量、水势、水分动态变化的P-V曲线等。各方面的研究证明，表示苗木水分状况比较好的指标是水势(Water potential)，水分动态变化的P-V曲线是以水势测定为基础建立的，而含水量指标无法区别活的和死的苗木。

水势是同温度下某物系中的水与纯水间每摩尔体积的化学势差，单位为帕(Pa)。苗木的水势(Ψ_w)由渗透势(Ψ_p)和压力势(Ψ_π)组成，即 $\Psi_w = \Psi_p + \Psi_\pi$。

压力势是对膨胀细胞壁的一个正压力，正如气球的表面对气球内的空气所产生的压力一样，随着细胞的失水，压力便减弱。压力势是衡量苗木水分状况的一个重要指标，它对水分胁迫的反应非常敏感，如果压力势下降到一定水平，并持续较长时间，则可能对苗木产生永久伤害。渗透势是一个负压力，它是由于在势能为零的纯水中融入溶质（如糖、盐等)和其他物质而产生的，随着溶质浓度的增加，渗透势降低。纯水的渗透势为零。

以上三者的相互关系随苗木吸水和失水而发生变化，当苗木完全吸足水分时(含水量为100%)，其水势为零。这时压力势和渗透势数值相等但符号相反。随着水分的丧失，细胞膜只让水分通过，而溶质则被留下，因而细胞内溶质浓度增加，渗透势便降低。同时，由于细胞失去了原有体积，压力势也减小，最终水势降低，苗木水分胁迫增加。

(2)苗木矿质营养状况

苗木体内的矿质营养状况(Status of mineral nutrition)与苗木质量密切相关。有17种营养元素参与苗木生长和发育，其中包括来自大气和水的碳、氢、氧等3种元素，氮、磷、钾、钙、镁、硫等6种大量元素，铁、锰、铜、锌、硼、钼、氯、镍等8种微量元素。这些营养元素是苗木生长所必需的，任何一种元素的不足都会造成苗木生长不良；任何营养元素的过剩，都会对苗木生长产生不利影响，甚至毒害作用。只有各种营养物质平衡、足量地供给苗木，苗木才能健壮生长。因此，通过测定苗木体内矿质营养元素的含量，并与苗木所需营养元素的标准含量进行比较，就能对苗木的生长状况进行评定，以便提出改善苗木营养状况的措施或对苗木质量作出评价。苗木体内的矿质营养状况与苗木的抗寒性、抗旱性等密切相关，并最终将影响到苗木的造林成活率和幼林生长。

苗木矿质营养状况诊断的方法主要是症状分析、施肥实验和组织化学分析等，具体方法参见相关书籍。

(3)苗木碳水化合物含量

碳水化合物(Carbohydrates)是苗木体内重要的营养物质，为苗木的生长提供能量和原料。从起苗到栽植后苗木能进行光合作用之前，苗木靠其体内贮藏的碳水化合物来维持生长和呼吸。如果苗木体内贮藏的碳水化合物不能满足其需要，则会死亡。因此，可以用苗木体内碳水化合物的相对含量来作为苗木质量的生理指标。碳水化合物含量测定可参见相关书籍。

从图 5-32 可以看出，当碳水化合物贮量充足时，碳水化合物含量与苗木造林后的生长表现并不十分密切。但一旦碳水化合物贮量不足，成为苗木正常生长的限制因素，则碳水化合物的含量与苗木造林后生长表现的关系就十分密切。

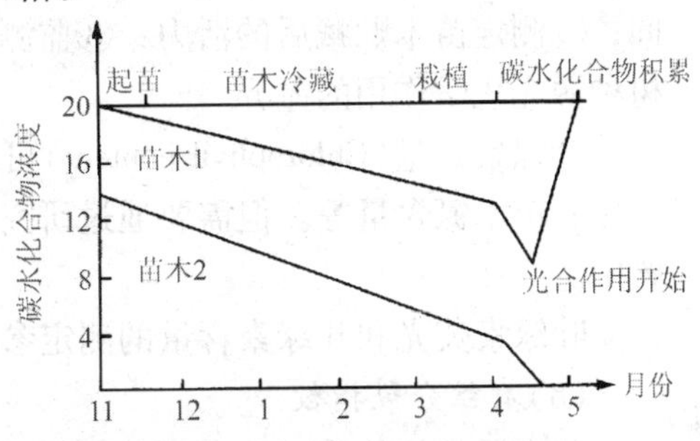

图 5-32 碳水化合物的消耗情况与造林成活与否的关系

(引自喻方圆 2008)

(4)苗木体内的生长调节物质

苗木体内的生长调节物质(Plant growth substances)控制着苗木的生长和发育，因此，可以利用生长调节物质的水平及变化情况来估测苗木的活力状况。但是，生长调节物质在苗木体内含量少，作用机理复杂，实际应用时难度较大。植物生长调节物质的测定可参见相关书籍。

(5)导电能力

苗木组织水分状况及植物细胞膜受损情况与组织的导电能力(Electroconductibility)紧密相关。表示导电能力主要有苗木细胞浸出液电导率和苗木组织电阻率2个指标。

苗木组织受损伤后，细胞膜的完整性被破坏，细胞内的溶质溢出，使细胞外溶液的电解质浓度增大，导电能力发生变化。变化程度与组织受伤的程度成正比，与组织生活力成反比。导电能力测定具有快速、测定样品量大、精确和成本低等优点。但需要针对不同树种、不同季节和不同环境条件下的苗木导电能力及其与造林成活率的关系进行细致研究，建立相关关系，才能应用于生产实际。

(6)根系活力

根系活力泛指苗木根系吸收、合成、生长的综合表现。这里的根系活力特指用四唑(TTC)法测定的结果。将苗木须根浸入无色四唑溶液中，须根活细胞中的脱氢酶产生的氢使溶液中的四唑生成稳定、不溶于水、不转移扩散的红色物质2,3,5-三苯基甲臜(TTCH)。四唑的还原数量与苗木根系活力的强弱呈正比，即溶液染色越深，苗木活力越高。

(7)叶绿素荧光及叶绿素含量

从叶绿体膜中反射出的红光与光合作用的主要过程有关，包括光的吸收、能量转换的激活和光系统 II 的光化学反应。叶绿素荧光(Variable chlorophyll fluorescence)反应是植物光化学反应的指示物，与物种、季节、环境、样品情况和其他影响植物生理作用的因素有关。可测定叶绿素萤光的变化来反映苗木的质量状况。

叶绿素萤光测定是直接测定叶绿体膜的生理状况。能与电导测定、根生长势测定和胁迫诱导挥发性物质测定等生理评价方法结合应用。这项测定所需的时间很短，具有可靠、提供瞬间结果、完全无损的特点，用于测定生长阶段苗木的生理状况优势明显。叶绿素萤光测定在以下方面有潜力发挥作用：①确定起苗时间；②测定苗木贮藏后的活力；③监测环境条件对光合作用的影响；④测定针叶树种源光化学作用的差异。

叶绿素含量(Chlorophyll content)可以定量地反映苗木健康状况，如苗木形态变化、苗木氮含量等。但需要通过研究确定它们之间的相关关系，才能应用于实践中。

叶绿素荧光和叶绿素含量的测定参见相关书籍。

(8)有丝分裂指数

苗木通常从秋季开始有丝分裂指数(Mitotic index，MI)减少，到冬季降到最低，直至为零。不同树种、种源的苗木，有丝分裂指数不同。已有足够的证据表明，有丝分裂指数与其他苗木抗性测定结合使用，在起苗到栽植期，对苗木质量的评价将起重要作用。

(9)打破芽休眠的日期

打破芽休眠的日期(Days to bud break，DBB)可用于估测针叶树苗木的休眠程度(Ritchie 1984；Ritchieetal 1985)。打破芽休眠的时间越长，休眠的程度越深。在DBB的基础上，Ritchie(1986)提出休眠解除指数(Dormancy release index，DRI)的概念，DRI可表示为苗木预冷处理后休眠解除的天数与DBB之比。DBB是一种简便、直接、低廉的测定方法，但该法在生产上的应用并不多，原因是测定时间过长。

(10)胁迫诱导挥发性物质

胁迫诱导挥发性物质(Stress induced volatile emissions，SIVE)测定的原理是针叶树苗木在胁迫状况下，其体内的一些低分子量碳氢化合物会逸出。如在空气污染、缺水和冻害等胁迫情况下，木本植物会挥发出乙烯、乙烷、乙醇、乙醛等物质。所产生气体的量与胁迫的程度有关。在4种气体中，乙醇和乙醛是快速监测抗逆性和植物组织质量的最佳选择。

SIVE可以用于测定苗木受冷害程度和抗寒能力及起苗到造林期间胁迫程度。SIVE的主要优点是快速和能在症状出现之前监测微小的物理机械损伤。另外，SIVE可以在贮藏运输期间监测苗木的质量变化。SIVE的缺点是有损检测和测定费用高。

此外，生理生化指标还有酶和蛋白质状况、光合作用和呼吸作用强度、苗木温度变化等。

5.10.2.3　苗木质量生物物理指标

苗木质量生物物理指标主要有电阻抗、热差分析、苗木体表温度等。

(1)电阻抗

电阻抗(Electrical impedance)法是将苗木茎干作为一个电容器，通过测定其电阻抗，建立苗木茎干电阻抗与苗木受冻害程度的关系，以此来评价苗木质量。因此，该法主要用于测定苗木受冻害程度。通常可比较苗木低温处理前后的电阻抗之差，差值越小，苗木受冻害越轻。影响测定值的因素主要有苗木大小、测定温度、苗木含水量、电极类型和电流频率等。

苗木电阻抗法是一种快速无损的检测方法，可以直接用于测定苗木受冻害情况，但该法对测定温度的要求较高，在田间测定难以控制。另外，建立的电阻抗与苗木质量的关系不是很稳定。

(2)热差分析

热差分析(Differential thermal analysis，DTA)法是利用热量计测定样品鲜枝条与烘干枝条在冷冻时的热量差，低温放热的量与苗木受冻害的程度有关。此法主要用于测定苗木的木质部组织，但也可以用于测定花芽、营养芽和叶片。此法尚在研究中，还未应用。

(3)苗木体表温度

用红外自动温度计测定苗木体表的温度变化，可达到估测苗木质量的目的。其依据是植物体表的温度变化与两项苗木的重要生理活动有关：①苗木叶片的温度与气孔开张度有关，而气孔开张度又与苗木的水分状况有关。②种子、苗木的芽、根尖的温度与生命活动的速率有关。初步的试验结果表明，苗木叶片的温度变化与苗木气孔张开度密切相关，可用于估测苗木的水分状况。

5.10.2.4　苗木质量活力指标

苗木在非异常的生态条件下，定植后能迅速成活并形成完整植株的潜在能力，称为苗木活力。裸根苗起苗后，苗木根系已脱离了过去适应了的土壤生态条件，一切生理机能暂时停止，随后又经历着拣苗、分级、假植、运输和贮藏等环节，从而使苗木活力受到影响。一般苗木活力的降低直至完全丧失，是一个逐渐累积的过程，这个过程又因树种和苗龄而异，大致是无性繁殖容易的树种比无性繁殖困难的树种苗木活力易于保持，自然落叶的树种比常绿性树种苗木活力易于保持，同一树种的大苗或苗龄大的苗木比小苗苗木活力易于保持。

苗木的不同器官如根、茎、叶的生命力并不是等同地影响着苗木的活力，绝大多数树种的实生苗，苗木根系的生命力直接同苗木生命力相关联，苗木根系的生命力一旦丧失，苗木活力也随之失去。但不少树种、尤其是一些常绿性针叶树苗木，如果茎干和针叶损伤、枯死，即使根系新鲜、完好，其活力也是微弱的，通常是没有造林价值的。

苗木质量活力指标有根生长势、苗木耐寒性、OSU 活力指数等。

(1)根生长势

根生长势(Root growth potential, RGP)也被译成根生长潜力，是指苗木在适宜环境条件下新根发生和生长的能力。自Stone(1955)首先提出这一概念以来，作为评价苗木质量的重要因子，得到广泛研究和应用。特别是1979年国际林联(IUFRO)在新西兰召开苗木质量问题国际学术会议后，有关根生长势的研究更是呈指数增长。许多林业机构已经把根生长势作为造林前检测苗木质量的常规指标(Sutton 1990; Landis, Skakel 1988)。

通常情况下，弱苗在不良立地条件下造林和壮苗在良好立地条件下造林时，根生长势与造林后苗木的田间表现关系密切。而弱苗在良好立地下造林和壮苗在不良立地下造林时，根生长势与造林后苗木的田间表现不密切(Burdett 1987)。

根生长势是评价苗木质量的最主要指标之一，不仅可以准确可靠地估测苗木质量，而且可以作为其他测定方法好坏的参照。但根生长势测定是在最适条件下进行的，而造林地的立地条件是千变万化的，生长势好的苗木，造林后的田间表现不一定绝对好。另外，因测定所需时间较长，对根生长势指标的推广应用也有一些不利影响。

(2)苗木耐寒性

苗木耐寒性(Frost hardiness)是指在寒冷情况下存活一定数量的苗木所能忍受的最低温度。通常用50%的苗木致死的温度来表示苗木的耐寒水平。如果造林时苗木遭受忍耐极限以下的低温，苗木将会死亡。因此，耐寒性是影响造林成活率的一个重要因素，是表明苗木质量的一个重要因子。

(3)OSU苗木活力

苗木在起苗到造林的过程中，常常会遭遇许多不利因素，如根系暴露、失水等。经过上述逆境，有的苗木成活，有的苗木死亡。基于这一认识，Hermann于20世纪六七十年代在美国俄勒冈州立大学逐步提出一种测定苗木活力的方法，后被称为OSU活力测定。此法是将苗木置于人工逆境下处理，然后在控制条件下培育，监测苗木的生长情况。如果苗木生长情况很好，则说明该批苗木健壮，活力强，具有较高的潜在造林成活率和林分生产力。如果苗木生长状况不佳或死亡，则说明苗木抗逆性差，活力不高，质量差。

此外，水分状况也经常作为苗木活力指标之一。这是因为苗木活力与其体内含水量的散失程度密切相关，它决定着苗木定植后根系生长的潜力和生理功能恢复的快慢。根部失水快，又使其细胞液浓度增大，苗木为了保持细胞液的动态平衡，就要从地上部向根部输送水分(即水分逆转)，从而更加速了苗木体内水分的散失，苗木活力就难以保持。国外实验证明，苗木体内的含水量与造林成活率成正比。据日本试验材料指出，当苗木的重量降低到苗木原含水重量的90%时，其成活率为70%，当苗木的重量降到苗木原重量的80%时，成活率为40%；当苗木重量降到苗木原重量的70%时，成活率为20%；当苗木重量降到苗木原重量的60%时，成活率降为0。我国对樟子松试验表明，起苗后苗木失水5.9%时，其成活率由原来的84.5%降至42.2%；失水6.7%时，成活率为20.7%；失水

8.6%，成活率为18.0%；失水9.4%，成活率只有6.0%。由此说明，起苗后应保护苗木尽可能少失水、尤其保护根系少失水，是保护苗木活力的关键(齐明聪 1992)。

5.10.2.5 分子(基因)水平上的苗木质量指标

目前决定最佳起苗时间的办法，一是整株冷冻(-18℃)测定抗寒性，另一个就是测定渗出液电导率。这种测定每次需要1到数周的时间，而且秋天抗寒性发育过程中要进行多次这样的测定。那么是否能找到一个又快又准确的方法呢？特殊生理过程(如抗寒性发育过程)的化学信号触发的基因组检测(基因表达分析)可以做到这一点(图5-33)，最近丹麦、荷兰、苏格兰和瑞典4国以欧洲赤松(*Pinus sylvestris*)和欧洲山毛榉(*Fagus sylvatica*)苗木为材料，联合开发了这项技术，并且已经在欧洲云杉(*Picea abies*)上推广应用(Landis 2008)。

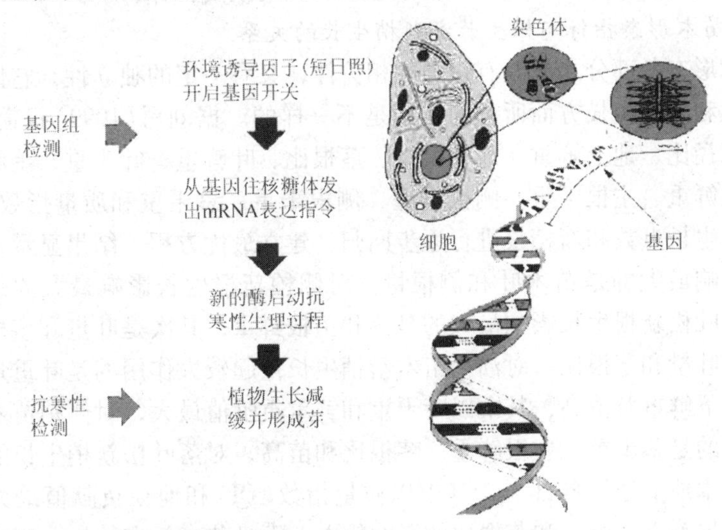

图5-33 利用基因组检测法可以比传统抗寒性检测法提前获得苗木抗寒性发育的信息[据Landis(2008)调整]

首先利用基因芯片技术检测植物组织中的大量基因，确定它们的活性水平，从而根据植物对环境刺激反应的信息检测出与抗寒性相关的指示性基因，之后通过分析确定它们的活性。这种特殊基因的表达变化可以早期准确地指示抗寒性发育进程，而传统技术只能提供抗寒性已经发育完毕数周后的信息。

5.10.2.6 不同苗木质量指标之间的关系

如前所述，指示苗木质量的指标很多，还有很多我们没有提及，一些新的指标还在开发和提出。应该说这些质量指标对全面了解苗木发育状况、合理评价苗木质量都具有重要价值。但是，我们评价苗木质量不仅是进行科学研究，更重要的是要在生产实际中应用。而生产实际要求的苗木质量评价方法是越简单越直观越好。因此，要研究各个苗木质量指标之间的相互关系，尤其是它们与简单、直观、易测、包含信息量大的形态指标(如地径)之间的关系，以便为生产实际建立一个简单实用、行之有效的苗木质量检测体系。

(1)各种苗木形态指标之间的关系

苗木形态指标之间存在着很强的依赖关系，油松、侧柏、落叶松和樟子松4个树种的地径与苗木地上、地下各部分的相关性达到显著水平($r>0.7$)；苗高与苗木其他各部分的相关性也达到显著水平($r>0.6$)；但苗高与地径之间，以及它们与高径比、茎根比之间的相关性则较弱(刘勇 1999；田淑静等 1982)。这些指标中，地径和苗高简单易测且包含信息量大、与其他指标相关紧密，因此也是最为常用的形态指标。须根状况对苗木质量影响很大。由于须根在起苗过程中最容易受损，而传统上常用的根系指标主根长与侧根鲜重不能很好地反映须根状况；大于5cm长的Ⅰ级侧根数与侧根鲜重的相关性很强($r>0.8$)，且实际可操作性强、应用简便，可以作为反映根系须根状况的主要指标(刘勇 1999)。

(2)苗木形态指标与根生长和新梢生长的关系

苗木形态各部分之间既有很强的相关性，又有一定的独立性，它们各自在苗木根生长和新梢生长方面所起的作用是不一样的。据刘勇(1999)报道，将苗高、地径、高径比、地上鲜重、地下鲜重、茎根比、叶鲜重、叶干重、茎鲜重、茎干重、主根鲜重、主根干重、侧根鲜重、侧根干重、总干重和质量指数等16个指标与新根生长点数和新梢长进行逐步回归，建立最优方程，结果显示，对油松新根萌发影响最大的是苗木叶和侧根量。对侧柏新根生长影响最大的是茎、叶鲜重。对落叶松新根生长影响最大的是茎和主根鲜重，其次是叶量和茎根比，而樟子松则是叶量和茎根比。对油松苗木新梢生长量起较大作用的是叶重量、苗木总干重、地下鲜重及苗高，其中以叶干重和鲜重贡献值最大，对侧柏苗木新梢生长影响较大的是茎干重、主根鲜重、茎根比和苗高，对落叶松新梢生长的影响指标包括了苗木地上地下各部分，其中以质量指数(QI)和地径贡献值最大，而樟子松只有主根鲜重、苗高和茎根比的影响较大；而且苗高标在油松、侧柏和樟子松中出现，而地径仅在落叶松中出现。这些结果说明，对不同的树种，各个形态指标的重要性是不同的，应该通过系统深入的研究确定各树种在各种环境条件下的主导指标，既可以用于准确评价苗木质量，又能指导苗木生产。

(3)苗木形态与苗木生理的关系

• 苗木形态等级与矿质元素含量 在正常生长情况下，苗木外部形态是其内部生理状况的表现，刘勇(1999)报道的结果表明，苗木越大，等级越靠前，针叶内氮、磷、钾含量也越大；其中Ⅰ级与Ⅱ级、Ⅱ级与Ⅲ级苗之间的差平均都在1倍以上，可见苗木等级的确反映出苗木体内的矿质营养状况。

• 苗木形态等级与光合作用 苗木形态大小上的差异，归根到底是苗木物质生长能力的差异。因此，不同等级苗木的物质生长能力应该是有区别的。对油松、侧柏不同等级苗木的光合作用测定结果(刘勇 1999)表明，苗木形体越大，净光合速率、气孔导度和蒸腾速率也越大，气孔阻力越小；相反，形体越小，净光合速率、气孔导度和蒸腾速率越小，气孔阻力越大；苗高、地径、总干重等与单株光合速率指数变化规律一致。尹伟伦(1983)对杨树的研究表明，全株总叶面积与生物量和高、径生长之间存在着极紧密的正相关关系，相关系数分别为0.926、0.889和0.910。

• 苗木形态等级与叶绿素含量　在对苗木光合作用的分析中得到，苗木形体大小与其光合速率呈正相关。对不同等级苗木叶绿素含量测定也得到相同结果。刘勇的报道(1999)反映出，苗木越大，其叶绿素a、叶绿素b及叶绿素总量越高，侧柏叶绿素含量高于油松。将单位重量的叶绿素含量换算成每株苗木叶绿素总含量，其结果当然更是苗木越大，叶绿素含量越高。

• 苗木地上部分状态与根生长势关系紧密(刘勇　1999)　截干处理的油松、侧柏、樟子松和华北落叶松苗木栽植后，4周之内都不发生新根；去掉一般叶子或苗干，根生长潜力下降。萌芽力弱的樟子松和油松去掉芽后新根很少长出。北美黄杉和西加云杉也有相似的结果(Philipson　1988)。苗木根系大小和根系状况与根生长潜力的关系更是非常紧密，苗木越大、须根越多，根生长潜力就越大，但不同树种表现有所差异(刘勇　1999)。

5.10.3 形态指标的评价方法

苗木形态指标的测量简单直观，如地径是用游标卡尺在实生苗根颈处(土痕处)、插条和插根苗萌发主干的基部、嫁接苗接口以上正常粗度处测量，苗高用钢卷尺等从苗木根颈处(土痕处)量到顶芽基部(无顶芽则到最高处)，根系也是测长度、量幅度、数数量、秤重量，各类比值是简单计算，顶芽是用利刃切下卡尺测量等。对于形态指标，关键的还是各形态指标之间关系的确立，如何组合运用来综合评定苗木质量，以及如何建立各形态指标与生理生化、生物物理和苗木活力指标之间关系，科学选用形态指标体系的问题。

下面以齐明聪等人从1985年起用形态法和生理法研究苗木质量评价技术的过程简述如下，以供参考。

(1)试验地点、树种和期限

试验在位于小兴安岭南部的黑龙江省伊春市，试验树种为红松、红皮云杉、落叶松和樟子松，研究期限为4年。

(2)试验方法

将苗木的形态指标按树种与苗龄型分为综合指标和单项指标，综合指标是将苗高、地径、大于5cm的侧根数三者综合在一起，分为Ⅰ、Ⅱ、Ⅲ级；单项指标是将苗高、地径、大于5cm侧根数等的单项各分为三级，将顶芽分为大芽、小芽两级，将未分级的混合苗木做为对照。为了使试验具有科学性，采用了不同年份的重复性试验。每级均选取50株。各树种苗龄型的苗木均按对照、综合指标的Ⅰ、Ⅱ、Ⅲ级，单项指标中地径的粗、中、细(代号为D_1、D_2、D_3)、苗高的高、中、矮(代号为H_1、H_2、H_3)、大于5cm侧根数的多、中、少(代号为R_1、R_2、R_3)和顶芽的大、小等顺序栽植，每级别定植一行。定植后一个月调查成活率，当年秋和翌年春调查保存率。以后于每年生长季结束后，采用定位抽样法调查定植苗的高与径生长量。各级苗木均按顺序每5株定位调查一株，定位号为3，8，13，18，…，48，每级共调查10株。若原定位号的苗木受到损伤或死亡，则按先前位，再后位的顺序来代替。

(3)试验目的

确定某树种的最佳苗龄型和最能代表苗木的形态品质指标。

苗龄型是苗木种类与苗木年龄的综合指标，它既反应着培育苗木所使用的材料和方法，又反应着培育苗木的年限和技术环节，还与圃地的利用率和苗木成本有关。怎样使培育某树种的苗木年限最短、成本最低、品质最好，是苗木培育的关键。

(4)试验结果

试验结果的综合分析表明，红松宜培养2-2和1-2型的苗木。综合结果表明来看，用地径这一指标就足可以说明红松苗木的形态品质；云杉宜培育1-2型苗，可酌情培育2-2型苗，用地径这一形态指标表明云杉苗木品质是可靠的；樟子松可培育1-1-1型苗，可用综合指标表明其形态品质，也可用地径这一单项因子说明其形态品质；落叶松应以培育1-1型苗木为好，可用各单项指标均可代替综合指标来表示其形态品质，而地径更简便实用。

试验中得出用苗木的地径这一单项因子反映其形态品质，其根据是苗木在成活阶段直至新的根原基形成并发育成新的营养源所需要的养分，是靠苗木的营养贮备来供应；苗木的抗逆性亦与其体内养分贮备呈正相关。分析材料证明，苗木的地径与其根的干重和苗木干物质量均呈指数函数关系。因此，用苗木的地径就比较可靠地评价苗木的生物量，贮备物质的含量，同化器官的数量及其结构等。所以，苗木的形态品质指标，用地径这一单项因子既反应了苗木的质量，又直观易于测定，在生产上又简便易行。

5.10.4　生理指标的评价方法

(1)水分状况测量

营林工作者早就注意到，苗木起出后到定植前，防止苗木失水是提高造林成活率的重要技术环节，从而认为测量苗木体内的含水状况，是评定苗木质量的一种手段。测量苗木水分状况的最好办法是测定它的水势。测量水势的方法有压力室法(Pressure chamber)、热电偶湿度计法(Isopiestic psychrometers)、平衡溶液法(Solution equilibrium)、冰点渗压计(Cryoscopic osmometer)、压力探针(Pressure probe)等。其中Scholander(1964，1965)的压力室已成为野外测量苗木水势的一种快速而可靠的方法(图5-34)。这种方法是将一个叶芽、针束或针叶放入一个特制的压力夹中，使其切面突出，通过气缸供压直到切面上出现液汁为止，通常认为，所表示的压力量即等于测试器官细胞的水势。这种测量方法通常只用2～3min。Cleary和Zaerr(1980)指出，花旗松和西部黄松的成活和良好生长所需的水势值为-0.5MPa或以上，如果水势下降到-1MPa，说明苗木已受到损害，水势降到-2MPa，苗木根组织已遭受到严重的生理损伤，苗木可能死亡；水势降到-5MPa，表明多数苗木已死亡。齐明聪(1992)报道，红松水势应大于

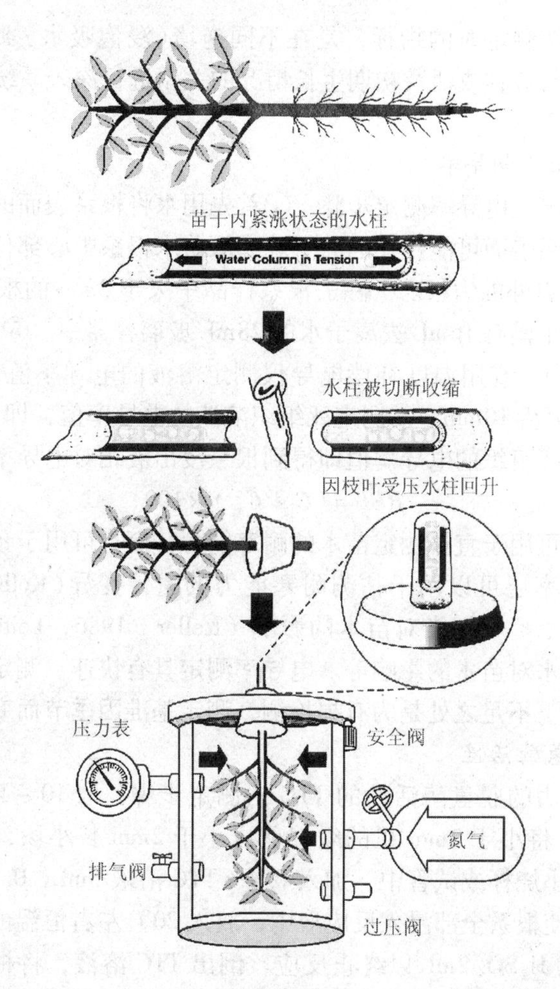

图5-34 压力室法测定苗木水势的方法(根据 Landis 2008)

0.85MPa，落叶松应大于 0.76MPa，云杉应大于 1.30MPa，樟子松应大于 0.53MPa，水曲柳应大于 0.85MPa；苗木对失水的敏感程度是，樟子松 > 云杉 > 红松 > 水曲柳 > 落叶松(表5-13)。

表5-13 苗木水势(MPa)与造林成活率(%)关系

树种及苗龄型	晾晒时间(h)													
	0		1		2		4		6		8		10	
	水势	成活率	水势	成活率	水势	成活率	水势	成活率	水势	成活率	水势	成活率	水势	成活率
红松 1-2	0.45	97	0.82	86	1.26	84	1.86	31	2.45	23	2.69	13	3.29	1
落叶松 1-1	0.13	100	0.31	97	0.76	95	1.23	84	1.41	80	2.13	77	2.53	73
云杉 1-2	1.30	90	1.88	84	2.53	62	3.18	39	3.64	17	3.75	7	3.92	3
樟子松 1-1	0.34	100	0.73	46	1.36	13	1.89	15	2.35	3	2.48	2	2.61	1
水曲柳 1-0	0.71	100	0.82	95	0.96	90	1.18	78	1.32	73	2.09	71	3.87	53

注：根据齐明聪(1992)，有调整。

采用压力室法测定时的指标，是在不同逆境(浸泡吸水、晾晒失水)条件下对苗木水势状况与造林成活及初期生长情况的关系进行深入系统的研究后制订出来的(表5-13)。

(2)细胞浸出液电导率

苗木根系浸出液电导率测定步骤：①首先用水将根系表面的土洗净，然后用去离子水洗净根系表面可能存在的离子。②取苗木根系中心部位的部分，通常为离根茎处2.5cm以外的力根。③除去根系样品中大于2mm的根系，仅留下“须”根。④将须根置于盛有16mL去离子水的28mL玻璃容器中。⑤盖好容器、摇匀，在室温下放置24h。⑥用温度补偿电导仪测定溶液的电导率值，即为$C_{活}$。⑦将样品在100℃下灭活10min。⑧测定死组织溶液的电导率值，即为$C_{死}$。⑨活组织的电导率值除以死组织的电导率值即得到根系浸出液相对电导率：

$$REL = (C_{活}/C_{死}) \times 100$$

电导率不但可用于直接测定苗木的耐寒能力，而且可用于预测苗木对寒冷胁迫的反应。电导率还可以用于估测耐寒能力的遗传变异(Kolbetal 1985，Raymondetal 1986)、空气污染对苗木的影响(Keller 1986，Leithetal 1989)和其他胁迫如叶片失水对苗木的影响等。电导率测定具有快速、测定样品量大、精确和成本低等优点。不足之处是为有损检测、测定基准因季节而变化。

(3)根系脱氢酶活性

表示根系活力的脱氢酶活性的TTC法测定步骤：取10~15株苗木、洗净、吸去表面水分，将小于2mm粗的须根剪成小于2mm长小段，充分混合后称取0.2~1.0g放入小烧杯或试管中，加入0.4% TTC溶液5mL，0.1N磷酸缓冲溶液(pH7.5)5mL，使根系全部浸入反应液中，放入20℃左右恒温的黑暗条件下反应24h。滴入2N的H_2SO_4 2mL以终止反应。倒出TTC溶液，将根段用蒸馏水冲洗数遍，用滤纸吸去表面水分，将根段置于研钵中，加入4~5mL乙酸乙酯和石英砂，充分研碎，提取还原的TTCH，此时根段吸附的红色TTCH溶于乙酸乙酯中。稍待，使溶剂和残渣分开后，将红色溶剂小心地用吸管吸入具塞刻度试管中，继续用乙酸乙酯提取4~5次，直到提取的溶剂呈无色为止。再用乙酸乙酯将刻度试管中的提取液稀释至刻度，用分光光度计于485nm处测定光密度，从标准曲线上计算出TTCH的量。以每小时每克鲜重(或干重)根系还原TTC的微克数[g/(g·h)]表示根系活力。

根系活力=[TTCH量(g/mL)×稀释倍数]/[根鲜重(g)×实际反应时间(h)]

苗木晾晒过程中TTC法测定结果与苗木水势相关性达到显著水平，TTCH值与根生长势RGP有显著的线性关系，TTCH值与造林成活率及造林后初期生长量也存在显著相关关系。这说明TTC法可以很好地表现苗木根系活力情况。

(4)芽休眠

打破芽休眠状况的测定方法有芽开放天数、导电能力法、植物激素分析法、有丝分裂指数法、干重比法等，其中最可靠的是芽开放天数(DDB)。把苗木置于适宜生长的环境中，观察苗木顶芽开放所需方式，即将苗木进行盆栽，放在类似春天的标准测定环境中(如光照12~24h，气温20℃)，每天观察苗木，当顶芽开放长出新叶时记录日期，所有苗木的顶芽都开放后，计算顶芽开放所需的平均天数(DBB)。DBB可以反映苗木休眠状况，也可以鉴别苗木休眠类型。

5.10.5 苗木活力评价方法

(1)根生长势

测定苗木根生长势的方法，相对说来较简单、容易，就是将试验的苗木除掉所有的新根尖，然后将苗木栽入容器中，并置于最佳的生态条件下，经过一定天数后，取出检测新根的生长情况。

• 基本方法　由Stone等(1955)提出，并一直使用至今：将苗木洗净，剪去露白的新根，然后植于营养钵中，培养基为1∶1的泥炭和蛭石。培养基应排水良好。苗木置于温室或生长箱中培养，温度20℃，16 h光照，不需施肥。4周后取出苗木，洗净，统计新根生长情况。

• 快速测定方法　Burdett(1979)提出测定根生长势的快速方法。测定条件为：温度白天30℃，晚上25℃，16 h光照，光照强度25 000Lx，相对湿度75%。其他与基本方法相同。

• 水培法　Winjum(1963)提出：将苗木置于透明水槽中，水槽的盖子挖孔，以支持苗木。培养条件与基本方法相同，只是水槽需通气。水培节省了大量培养介质，根系有更好的伸展空间，新根干净且易与老根区分，不会因起苗而伤根，便于应用拍照和排水法测定新根生长情况，可以在测定过程中观察新根生长情况，易于管理。

培养结束后，测定新根的生长情况。目前表达根生长势所用的指标较多，如新根数量、新根总长、大于1cm的新根数量、新根体积、新根干物质重量等。由于指标太多，给根生长势的统一评价带来困难。鉴于上述指标的测定均较繁琐，Burdett(1979)提出了一套简便的测定方法，即测定新根生长指数，具体做法是将新根生长情况分为如下六级：

0级　表示没有新根
1级　有一部分新根，但生长不超过1cm
2级　有1~3条新根，生长量超过1cm
3级　有4~10条新根，生长量超过1cm
4级　有11~30条新根，生长量超过1cm
5级　有31~100条新根，生长量超过1cm

据研究，这个分级方法简便、可比较性强、便于实际应用。

应用根生长潜力的方法评定苗木质量时，要了解根的生长能力是有周期性的，且与下列情况有关。

• 根生长潜力与芽休眠有关　许多试验数据表明，根生长潜力与芽休眠周期性有关。花旗松的休眠周期分成4个明显而连续的阶段，即休眠诱导⟶休眠加深⟶真休眠⟶静止休眠。在生长恢复前，芽必须在低温下暴露一段时期，花旗松需在0～10℃的温度范围内1 200h（低于5℃范围需1 400h）。树种的低温需求（春化）得到满足时，根生长潜力最大。

• 根生长潜力与碳水化合物有关　由于根生长是能量的消耗过程，因此它只能在可利用的新陈代谢物质的消耗中发生，这些物质主要为碳水化合物。Richardson（1953）通过对银槭的试验指出，在短期内进行根生长消耗的是流通中的光合产物；仅当对光合作用不适宜的条件长达1周以上时，根生长才明显利用贮备的碳水化合物。Webb（1976）通过试验指出，新根的生长似乎需要流动的光同化碳水化合物。从而得出，在测试根生长潜力时，要在有光的条件下进行。

（2）苗木耐寒性

评价苗木耐寒性的方法是将冷冻处理（－18℃整株冷冻）后的苗木置温室中培育，数周后检查苗木生长情况，包括根系生长情况。Menzies 和 Holden（1981）提出了评价辐射松、加州沼松和花旗松苗木遭受冻害程度的等级表：

受冻害程度	等级
无	0
芽未受冻害，但针叶变红	1
芽受冻害，10%～30%的针叶死亡	2
40%～60%的针叶死亡	3
70%～90%的针叶死亡	4
所有针叶死亡，茎干死亡	5

近年来新开发出的基因水平上检测苗木抗寒性的方法可以参阅 Landis（2008）的描述。

5.10.6 苗木质量控制

近几十年来，苗木质量评价技术取得了不断的进步，苗木质量评价结果的可靠性得到了有效提高。但是，苗木质量评价并不是目的，通过评价了解苗木生长发育特点、提高苗木培育技术水平、培育优质苗木并保障其优良品质，从而保证造林绿化成功，使造林后苗木能够达到或超过我们预期的生长表现，尽快满足人们对所造森林各种效益的要求，才是真正目的。因此，将被动的苗木质量评价转变为积极主动的苗木质量调控，是苗木质量管理上的一次认识飞跃。这就要求我们在综合进行科学地苗木质量评价的基础上，建立苗木质量调控体系，在深入研究各种育苗技术措施对苗木形态、苗木生理、苗木活力及造林成活率和生长量作用的基础上，根据用户要求或造林地立地条件，通过在苗木培育过程各阶段进行的生长发育状况监测，实施最佳经营管理措施，保证各阶段苗木培育与经营管理目标的实现，最终实现所生产的苗木不仅在形态指标上符合规格，而且在生理及抗性等方面也符合要求，从而为保证造林绿化成功提供可靠的苗木来源。

（1）良种品质控制

良种品质控制是苗木质量控制的前提。为了保证苗木培育的成功，首先要保证育苗材料的遗传品质，其次要做好各种良种品质保障工作，从采种、调制、贮藏、运输、催芽（或预处理）等各个环节着手，使良种处于最优状态。

(2)培育环境和培育技术控制

良好而适宜的苗木培育环境和先进而实用的苗木培育技术控制，是苗木培育成功的保证。要对苗木培育的非生物环境和生物环境进行集约的、动态的调控，对播种、苗木密度控制开始到起苗出圃为止的苗木培育全程控制，以满足不同种类、不同类型苗木在各个发育阶段的要求。

(3)出圃后控制

出圃后的包装、运输、假植，到栽植和幼林抚育等过程的管理，也是苗木质量控制不可忽视的环节。

本章小结

本章是整个苗木培育学的重点，主要对裸根苗培育系统和容器苗培育系统两大系统及其相关的土壤和水分管理系统、苗圃灾害控制系统，以及苗木出圃和苗木质量评价等方面进行了细致深入的讨论。其中，裸根苗培育系统、土壤和水分管理系统是最基本的基础系统，本章重中之重，需要充分理解和掌握，并能熟练应用；容器苗培育的应用越来越广泛，也应该理解和掌握；灾害控制系统中的化学除草技术是目前实用性最大、普遍性最大、也是最容易出问题的生产技术，需要准确理解和把握，合理应用；苗木出圃主要是程序问题，但要注意把握保持苗木活力这一基本原则；病虫害中关于猝倒病的内容要切实掌握，其他方面要了解；苗木质量评价的指标和评价方法准确掌握，并对各种方法的应用和特点等要有充分的了解。需要注意的是，这里所涉及的各项技术是从研究和生产实践中得来的通用技术，在具体运用时一定要充分考虑具体的地区、树种、苗龄型、苗圃条件、造林地条件，以及技术和经济上的问题，具体问题要具体分析。我们应该重视高新技术的开发与使用，但也不能忽视普通实用技术的开发与使用。因为“高科技含量”并不等同于“高新技术含量”，只要生产使用的技术中，经过科学实验或生产试验检验的技术的比例高，则科技含量就高。另外，实际中可能遇到的各种各样的情况，我们不可能都在教材中体现，但是只要我们掌握了一般通理，在实际中遇到具体问题时加以科学分析，就可以找到问题的解决办法。总之，科学技术是不断发展的，但基本原理和基本技术是相对稳定的，既要认真扎实地学习掌握基本原理和基本技术，也要充分关注新知识、新工艺和新技术。

复习思考题

1. 苗圃土壤改良有什么意义？主要有哪些方法？如何运用各个土壤改良的方法？
2. 如何调节苗圃水分的性质？苗圃灌溉系统包括哪些组成成分？如何进行苗圃灌溉？
3. 裸根苗培育系统、容器苗培育系统和苗圃灾害控制系统的内容有什么，如何进行？
4. 苗木出圃包含哪些环节？
5. 苗木质量指标有哪些？如何进行苗木质量评价？

第6章　苗圃的建立与经营管理

苗圃(Nursery)作为培育苗木的场所，是培育和经营各类树木苗木的生产单位或企业。国外的苗圃通常是一个企业，因此定义苗圃为通过无性、有性或其他途径生产各种苗木(果树、观赏木本植物和森林树种的苗木)的园艺企业或林业企业。我国过去通常的概念没有商业性质，一般把苗圃称作生产优良苗木的基地。市场经济条件下，我国的苗圃性质也在发生变化，逐步成为或已经成为一个独立的生产经营单位。

随着我国造林绿化事业的不断发展，种苗的需求量不断增加、需求的类别越来越多样化，质量要求也越来越高。苗圃是造林绿化苗木的培育场所，是各种苗木培育技术充分发挥其效能的依托场所。苗圃功能发挥最大化的保证是使其自身的条件满足苗木培育的要求，同时能够对其进行合理的经营管理。因此，苗圃的建立与经营管理工作意义重大，不容忽视。

6.1　苗圃的布局与区划

根据苗圃生产苗木的用途或任务的不同，可以把苗圃分为森林苗圃、园林苗圃、果树苗圃、特种经济林苗圃、防护林苗圃及实验苗圃等各种专门苗圃。根据使用年限的长短，苗圃可以分为固定苗圃和临时苗圃。根据苗圃育苗面积的大小，可以分为大型、中型和小型苗圃。按照育苗环境控制程度，可以分为大田育苗苗圃和容器育苗苗圃。具有如上各种功能的大型苗圃可以称为苗木繁育中心等。市场经济条件下，苗圃还可以按所有制分类，分为国有苗圃、集体苗圃和个体苗圃。不同类别的苗圃有不同的功能，布局和区划上也各有特点。

6.1.1　苗圃的功能与布局

(1)苗圃的功能

• 苗圃的基本功能　过去，苗圃的分工很细，森林苗圃的任务以生产营建各类用材林用苗为主，苗木的年龄一般为1~4年生；特种经济林苗圃是专门培育特用经济林树种苗为主，如桑苗、油茶苗、油橄榄苗、橡胶苗等；防护林苗圃是以生产营造各种类型防护林用苗为主；园林苗圃隶属于园林绿化部门，是培育城市、公园、居民区和道路等绿化所需要的苗木，苗木种类多，年龄大，且有一定的树形。

• 苗圃功能的演变 近年来，随着我国经济的快速增长，人民物质文化生活水平日益提高，城市化进程不断加快，绿化美化、改善生态环境工作越来越受到人们的关注，各地在城市绿化美化、绿色通道绿化工程、农田林带林网、村镇环境整治以及林业六大工程建设快速推进的同时，也促进了绿化苗木产业的迅猛发展。国家林业局要求，坚持围绕林业六大工程建设和国土绿化，使种苗发展与林业发展相衔接、相协调；要认真研究林业六大工程建设和城镇绿化美化总任务，制定科学规划，安排年度计划，超前发展林木种苗生产，努力提供品种对路的良种壮苗；要根据林业建设面临的供求关系和消费多层次变化，面向大林业、大市场，生态林苗木、商品林苗木、绿化美化苗木、花卉和草一起上。这使得过去的分工很细、专业化很强的苗圃在功能结构上发生了很大变化。森林苗圃已经不仅生产用材林营造用苗，而是生产营建各类用材林、公益林、经济林、城市森林等用树苗为主的苗圃，特种经济林苗圃和防护林苗圃成为森林苗圃的一种类型或一个部分。因为在很多地方如华北石质山区等实行大苗造林，尤其是在城市森林建设应用大苗的情况更多，所以现代森林苗圃也经常培育4年生以上的大苗。很多原来的森林苗圃，开始生产园林绿化用苗和果树用苗，甚至有的苗圃还生产草本花卉苗、城市绿地用草被苗、野生草本植物苗等。一个大型苗圃，可能会综合上述各苗圃的作用。目前，生产实践中除了森林苗圃和园林苗圃外，其他专一性很强的苗圃已经很少见，其任务多数融合在前述两类苗圃中，很多地方甚至建立了综合性的苗木繁育中心。另一方面，市场经济条件下又要求品种的专业化、规模化生产，因为只有这样，才能有效降低成本、提高生产效率、获得最大收益。所以即使比较大型的苗圃，生产的苗木类型和品种也可能很少，从而使苗圃又朝着专一性发展，不同的苗木类型和品种的生产由分工协作的不同苗圃共同完成。如美国威斯康星州 Evergreen 苗圃以生产经营针叶树播种苗为主，俄亥俄州 Decker 苗圃以生产针叶树嫁接苗为主，后者使用的砧木材料基本上来自前者。再如北美五大湖区气候温和，该地区的苗圃主要以繁殖小苗为主，而太平洋沿岸水热条件好，该地区苗圃以大型园林绿化苗木为主，后者使用的小苗来自于前者。

(2) 苗圃的总体布局

• 森林苗圃的布局 因为是生产营建森林用树苗为主，因此，森林苗圃主要布局在造林绿化地区的中心。如东北林区各个县(市)或森工系统的林业局及农垦系统的农场，都有1~2个中心苗圃(国家级标准苗圃)，如黑龙江省伊春市五营林业局中心苗圃(国家级标准苗圃)、吉林森工集团红石分公司东兴苗圃、吉林省蛟河市苗圃、辽宁省丹东市中心苗圃等。其他地方各市县也至少有一处森林苗圃或综合性苗圃，如四川省绵竹市中心苗圃、陕西省铜川市中心苗圃、江西赣县森林苗圃等。这类苗圃承担全县(全局、全场)的造林绿化用苗的生产任务，很多地方的苗圃还承担园林花卉苗木的生产任务。在一些重要林区，如东北林区、南方集体林区等，一些大型国有林场或乡镇集体林场还建有一定规模的森林苗圃，如黑龙江省桦南县孟家岗林场苗圃、吉林省敦化市寒葱岭林场苗圃等，以满足本场及邻近地区造林绿化用苗需要，并补充中心苗圃育苗的不足。

• 园林苗圃的布局 园林苗圃由于是培育园林花卉苗木为主，以满足城镇园林绿化用苗为目的，所以主要分布在城镇近郊。《城市园林育苗技术规程》规定：一个城市的园林苗圃面积应占建成区面积的2%～3%。一般一个城市，根据园林苗圃的总面积可建立2个以上的苗圃，特别是大、中型城市，要对城市的园林苗圃进行规划，合理布局。规划应注意有利于苗木培育、有利于绿化、有利于职工生活为原则；园林苗圃距市中心不超过20km，园林苗圃应分布在城市的周围，可就近供应苗木，缩短运输距离，降低成本，减轻因运输距离过大给苗木带来的不利影响。小型城市和乡镇，可以不建立专门的园林苗圃，而把其功能融合到森林苗圃中，或把森林苗圃功能融合至园林苗圃中。根据徐淑杰和刘清林(2008)的调查，目前我国园林绿化苗圃的分布呈现区域性集中分布特点，形成北方、东部和南方3大产区，分别包围着我国3大经济圈：北京和渤海湾地区，上海和长江三角洲地区，珠江三角洲地区(表6-1)。其他地区比例很小，西部地区刚呈现快速发展势头。

表6-1 我国主要园林苗圃产区的苗圃数量分布

产区名称	包含范围	园林苗圃数量(个)	占全国百分比(%)
北方产区	京、津、冀、晋、鲁、豫、辽	245	24.9
东部产区	沪、苏、浙、皖、鄂	561	57.0
南方产区	湘、赣、闽、桂、粤	124	12.6
其 他	黑、吉、渝、川、陕、甘、滇、新等	54	5.5

注：根据徐淑杰和刘清林(2008)，有调整。

• 所有制布局 在所有制布局上，森林苗圃的主体还是国有或集体所有，个体所有的相对较少。而园林苗圃除了森林苗圃改制过来和过去保留下来的国有苗圃外，占主体的已经是个体(民营)园林苗圃。大型苗木繁育中心一般属于国有或民营大型园艺企业所有。

• 苗圃规模布局 从规模上看，各县市和林业局(农场)的中心(森林)苗圃多数属于20～30hm^{2}的大型苗圃，更大型的森林苗圃不多见，大型苗木繁育中心可达百公顷以上的规模；而林场和乡镇所属的森林苗圃大都属于3～20hm^{2}的中型苗圃。国有园林苗圃以大型苗圃居多；个体苗圃各种规模大小的都有。

• 苗圃圃址布局 某地区具体的圃址布局，按照"城乡结合、农工结合、有利生产、方便生活"和"以圃定居经营、统一安排、合理布局"的原则进行。国有林区的苗圃基本上都是固定苗圃，目前已经很少使用临时苗圃育苗。南方集体林区和农区，还有临时苗圃存在。

• 苗圃布局的演变 随着我国市场经济体制的建设、发展与完善，人们对造林绿化认识的提高，国家对造林绿化的重视和投入增多，造林绿化苗木生产已是一项重要的可获得很大经济利益的产业。如在北美，苗木产业位于第六位，仅2006年苗木产业销售总额即达46.5亿美元。造林绿化苗木的供应已不再是简单的政府或系统内有限的或指定的苗圃范围内调拨。苗木产业已经在一定程度上形成了国有苗圃、集体苗圃、个体(民营)苗圃、私营苗木繁育公司、农民以及部分科研院所实验苗圃等共同育苗的局面，国内其他地方甚至国际上异地苗木等也开始涌入苗木市场，国家重点建设项目如京津唐绿化工程、重大的城市改造建设等需要大量苗木，可能需要扩建苗圃或以市场运作方式解决苗木供应问题等。这些势必对苗圃的布局产生影响。因此，苗圃的功能、数量、面积方面的布局还要根据市场的变化情况来调节。

6.1.2 苗圃区划

苗圃地为了合理布局，充分利用土地，便于生产和管理，需要进行分区。苗圃地通常划分为生产用地和辅助用地两部分，其中生产用地包括播种苗与留床苗区、移植苗区、营养繁殖苗区、采穗圃区等，园林苗圃通常还会有大苗(形体苗或定型苗)区，现代大型苗圃还包括种子园、引种驯化试验区、种质资源圃、果树苗区和设施育苗区等；辅助生产用地包括给水、排水、道路、供电、通讯、防护林及仓库棚窖、机具检修、化粪池、气象哨、消防、科研、办公设施等。苗圃辅助用地面积，大型苗圃要小于苗圃总面积的25%，小型苗圃要小于30%。既要考虑机械化作业和灌溉、尽量减少圃内的运输和缩短排灌系统的长度、最有效地利用防风林及其他设施，圃内道路又要通达苗圃的每一部分，尽量少占圃地面积、道路的设置需与排水沟和输水渠道协调一致等方面问题。按照“以圃定居经营”原则，大型苗圃和苗木繁育中心通常还包括办公室、职工宿舍、住宅以及公共和卫生福利等行政与生活福利设施区域。

6.1.2.1 生产用地

生产用地是指直接用于生产苗木的圃地(图6-1)。要根据各类苗木的育苗特点进行划分。

图6-1 黑龙江省五营林业局中心苗圃的生产区

- 播种区　是培育播种苗和留床苗的生产区，它是大田育苗苗圃的主体部分。由于播种苗在幼小阶段对不良环境条件抵抗力弱，对土壤条件要求高，需要细致管理，因此，播种区应放在圃地中地势平坦、土壤肥沃、便于浇灌、管理方便和背风的地方。如果是坡地，应设在最好的坡位上。

- 营养繁殖区　是培育扦插苗和嫁接苗以及压条、分株等营养繁殖苗的生产区。易生根树种的营养繁殖苗可安排在地势较低、土层深厚、土质松软而湿润、排水良好的地段，如杨树和柳树插条育苗。培育砧木的地段要求同播种区。较难生根树种的嫩枝扦插一般需要特殊设施，因此通常在设施育苗区。如果培育果树苗，通常在营养繁殖苗区。

- 移植区　为培育移植苗而确定的生产区。由播种或营养繁殖培育而来的苗木，需要进一步培养成更大规格的苗木时，在移植区进行。移植苗株行距大，营养面积大，根系发达，适应性强。因此，需要的育苗面积通常较大，地块要整齐，土壤条件中等的地方。另外，还要考虑树种生物学特性。

- 大苗培育区　园林苗圃或大型苗木繁育中心通常还有大苗培育区，是培育根系发达、苗龄较大、有一定树形、可直接用于园林绿化的形体苗的生产区。大苗的株行距大、占地面积大、出圃苗木规格大，经常需要带土坨出圃，但一般抗逆性较强。所以可以设在土壤营养条件一般但土层深厚、地下水位较低、便于出圃和苗木运输的地段。

- 采穗圃　为营养繁殖生产优良种条的区域。过去营养繁殖不是森林苗圃的主要生产方式，种条生产通常不需要特殊区域，可设在圃地边缘、办公设施绿化区等土壤条件能满足树种要求的地段。现代林业中无性系育苗在很多地区的重要性越来越大，营养繁殖规模很大，需要建立专门的采穗圃区。如广东省雷州林业局林科所苗圃，采穗圃占据半壁江山。

- 种子园　是生产优良种子的林分。北美很多国立和州(省)立苗圃都同时经营种子园。在我国，种子园通常是一个独立的生产单位。但是现代大型良种繁育中心通常都是苗圃与种子园构成的，如吉林省永吉林木良种繁育中心就包括种子园和苗圃。

- 种质资源圃和引种驯化试验区　是保存优良种质资源和外来或野生品种的引种驯化生产区，可设在场院附近、水源方便、便于管理的地段。

- 设施育苗区　是在环境控制条件下培育容器苗、组培苗等的生产区，可设在场院附近水、电充足，便于管理的地方，同时应该满足设施建立条件，详细参见设施育苗区划。隔离苗圃还有相应的设施，如隔离培养温室、脱毒室、隔离观察温室、隔离观察网室等。

- 耕作区　如果生产区面积太大，为了经营管理方便，要在各类生产区内划分出若干耕作区，各耕作区要长短、大小基本一致。耕作区的长度一般大型苗圃为长 200～300m，中小型苗圃长 150～200m，宽度相当于长度的 1/2 或 1/3。

6.1.2.2　辅助用地

辅助用地是非生产性用地，主要包括道路网、排灌系统、防风林带和管理设施等。

• 道路网 是保障苗圃正常生产的运输通道。①主道，也叫主干道。横贯苗圃中央，对内通向苗圃管理区，对外出口与公共交通设施相连，是运输的主要道路，宽度一般为6.0～8.0m。大型苗圃可以设置相互垂直的2条。②副道，也叫支道。垂直于主道，是主道通往各个耕作区或生产区的分支道路，宽度一般为3.5～4.0m。③步道，又叫作业道、岔道。是与副道相连、为便于人员通行和作业方便设置的小道，宽度一般为1.0～2.0m。小苗圃的步道可与排灌毛渠相结合。④周围圃道，也叫环路或环道。环绕苗圃地周围的道路，宽度一般为2.0～4.0m，供作业机具、车辆回转和通行用。一般小型苗圃的道路可以窄些，大型苗圃需要宽些；中小型苗圃可以不设副道和周围圃道。

• 排灌系统 主要包括水源、提水、引水灌溉和排水系统，其中水源、提水和引水系统可能是独立设施，灌溉和排水系统基本与道路网结合设置(图6-2)，为苗圃基本建设的主要部分。水源有河流、湖泊、池塘、水库、井水、泉水等。提水设备主要是水泵及泵房、晒水池(图6-3)等。引水灌溉设备有渠道和管

图6-2 圃道、管道和渠道的结合设置(王元兴 摄)

图6-3 黑龙江省宾西苗圃的专用晒水池

道引水灌溉2种方式，管道引水灌溉有喷灌、滴灌、渗灌等类别。排水系统一般与道路系统配合设置，小排水沟与步道配合，一般宽0.3m，深0.3~0.6m；中、大排水沟与副道、主道和周围圃道及防护林带等配合，一般宽1.0m以上，深0.5~1.0m。由小排水沟到各级大排水沟要有足够的坡降，以利于排水。

• 防护林带　防护林带是为了防护苗木免遭风沙危害、降低风速、减少蒸发蒸腾而设。带宽一般为4~8m，选用乡土树种，不能用苗木病虫害中间寄主树种。一般中小型苗圃只在苗圃周围设置，大型苗圃根据需要可以在中间适当位置设置辅助林带。

• 管理设施　是用于苗圃生产和经营管理、科学研究活动的设施，包括办公室、物料库房、车库和机具检修厂房、种子库、苗木窖、催芽窖、化粪池(堆肥场)、气象站、消防、科研、零星建筑用地等。一般设在交通方便、靠近苗圃出入口的地方。

• 生活福利设施　包括职工宿舍、家属房、公园、商店、食堂等，大型苗圃可以独立设置，中、小型苗圃不独立设置。一般可以不作为苗圃的一部分。

6.1.2.3　设施育苗区

现代大型苗圃多数配备设施育苗区，以适应环境控制育苗的需要。

• 苗木繁殖区　也叫小苗培育区。它是设施育苗区中的环境控制强度最大的区域，用于播种苗、扦插苗和嫁接砧木的培育。我国的亚热带、暖温带、温带和寒温带地区，一般要求有温室或者钢质框架式单体棚等设施(图6-4)，热带地区至少要有简单的荫棚。播种育苗时，这一区域要求有控温控光系统和灌溉系统，扦插育苗时，还要求有控湿系统。控湿系统可以是专门建设的雾室、温室内塑料小拱棚(有保湿功能，有或没有微喷系统)、带微喷系统的单体棚，也可以是安装有全自动弥雾式微喷系统的全光照扦插设施。如有可能，要配备育苗床底部加热系统。

图6-4　设施育苗的扦插繁殖区

● 炼苗区 又叫驯化过渡区。它是环境控制育苗向大田育苗过渡的驯化区域。可以是控制强度较高的日光温室，也可以是普通的塑料大棚或遮荫棚(图6-5)。设施要求有遮荫功能，遮光率一般在25%~75%，遮荫设施最好能自动或人工进行控制。有条件的苗圃应该建立自动控制间歇喷雾(微喷)系统。

图6-5 遮荫棚

● 小规格容器苗培育区 用于培育中小规格的容器苗，经过驯化炼苗的幼苗移动至本区培育。一般苗龄为1~2年生。速生树种苗龄会小于1年，如广东省雷州林业局培育的桉树扦插苗，苗龄仅2个月。热带地区可以露天培育，亚热带、暖温带、温带和寒温带地区应该配备日光温室或塑料大棚。需要配备喷灌系统，用于灌溉、灌溉施肥或温度控制。

● 大规格容器苗培育区 主要用于培育园林绿化用大苗。一般为露天栽培(图6-6)，可以配备喷灌或滴灌系统。

● 其他区域 有办公用房及库房区，栽培基质配制、装填和贮藏区域，种条培育区域，容器贮藏、清洗、消毒区域等。

图6-6 容器育苗大苗区

6.2 苗圃的建立

苗木培育工作是一项需要集约经营的事业，有较强的季节性，要求以最短的时间，用最低的成本，培育出优质高产的苗木。苗木的产量、质量及成本等都与苗圃所在地各种条件有密切的关系。因此，在建立苗圃时，要对苗圃地的各种条件与培育主要苗木的种类和特性，进行全面的调查分析，综合各方面的情况，选定适于作苗圃的地方，并进行科学合理的规划设计与建设。

6.2.1 苗圃功能与规模定位

目前，苗木产业已成为世界经济的一个重要组成部分，在我国苗木产业也已成为某些地区的支柱产业。受苗木需求不断增长和苗木产业巨大潜在价值增长预期的影响，很多现有苗圃在改扩建，也有很多人正在或正准备投资筹建新的苗圃。但是，苗圃产业毕竟是林业行业中的技术密集型产业，技术要求高、经营管理强度大、竞争激烈、与其他行业相比见效较慢。在改扩建和新建苗圃时一定要对苗圃的功能有清醒的认识，根据实际情况确定建设苗圃的种类和规模。

苗圃的发展规划是否合理、是否具有可行性，决定着苗圃的发展前途。建设新苗圃前或对老苗圃改扩建前，一定要对预建苗圃区域现有苗圃的类型、规模、苗木生产能力，及长、短期苗木需求情况、苗木在国内外可能的销售情况等进行充分的调查研究。在充分分析以上情况的基础上，制定一个苗圃合理可行的发展规划，包括投资预算、经营管理规划、苗木生产规划、苗木销售规划等。其中，苗木生产规划包括培育苗木的种类(营建森林用苗还是园林绿化用苗，针叶树苗还是阔叶树苗，大田育苗还是容器育苗，单一品种规模化育苗还是多品种育苗等)、拟建苗圃的规模(大型还是中小型)和类型(森林苗圃、园林苗圃，还是综合性苗木繁育中心)等是重点考虑的内容。苗圃发展规划应尽量具体详尽，并在计划的执行过程中不断修正、完善，还要根据国民经济建设和生态环境建设需要，以及苗木市场的发展变化情况不断进行适当调节。

位于林区中心可以以生产营建森林用苗为主，位于城郊或城市附近可以以园林绿化用苗为主。在品种选择上要注意有特色、上规模，而且要有前瞻性。苗圃规模既要考虑苗木的销售出路，又要考虑建设资金的充足性。销售前景好、建设资金充足，建设规模可以很大，否则，规模应小。建设大田苗圃、容器苗苗圃，还是综合性苗圃，要考虑当地环境条件和拟育苗木的生物学特性、建设资金的充足性，以及技术和经营管理水平来确定。营建森林用苗通常价格不高，育苗成本过高承受不了，大田育苗较多，但为了满足一些特殊品种的繁育要求，也应该有设施育苗区域。园林绿化用苗经常售价很高，可以建设独立的容器育苗苗圃。

6.2.2 苗圃地的选择

无论是建立临时苗圃还是固定苗圃，选择好苗圃地是至关重要的。苗圃地的好坏，直接关系到苗木的质量、产量和育苗成本。只有选择适宜的苗圃地，并加以科学管理，才能培育出优质健壮的苗木。否则，如果苗圃地选择不当，将会造成不可弥补的损失。

森林苗圃、园林苗圃、大型苗木繁育中心等对苗圃地各有不同要求；裸根苗培育和容器苗培育要求也不同；临时苗圃对圃地的要求相对较低，而固定苗圃的建立要求较高。在建圃前，必须对各种条件进行细致的调查研究，然后做出选择。选择苗圃地时应该考虑以下几个方面。

(1)位置的选择

苗圃地应选择在造林地附近或周围，交通比较方便的地方，这样能减少苗木长途运输而带来的苗木损伤，提高造林成活率；同样也便于育苗所需物资材料能及时运入苗圃，苗木也能在最短时间内运往造林地。另外，苗圃应靠近居民点，以保证劳动力、电力等供应。山顶、风口、山谷以及地势低洼容易积水的地方不能作为苗圃地。有环境控制设施的容器育苗苗圃及组织培养苗圃，能源消耗较大、技术要求复杂，应该选择有廉价的稳定能源供应的地点及可以及时寻求技术支持的地点。园林苗圃要设在城市附近，或者交通运输条件良好的乡村，以便于苗木销售和运输。

(2)水源的选择

水是培育优质苗木的重要条件。在选择苗圃地时，一定要靠近水源，如河流、水库、湖泊、池塘等。但不应设在它们的边上，因这些地方的地下水位太高；也不应设在易被山洪冲击及江水、河水淹没的地方。如果没有上述水源，要打水井以保证有足够的水源。考虑水源时，特别要注意旱季的水量是否充足。水的含盐量不应超过0.10%~0.15%。如水质不合格，需要加以改造。但有些水质条件改造起来成本高、技术复杂，所以建立苗圃时，选择合格的水源至关重要。

(3)地形的选择

简单地说，苗圃地尽量选在排水良好、地势平坦的地方。在坡地，坡度不能大于5°，坡度过大应修建梯田。坡向以东南坡、南坡为宜。不要选择霜穴或易于造成有害气体积聚的地形，如凹形地域、山前小盆地等。

固定的大型苗圃最好选设在排水良好的平坦地或1°~3°的缓坡地上。如坡度太大或呈大波状起伏，容易发生水土流失，降低土壤肥力，灌溉和机械作业都有困难，对育苗工作极为不利。在土壤黏重且多雨水的地方，为了利于排水，可选择3°~5°的缓坡地。如果因条件限制，只能在坡度较大的地方设立苗圃时，除应进行水平耕作或修筑水平梯田外，还要注意由于地形、坡向、坡度的变化常常引起其他生态因子的变化，避免影响苗木的生育。坡向对坡地的土壤温度、土壤水分有很大的影响，建圃时应注意坡向的选择和利用。南坡和北坡获得的太阳热量不同，故近地层的温度也不一样。如20°~22°的坡面，南坡所获得的散射辐射比水平面多13%，而北坡则比水平面少4%。据调查，南坡与北坡近地面20cm处，气温的日平均值可差0.4℃，而且南坡日照时间长，小气候温暖，物候期开始较早。但南坡因温度较高，融雪和解冻都较早，蒸发量大，易于干旱和遭受日灼、冻害和霜害。东坡和西坡属过渡性坡面，效果介于南坡和北坡之间。东坡与西坡相比，东坡温度上午高，下午低；西坡则相反。从土壤湿度看，土层10cm处，东坡较南坡和西坡高1倍左右。从霜害角度看，则以东坡为重。在北方气候干旱寒冷、秋冬又易遭西北风为害的地区，以开阔度大的东西走向沟的阳坡中下部为宜，且东南向最好，因其温度高，昼夜温差幅度较小，冻拔和霜害较轻。

苗圃的位置还要注意微气候（微气候的气象数据必须通过观测才能得到），原则上说，温暖的绝对防风的谷地，不应看作是合适的苗圃地，由于此处秋季气温较高，将推迟苗木的木质化进程，这不仅给起苗和运输带来困难，而且未木质化的枝条也易遭受早霜危害；在春季苗木易提早萌发，也容易受晚霜的危害；还将增加虫害发生的可能性，特别是红蜘蛛、蚜虫、金龟子等的大量发生。在晴朗无风的夜晚，由于地面和植物体的强烈辐射形成的冷空气比热空气重而向低地流动，在冷空气积聚区夜晚放热的速度，明显地比接受土壤辐射的热量补充为快，特别是在导热不良的土壤种类（如沼泽土、干沙土）更为明显。只有在十分必要的时候才在低凹地选择苗圃。在易遭受冷空气侵袭的低地上，只有在设有密集的绿篱防护带前提下，才能设为苗圃。在河滩和湖滩上设置苗圃时，应选历年最高水位以上的地段。

下列地点，不宜选作苗圃地：寒流汇集、积水的低洼地；光照过弱的山谷；风害严重的风口、岗脊地；重盐碱地；山区雨季易发生山洪泥沙堆积的地段；平原雨季易受大雨淹没的地带等。

(4)土壤的选择

土壤与苗木的质量和产量有密切关系。良好的土壤条件才有利于种子发芽、苗木生长，才能培育出优质苗木。选择苗圃地时以砂壤土、壤土为最好，因其有较好的团粒结构，透水性和通气性较好，降雨时地表径流少，灌溉时渗水均匀，有利于根系的发育和幼芽出土，整地掘苗均较方便。土层要深厚，至少要大于40～50cm。

选择土壤时，还要考虑到不同树种对土壤肥力的要求不一样，如樟子松、油松、刺槐、桦树等对土壤肥力要求不太高，以砂壤土为宜。而核桃、水曲柳、麻栎、杨树等则要求较肥沃的土壤，以轻黏壤土为宜。在土层厚度不足30cm及砾石或砂砾层过厚的地方，不宜选为苗圃地，因在这种土壤上育出的苗木质量差，对恶劣环境抵抗力弱，用于荒山、荒地造林后成活率低，生长缓慢。

土壤的pH值应与培育的苗木的特性相适应。一般来说，多数阔叶树种以中性或微碱性为宜，而多数针叶树种则宜在中性或微酸性土壤上育苗（表6-2）。土壤酸碱度以微酸性至微碱性为宜。

苗圃地下水位的适宜深度，因土壤质地而异。一般砂壤土地下水位以1.5～2.0m为宜，轻黏壤土以2.5m以下为宜。

盐渍土地区选圃地时，要注意土壤含盐量不超过0.1%～0.15%，重盐碱地必须经过土壤改良才能育苗，因为重盐碱土含盐分多，土壤溶液浓度大，使苗根不易从土壤中吸收水分和矿质营养。其次，碱土中含有对植物有很大毒害作用的

表 6-2 部分树种适生 pH 值范围

pH 值范围	适生树种
5.0～6.0	云杉属、冷杉属、日本赤松等
5.0～7.0	落叶松
5.0～8.0	卫矛属、连翘属
6.0～8.0	银杏、圆柏属、侧柏属、樟子松、油松、杨属、胡枝子属、桑属、槭树属、紫荆属、胡颓子属、榆属、白蜡属、柳属、梨属、木槿属、楸树属、葡萄属及泡桐、刺槐、山楂、苹果、紫穗槐、柽柳等

注：引自孙时轩(1992)。

碳酸钠和碳酸氢钠等盐类，很多树种的苗木受这些盐类的毒害作用影响生长甚至死亡。

对于容器育苗苗圃和组织培养苗圃，土地质量不是主要问题，但要考虑栽培基质要有稳定、长期、廉价的供应，以保证连年稳定育苗。

(5)病虫害等的考虑

根据防重于治的原则，一般地下害虫数量过多和有病菌感染的地方不宜选作苗圃。在选苗圃地时，应首先调查病虫害的感染程度，尤其是蛴螬(金龟子幼虫)、蝼蛄、地老虎等主要害虫和立枯病的感染程度。如果感染程度较高，又没有有效的防除措施，则不能选用作苗圃地。

重茬地和长期种植烟草、玉米、蔬菜、土豆等退耕地不能作为苗圃地。如果不得已非选不可，一定要经过彻底消毒处理后，才能育苗。

6.2.3 苗圃规划设计

苗圃是林业生产的基本建设项目之一，苗木的产量、质量和成本等都与环境条件有着密切关系。在建立苗圃时，要对苗圃地的环境条件进行全面调查，综合分析，归纳说明圃地条件的特点，结合培育苗木的特性，提出育苗技术的对策及其他有关工作。本部分的详细要求，请参见苗木培育实验实习指导书的相关部分和《林业苗圃工程设计规范》(LY1128—1992)。

苗圃规划设计之前，一般要在对苗木需求、预建苗圃地区自然条件、经济条件和技术条件充分调查研究的基础上，编写苗圃建设可行性研究报告，内容包括项目背景和苗木市场需求预测，苗圃建设的自然条件、经济条件和技术条件分析，初步的建设方案、投资估算和效益分析，项目可行性分析等。可行性研究报告和苗圃建设计划得到有关部门批准后，组织进行苗圃地调查、苗圃规划设计和苗圃工程设计和设施施工与设备购置。在实际操作中，可行性报告也经常是与苗圃规划设计一起进行，同时上报审查，以便于上级机关更准确地掌握情况，做出更为科学的决策。这种情况下，可行性报告和建设计划同时批准下来，接下来就是直接进行苗圃工程设计和设施施工与设备购置。

(1)苗圃地调查

初步踏察选点之后，要对可能的建立苗圃的地点进行调查，其目的一是确定地点是否适合，二是为苗圃设计提供依据。主要包括两项内容：

• 准备工作　根据上级或委托单位对拟建苗圃的要求及苗圃的任务，进行有关自然、经济和技术条件图表和资料收集，地貌条件踏察及调查方案确定。

• 详细勘测与调查　包括圃地地形图测量、土壤调查(土壤类型及其分布、剖面解析)、气象资料收集、水文调查、植物种类和特性调查、病虫害调查等。同时进行苗圃经营条件如交通、能源、劳动力来源、相关苗木生产和使用单位等进行调查，并收集可供苗圃生产经营活动利用机械设备、基建力量等信息资料。

(2)苗圃规划设计

在野外调查和相关资料收集的基础上，进行苗圃规划设计，提交苗圃总体区划图和规划设计说明书。规划设计说明书主要包含如下内容：

前言　说明苗圃的性质和任务，培育苗木的重要性和具体要求等。

苗圃所在地的社会经济情况　说明苗圃地理位置、城市、村庄、交通、水源、能源、科技水平、经济水平、苗木需求状况等。

苗圃所在地的自然条件　包括气象、土壤、水文等情况的阐述。

苗圃区划　根据苗圃规模和性质不同设计各类生产区和各种辅助设施的布局、面积和比例等，并绘制平面设计规划图。

苗木培育工艺与技术设计　一般按苗木类型或树种设计所需主要苗木培育的工艺与技术，以技术上先进可靠、经济上合理可行为原则。

机械设备与选型　包括对灌溉、耕作、施肥、收获、运输等各方面的机械设备的选定。

苗圃组织管理　包括机构设置、隶属和经营管理模式等。

苗圃建设经费及投资计划　包括资金筹措方案、使用方案、建设周期、年度资金安排、经济效益分析等。

环保评价　对苗圃建设可能带来的环境问题进行分析，并提出环境保护方案。

(3)苗圃工程设计、设施施工和设备购置

在苗圃规划设计获得主管部门批准后，要根据规划设计进行苗圃工程设计(施工设计)。苗圃工程设计主要包括如下内容：

圃地工程设计　圃地工程系指苗圃生产用地建设工程，应根据计划培育苗木的种类、数量、规格要求、出圃年限、育苗方式及轮休或休闲等因素，以及各树种的苗木单位面积产量，计算各类生产地面积。

辅助生产工程设计　辅助生产工程包括土壤改良工程、给水工程、排水工程、道路工程、供电通讯工程、防护林工程等，其中土壤改良工程和防护林工程可以由苗圃自行完成，其他工程必须由专业设计和施工单位来进行。

生产设施配套工程　生产设施配套工程包括：①生产机械设备；②交通运输设备；③工具和器具；④配套工程；⑤苗圃科研设备；⑥苗圃试验室(包括化验室)、资料室(包括档案室)、标本室(包括制作、陈列室)、气象站等；⑦苗圃温室、塑料大棚的选型和工程设计。这里的很多项目如温室等也都需要专业设计和施工单位进行。

行政与生活福利设施工程　行政与生活福利设施工程按照如下原则进行设计：①有利生产、便于经营管理，方便生活；②统一安排、合理布局，注意节省土地，不占或少占用圃地；③坚持实用、安全、卫生、美观。应充分利用当地的社会服务和协作条件，不宜单独建设，必要时，可采用联建方式。

6.2.4　苗木培育设施设备

(1)生产机械设备

• 轮式拖拉机和履带式拖拉机　用于拖带各种耕作机械(参见图5-2，图6-7)或平整圃地的动力机械。

图6-7　履带式拖拉机及悬挂的推土器械(王元兴　摄)

图6-8　园田耙(王元兴　摄)

• 与拖拉机配套的机具　各式犁(参见图5-1)、耙(图6-8)、镇压机、旋耕机(参见图5-2)、作床机(图6-9)、作垄机、播种机(图6-10)、喷洒机(图6-

图6-9　作床机(黑龙江省南岔营林机械厂)

(a)前方，注意下面可以看到如C所示的钉耙　(b)后方，中间为床面平整拖板　(c)钉耙，耙碎苗床土壤、混拌肥料等

11)、推土机(图 6-7)、切根机(图 6-12)、起苗机(参见图 5-27 及图 5-28，图 6-12)、基质粉碎过筛机械(图 6-13)、苗木移植机械(参见图 5-26)等。

图 6-10　播种覆土机(王元兴　摄)

图 6-11　洒药水车(王元兴　摄)

图 6-12　起苗犁(后侧碎土钯去掉即为苗床育苗切根机)

图 6-13　土壤(基质)粉碎过筛机
(黑龙江省伊春市带岭苗圃)

图 6-14　苗圃苗木物料转运电瓶车
(广东湛江国家林业局桉树研究中心)

图 6-15　条播播种框及镇压磙

(2)交通运输设备

汽车、手扶拖拉机、胶轮车、粪车、板车、电瓶车(图 6-14)等交通运输车辆设备，用于苗木及苗木培育生产资料的运输。

(3)工具和器具

包括人力、畜力用犁、耙、锄等耕作工具，嫁接工具(参见图 2-16)，果实采集(参见图 3-7)与调制和筛选工具(参见图 3-8)，播种工具(图 6-15)等。用于简单人力操作，或借助畜力进行操作。

(4)生产配套工程设施

包括物资、农药、肥料、种子、粮食、车库、油库、工具床等各类仓库和棚窖(参见图 3-9 及图 3-10，图 6-16)、化粪池(图 6-17)、晒场、围墙、牧畜廊舍、机具修理间、消防站等。

图 6-16　种子处理窖(室外混沙层积催芽)(王元兴　摄)

图 6-17　化粪池(王元兴　摄)

(5)容器育苗设施设备

包括各类容器、育苗架(图 6-4，图 6-18)、加温设施、容器装播机(图 6-19)、基质搅拌机、容器清洗消毒机等。

图 6-18　容器育苗支架

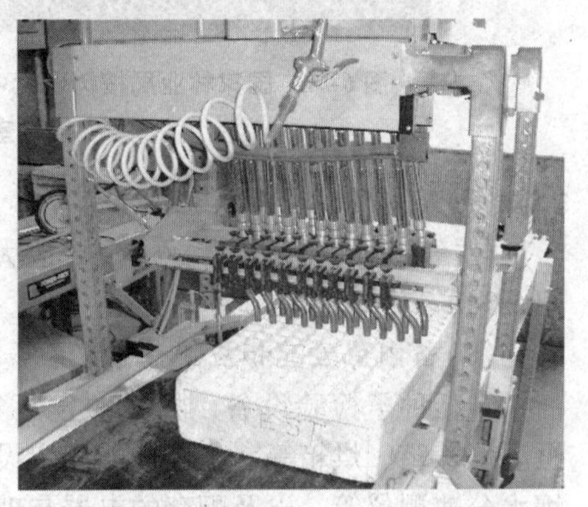

图 6-19　集成泡沫块容器播种机

(6)环境控制设施设备和组织培养设施设备

包括温室(图6-20)、塑料大棚、遮荫棚(图6-5)、全光自动雾插设施，以及组织培养的实验室、清洗室、接种室、培养室、驯化室(图6-21)等。

图6-20 东北林业大学帽儿山实验林场全自动控制温室及播种育苗(右上)

图6-21 国家林业局桉树研究中心(广东湛江)的组织培养实验室、接种室、培养室

(7)苗木质量检测设施设备

包括普通的卷尺、游标卡尺、放大镜、显微镜、电子秤，以及压力室(参见图5-34)、电导仪等。

(8)苗圃试验室和苗圃科研设备

包括种子检验设备，如光照发芽箱、生化培养箱、人工气候箱(图6-22)、恒温培养箱、烘箱等，土壤性能测定设备，如pH计、原子吸收分光光度计、土壤水分速测仪等，以及配套的电器与玻璃器皿等。

(9)苗木生态因子检测设备及苗圃气象哨(站)

风向风速仪、干湿球温度计、地温表、雨量计等苗木生态因子检测设备，较

图 6-22 人工气候箱

大的苗圃应该设置气象哨或小型气象站(图 6-23)，用于小气候观测，为苗木培育生产和科研服务。

(10)资料室

包括图书资料室、档案室和标本室(包括制作、陈列室)等。

(11)经营管理设施设备

包括办公室、计算机、通信设施、摄影摄像设备等。

图 6-23 苗圃小型气象站(王元兴 摄)

6.3 苗圃经营管理

苗圃是从事苗木培育和生产经营管理的生产单位，我国国有苗圃目前虽然大多被定为事业单位，但基本上都实行企业化管理，有些中小型国有苗圃实行租赁或承包经营；集体和个体(民营)苗圃企业性质更明确。

6.3.1 苗圃经营管理目标

企业经营管理目标是企业生产经营和管理活动预期要达到的目标，是企业生产经营和管理活动目的性的反映与体现，是在既定的所有制关系下，企业作为一个独立的经济实体，在其全部经营活动中所追求的、并在客观上制约着企业行为的目的。企业经营管理目标，是在分析企业外部环境和企业内部条件的基础上确定的企业各项经济活动的发展方向和奋斗目标，是企业经营管理思想的具体化。企业经营管理目标不止一个，其中既有经济目标，又有非经济目标；既有主要目标，又有从属目标，它们之间相互联系，形成一个目标体系。苗圃作为一个企业或企业化管理单位，其经营管理目标也符合上述特点。但由于苗圃的主要产品是苗木，苗木作为商品具有一般商品的属性，同时苗木又是一种特殊的商品，是一种生长着的、并且具有公益性的商品，所以苗圃的经营管理目标还有其特殊性。

综合起来，苗圃经营管理目标可以概括为：苗木培育专业化、苗木质量最优化、苗木结构动态化、苗木销售市场化、客户需求至上化、苗圃经营信息化、苗圃利润合理化、员工利益满意化、社会效益最大化。其中，苗圃利润和职工利益属于经济目标，其他为非经济目标；苗圃利润、职工利益和社会效益是主要目标，其他是从属目标，是为主要目标的实现提供保障条件的目标。

(1) 苗木培育专业化

是指苗木培育工作是一项科技含量很高的知识和技术密集型产业，专业性非常强，在目前造林绿化行业中，更是知识和技术密集、集约化程度最高的部分。这为新技术、新工艺、新方法的快速有效应用提供了可能，也对苗木培育工作提出了更高的要求。苗木培育企业要比其他造林绿化行业更重视专业技术人才的培养和使用，既要重视传统、基本、成熟的苗木培育技术的应用，更要重视新技术、新工艺、新方法的开发和应用，实现真正意义上的苗木培育专业化。

(2) 苗木质量最优化

是指苗圃要采取各种有效苗木培育和质量调控措施，使出圃的苗木质量最大限度地适应造林绿化场地立地条件的要求，获得合乎要求的成活率和生长量。这是实现苗圃经济目标和主要目标的基础条件和基本要求。

(3) 苗木结构动态化

苗木结构即苗圃的产品结构。苗木是一个活的有机体，是一个不断生长着的产品，苗木的大小和活力等质量指标在不断发展变化，这决定了苗木这种产品和其他一些工业产品不一样，不是随时需要随时就可以生产出来，它需要一个培育的过程，有时还是一个很长的过程。但是森林资源和生态环境建设对苗木的种类和规格要求不是一成不变的，是在不断发展变化的。这就要求苗圃经营要有预见性，要对市场对苗木品种、规格、质量的要求的动态变化有清醒的、准确的认识，不能只重视目前的品种和市场热门品种，要不断开发和培育新品种，以满足市场不断发展变化的要求。

(4) 苗木销售市场化和客户需求至上化

苗木虽是一种特殊的商品，但毕竟是商品，具有商品的一切属性。苗木的生产一切以满足客户需求为上，要根据市场上对苗木品种、规格、质量的不同需求去生产和经营苗木。苗圃经营者要克服急躁心态，在重视眼前市场的同时，更要重视长远的市场。要根据市场现状和发展趋势、客户(造林绿化单位)需求、国家森林资源培育和生态环境建设的需要，以及苗圃自身的地缘、经济、技术、人才和设施优势，制定苗圃产品生产计划，长线短线产品结合，突出特色和优势，最大限度地满足市场上不同客户在不同时期对苗木的不同需求。

(5)苗圃经营信息化

现代社会是一个信息社会，信息已经成为生产力的一部分。苗圃经营管理必须充分重视各类信息(国家经济发展和生态环境建设信息、造林绿化状况、苗木市场信息、苗木需求预测、科学技术信息、苗木培育和销售网站等)的收集、分析和利用，做到经营管理的信息化。同时，要注意利用行业协会和苗圃协作组织，互通信息，以利用各自优势培育特色苗木，避免无谓的竞争，达到互利共赢。

(6)苗圃利润合理化

正如一切经济活动一样，苗圃的经营管理遵循同样的规律——追求利润(经济利益)最大化，即以最小的成本产出最大的收益。苗圃的经营管理就是尽量降低苗木培育和苗圃运行的成本，努力提高苗木产品的收益水平。但是苗木作为一种特殊商品，苗木质量是第一位的，只有满足质量要求的苗木才能保证造林绿化事业的成功。苗圃经营管理不能不顾苗木质量而一味追求低成本，经常地为了保证苗木的质量，在价格不提高、收益不增加的情况下，也需要提高投入水平。有时为了社会公益，为了造林绿化事业的发展，可能还会有局部政策性的亏损。因此，要求苗圃利润最大化不十分合适，但是要达到合理水平。

(7)员工利益满意化

我国是社会主义国家，科学的发展要求以人为本、社会和谐。苗圃经营管理不只是为社会提供高质量的苗木产品，同时要保一方百姓安居乐业。所以苗圃经营管理的目标也包含满足企业员工的合理利益，保证他们生活安康、幸福。这也是质量最优化、利润合理化和社会效益最大化的保证条件之一。

(8)社会效益最大化

苗圃的产品是苗木，所以它不仅是商品，还是为造林绿化服务的物质材料。森林和园林，除了具有经济属性外，还有重要的社会公益属性，因此，苗圃经营管理的主要目标之一，是使苗木的社会效益最大化。这一点对国有苗圃更为重要。

6.3.2 苗圃经营管理机构

苗圃必须有合理的经营管理组织机构，以便保证责任分配和苗木培育工作的完成。一般小型苗圃分工不明显，中型苗圃有一定的分工，大型苗圃功能划分很细、分工明确、机构复杂。需要提醒注意的是，在此叙述的是经营管理机构，党团、工会、组织、人事等不在讨论范围内，而且是按功能讨论组织构成，而不是实际上的机构设置。

(1)苗圃经营管理机构的组成

实际的苗圃机构构成可能很多、很复杂，但是按照其执行的功能，苗圃的经营管理机构可以分为以下几类：

• 生产机构　负责苗木培育的日常工作，包括种子和种条基地管理与维护，种子和种条的采集、调制、贮藏、检验，种子和种条的预处理(催芽及休眠解除、包衣、消毒等)，苗木繁殖，苗圃生物和非生物环境控制及设施管理、苗木田间管理，苗木出圃与贮藏和运输，以及苗木培育方面的科学研究和生产实验等。这些是苗圃经营管理机构中最重要的部分，实际苗圃中会根据苗圃规模和各类苗木及各类生产活动的情况分成多个执行机构，或者一个总的机构下设置多个分支机构。

• 工程管理机构　负责苗圃中各种设备设施的正常运行和维修、更新等。苗圃规模和类型不同，这部分的规模大小也不同，可能没有专门的设置，也可能有1至数人。由于现代苗木培育使用的设备设施的专业化水平越来越高，而社会提供专业化服务的机构越来越多，即使大型苗圃，这方面也可能只设置少数几个监理人员，负责监督检查设备设施运行状态，并负责在出现问题时与专门机构联系，由专门机构负责维修和更新的具体工作。

• 市场营销机构　市场化经营要求苗圃设立专门的市场营销机构来收集市场供求信息、招来客户和苗木订单，为客户配送苗木和提供其他顾客所需要的服务；根据市场供求信息和国民经济与生态环境建设发展趋势分析苗木需求趋势，为苗圃经营管理决策提供基础资料；根据生产机构的要求，购置各种苗木培育生产资料和设备等。

• 事务管理机构　现代苗圃经营管理对各类信息的收集、记载、整理、分析的要求很高，是苗圃经营管理过程中准确发现问题、明确各种责任、更好地解决问题的有力手段。所以苗圃要重视保存管理好事务明细单、记账本、票据、货单、病虫害和杂草发生情况报告单、苗木物候和生长发育节律资料，苗圃作业日记，苗圃生产计划书、气候资料、仪器设备名录和使用运行状态等各种各类信息，并能加以充分利用。

(2)苗圃经理

这里所讲的苗圃经理不是实际中的苗圃主任或老板，而是指苗圃经营管理的主要实施者。对于小型苗圃或零售苗圃来说，这个经营管理的主要实施者可能也是所有者(董事)或其代理人，这个人一般要求是苗木培育方面的专业技术人员，身兼经理(主任)、苗木培育工程师(园艺师)、生产工头、采购员、销售员、事务管理员、会计、工程管理员等数职。对于大一些的中型苗圃，这个经营管理的主要实施者不一定是苗圃的所有者，但仍要求是苗木培育方面、至少是相关方面的专业技术人员，其下面会雇佣专门的育苗工程师、生产工头、采购员、销售员、事务管理员、会计、工程管理员等。大型苗圃则组织结构复杂、分工细致明确。经营管理的主要实施者一般不是所有者(股东)，不一定是苗木培育相关的专业技术人员，而更应该是企业管理相关的专业技术人员，具有系统管理现代化企业的能力和水平。而苗木培育相关方面的专业管理，则由其属下的苗木生产部门经理(要求是相关专业方面的技术人员)来实施。这个苗木生产部门以苗圃大小可能是一个综合性的部门，也可能是数个分工更细的部门。

对于中小苗圃的经理和大型苗圃的苗木生产部门经理，Landis(1990)对其应该具备的素质和能力进行了如下阐述，对我国的苗圃经营管理人员也是非常具有参考价值的。

- 苗圃经理应该具备的人格素质　苗圃经理应该是一个组织者、计划员、工作能人、决策者、外交家、问题专家；深信干什么事都要干得最好、具有良好判断力的人；诚实、头脑清晰、有预见能力、敢于面对挑战的人。苗圃经理应该懂得育苗设施、幼苗形态和生理、企业管理的经济学、相关政府的机构组成。苗圃经理应该有足够的才智和自信去处理日常业务管理、苗木培育人员管理、物质设备管理、苗木生长发育周期和各时期苗木培育内容、苗木营销和配送中的问题。大型苗圃虽然这些事情由多人分工完成，但经理必须能够进行协调和整体管理。
- 苗圃经理的专业素养　经营苗圃不只是种植苗木，苗圃经理必须具有一定的专业素养，以指挥日常工作，并为其他员工树立榜样。首先苗圃经理要有技术竞争力。许多经理出身于林学或园艺专业，但好的经理不一定非得是林学家、园艺师或植物学家，重要的是经理要懂得苗圃中能够培育优良苗木的日常操作，要懂得栽培措施是如何影响苗木生长的。其次，苗圃经理要有清晰的经理管理目标。苗圃经理的精力应该放到如何栽培苗木上，不能掩埋于日常管理杂务中，培育优良苗木是实现其他经营管理目标的基础，因此是首要目标。第三，苗圃经理要关心爱护苗木。苗圃经理必须从苗木的生物学要求上考虑问题，即“作为苗木思考问题”；要懂得日常工作对苗木有什么影响；要懂得苗圃环境控制是为苗木生长发育服务，而不是为了经营管理人员舒适服务的。在这方面苗圃经理要成为苗圃员工的教员。要通过教育使员工懂得苗圃经营管理的目标是什么，苗圃组织管理结构有哪些，谁是他们的直接上司，他们的直接职责及其职责对相关工作的影响，如何评价他们的业绩，会因为好的业绩得到什么物质和专业奖励、出现问题要负什么样的责任等。第四，苗圃经理要全身心投入到苗圃经营管理活动中，经营管理容器育苗苗圃要求比经营裸根苗苗圃更加投入，更加负责。这是因为裸根苗苗圃的环境缓冲能力很大(土壤提供养分、水分，足够长的生长发育时间)，而容器育苗苗圃留给犯错误的空间已经很小(容器空间小、基质无营养或低营养、培育周期很短等)。此外，苗圃经理要对苗木培育环境整洁保持的重要性有足够的重视，要随时注意防除苗圃的杂草、病害、虫害、机械和生理危害等。

6.3.3 苗圃生产管理

(1)苗圃作业设计

苗圃作业设计也叫做苗木生产计划，内容包括年度生产任务、育苗地分配、各育苗区的各种生产技术措施，劳力、物料、药料、肥料等成本概算等内容。一般包括综述(总体安排)和分述(各苗龄型具体安排)两部分内容。综述包括设计说明、苗木培育计划、作业区划图、各苗龄型育苗技术措施，以及劳动力支出，育苗费用概算和年度的劳力、机械安排等。分述包括各种苗龄型苗木培育技术措施的具体安排。

新培育品种要对与其培育相关的文献资料系统地收集，没有本种的资料时要收集关系比较相近的种的繁殖方法，要研究该植物的自然环境条件及生长习性，如有可能应向有经验的育苗者请教，从而制定苗木生产计划。

苗木生产计划一般以月为时间尺度，期限是1年或1个培育周期，包括从计划生产苗木到苗木出圃的各个阶段。有时顾客要了解生产一种苗木需要多长时间，苗木生产计划可以告诉他们苗圃育苗的各个步骤及时间安排。

分述中的生产计划一般按苗木类型(苗龄型)制定，内容包括培育的品种和数量所需生产资料清单、劳动力使用计划、生产资金预算、苗木培育成本预算、苗木销售市场预测等内容。需要时也可以按树种(品种)、繁殖方式、育苗方式等制定。按繁殖方式制定生产计划主要针对小苗进行，计划内容还要包括种子或种条的来源等。苗圃每年要根据市场调研情况，结合苗圃的实际情况，来制定生产计划。年度生产计划一般要提前2～3个月就开始制定，以便于对计划进行讨论和修改。

(2)生产计划的实施和调整

苗木生产计划在经过讨论、修改后最终确定，在未发生大的市场变化和自然灾害时，要严格按照计划来实施。在生产计划实施时，可以制定一些阶段性的计划，例如：季度生产计划或月度生产计划，以便于把计划细化、更具操作性。在1个月或1个季度过去时，再来总结本月或本季度计划的实施情况，如计划完成了多少、还有哪些没有完成、为什么没有完成、未完成部分应该采取哪些补救措施等。但如果市场与预期发生较大变化或者发生大的自然灾害时，原定计划已不符合实际情况或者已经不能实施的时候，需要对计划做及时的调整。但这里的调整不是说计划具有很大的随意性、可以随时更改，而是说计划不是一成不变的，也要根据实际情况来做调整，以保证计划更具合理性。

生产计划对苗圃的生产具有很强的指导性，必须要最大限度地来保证计划的完成。在需要对计划进行调整时，以慎重、严谨的态度来重新调整。计划的制定可以避免苗圃生产的盲目性，使苗圃各项工作能有条不紊的运行。

生产计划的实施和调整的过程和内容都要有翔实、客观的记载。包括财务和生产记录，如生产资料和劳动力费用、工程管理费用、事务管理费用；栽培活动记载，包括苗木物候和生长发育历程、栽培区环境情况、苗木生长发育情况(径、高、根等)、实施栽培措施及效果等。

苗圃生产管理还包括苗圃问题的发现、分析解决和安全管理(苗木安全、设备设施安全、人员安全、环境安全等)。

6.3.4 苗圃销售管理

(1)苗圃产品的商品属性

苗圃的产品是苗木，市场经济条件下，苗木是一种商品。作为商品的苗木，具有一般商品的属性，其价格遵从价值规律，随市场供求状况的变化而变化，市场供应量充足或过多时，价格就会下降甚至滞销；市场供应量不足时，价格就会上升，特殊稀少品种可能会出现天价。但由于苗木是可以不断生长变化的有机体，属于一种特殊的商品，具有使用上的时效性、地域上的局限性、价值上的隐蔽性、效益上的社会公共性等特征(汪民，和敬章 2008)。

苗木的生产和销售与一般商品一样，靠需求来拉动，但苗木的需求又有最终需求和中间需求之分(汪民，和敬章 2008)。最终需求就是造林绿化生产对苗木的需求，中间需求是下游苗木生产企业用来继续培育苗木的需求。

所以苗圃经营管理者和销售人员要对苗木市场有预见性，要充分分析和准确预测苗木市场需求变化趋势。因为苗木培育周期比较长，如果苗圃经营管理者或销售人员不能预见若干年后苗木的市场需求情况，就可能出现某类苗木供不应求或无苗可供，或某类苗木供过于求的局面，给苗圃经营者和消费者都带来问题。

(2)苗木销售的原则

苗木销售商应具备起码的职业道德及良好的技术水平。只有当销售者对所售苗木持认真谨慎的态度、对苗木充分了解，才能引导购买者慎重选购苗木，避免盲目跟风。"顾客永远是对的"这句话对苗木这种产品不一定是正确的。让使苗圃的顾客充分了解苗木培育的过程和苗木质量形成机制，对苗木销售是很重要的。

苗木销售不能搞"纯推销"，要对销售目的地(造林绿化地点)的地理气候土壤条件、市场需求状况等进行调查了解，才能有方向性地销售。客户想到的，苗圃要想到；客户没有想到的，苗圃要替他们想到。销售之后的技术支持要跟上。保护苗木活力，保证造林绿化成功，是苗木售后服务的关键。国外苗圃苗木销售时，一般都附有栽植管护说明，值得我国学习和借鉴。销售苗木时配上苗木质量检验证书和苗木标签，提供必要的简要易懂、容易掌握的技术资料，并注意回访反馈。

(3)苗木销售的方式

销售类型有订单销售和自由销售2种方式。特殊品种的苗木一般都实行订单销售的方式，以保证育苗者和苗木需求者的利益。大众品种可以实行自由销售的方式，可能的话也可以订单销售。

近几年来，通过参加苗木、花卉、林产品、园林绿化交易会、博览会、展览会、洽谈会等各类专业或综合型展会或借助网络获取买卖信息，成为结识新客户、了解市场行情、签订销售合同的重要形式。苗圃销售要充分利用这些形式，提高企业知名度，促进苗木的销售。

6.3.5 苗圃科学研究

苗圃为了改进生产技术，开发新技术新工艺，会做一些专门的研发试验。这些专项试验相对比较严谨，需要花费较多的人力、物力。有条件的苗圃应建立科学实验小组，通过产学研结合方式参与大型科学研究活动。研究掌握苗木生长发育规律及苗木与生长发育环境间的关系，寻找培育壮苗丰产的新途径。试验以单因子田间小型试验为主，做好设计方案。定期观察记载，对数据进行统计分析，取得成果指导生产。有计划地引进、繁育和推广良种，积极开展生产技术、机具的革新和引进、应用新技术，取得成功经验后大力推广。

苗圃尽可能进行一些生产技术研究，促进科学育苗。在生产过程中，做一些简单的小范围的试验，也是改善和提高生产技术的重要手段。苗木试验的周期比较长，更要求利用每次生产来做一些有针对性的试验。比如某一树种的扦插介质配方或生根剂处理浓度需要改进时，可以在下次生产时做一些设计简单、小范围的不同生根剂浓度、不同介质配方的试验。这样在这一轮生产结束时，便有了试验结果，可以为下一轮的生产提供改进生产技术的依据。在生产过程中要养成随时做试验的习惯，对于生产中存在的技术问题，及时记录，在下轮生产及时做一些针对性的试验。这样既能节省专门试验的费用，也能克服苗木试验时间过长的问题，不断完善现有的生产技术。

6.3.6 档案建立与管理

育苗技术规程规定，苗圃要建立基本情况、技术管理和科学试验各项档案，积累生产和科研数据资料，为提高育苗技术和经营管理水平提供科学依据。基本情况档案的内容包括苗圃位置、面积、自然条件、圃地区划和固定资产、苗圃平面图、人员编制等。如情况发生变化，随时修改补充。技术管理档案的内容包括：苗圃土地利用和耕作情况，各种苗木的生长发育情况及各阶段采取的技术措施，各项作业的实际用工量和肥、药、物料的使用情况。科学试验档案的内容包括各项试验的田间设计和试验结果、物候观测资料等。苗圃档案要有专人记载，年终系统整理，由苗圃技术负责人审查存档，长期保存。

6.3.6.1 建立苗圃技术档案的意义

档案是育苗生产和科学实验的历史记录，是历史的真实凭证，它记录了人们在各种活动中的思想发展，生产的经验教训和科学研究的创造成果。因此，它对于人们查考既往情况，掌握历史材料，研究有关事物的发展规律，以及总结经验，吸取教训，具有重要的参考作用。

苗圃技术档案是林业科技档案的一部分。其主要目的，就是通过不间断地记录、积累、整理、分析和总结苗圃地的使用情况，苗木的生长状况，育苗技术措施，物料使用情况及苗圃日常作业的劳动组织和用工等，作为档案资料保管。根据这些档案资料，能够及时、准确、历史地掌握培育苗木的种类、数量和质量的现况数据，并掌握各种苗木的生长节律，分析总结育苗技术经验，探索土地、劳力、机具和物料合理使用的主要依据，又能提供建立健全计划管理、劳动组织，制定生产定额和实行科学管理的依据。

6.3.6.2 苗圃档案类型与管理

(1)苗圃规划和基本情况档案

包括组织管理、立地选择、基础条件、田间设计与规划等。苗圃的规划是苗圃生产经营管理的开端。这里包括总体规划和实施方案。这也是苗圃原始的资料，实施方案必须尽可能详尽。

(2)苗圃土地利用档案

苗圃土地利用档案是记录苗圃土地的利用和耕作情况，以便从中分析圃地土壤肥力的变化与耕作之间的关系，为合理轮作和科学的经营苗圃提供依据。

建立这种档案，可用表格形式，把各作业的面积，土质，育苗树种，育苗方法，作业方式，整地方法，施肥和施用除草剂的种类、数量、方法和时间，灌水数量、次数和时间，病虫害的种类，苗木的产量和质量等，逐年加以记载、归档，保管备用。

为了便于工作和以后查阅方便，在建立这种档案的同时，应当每年绘出一张苗圃土地利用情况平面图，并注明和标出圃地总面积，各作业区面积，各育苗树种的育苗面积和休闲面积等。

(3)育苗技术措施档案

在每一年内把苗圃各种苗木的整个培育过程，从种子或种条处理开始，直到起苗包装为止的一系列技术措施用表格形式，分别树种记载下来。根据这种资料，可分析总结育苗经验，提高育苗技术。

育苗技术措施档案包括种子采集、种条及幼苗来源的记载。这是苗圃生产正式开始的种质材料前期准备，目的是弄清种质来源，确保品种的遗传品质。

育苗技术措施档案包括苗圃生产记录。这部分以生产记录为主，包括采种、种子贮存、种子处理、播种(插条)灌溉、施肥、病虫害防治、间苗、除草、松土、移栽、苗木分级出圃等。育苗季历作为原始档案。

育苗技术措施档案还包括出圃记录。在一个生产周期结束后，苗木出圃必须有完整的出圃记录，包括树种、容器苗、裸根苗、苗龄、生长指标(地径、苗高、根长)、等级、起苗日期、数量。

(4)苗木生长调查档案

苗木生长调查档案是对苗木生长的观察，用表格形式，记载出各树种苗木的生长过程，以便掌握其生长周期与自然条件和人为因素对苗木生长的影响，确定适时的培育措施。

(5)气象观测档案

气象变化对苗木生长和病虫害的发生发展有着密切关系。记载气象因素，可分析它们之间的关系，确定适宜的措施及实施时间，利用有利气象因素，避免或防止自然灾害，达到苗木的优质高产。

在一般情况下，气象资料可以从附近的气象站抄录，但最好是本单位建立气象观测场进行观测。记载时可按气象记载的统一表式填写。

(6)苗圃作业日记

苗圃作业日记不仅可以了解苗圃每天所作的工作，便于检查总结，而且可以根据作业日记，统计各树种的用工量和物料的使用情况，核算成本，制定合理定额，更好地组织生产，提高劳动生产率。

(7)苗圃土地轮作档案

将轮作计划和实际执行情况和轮作后的种苗生长情况都归入档案，以便今后调整安排轮作计划。

(8)苗木销售档案

将每次销售种类、数量、去向都记入档案，以了解种苗销售的市场需求、栽植后的情况和品种流向分布。还应该包括销售客户、销售收益、成本、投入及其他经济指标的记载。

(9)建立育苗合同

育苗单位与购苗方应签订育苗合同，只有当合同双方的权力和责任明确，育苗的质量才有保障。合同的形式可以多样，但至少在合同中应明确以下内容：育苗单位和购苗方各自的责任和义务；繁育苗木的品种、规格、数量的时间；材料供应和技术指导计划；违背合同条款时，合同各方应承担的责任和义务以及应受的处罚。

(10)科学研究档案

对苗圃科学实验方案、实施过程、数据采集与处理、结果分析和生产建议等详细记载和存档。

6.3.6.3　建立苗圃技术档案的要求

苗圃技术档案是林业生产的真实反映和历史记载。它不仅出于生产和科学实验的实践，还能提高生产，促进科学技术的发展和苗圃经营管理水平。要达到充分发挥苗圃技术档案的作用，必须做到：①技术档案是国家的宝贵历史财富，是一项非常重要的任务，要真正落实，长期坚持，不能间断。②设专职或兼职管理人员，多数苗圃可由业务主管或技术员兼管。③观察记载要认真负责，实事求是，及时准确。要求做到边观察边记载，务求简明、全面、清晰。④一个生产周期结束后，有关人员必须对观察记载材料，及时汇集整理，分析总结，以便从中找出规律性的东西，并及时地提供准确、可靠、有效的科学数据和经验，指导今后苗圃生产。⑤按照材料形成时间的先后或重要程度，连同总结等分类整理装订、登记造册，归档、长期妥善保管。最好将归档的材料，输入电子计算机中储存。⑥档案员应尽量保持稳定，工作调动时，要及时另配人员并做好交接工作，以免间断及人走资料散的现象。

苗圃技术档案还应满足标准化和信息化的要求。标准化就是规范化，是按一定的模式和标准建立苗圃技术档案。信息化包含两方面含义(张华　2008)：①建立档案的信息管理系统。将苗圃档案材料全部实现电子化，建立科学、完善的索检系统，并实现内部计算机联网，以方便档案的利用。②配备必要的硬件设备。

苗圃档案除了单一的文字、数据之外，应充分利用数码设备，如复印机、扫描仪、数码相机、数码摄相机等，以记录大量的图片、影像资料，使苗圃生产中品种、技术等档案保存更加逼真有效。

6.3.7 我国苗圃经营管理的问题与展望

6.3.7.1 我国林木种苗事业的成就

新中国成立后，特别是改革开放30年来，林木种苗事业从恢复起步，到巩固发展，到生产供应充足，再到今天的保质保量、科技兴种、用林木良种建设现代林业，实现了由数量保障型向质量效益型跨越。持续发展的林木良种壮苗让国土长绿，百姓受益。根据《中国绿色时报》2009年1月1日报道，我国林木种苗事业的成就归纳如下：

(1)*决策层高度重视为种苗发展护航*

1978年，国家林业总局召开全国林木种苗工作会议，制定了《全国林木种子发展规划》。1979年，国家将林木良种基地建设纳入基本建设计划。1989年5月1日，国务院颁布实施《中华人民共和国种子管理条例》。1991年，林业部作出了《关于进一步加强林木种苗工作的决定》，并且在国务院批准实施的“八五”“九五”“十五”《全国造林绿化规划》中对林木种苗生产提出了具体指标。1999年，国家开始大幅度加大对林木种苗建设的投入，国家林业局召开了全国林木种苗工程项目建设会议、改革与发展研讨会，工作重点转向林木良种建设，林木种苗事业进入稳步发展时期。2000年12月1日，《中华人民共和国种子法》颁布实施，大力推动了林木种苗法制建设进程，为林木种苗事业创造了良好的大环境。2002年，国家林业局下发《关于加快林木种苗发展的意见》，对新时期的林木种苗工作提出了更高要求。30年来，决策层始终把林木种苗建设作为林业工作基础中的基础常抓不懈，为林木种苗的健康发展保驾护航，这是我国林木种苗业得以顺利前行的基础条件。

(2)*科技创新壮大林木种苗实力*

使用林木良种的增益一般在10%~30%，林木种苗对林业的科技贡献率达35%。30年来，国家在林木种苗建设上不断加大投入，始终坚持科技创新，推进林木种苗科学发展。1980年，中共中央、国务院在《关于大力开展植树造林的指示》中提出了“建立合理的种子生产基地，努力实现种子生产专业化、质量标准化、造林良种化”的目标，明确指出并强调一定要按照造林计划选育良种、培育壮苗。从此，林木良种的选育、推广等基础性工作被逐步重视起来。为了解决杉木、马尾松、油松、侧柏等主要造林树种种苗生产的重大理论和繁育技术等问题，从国家“六五”计划以来，林木良种选育、引种、种苗繁育等种苗发展关键技术开始列入国家和部省科技攻关项目，并按树种由科研教学、种苗生产、种苗管理等单位的专家、科技工作者组成了全国性的攻关协作组，进行协同攻关研究。攻克了制约种苗生产的许多难题，选育了杉木、马尾松、油松、湿地松、三倍体毛白杨等一大批良种(品种)，为建设一批良种基地打下了坚实的基础，创造了“科研、生产、管理”三结合的科技攻关的有效途径。目前，全国经过国家级审(认)定的林木良种242个，经过省级审(认)定推广的林木良种2 000多个。发明和创新了细胞组织培养、ABT生根粉、容器育苗、自动化温室育苗等种苗生产先进技术，以及指纹图谱等种苗检测技术。从1996年开始实施“948”项目(引进国际先进农业技术项目)，从国外引进了一大批林木良种(品种)和多项种苗先进生产技术，增加了种苗的科技含量，促进了种苗事业的发展。

(3)建立完备种苗生产供应体系保障供给

1979年，国家对林木种苗(良种)基地建设实行专项投资，大规模的林木种苗基地建设自此开始。首批10个林木良种基地获得了国家投资，开始了部省联营建设。从1990年起，国营苗圃被纳入林业建设计划。从2000年至今，国家累计投入资金39亿多元，建设了2925个种苗工程项目。经过近20年的努力，种苗生产基地建设初具规模，生产供应体系也初显雏形。到2008年底，良种使用率和基地供种率已分别提高到63%和51%。

(4)网络化质量控制体系保障种苗质量

1982年，林业部分别在南京林业大学和中国林业科学研究院建立了南方、北方林木种子检验中心，主要负责省际间调拨种子和进出口种子的质量检验，种苗质量检验机构建设由此开始。此后，各地不断建立健全了省、地、县各级种苗质量检验机构。2008年，国家林业局在长沙和呼和浩特成立了两个林木种苗质量检验检测中心。至此，一个由4个国家级、29个省级、666个地县级等各级种苗检验机构组成的种苗质量保障体系初步建成。历年抽查结果显示：种苗质量合格率在逐年提高，种子合格率已由2002年的35.1%提高到2008年的93.3%，苗木合格率由2002年的81.7%提高到2008年的97.8%。

(5)林木种苗产业发展惠及亿万群众

林木种苗事业的大发展，不仅兴了林，而且富了民。改革开放以来，社会对林业日益增长的多样化需求，决定和促进了林木种苗生产供应的多元化和产业化，吸引了不同社会主体参与种苗的建设与发展。从20世纪80年代开始，“两户一体”(育苗专业户、重点户、育苗联合体)育苗迅速发展，在苗木生产中发挥了重要作用，改变了一些地区苗木长期短缺的局面。林木种苗逐渐成为一些地区新的经济增长点，成为农民群众增收致富的重要经济来源。如今，在浙江萧山、安徽肥西、山东昌邑、河南鄢陵等地，林木种苗已经成为当地的支柱产业，成千上万的农民家庭因此成为小康富足之家。

6.3.7.2 我国苗圃经营管理的问题与展望

尽管种苗取得了如上长足的发展，苗木的生产面积和数量都有大幅度提高，苗木质量、品种丰富度、育苗技术也有较大改善，但在苗圃经营管理方面还存在着诸多不足。主要表现如下：

(1)经营管理理念陈旧，体制与市场经济的要求不相适应

在思想意识和管理机制上，缺乏现代化企业经营管理的理念和机制，缺乏经

营管理的积极性与主动性，不能及时进行市场分析与预测以有效地组织生产与经营。针对这个问题，苗圃要更新观念，完善现有经营管理系统。苗圃应从过去的劳动密集型粗放管理转变为技术密集型集约管理，改掉“等、靠、要”的大锅饭思想，实行积极主动的经营管理。在苗圃内部实行承包责任制，在明确责、权、利的基础上，实行定人、定面积、定苗木质量标准的方法，使职工的收入与其对苗圃的贡献挂钩，并通过奖勤罚懒、多劳多得，合理拉开分配档次，努力建立一套合理、有序、高效的内部管理机制。随着信息产业的发展与完善，在网上搜寻、发布信息非常方便快捷，苗圃可通过网络来了解当前国际、国内的业内最新信息，并将自己的商讯及时发布出去，随时与外界进行信息交流，及时把握业内发展的最新动态，把握苗木实时的市场行情，以便及时调整生产结构，依据市场需求来指导生产，减少盲目性。

(2)苗木产品结构不合理，没有建立起特色优势品系和苗木类型培育体系

市场经济条件下，特色就是生命、规模就是效益。我国苗圃生产经营品种同一化现象严重，不管是森林苗圃还是园林苗圃，不同苗圃之间培育苗木的树种和苗木类型大同小异，缺乏各自苗圃的特色优势品种和类型，更谈不上规模化生产了。绿化苗木中，乡土树种数量较少，有特殊抗性树种的研究与应用也做得很不够。这些严重影响了苗圃经营管理目标的实现。这就要求苗圃要注意特色优势新品种和乡土树种、自主知识产权品种的开发与培育，积极与就近科研院所、大专院校合作，共同开发新品种、新项目。应建立特殊抗性品种区，提供对特殊需求市场的供给；对现有的种植结构上要大力调整。苗圃经营的品种或苗木类型不要过多，要集中进行特色优势品种或苗木类型的生产。这样可以上规模，可以集中技术、资金和设施优势，降低成本，增加收益。

(3)生产方式与手段落后、技术力量薄弱、科技水平低

随着改革开放，许多国外先进的信息与技术逐渐被国人所认识，在苗圃经营管理方面我国对新品种、新设备和设施的引进很多，但国外苗圃经营管理方面先进的东西，如经营理念、经营方式、品种选育、新型生物技术应用、设施育苗技术及生产管理模式等，引进消化吸收得还很不足；苗圃自身对传统技术的传承和新技术新工艺的开发和利用强度也不够，造成了苗圃生产效率低，苗木培育成本高，市场上竞争力弱的局面。因此，要求苗圃要将所有的生产环节细化、规范化，尽量使育苗作业机械化、自动化，实施低能耗、高产出。积极开发和应用先进的生产技术方面，提高苗木培育的科技含量。积极引进和使用专业技术人才，充分发挥他们的聪明才智，同时也应特别注意苗圃员工的技术培训工作，提高他们的生产技能，从而提高苗木培育水平。

(4)种苗质量参差不齐，总体上质量较低

基地供种率和良种使用率相对还较低，种子处理和苗木培育技术精准化程度很低，制约着苗木质量的提高。专业技术人才缺乏(有的专业技术人员是非相关专业毕业)、先进的苗木培育技术无法与苗木培育实践进行有效的结合。这既是苗圃局部问题，也是全社会问题。国家要加强良种培育研究，提高良种应用水平

和监管力度，从基础上为种苗质量的提高提供保证。苗圃也要注意各种育苗新技术的应用和加强苗木培育各个环节的经营管理，精准调控苗木质量。

(5)苗木市场混乱，信用度低，产业化程度严重不足

相关法规不健全、不完善，社会化服务体系不健全，经常出现毁约现象，假冒伪劣苗木泛滥。这一方面要求国家重视制定可操作性强的苗木质量标准，加强监管力度，另一方面要采取措施提高苗木市场信息化水平，增加透明度。苗圃本身也要从长远利益、发展事业的角度出发，自律自强，夯实企业生存的基础。

本章小结

苗圃是培育苗木的场所，是具有企业性质的苗木生产单位。本章主要对苗圃建立和经营管理的相关内容进行了简要的讨论。其中关于苗圃建立的相关内容如苗圃位置与立地条件的要求、苗圃规划设计(含苗圃区划)、苗圃工程设计、苗圃育苗设备设施等方面，以及苗圃生产计划的制定与执行、苗圃档案等，已经经过长期的演化基本定型；但是关于苗圃布局、苗圃经营管理目标、苗圃销售管理、苗圃科学研究等方面的内容，在我国应该说还没有形成固定的体系，仍然在发展变化中。苗圃生产计划和苗圃档案的理念和要求虽然比较成型，但是实际生产中真正能够做到的苗圃也不多。所以本章内容不能当成固定的知识来学习，而只能当成是一种引导思路和材料来掌握，要结合整个国家造林绿化事业发展、市场经济发展和苗圃产业、苗木培育技术、苗圃经营管理理念与体制的发展变化，来深刻理解和掌握其内涵，活学活用。

复习思考题

1. 如何理解我国苗圃功能与布局、苗圃经营管理目标、苗圃销售、苗圃科学研究的内容和动态变化?

2. 苗圃区划、苗圃地条件、苗圃规划设计、苗圃工程设计、苗圃生产计划、苗圃档案都包含哪些方面的内容?

3. 苗圃一般有哪些机构? 不同的苗圃在机构上有什么异同处? 苗圃经理需要具备什么样的素质?

4. 我国苗圃经营管理中都存在什么样的问题? 如何解决?

第7章　典型育苗实例

我国用于造林绿化的树种非常多，限于教材篇幅限制，本书不可能一一将它们的育苗技术详细列出。这里按照主要的播种、扦插和嫁接育苗方式，选择少数具有全国或大地区意义上的重要树种、或者种子类别与休眠特性不同的树种、或者繁殖方式上具有代表性的树种，对其育苗技术要点进行简要描述，供读者学习参考。

7.1　播种育苗典型实例

7.1.1　杉木播种育苗

杉木(*Cunninghamia lanceolata*)是我国特有的造林面积最大的速生丰产用材林树种。

(1)种子的采集、调制、贮藏

杉木每年2~3月开花，10~11月球果成熟。在种子园或母树林选定母树上采种。优良林分要选生长快、树干通直圆满的壮年母树上采种。当球果由青变黄、果鳞微裂、种脐无白点、胚芽淡红、种仁无白浆时，进行树上球果采收。采后及时摊晒脱粒，人工脱粒温度不宜超过50℃，然后净种分级。当年使用的种子，用麻袋、铁皮箱、木箱或瓷缸等装好，放在通风干燥处贮藏。若种子要备用2年以上，则宜将种子含水量进一步降低至5%~6%，在密封和低温条件下贮藏。

(2)育苗地选择

要选择水源条件好、排灌方便，土壤深厚肥沃、含沙砾石少的黄壤土或沙质壤土作苗圃地。老菜园地和育松、杉多年的苗圃地及种过易感病作物的地方不能作为杉木育苗圃地。

(3)种子准备

杉木种子没有后熟休眠，只要外界温度、水分和通气条件适宜，即可很快萌发。种子消毒用0.5%的高锰酸钾浸30min，用无菌水冲洗残留的药液，用40~45℃温水浸种、自然冷却至25℃，1d后播种，可缩短出苗期，提高苗木整齐度。

(4)播种作业

细致整地，做好土壤消毒，以防病虫害特别是猝倒病的发生。施足基肥，提倡施用有机肥。适当早播，冬播以12月至翌年1月上旬为宜，春播最迟不宜超过3月下旬。播种方法以条播为好，行距18~25cm，沟深1cm，宽2~3cm，轻轻镇压，播后覆细肥土，盖草。播种量150kg/hm^2。

(5)苗期管理

当种子发芽出土达60%~70%时及时分2~3次撤除覆盖物，每次间隔3~5d。揭草后应采取遮荫措施，透光度保持40%~50%，遮荫期为6~9月，立秋后应适时拆去遮荫棚。

防猝倒病可用1%~2%的硫酸亚铁溶液按1 125kg/hm^{2}量连续喷洒4~7次，每隔7d一次。每次喷洒完后要立即用清水清洗幼苗，以防幼苗产生药害。也可用0.3%漂白粉、1%波尔多液或0.1%~0.5%敌克松喷洒苗木。

幼苗全部出土后要及时除草松土，整个苗期要除草8~10次，同时要适时追施速效性肥料，雨后及时清沟排渍，干旱季节及时浇水和抗旱保苗，并分次做好间苗工作。

7.1.2 马尾松播种育苗

马尾松(*Pinus massoniana*)是南方典型的乡土工业用材和绿化先锋树种。

(1)种子生产

选用适合当地并经过子代测定的优良家系、无性系或优良种源区的良种进行育苗。10月下旬或11月上旬开始采摘球果。球果鳞片含有松脂，不易开裂脱粒。采用堆沤软化松脂，日晒增温，自然干燥处理取种。或用简易烘烤房加热干燥取种，也可用球果烘干机干燥取种。种粒脱落后，揉去种翅，经过净种，装入容器中进行干藏。

(2)圃地选择及作业

马尾松幼苗喜光、怕水涝、易感病。圃地应选在地势较平坦、易于排水、土层深厚肥沃、靠近水源、阳光充足、土壤pH 5.0~6.0的砂壤土或轻壤土。不要选用种过蔬菜、瓜类、马铃薯及针叶树种的土地。圃地连作以不超过2年为好。

细致整地后，可用五氯硝基苯与敌克松、苏化911、代森锌等混合使用进行土壤消毒，也可用碾碎的硫酸亚铁(22.5~37.5kg/hm^2)拌成药土撒施消毒；用50%辛硫磷杀虫。

高床育苗，床面略呈弧形，以利于床面排水。作床同时施足以磷为主的复合基肥。马尾松育苗最怕积水，因此，在圃地的四周和圃地之中都要挖好排水沟，以利于排水。圃地应沿等高线耕作。

马尾松是典型的外生菌根树种，可用彩色马勃菌和星裂硬皮马勃菌进行圃地接种。

(3)种子处理

种子消毒用0.3%~1%的硫酸铜溶液浸种4~6h，或用0.5%的高锰酸钾溶液浸种2h，捞出置于容器中闷30min，用清水冲洗后催芽或阴干后播种。对胚根已突破种皮的种子，不能用硫酸铜和高锰酸钾溶液消毒，需选用无药害消毒剂。

(4)播种作业

以当地气温稳定在10℃的春季播种为好。中带一般在3月上旬或中旬，北带可迟10d左右。种子纯度及发芽率在75%以上，千粒重在10～12 g，条播，播种量60kg/hm² 为宜。行距15～20cm，沟深0.5～0.8cm，条幅10～15cm，播种后将沟覆平，覆土厚度0.5～0.8cm，并稍加镇压和盖草。

(5)苗期管理

当种子发芽出土达50%～60%时，揭去盖草70%左右，待种子萌发出土80%以上，将余草全部揭去。撤草应在阴天或傍晚进行，以免日灼。撤草后，应采取适当遮荫措施，透光度50%～70%。久晴不雨或夏季高温土壤干燥时，要适时进行灌溉。大雨或灌溉后，应及时清理积水。

化学除草出苗前用喷雾法，出苗后用毒土法。整个苗期要除草7～10次。

幼苗期要特别注意防猝倒病。用1%～2%的硫酸亚铁溶液按1 025kg/hm² 量，每隔7d一次，连续喷洒4～7次。每次喷后要立即用清水清洗幼苗，以免产生药害。也可用0.3%漂白粉、1%波尔多液或0.1%～0.5%敌克松喷洒苗木及周围土壤。

在苗高3～5cm，进行第一次间苗，1个月后定苗。

苗木生长初期可追施过磷酸钙1～2次，用量80～105kg/hm²；速生期到来前，追施人粪尿或硝酸铵、尿素等化肥，有效氮用量控制在22.5～37.5kg/hm²；在8月中下旬进入速生末期时，可施一次草木灰(钾肥)，以促进苗木木质化，按期封顶。干施化肥后一定要及时用树枝轻扫苗木，在雨后或苗木针叶持水时不能干施。水施后要用清水冲洗苗叶。

(6)容器播种育苗

用容器苗造林是今后马尾松基地造林的主要趋势。目前多用中小规格塑料薄膜袋(底径6～8cm，高10～12cm)育苗。不同地区营养土(基质)的组成及配比差异较大。总的来说，取决于土壤黄心土的黏重程度及表土的肥力状况。中带贵州基质的选配比例为：黄心土占30%～40%，火烧土(或腐殖质土)15%～20%，马尾松林地表土30%～40%，过磷酸钙3%～5%，锯末、秸秆碎纤维或蛭石5%～10%；广西基质配比为：黄心土占50%～60%，火烧土(或腐殖质土)15%～20%，马尾松林地表土20%～25%，过磷酸钙3%～5%。圃地选在向阳、通风、平缓、排水良好、用水方便的地块。苗床要整平，营养袋要装满装紧，摆放要整齐。每袋播1～3粒种子。播种后覆盖松针或草遮荫、保湿。追肥时间以出苗30d之后、出圃30d之前进行为宜。出圃前20d进行炼苗。当苗龄达100d左右、苗木约高15cm时即可出圃造林。

(7)芽苗移栽育苗

大田育苗和营养袋育苗有很多缺点，可用芽苗移栽3次切根育苗法克服。先培育芽苗，当芽苗出土后将要脱去种壳时移栽。移栽前苗床要浇透清水，用手轻提芽苗，然后用刀剪去胚根1/3～1/2。为防止芽苗脱水，可把剪后的芽苗站着放在面盆的清水中。移栽行距10cm，株距5cm，移栽完成后立即浇水定根。移栽时间最好在阴天的傍晚或早晨。切根方法：在进行芽苗移栽时，第一次切去胚1/3～1/2，8月底第二次切主根，9月中旬第三次切侧根。

7.1.3 红松播种育苗

红松(*Pinus koraiensis*)是东北地区的重要的用材树种和坚果经济林树种。

(1)种子的采集与调制

红松是雌雄同株异花，花期在6月中旬到下旬，翌年9月中下旬球果成熟。采种期9月末至10月。球果采集后摊开晾晒或阴干数日，鳞片稍张开时可人工棒打调制。种子调制过程中要注意筛去小粒种子，以保证种子质量。

(2)播种地选择与管理

红松喜生于排水良好、质地疏松、结构良好的微酸性壤土。可连作或与其他针叶树轮作。地势低洼、土壤黏重、风口等地都不适合做红松育苗用地。

红松育苗整地一般在秋季进行。起苗后首先平整土地，然后深翻细耙。一般翻地深度为20cm。

红松育苗需要施足底肥，以堆肥为主，施肥量150 000~230 000kg/hm²，在翻地和耙地之前分层施入一半，作床时施入另一半(齐鸿儒 1991)。

红松采用高床育苗，床高15~20cm，床间步道60cm。土壤粉碎，床面要平整。

可采用硫酸亚铁或五氯硝基苯等进行土壤消毒。硫酸亚铁按300kg/hm² 量加水稀释后喷洒地面，然后翻入土中。五氯硝基苯37.5kg/hm² 加65%代森锌可湿性粉剂37.5kg/hm²，混土7 500kg/hm²，撒于床面。

(3)种子预处理

清水浸种，新种子浸泡1~2d，陈种子浸泡4~7d，每天换水1次。经水选清除空粒和夹杂物后用0.5%的高锰酸钾溶液消毒30min，用清水冲洗后准备混沙催芽。

红松种子属于综合性深休眠类型，一般需用室外变温（经夏越冬隔年埋藏）层积催芽法进行催芽处理。必要时也可用室内变温层积催芽或高温快速催芽(见第3章种子催芽部分)。

(4)播种

- 播种时间　红松春播或秋播均可，以春播为宜。一般多在4月中下旬到5月初进行播种。从播种到出齐苗需15~20d。注意适时早播，以延长苗木生长期，减少日灼危害，增强抗病能力。
- 播种量　红松播种量应根据种子的质量和发芽率而定。千粒重450g左右，发芽率达80%时，播种量以3 000kg/hm² 为宜。
- 播种方式　采用南北向高床条播为好。能及时灌溉条件下可不覆草和遮荫，进行全光育苗。

(5)当年生苗田间管理

- 浇水　播种后立即浇水，每天要少量多次，经常保持床面湿润，以接上潮土为准。全光育苗需水量大，特别是种子发芽和幼苗出土期间，浇水工作更应注意。幼苗出齐后，也要供应足够的水分。幼苗缺水时，针叶淡黄色或红尖，这时就要大量浇水，如水分不足，幼苗易遭日灼害而枯死。雨季应做好排涝，以防苗木烂根，做到内水不积，外水不侵。

• 除草、松土　除草时要做到除早、除小、除了。当表土板结，影响幼苗生长，应及时疏松表土。松土深度1～2cm为宜，在操作上要防止过深碰伤苗根，损害苗木。松土宜在降雨或浇水后进行。

• 追肥　在幼苗生出1～2个侧根时进行第1次追氮肥以促进苗木生长。以后每隔10～15d追1次，年追肥量375～450kg/hm^2，用腐熟人粪尿追肥亦可。施肥后都必须及时适量浇水、洗净，追肥量越大，浇水量也要增大。施用氮肥最晚不要超过7月上旬。

• 病害防治　苗期防治病害主要施用波尔多液。幼苗出土撤草后立即用1%波尔多液喷苗，以后每隔10d 1次，全年施药4～5次。

(6)留床苗管理

除早期追肥外，一般和当年播种苗大体相同。红松留床苗5月上旬就开始高生长，6月上旬高生长停止，因此追肥宜早不宜迟。一般在撤除防寒土后，就开始追肥，追2～3次，5月末追肥全部结束。年追肥量600kg/hm^2左右。

(7)越冬防寒

• 防寒　防寒是红松育苗中重要的关键措施。每年秋后土壤结冻前的11月初，将步道土打碎，均匀地覆盖在苗木上，尤其床边的苗木一定要盖严，南侧床边的覆土厚度要超过苗梢3～5cm。覆土防寒的时间要掌握好，过早容易引起苗木发黄、发霉，过晚则影响防寒质量。

• 撤土　春季气温上升，土壤开始解冻。平均气温在5℃左右，苗木开始萌动时进行撤土。撤土过早，苗木因未开始萌动，容易发生生理干旱现象，影响苗木生长，甚至造成死亡。撤土过晚，会使苗木发霉、腐烂。

7.1.4 落叶松播种育苗

我国人工栽培落叶松种类主要有兴安落叶松(*Larix gmelinii*)、长白落叶松(*L. olgensis*)、华北落叶松(*L. principis-rupprechtii*)和日本落叶松(*L. kaempferi*)，均为喜光速生用材树种，喜肥、喜湿，不耐水淹，耐寒、耐轻盐碱。

(1)种子采集与调制

落叶松球果8月下旬至9月初成熟，成熟后种鳞开裂较快，种子易飞散，一般采集期只有7～10d，应掌握时机抓紧采集。因球果多着生在树冠外围，且分散，采种困难，必须严禁折枝条。球果采集后，用日晒法和人工干燥法调制种子。日晒法球果经露天摊晒3～4d后种子即脱出，可风选或筛选。人工干燥法是将球果置于45～55℃的干燥室内，经常翻动，随时收集脱出的种子。

长期贮藏种子一般采用低温密封干藏，安全含水量达7%～9%。

(2)育苗地选择

落叶松应选择地势平坦、排水良好、灌溉方便，具有质地疏松、深厚肥沃的中性或微酸性的砂壤土的圃地育苗。前茬是蔬菜、土豆、玉米、高粱的最差，豆茬较好，针叶树种茬口最好。

落叶松幼苗阶段根系纤细嫩弱，扎根力差，圃地必须深耕细耙。一般结合秋季起苗后随起、随翻、随耙，有的地方采取秋翻，深度25～30cm，翻后不耙，翌春顶凌耙地，利于保墒。

落叶松苗木喜肥，播种育苗年需优质农家肥75 000～112 500kg/hm^2；年施过磷酸钙750kg/hm^{2}左右。农家肥要充分腐熟，细碎均匀，最好采取分层施肥，翻地和作床时各施入一半粪肥，使苗木在不同的发育时期有足够的养分供给，充分发挥肥效作用。

(3)催芽和播种

落叶松种子属于强迫休眠类型，可以采用混雪埋藏和混沙埋藏法催芽，也可以采用其他适宜方法催芽。

落叶松高床育苗，宽幅条播或均匀定点点播。在当地早春土壤化冻后，气温达到12～15℃、苗床表土温度达8℃以上时即可播种。

落叶松播种量可按不同种子发芽率确定，当发芽率60%以上时播种量为60kg/hm^2、发芽率50%左右75kg/hm^2、发芽率40%左右90kg/hm^2、发芽率30%左右110kg/hm^2。

播后覆沙厚度为0.5cm左右。北方风沙干旱地区播种后床面覆草。覆草用去掉叶的稻草，根朝外，梢梢相对，单根平摆以不露床面为度，切不可过厚。覆草后拉草绳压住，以防风大吹失。苗木出齐后，可先后分两次撤除覆草，撤草后及时浇水。

(4)苗期管理

出苗期主要是保持苗床表土湿润，促进地表增温，保证种子萌发及幼苗出土进和需的温度和水分条件，同时要防止鸟害。

生长初期幼苗生长发育缓慢，根茎幼嫩，抗性较弱。同时，由于气温升高，日灼、病虫危害、杂草、干旱威胁，保苗是主要关键。幼苗出土后到放叶初期，有时出现晚霜，可用灌溉法防霜。当地表温度达到35℃时，幼嫩苗茎易产生日灼，可每天2～3次少量勤浇水防止日灼。

落叶松幼苗初期易患立枯病，除采取播种前种子消毒和土壤消毒处理预防外，当苗木出齐撤草后，及时喷洒0.5%～1.0%等量式波尔多液，以后每隔1周打一次药，连续进行4～5次。

生长初期采取少量多次灌溉的原则，保持苗床湿润。当幼苗出土1个月左右，苗茎呈紫红色，苗木抗性增强，通过少浇水控制高生长，促进根系加速生长，即进行“蹲苗”，为苗木速生优质打下基础。

速生期气温高，土壤蒸发量大，苗木茎叶蒸腾力强，苗木根系增多，需要及时供给充足的水分。灌溉要少次多量，一次浇透、浇足，可每隔1d浇1次，8月上旬以后停止浇水。

速生期生长快、生长量大，需肥量不断增加。当苗木长出4～5个侧根时，开始第一次追肥，一般应于7月末停止追肥。

播种量偏大或播种不均匀时，出苗后要适时间苗。第一次当幼苗长出 2～3 轮针叶、刚开始高生长时(6 月中旬左右)进行间苗，间掉过密、双株和病弱苗，留苗 700 株/m^2 左右；第二次间苗为定苗，约 7 月上中旬进行，留苗 500～600 株/m^2 为宜。

苗木生长后期　为促进苗木木质化，防止徒长，这一时期应停止浇水、追肥和松土除草等作业。

7.1.5　水曲柳播种育苗

水曲柳(*Fraxinus mandshurica*)是东北三大硬阔叶树种之一，以材质优良而著称。

(1)种子的采集与调制

水曲柳开始结实年龄一般为 15 年，20～100 年进入结实盛期，每 2～3 年种子丰收一次。开花期为 5 月，翅果成熟期在 9～10 月。成熟后即可采种。采收的翅果除去果梗、短枝及其他杂物，即得纯净种子。

(2)种子处理

水曲柳种子综合性深休眠。种子用 0.5% 高锰酸钾溶液浸种 1 h，再用清水冲洗干净后进行催芽。催芽可以采用隔年埋藏法、隔冬埋藏法和室内变温层积处理法等。有条件时，可以采用无基质催芽法。

(3)播种作业

以春播为主。一般采用垄作，也可床作。垄作时垄底宽 60～70cm，垄面宽 30～35cm，每垄可播种 2 行，垄高 15cm。播种量每延长米 15～30g，每公顷 180～225kg。覆土 1～2cm，播种后要镇压。

(4)苗期管理

出苗期要保持土壤湿润，防止芽干。5 月末至 6 月下旬为幼苗期，易发生立枯病，出苗后每周喷波尔多液 1 次。此期间进行 2 次间苗，第一次是在幼苗出齐后 2 周左右，第二次是定苗，在第一次间苗后 3～4 周进行。定苗时每米垄长上留苗 40～50 株。间苗后及时灌水，以防苗根透风。还要松土除草 3～4 次。在 7 月初应开始追肥，半个月后再追施 1 次。第一次可追施硝铵 75kg/hm^2，第二次为 100kg/hm^2。

生产中，一些苗圃采用经夏越冬播种育苗，效果也很好。

7.1.6　刺槐播种育苗

刺槐(*Robinia pseduoacacia*)是根瘤菌共生树种，可固氮。耐干旱瘠薄、耐轻盐碱土、喜光、不耐庇荫。是良好用材、水土保持、防风固沙和荒山、“四旁”绿化树种。

(1)种子特性

刺槐 3～5 年生开始结实，10～15 年生开始大量结实，应选 10～20 年壮龄树采种。开花和荚果成熟期各地差异较大，花期 4～5 月，黄河和淮河流域 8～9 月荚果成熟。成熟后需立即采种、调制。

(2)育苗地选择

以排水良好、深厚肥沃砂壤土为宜。要求土壤含盐量0.2%以下，地下水位大于1m的地方。

(3)种子催芽

刺槐种子有硬粒，催芽方法有如下几种。① 逐渐增温、多次浸种法。分别用60~70℃热水浸种，边倒边搅拌，待其自然冷却后换清水浸泡1昼夜，然后捞出种子放入容器中，上盖湿布，置暖处催芽，每天翻动1次，并用温水冲洗。4~5d后即可播种。未膨胀的种子再用80~90℃热水浸种，重复上述过程。② 2%小苏打溶液浸种12h，阴干后播种。③ 浓硫酸浸泡25~30min，洗净后，再水浸1昼夜即可播种。④混沙催芽，安全且发芽率高。在5~10℃低温下混沙湿藏2个月左右，即可播种。

(4)播种作业

春播为主。在不致遭受晚霜危害的前提下，越早越好。一般播种期以清明前后为宜。播种量45~60kg/hm^2，可产苗15万~30万株。床作条播，行距30~40cm，覆土1~2cm。播种前要灌足底水。

(5)苗期作业与管理

播后3~7d幼苗出齐。幼苗生出2片真叶时进行第一次间苗，随后再进行1~2次间苗，当苗高15cm时定苗，株距10~12cm。刺槐怕涝，不宜多浇水，本着不旱不浇的原则进行灌溉。速生期可施少量磷肥。

病虫害防治，用700~1000倍敌百虫在苗垄近旁开浅沟浇灌，可抑制根蛆活动。当苗木出齐后每15d喷洒1次0.5%~1%等量式波尔多液或喷洒1%~2%硫酸亚铁药液防治立枯病。在立枯病发病初，可用50%的代森铵300~400倍液喷洒，灭菌保苗。6~7月发生蚜虫危害，可用40%氧化乐果乳剂1500倍液喷雾防治。

割梢打叶。刺槐苗木生长速度快，枝叶茂密，苗木分化严重。夏季幼苗生长旺盛枝叶繁茂时要进行割梢打叶抑制大苗，辅助小苗生长，使其均衡生长，割后苗高不矮于50cm为宜。

7.1.7 香樟播种育苗

香樟(*Cinnamomum camphora*)是亚热带常绿阔叶林的代表树种。香樟材质优良，产樟脑、樟油，是南方珍贵阔叶用材树种及特用经济树种。

(1)种子采集

最适宜采种的是生长迅速、健壮、主干明显、通直、分枝高、树冠发达、无病虫害、结实多的40~60年生母树。当果实由青变紫黑色时采集，采种时间9月末至10月中旬，用纱网或塑料布沿树冠范围铺一周，用竹竿敲打树枝，成熟浆果落下收集即可。

(2)种实调制和贮藏

将浆果在清水中浸泡2~3d，用手揉搓或棍棒捣碎果皮，淘洗出种子，再拌草木灰脱脂12~24 h，洗净阴干，筛去杂质即可贮藏。香樟种子含水量高，宜采用混沙湿藏。

(3)苗圃地选择

应选择地势平坦水源充足，土壤为深厚肥沃、排水良好、光照充足的砂壤土或壤土，地下水位在60cm以下、避风的地块。

(4)整地作床

圃地应适当深翻，翻土深度30cm。高床床面要平整，中央略高，以利排水。作床前施足基肥，施用厩肥或堆肥22 500~30 000kg/hm^2(或饼肥2 250kg/hm^2 左右)。

(5)播种作业

香樟可随采随播，最迟不过惊蛰。采用低温层积催芽，当种子露出胚根数达20%~40%即可播种，一般在2月末至3月中旬。采用条播，沟间距20~25cm，播种量150~225kg/hm^2。播种深度2~3cm，覆土厚度1~2cm。为保温保湿，可用松针或山草覆盖，厚1cm左右。

(6)苗期管理

幼苗出土1/3后开始揭除覆盖，出土1/2后全部揭除。当幼苗高长到5cm左右，有4片以上真叶时进行间苗，每米播种行保留苗木10~12株，防止幼苗过密而徒长，并根据需要适时松土除草。5月末至6月初追肥1次，以尿素为宜，追肥量75kg/hm^2，沟施。香樟主根性强，可在幼苗期进行切根，以促进侧须根生长。用锋利的切根铲与幼苗成45°角切入切断其主根，深度5~6cm，切根后浇水使幼苗与土壤紧密接合。速生期可每隔20d左右施尿素1次，施肥量75kg/hm^2。速生期后期停施氮肥，适当追施磷钾肥，促进木质化，同时注意中耕除草。速生期苗木易遭到地老虎危害，可用75%辛硫磷乳油1 000倍液灌根防除。

7.1.8 栎类播种育苗

栎类树种多为重要用材树种，也用于制炭、染料，饲养柞蚕。这里以麻栎(高光民 1997)和栓皮栎(李二波 2003)为代表，简述该类树种的播种育苗技术。

(1)麻栎(*Quercus acutissima*)播种育苗

• 采种 时间为9~10月。当种实由绿色变成黄褐色时采种，种子成熟后自然脱落，一般持续30~40d。脱落较早的种实多有病虫危害，脱落较晚的种子往往不成实。因此，选择中间脱落种子最好用摇落、击落法采种，挑选种粒大无虫蛀，种仁乳白色或黄白色的种子。由于麻栎种实含水量高，淀粉较多，容易遭受虫蛀，鼠害和霉烂，因此对种子的贮藏要求较高。

• 种子处理与贮藏 时间为10月至翌年2月。种子采回后放在阴凉处摆开晾干。对于种实内的栎实象鼻虫，用二硫化碳密闭熏蒸法杀死，然后进行贮藏。秋季育苗时，在播种前也可使用50~60℃温水浸泡30min的办法杀死栎实象鼻虫。种子贮藏常用办法有沙藏、窖藏和水藏。窖藏是将种子与3倍的湿沙分层放在窖内，每隔1m竖着插1个草把，以利通风。水藏效果较好，将盛有种子的麻袋箩筐沉放在流动的河流下或埋在河流下的沙内，但要注意不能出现水位下降种子外露的情况。

● 整地建床　于播种前的初冬或早春制作平床，砂壤土或壤土，施入有机肥。

● 播种　秋播越晚越好，最好在土壤冻结前进行，以免播早种子会发芽冻伤。春播越早越好，最好在土壤刚解冻的时候。不需任何催芽措施，条带穴播，行间距20～25cm，穴距3～5cm，对发芽率较高的种子每穴2～3粒种子，种子横放，发芽率低时适当增加。播种深3cm。半个月后出苗。

● 灌溉、追肥　播种前苗床灌足底水。出苗前保持土壤湿润。出苗后每隔10～15d浇水一次，结合间苗，追肥进行。速长期每隔20d浇1次水。进入汛期后停止浇水。第二年汛期前，根据土壤墒情再浇2～3遍水。追肥2～3次，第一次在间苗和切根后，追75kg/hm^{2}尿素；第二次在速长期前期施110kg/hm^{2}尿素；第三次在速长期中期，施150kg/hm^{2}尿素，并结合少量磷钾肥。

● 间苗、除草松土、切根　当苗高5cm时马上间苗，陆续在1周内完成。定苗株距20cm。需要补苗的要带土移植。间苗后浇水。根据土壤的板结和杂草的生长情况来决定松土除草的时间，7月份以后停止。为了土壤保墒也可与浇水结合。先浇水，然后进行松土除草。麻栎主根发达，切根有利于侧根和须根的生长，当苗长出4片真叶时，用长铲距苗根10～15cm处斜插土中，在根长15cm处铲断，切根后及时灌水，以利新根生长。

● 病虫防治　以地下病虫害为常见，防治办法视苗圃具体情况而定。针对猝倒病、蝼蛄等采取土壤消毒和苗期打药的方式进行防治；鼠害用投毒饵诱杀、捕拿等办法控制。

● 出圃　第二年秋或第三年春出圃，同时进行修根，保留30cm长，出圃前灌足水。

(2)栓皮栎(*Quercus variabilis*)容器播种育苗

● 容器与营养土　塑料薄膜容器，高15cm，直径5cm。以圃地耕作土为营养土材料，筛去砂砾、草根、树根等，并配以10%的腐熟厩肥。

● 种子处理　栓皮栎种子无休眠期，易发芽，易霉变，且易受虫害。种子采集后应放在通风处摊开，不能堆集以免发热发霉。将种子装入编织袋(或竹篓、柳筐中)，在流动的水中浸泡15～20d，取出种子沥干浮水混以湿沙(种子与沙的比例为1∶2)，在干燥的地方挖坑沙藏，注意竖草把通风。水浸越冬沙藏种子，入冬前有微弱生长萌动活动，开春后随着温度的增高，萌发速度加快，在京西地区(北港沟)清明前后种子萌发，胚芽长度可达2～10cm。应及时播种。

● 播种　苗床宽1m，一般床长不超过5m，床埂高20cm。容器摆放在苗床内，容器间隙亦用土填满，一般于4月上旬播种，播种时进行断胚根处理，胚根长度在2cm之内的，从基部抹掉，胚根较长者，将其折断，仅保留2～3cm。用8号铁丝或木棍在容器基质中央插一小孔，将种子胚根植于孔内，注意不得使种粒长轴垂直地面，否则难以正常出苗。覆土厚度以种粒上不超过1cm为宜，覆土时不得使种粒移位，要边播种边覆土，以免种粒暴晒失水受损。播后喷透水，水渗后，土壤下陷的，种子露出的要补充覆土。

• 苗期管理　栓皮栎播种容器苗的苗期管理可分为3个阶段。第一阶段4月上旬至5月中旬，即从播种到第一次高生长停止，管理重点是保持土壤湿润，特别是覆土后灌水要足量，等苗木出齐后进行第二次灌水，如果播种过早易出现冻害，注意预防。第二阶段5月中旬至6月下旬，为第一次高生长期，要加强水肥管理，通常进行3次追肥(最好为复合肥)，每次苗床20~30 g/m^2。这一阶段天热少雨，要注意浇水，特别是6月中下旬的晴朗热天，在水分不足时会出现叶面灼伤，需及时喷水降温。第三阶段7月上旬至中旬，此间可通过容器苗木的移位来切断超出容器的主根，并适当控制浇水，进行蹲苗，促进容器内萌发新根，进行雨季造林前的准备。整个苗木生长期间随时注意除草。

• 出圃　一般7月底至8月上旬出圃造林。此时苗高17~28cm，地径0.3~0.4cm，出圃率在90%以上，出圃前1~2d要灌足水，以提高苗木抗旱能力。

辽东栎、槲栎、麻栎、蒙古栎等栎类树种，可参考应用本方法育苗。

7.1.9　柠条播种育苗

柠条(*Caragana microphylla*)是豆科锦鸡儿属落叶大灌木，为干旱草原、荒漠草原地带的旱生灌丛树种。是我国“三北”地区水土保持和固沙造林中的重要灌木树种，也是良好的薪炭林树种，嫩枝叶可饲用。

(1)结实特性

花期4~5月，荚果6月中旬到7月上旬成熟。种子千粒重35~37 g，当年种子发芽率90%左右，3年后发芽率30%以下，4年后失去发芽力。

(2)育苗地选择

选择质地疏松、水肥适中的土壤。地下水位2m以下的砂壤土为宜，以粉砂壤土最佳。

(3)种子消毒

25%敌百虫粉剂拌种，种子与药剂重量比为400:1，可防治柠条豆象虫侵食种子。

(4)种子催芽

0.5%高锰酸钾溶液浸种2 h后水浸24 h，捞出置温热室内催芽，可生火加温，并不断洒水、搅拌，待种子有50%露白时播种。或用0.5%~1.0%食盐水选种，去掉杂质，用1%高锰酸钾溶液消毒20min后，清水洗净，然后温水浸种12 h，捞出，混沙催芽，待种子裂嘴时可播种。播前用温水浸种1昼夜，1%高锰酸钾溶液消毒后直接下种。

(5)播种作业

4月中下旬到5月初播种，播种量225~375kg/hm²。条播的开沟深度1~1.5cm。覆土1.5~2.0cm，稍加镇压使种土接触。

(6)苗期作业与管理

播种3d后，柠条开始顶土出苗，7~10d全部出苗。幼苗长到4~5cm时进行间苗，每米留苗15~20株。及时灌溉松土，适当施肥。喷洒0.5%硫酸亚铁防治苗木立枯病。播种的柠条种子和幼苗常遭受鼠兔害，可用药物或毒饵拌种驱杀。柠条根系发达，生长快，以1年生苗出圃为好。

(7)容器育苗

使用塑料薄膜袋容器，每育苗袋播种处理好的种子3~4粒，用砂壤土覆种1~5cm，播后灌溉1~3次，每次要浇透，一般6d苗木就可出齐，出苗后20~40d后即可出圃。通常5月下旬育苗，1个月后出圃；或6月下旬育苗，半月后出圃。

(8)覆沙育苗

5月中旬育苗，播前种子不经催芽处理，播种量375kg/hm^2。开沟2~3cm，播后覆盖过筛的细沙，厚度2cm左右，灌足头水。6月上旬幼苗出齐后，立即用1∶1∶1 000的波尔多液喷洒，防治立枯病，喷洒2次，间隔期1周左右。7月上旬至8月下旬结合中耕除草灌水、施肥2次即可。

7.1.10 光皮桦播种育苗

光皮桦(*Betula luminifera*)又称亮叶桦，是制枪托和航空、建筑、家具等物品的特种用材。

(1)种子的采集与调制

光皮桦一般在3月中下旬开花，果实为具翅坚果，5月上旬至下旬成熟。果序生于当年生小枝的顶端，一旦成熟，果实便随风飘落，难以采收。故从5月初开始每隔2~3d观察果序的颜色、形态变化，当果穗由青绿变为淡黄色转为褐黄色时，连同果穗一齐采下。注意采种时机的选择，在果穗刚由青转为淡黄时采种，经处理后种子场圃发芽率低于1%；3d后果序由淡黄转为黄褐色时采种，经处理后种子场圃发芽率高于15%。如采种时间过迟(果穗变为黑褐色)，光皮桦种实会因过分成熟而脱落。采下的果穗应及时摊放在阴凉通风处，随时翻动，以免发热，待3~5d后果序上的种子充分成熟，用手轻轻搓动果序，种子脱落，净种后即可播种，暂不播种的以不脱粒继续摊凉为宜，如果气温高、摊放时间长，可用清水喷雾，以防种子失水，保证种子品质。

(2)苗圃地选择与处理

育苗圃地宜选择交通方便、排水良好、排灌方便、土壤深厚肥沃且较疏松、半阴的山坞地或水稻田为佳。播种前一年冬季或早春提前进行细致整地，结合土壤消毒(敌克松15kg/hm^2)，施足基肥(磷肥900kg/hm^{2}或有机肥)，经过三犁三耙后，作好高床(高出步道35cm以上)，苗床宽1m左右，床面要平整，土块细碎。播种前重新翻松苗床上层土壤，整平后铺上一层1~2cm厚的黄心土，使床面中间稍稍隆起，以利排水。

(3)播种

光皮桦种子在25℃恒温条件下，发芽率为21%(2周内平均数)，圃地发芽率约为4%。因种子细小，发芽后幼苗娇嫩，恰逢高温多雨之际，幼苗抗性差，易感染病害，保存率较低，应适当加大播种量，每公顷播种量以45～60kg为宜。播种宜选择无风天气，防止种子被风吹散，或以湿润的细锯末拌种，确保均匀下种。5月中旬播种，播后覆一层细黄心土，以不见种子为度，并覆一层稻草。用喷壶洒水，直至苗床充分潮湿，此后注意保持苗床湿润。播种后6d开始发芽，宜选择阴天或傍晚分2～3次揭去稻草，约2周幼苗基本出齐。

(4)苗期管理

从幼苗出土到11月中旬苗高生长停止，生长期约170d，年生长过程可分为出苗期、幼苗期、速生期和苗木硬化期4个阶段。

- 出苗期　从幼苗出土(5月中下旬)到真叶展开前(6月上旬)约2周时间，幼苗娇嫩细弱，既怕烈日暴晒又怕雨水冲淋，在揭去覆草的同时应及时搭盖遮荫网。6月上旬后，每隔10d左右喷洒一次800倍液的多菌灵或甲基托布津防病。
- 幼苗期　从幼苗展出真叶(6月上旬)到高生长迅速上升(7月下旬)时止，60d左右时间，占整个生长期的1/3。此期真叶叶片数量增加，但苗高生长缓慢，至7月底平均苗高7.5cm，约占总生长量的15%，日均高生长可达0.125cm。每隔10d左右各喷洒一次多菌灵800倍液和磷酸二氢钾600倍液的叶面肥，施肥与喷药交替进行。此外还应及时松土除草和适时适量灌溉，并应特别注意排水。
- 速生期　从8月上旬至10月中旬是苗木高生长的速生期，约75d，占整个生长期的40%～45%，高生长可达40cm，占总生长量的80%左右，日均高生长达0.5cm。此时应充分满足速生期所需的水、肥，适时适量灌溉，及时中耕除草，10～15d追肥一次，前期以氮肥为主，后期以磷、钾肥为主。8月中旬起分数次间苗，9月上旬定苗，密度保留在100株/m^2左右。8月下旬至9月上旬可视天气情况撤除遮荫网。
- 苗木木质化期　从10月中旬至11月中旬苗高生长停止，约30d时间，高生长约3cm，占年总生长量的6%。主要措施是促进苗木的木质化，应控制和停止灌溉，防止徒长，做好苗木越冬防寒工作，特别是防止早霜危害。

根据近几年的育苗实践，出圃时平均苗高可达50cm，地径0.5cm，每公顷出圃合格苗木(苗高40cm，地径0.4cm以上)30万～37.5万株。

7.2 扦插育苗典型实例

7.2.1 桉树扦插育苗

桉树(*Eucalyptus* spp.)在全国20个省、自治区600多个县分布有桉树，先后引种300多个品种，桉树已成为我国三大造林树种之一，人工林面积仅次于巴西，居世界第二位。

(1)基质配制

育苗使用基质为泥心土，表土带菌和杂草不宜使用，一般用地表100cm以下的泥心土，泥心土要用1cm×1cm的筛孔筛过后才能使用，容器规格一般用7cm×11cm或8cm×12cm的塑料薄膜袋。

(2)扦插育苗方法

● 插穗的剪取　标准的穗条是半木质化，识别方法为枝条基部要有2对以上老叶(深绿色)，母体及穗条的基部各保留一对，穗条长12~15cm，有顶芽，无病虫害，穗条每片叶子剪去1/2。

● 基质处理　扦插前先将容器中的基质淋透水，然后用0.25%的高锰酸钾溶液对基质均匀喷洒消毒。

● 扦插　扦插前用0.2%的百菌清溶液对穗条全株浸没消毒0.5min，后取出置于容器中，分别将穗条的基部蘸上生根粉，垂直插入容器中央，深度3cm。穗条插完后淋足水，再用0.2%的百菌清溶液杀菌1次，盖上遮阳网，夏季光照强，冬季光照弱，分别用90%和80%的遮阳网。网架用长190cm、直径0.6cm钢筋弯成半圆弓架，两端分别插于苗畦旁，盖上遮阳网，生根粉主要用吲哚丁酸与滑石粉混合配制，浓度为$700 \times 10^{-6} \sim 1\,000 \times 10^{-6}$。

● 插后管理　穗条插后淋水管理十分重要，水分过多导致穗条叶落、基茎腐烂，水分过少使穗条失水、叶片干枯，因此必须视天气情况适度喷水。一般每天喷水2~4次，均匀喷洒，叶片上常保持有水珠。桉树扦插要经过一段遮光的环境才能出根生长，当穗条的根长至容器基部时则可开网，揭网时间：夏、春季一般18~22d，冬季25~30d。揭网后10~15d苗木长出3~4片新叶时则可移苗。

7.2.2 杨树硬枝扦插育苗

杨树(*Populus* spp.)是我国重要的造林绿化树种，我国现有杨树人工林$600 \times 10^4 hm^2$，占全国人工林总面积的19%。杨树品种中属于黑杨派的欧美杨无性系、美洲黑杨无性系和黑杨派与青杨派的杂种无性系在我国杨树人工造林中应用最为广泛。这些品种无性繁殖能力强，主要应用硬枝扦插进行繁殖(张绮纹和李金花 2003；齐明聪 1992)。

(1)圃地的选择和准备

圃地应选在地势平坦、背风向阳、排水良好、浇灌便利的土层深厚、肥沃疏松的砂壤土、壤土或轻壤土上。土壤pH值7.0~8.5，不宜选择盐碱地。

做床做垄前必须对土壤进行消毒，一般采用多菌灵。圃地一定要整平、整细，以免灌水时发生高处干旱、低处积水现象，使新萌的幼叶蘸泥，经太阳照晒而死亡。

● 垄作　适用于北方寒冷地区，春季育苗时，垄作可提高地温，有利于插穗迅速发根。先将圃地进行全面翻耕后，按垄距条状撒施基肥(农家肥)，再培垄，高度一般为20~25cm，垄应南北走向，使垄两侧地温均能提高。

• 高床 适用于地下水位高、土壤较湿的地方，高床可降低地下水位，提高土壤的通气性和地温。翻耕前先将基肥均匀撒在地表，翻耕后作床，床宽100～120cm。

• 低床 适用于春季不需专门提高地温，但需经常灌溉的地方。做床方法与高床相反，即在两床之间培高10～15cm、宽20cm的畦埂，然后耙平床面。

杨树扦插不宜重茬，可以在杨树无性系或品种间换茬，一般的规律是把干物质累积多，根系发达的品系栽种于干物质累积少、根系不发达的品种或无性系的茬口上。也可与玉米、豆类作物轮换种植。

(2)种条的假植或窖藏

选用1年生苗的苗干作种条，要求生长健壮，无病虫害，木质化程度好。在秋季苗木落叶后立即采条，此时枝条内营养物质积累丰富，经冬季适宜条件贮藏，可促进插穗形成愈伤组织，有利于扦插生根。但对于107杨、108杨、111杨、113杨等欧美杨，美洲黑杨725杨和109杨、110杨等黑杨派与白杨派和青杨派的杂种无性系，最好是春季随采随插。

冬季起苗后，要带根假植于假植沟中，沟深70cm，宽60cm(在寒冷地区深度90cm，以覆土后不受冻害为度)，长度视苗木数量及地形而定。将苗木斜放于假植沟中，放一层苗覆一层土，必须让苗木与沟中土壤紧密接触，不留空隙，以免冬季风干。在寒冷地区，仅将苗木1/5～1/4的梢部露出土外，然后灌水封土，最好再覆盖草帘，以免发生冻害，待翌年春季育苗时，挖出后剪切插穗。

如果采用窖藏，选地势较高、排水方便的向阳地段挖窖，窖深60～70cm，宽1m左右，长度依种条数量而定。窖底铺一层10cm厚细沙，并使之保持湿润。在窖底埋条时，每隔1～2m插入一竖直草把，以利通风。严冬季节要及时采取保暖措施。要经常抽查窖藏种条，发现种条发热，应及时翻倒；沙层失水干燥时，可适当喷水，以保持湿润。经常观察坑内土壤水分状况，土壤过干，种条容易失水，土壤过湿，种条容易发霉。

(3)插穗截制

制穗时需用锋利枝剪或切刀，工具钝易使插穗劈裂。剪插穗前，先将苗根剪下堆在一起，用土埋好待用。对于以愈伤组织生根为主的无性系，如欧美杨107杨、108杨、109杨、111杨、113杨和725杨等，插穗以上下切口平截，且要平滑，以利于愈合组织的形成，提高成活率。要特别注意使插穗最上端保持一个发育正常的芽，上切口取在这个芽以上1cm处，如苗干缺少正常的侧芽，副芽仍可发芽成苗。下切口的上端宜选在一个芽的基部，此处养分集中，较易生根。剪切的插穗应按种条基部、上部分别处置，分清上下，50根一捆，用湿沙立即贮藏好，尽量减少阳光暴晒以免风干，然后用塑料布覆盖，随用随取。

插穗长度按"粗条稍短、细条稍长，黏土地插穗稍短、沙土地插穗稍长"的原则，由种条基部开始截制，插穗长度12～15cm。

(4)插穗的处理

越冬保存良好的欧美杨无性系种条，可不经任何处理，直接扦插。保存中失水较重和北方干旱地区春季采条截制的插穗，在扦插前须在活水中浸泡1昼夜，使插穗吸足水分。也可溶去插穗中的生根抑制剂，可提高扦插成活率。对于从外地调进的种条浸水尤其重要。为防止插穗水分散失，影响成活率，可把浸水后的插穗用溶化的石蜡封顶，基部用生根粉溶液处理。

(5)扦插时间

在冬季较温暖湿润的地方(淮河以南地区)，苗木落叶后随采种条随制穗随扦插。冬季寒冷或干旱地区，土壤解冻后春插。必要时，扦插后可以覆盖地膜。

(6)扦插方法

种条基部和中部截取的插穗要分床扦插。扦插株行距20cm×60cm，45 000株/hm^2，具体根据培育苗木规格、品种无性系特性、苗圃土壤情况、抚育管理强度等而定。

扦插时拉线定位、注意不要倒插。插穗直插为主。扦插后插穗上部应露出4~5cm。扦插时注意保护插穗下切口的皮层和已经形成的愈伤组织。插穗上部的芽应向上、向阳。扦插后覆土1cm盖严插穗。之后立即灌溉。

(7)扦插苗物候与管理

• 芽萌动期　插穗扦插后，首先是芽膨大，而后伸长，继而芽鳞开裂，而后露出一簇叶尖。此阶段要求温度较低，且与派系品种有关。一般是青杨派、黑杨派间杂种要求温度较低，约11℃即可开始萌动，而黑杨派欧美杨品种要求温度较高，约为14℃才开始芽萌动；白杨派要求温度最高(有材料报道居中)。故在安排扦插作业的顺序应是青杨派⟶黑青杨派杂种⟶黑杨派欧美杨系杂种⟶白杨派品种。

• 生长初期(春梢生长期)　此阶段生长期不长，生长量亦不大。叶片开始像莲状排列，随即拔节，长成瘦弱小苗。因此期插穗未生根，而地上部已萌发生长，需要有营养供应，又因出现水分亏缺，气温不高(14~16℃)，故生长慢而表现瘦弱。而到此期末才出现皮部生根(救命根)，故称之为生长初期。

• 生长临界期(停滞期)　此期苗高生长停滞，苗根缓慢生长，因气温逐渐升高，空气湿度下降，风大干旱，蒸腾、蒸发强烈。未生根的插穗，叶片水分亏缺达到高点，插穗内部的淀粉粒已测不出，说明养分耗尽，光合作用停止，因而出现有死苗现象。而未死的插穗，到此期中期，皮部根大量发生，一直延续到期末。不死的插穗，呼吸旺盛，薄壁细胞组织分生能力强，愈合组织已接近完全包被切口，插穗上的叶出现增大，叶色淡绿，表明插穗已长出根系，叶片水分亏缺不大，不久即进入生长旺盛期。

• 生长旺盛期　此期生长时间较长，各杨树品种间出现的时间较一致，但生长量差异较大。由于此期根部吸收能力强，光合作用旺盛，高、径生长随之加快，若光、温、水同步到来，地上部生长呈直线上升，否则会出现几个生长高峰。此时，在茎条中形成了根原基。

• 封顶期(顶芽形成期) 此期插条苗已形成顶芽，苗高不再生长，而根、茎继续积累养分，根原基继续增长，但遇多雨年份，会出现徒长，要引起注意。

• 木质化期 此时气温已降到5~10℃，所有生长停止，且按高、径、根次序停止。叶绿素逐渐破坏，而被叶黄素、胡萝卜素和花青素所代替，呈现枯黄色，但有机物质还在转化，不久即落叶进入休眠。

插条育苗的管理工作较播种育苗简单，主要是除草、松土。干旱时灌溉必要时追肥。有些品种需要除蘖(抹芽)。苗高速生期开始时，只保留1个健壮萌条，其余全部抹去。除蘖次数以品种特性而定。

7.2.3 猴樟扦插育苗

猴樟(*Cinnamomum bodinieri*)是亚热带常绿阔叶林的主要组成树种，木材是制衣箱、衣柜及纱绽的良材，根、干可提取芳香油，果实供制肥皂和机械润滑油。

(1)插穗选择

3月上中旬樟芽饱满而未萌发前采条。选生长健壮、无病虫害的中幼龄母树，于母树上剪取叶片间距较短、粗壮带顶芽的一段枝条作为插穗，长12~15cm，去掉下部叶片，只留上端1/2~1片叶，注意保护顶芽。

(2)插床整理

选通风向阳不积水的苗圃地，深翻土壤，清除杂草石块，打碎耙平，做成宽1.2m的高床，长度不限。浇足底水，再于其上铺盖5cm厚的细黄心土，土质要纯而不含石砾、杂草，细小而湿润，一捏成团，一松即散，当天整理当天扦插利用。

(3)扦插及扦插苗的管理

采用直插法，插穗入土1/2，扦插密度10cm×20cm，插后在苗床上方搭盖高2.5m的荫棚，用遮光率为90%的遮阳网覆盖，其下用竹篾作拱，薄膜覆盖，四周封严，以利保温保湿。扦插后管理要注意温度的控制，可通过揭膜通风降温及揭网增光升温，将温度控制在25~35℃。要注意浇水管理，检查膜上有无水珠，如果水珠很少证明缺水，应立即揭膜浇透水。

7.2.4 杜仲嫩枝扦插育苗

杜仲(*Eucommia ulmoides*)是我国特有种，全树均可利用(可药用、胶用和材用等)。

选用1年生播种苗上萌发的嫩枝或根萌苗或2~3年生幼树上的嫩枝进行扦插效果较好。当萌苗或嫩枝长到6~12片叶，穗条长度10 cm左右时进行扦插效果最好。扦插前一天用0.3%的高锰酸钾溶液对插壤进行消毒。扦插时，用开沟埋插方法或用与嫩枝基径粗度相当的小棒引孔，深度2~3 cm，然后将嫩枝插入苗床。插床基质以粗河沙加适量细河沙效果较好。整个苗床要做到疏松、通透、潮润，以利生根。扦插后要搭荫棚和备有遮阳网，要经常洒水，保持床面湿润，要防止强烈日光照射。适宜生根的土温为21~25℃，空气湿度90%以上。

插穗的木质化程度和母树年龄大小是影响嫩枝扦插成活率的重要因素，木质化程度低，母树年龄小所采插穗成活率高，反之则差，插穗下部剪口离下芽越远生根越容易，越近生根越晚，且成活率也低。

7.3　其他育苗典型实例

7.3.1　云杉嫁接育苗

美国针叶树嫁接过去也采用髓心形成层贴接法，但现在普遍采用形成层贴接法。形成层贴接法嫁接部位位于砧木基部，嫁接时砧木开口很薄，刚刚达到木质部，而不是切到髓心处。接穗的切削类似于我国的髓心形成层嫁接，但也有所不同。有的树种(如松属、刺柏属)接穗只切削一侧，而有的树种(如云杉属)接穗切削两侧(切面长度不同)效果更好。下面将美国以挪威云杉(*Picea abies*)为砧木，以蓝云杉(*P. pungens*)为接穗进行的云杉嫁接育苗技术简述如下，以供参考。

(1)砧木的准备

使用2年生容器苗作为嫁接用砧木，将1年生播种苗(裸根或容器苗)于每年3月份移植到较大容器中在温室再培育1年，翌年2月份供嫁接使用。此种砧木苗木年龄较小，处于幼年阶段，嫁接后容易愈合；苗木水肥条件好，生长健壮，形成层增厚，根系发达，养分积累充分，嫁接后易于愈合和成活。

(2)嫁接过程

嫁接于1~2月份在温室内进行。①准备嫁接刀、酒精、砂纸等。②砧木处理。砧木下部(嫁接处)针叶全部摘掉，整株砧木大于1cm的侧枝全部修除，小于1cm的侧枝和侧芽可以留下。砧木修剪工作由辅助工人完成，为嫁接技师准备材料。嫁接前砧木苗应浇足水。③接穗处理。接穗下部针叶全部修除，若有侧芽也要修掉，接穗下部修剪的总长度应在6~8cm。接穗应随采随嫁，保存时间太久影响嫁接成活率。接穗的修剪工作由工人完成，为嫁接准备材料。

(3)嫁接技术要点

砧木和接穗的切口一定要平，若切口不平可以再找平。切口均很薄，达到形成层即可。接穗背切面一定要平齐，与嫁接面成45°角，背切面与嫁接面汇合处应呈现直线形状，若为弧形则不好，需要修齐。因为此处为愈伤组织产生的部位，对嫁接愈合和成活十分关键。砧木与接穗对接时要平齐，如果砧木与接穗切面对接不紧密，嫁接后难以愈合，对接切面的长度也要对应吻合。绑缚时要保证砧木与接穗切面对齐且紧实，尤其是接口最下部要保证绑好，此处对于嫁接苗愈合至关重要。绑缚时橡胶带缠绕4~5圈即可。绑缚后要检查砧木与接穗切口的对接情况，若有错位要及时扶正。

(4)嫁接后管理

• 温室的准备　温室不需要加温系统，但应具备通风设备。温室顶棚应为双层结构。外层为白色塑料(具有遮光作用)，内层为白色塑料或普通透明塑料。双层结构可以保持温室内温度相对稳定，波动较小，有利于云杉嫁接苗的愈合和生长。

• 嫁接苗的摆放与保湿 嫁接苗直接摆放于温室内水泥地面上(云杉不要求温暖苗床)，这样有利于保持砧木和接穗的湿度，有利于嫁接苗的愈合和成活。嫁接苗摆放好后，从容器顶端至嫁接口附近覆盖一层湿润的基质(草炭和蛭石的混合物)用以保湿，使容器内基质和空气湿度都较高，保证嫁接苗根系和接穗都不缺水，避免产生水分协迫，使嫁接苗易于成活。这种方法可以维持嫁接苗在嫁接后4~5周内不需要浇水。如果发现个别容器较干时，可小心浇水，注意不要触及嫁接苗接口处。

• 通风和保温 打开窗、门通风通常是对降低室温起作用，但并不是真正意义上的保持空气流通。温室内空气的缓慢流通对于防治病害发生和促进苗木生长是尤为重要的。因此，嫁接后保持室内空气流通，使室内空气均匀一致，也使室温均一，对嫁接苗生长有利。嫁接后温室不加热，夜间温度相对较低，需要对嫁接苗进行覆盖。使用塑料薄膜对嫁接苗进行整体覆盖即可。早上日出后，温度会上升，要将塑料薄膜及时撤掉。

• 砧木修剪 砧木对嫁接苗的成活和生长都很重要，在嫁接后的生长季采用分次完成砧木的修剪工作，一般分3次完成。砧木顶芽开放，抽枝生长至开始遮挡下部接穗时，进行第一次修剪，时间大致在5月中旬左右。此时，修剪掉砧木顶端即可。砧木顶芽被修掉后，侧芽得到解放，开始抽枝生长，当其生长至遮挡下部接穗时，进行第二次修剪，将此部分轮枝全部剪掉。在生长季结束后，于9、10、11月份进行第三次修剪都可以。此时，沿接口上端将砧木上部全部剪除。

• 解绑 虽然绑缚所用的橡胶带可以自行分解脱落，但时间过长会使嫁接苗生长受影响，因此还是要采用解绑措施。解绑时间应在7月中下旬结合更换容器移植时进行。

• 嫁接苗移植 随着嫁接苗根系和接穗的生长，容器空间相对较小，需要将嫁接苗移植到较大容器中培养。移植时间一般在7月末进行。

• 灌溉和施肥 灌溉一般在嫁接后4~5周后进行，视土壤的水分条件而定。施肥视嫁接苗生长状况来决定。

• 1年生嫁接苗管理 嫁接苗培育1年后可按常规进行管理，除冬季在温室内越冬外，生长季节可移至室外培养。水、肥管理都可以按常规进行。

圆柏(*Juniperus* spp.)和扁柏(*Chamaecyparis* spp.)可以使用同样的方法嫁接。但圆柏和扁柏喜欢高湿和温暖的环境。在嫁接床上罩上透明塑料薄膜来实现。塑料薄膜上留有一定量的通气孔。阴天和夜间通气孔要封上。圆柏和扁柏嫁接适宜温度为22℃，嫁接床温度可以由热水管加热系统控制。

7.3.2 泡桐埋根育苗和容器插根育苗

泡桐(*Paulownia* spp.)是我国优良速生树种之一，是建筑、航空、家具、乐器等方面的重要用材(赵忠 2003；李二波 2003)。

(1)埋根育苗

• 种根采集 在秋季落叶后到春季树液流动前，从健壮、无病虫害的幼龄母株上采取种根，也可用1~2年生苗出圃后修剪留下的健壮根。根粗0.8~2cm，采根后要立即保湿，防止其失水。

• 穗条贮藏 选择地势高、排水良好的背阴处挖沟，沟宽1m，深80cm，长度视穗条的数量而定，切勿过深，防止沟内温度过高。沙藏时，先在沟底铺3~4cm厚的湿沙，将插条每50枝一捆，立于沟内，每放一层穗条铺一层10cm厚的湿沙。距地面10cm时，用湿沙填平，封堆成屋脊状。每隔1~1.5m插一秸秆把，以利通风换气。

• 埋根时间 泡桐春季埋根应在土壤解冻后进行，越早越好。除此之外，还可以在11~12月土壤封冻前进行。

• 埋根育苗 泡桐埋根育苗多采用低床，宽1m，每公顷可育7 500~10 500株苗木，以南北走向为宜，插前细致整地，使土壤疏松。用1%~3%的硫酸亚铁和5%的辛硫磷进行土壤消毒和灭虫。扦插前1~2d将插穗置于阴凉通风处，使其略失水后再插。插时将种根直立放入穴内，上切口略低于地表，覆土1cm左右，呈馒头状。插后圃地要用地膜覆盖，幼芽出土后及时将出芽处的地膜穿孔，使芽苗伸出。幼苗出土前，如土壤不太干，不宜灌水，以防因降低土温或水分过多影响发根和萌芽。

• 出苗后管理 泡桐春季埋根后20d左右即发芽出土，可在发芽前扒去土堆，晒土催芽。苗高10cm左右时间苗，除去发育不良的、受病虫害的、受机械损伤的和过密的小苗，并抹去多余的萌蘖，及时摘除腋芽。5月上旬至6月下旬，苗木地上部分生长缓慢，应根据天气，适时灌水，除草松土，并在苗木根基部培土，促进生根。7月初至8月下旬是培育泡桐壮苗的关键，应每隔15~20d追肥1次，肥料以腐熟的人粪尿、尿素、硫铵、过磷酸钙为主。8月下旬之后不再浇水，促使苗木木质化，提高其抗寒能力。

(2)容器插根育苗

• 容器与营养土 塑料薄膜容器，高14~15cm，直径7cm。营养土由圃地耕作层土壤、有机肥和发酵饼肥配制而成，其质量比为100:20:3。混合后加水拌匀，湿度以手握成团、落地散开为宜。

• 苗床制作 在地势较高、易排水、阳光充足的地方，挖东西向宽1.5m、深50cm的坑，其中苗床宽1.1m，靠北侧留宽0.4m的步道，长度视育苗数量而定，坑的北侧修高30~50cm的土埂，苗床上面呈现南低北高状，每隔1m架一横杆，以备覆盖薄膜。坑的两侧留通气孔。坑内铺5cm厚的湿沙。

• 根穗处理 将1年生直径1~2cm的种根，剪成7~8cm的根穗，剪口上平下斜。

• 扦插 4月初进行扦插。将配制好的营养土装入容器内，厚7cm，按实到底。根穗斜面向下置于容器中央，上端与容器平，然后把营养土装满按实，使根穗与营养土紧密接触。将扦插好的容器整齐摆放在苗床内，用湿沙土将容器四周及容器间的空隙填满，而后坑面上覆盖塑料薄膜，四周压实。

• 幼苗期管理 塑料薄膜下的气温控制在30℃以下，地温保持在20℃左右，气温超过30℃时，要通过两端的通气孔换气降温。表土干燥时，适量喷水，80%以上的根穗萌发后喷洒1次0.5%尿素溶液。幼苗长出2~3对叶片时进行晾风蹲苗，逐渐适应大田环境，为移植做好准备。在4月份苗床10cm土层温度20℃，大田10cm土温14.9℃情况下，扦插后15d左右根穗萌发，4月底苗高达6~7cm，叶片2~3对，比大田埋根育苗提早20d左右。

• 大田移植 5月初幼苗高7cm左右即可进行大田移植，移植前喷1次水，以利成活，每公顷定植12 000株左右。先把容器幼苗置于移植坑中，再破膜取出容器(勿使营养土散开)，然后填土按实，及时浇水封土。最好在阴天或无风的下午进行移植。秋末平均苗高可达4.5m，平均胸径3.8cm。大田移植的保存率达96%。

7.3.3 樟子松移植容器育苗

樟子松(*Pinus sylvestris* var. *mongolica*)是“三北”地区重要造林树种，实践中开发出移植容器育苗的方法，取得了很好的效果。

(1)移植用苗木

有1年生播种苗和2年生换床苗两种。1年生播种苗的标准为苗高7cm，地径1.8mm；2年生换床苗的标准为苗高12cm，地径3.5mm。顶芽健壮饱满，侧根发达，无病虫害。

(2)容器

多用单杯有底塑料薄膜容器，厚0.02~0.04mm。其规格因苗木大小而异。移植1年生苗，容器直径10cm，高20cm；移植2年生换床苗，容器直径12cm，高20~25cm。容器底部剪去两角，底部和容器侧方打直径0.5~1.0cm的小孔10~15个。

(3)营养土

营养土既有较高的肥力又有良好的透气性，是配制营养土的基本要求。吉林松原市以熟化表土30%~50%、腐熟的厩肥25%、圃地土20%、沙土5%~25%的比例配制营养土。黑龙江牡丹江市以较肥的苗圃土和有机肥为基本材料配制营养土。若质地较黏重需加草炭和沙土进行调制。内蒙古乌兰浩特市以肥沃表土70%、腐熟羊粪20%、细沙10%作营养土。

(4)移植

移植前进行苗木根系修剪，剪去过长的、劈裂的、折伤的根系。先在容器内填装1/4~1/3的营养土，按实后将苗木植于容器中央，填土至一半时提一下苗使根系舒展，按实，再继续装土。如果是用人工喷水的方法淋水，装土时容器上端留1cm左右的空隙，以便于喷水喷肥。栽植深度要略高于原苗木土印，以相对增加根系在容器内的分布范围。于早春进行移植，随起苗、随剪根、随移植。有条件时可进行ABT生根粉液浸根处理(50mg/kg生根粉溶液浸根6~12h)。一般采用低床，以便灌溉，床面宽0.8～1.0m。将移植好的容器成行摆放在苗床上，容器要垂直摆放，摆放一行后用木板水平向推挤使容器靠近，尽量少留空隙。

(5)管理

● 浇水　由于移植的苗木较大，有条件的可以小水流直接灌溉。移植的容器摆放好后，立即浇1次透水，经常保持营养土的湿润。5～6月下旬为苗木速生期，要每隔1～2d浇水1次。如果营养土的渗水速度较慢，每回浇水可分两次进行，待第一次浇的水下渗后，再浇第二次，这样才能浇透。结冻之前浇好封冻水。

● 除草、松土、施肥　及时除草，松土可与除草结合进行。速生期(5月初至6月下旬)追施2次尿素，每次每个容器施1g。7月追施1次磷肥，每个容器施1g。

● 防寒　10月下旬即霜降前后，在苗木上覆土厚5～7cm，必要时还可设防风障，防止风把覆土吹跑，风干苗木。

● 出圃　一般培育1年，于第2年出圃造林，也可以培育2年出圃。

油松、侧柏等可以采用同样的方法育苗。使用的容器和营养土，可以根据当地实际情况调整。

本章小结

前面各章学习的内容，最终是要落实到各个具体树种的育苗上面。由于我国用于造林绿化的树种非常多，不可能在一本教材中一一将它们的育苗技术都详细列出，所以本书按照生产上应用普遍的播种、扦插和嫁接育苗方式，选择少数具有全国或大地区意义上的重要树种如杉木、马尾松、红松、落叶松、桉树、杨树、柠条等，或者在种子类别与休眠特性不同的树种如水曲柳的翅果深休眠、刺槐的硬实、栎类种子不耐储藏、不耐干和光皮桦种子的细小，以及香樟的浆果等，或者在育苗方式上有特殊代表性的树种如杨树硬枝扦插、常绿树种猴樟的扦插、杜仲的嫩枝扦插、作为针叶树种代表的云杉规模化嫁接、作为埋根和插根育苗代表的泡桐育苗和我国比较独特的干旱地区应用较多的以樟子松为代表树种的先裸根播种再移栽培育容器苗等，例举它们的育苗方案，供读者学习时参考。读者不一定对每个实例都全面系统的掌握，但至少要对其特殊的有代表性的地方充分了解和掌握。

复习思考题

与前面各章学习相互参照，理解掌握各树种各典型树种或典型育苗方式的育苗技术要点。

参考文献

敖红，王昆，陈一菱，等．2002. 长白落叶松插穗内的营养物质及其对扦插生根的影响[J]. 植物研究，22(3)：301－304.

陈存及，陈伙法．2000. 阔叶树种栽培学[M]. 北京：中国林业出版社．

陈京华，王周绪，陈恩军．1998. 芬兰的种苗生产与苗圃管理[J]. 世界林业研究，(4)：61－66.

程广有．2000. 紫杉插穗中生根抑制物的鉴定[J]. 北华大学学报，1(2)：163－166.

程红焱．2005. 种子超干贮藏技术研究的背景和现状[J]. 云南植物研究，27(2)：113－142.

迟文彬，周文起．1991. 高寒地区育苗技术[M]. 哈尔滨：东北林业大学出版社．

崔克明．2007. 植物发育生物学[M]. 北京：北京大学出版社．

崔勇，郑晓东，田永侠，等．2004. 刺槐育苗技术[J]. 林业实用技术，(5)：25－26.

丁贵杰，周志春，王章荣．2006. 马尾松纸浆用材林培育与利用[M]. 北京：中国林业出版社．

樊利勤，庄培亮，马兰珍，等．2004. 厚荚相思根瘤菌对盆栽苗木生长及土壤肥力的影响[J]. 生态科学，23(4)：289－291.

高光民，Guido Kuchelmeister. 1997. 中小型苗圃林果苗木繁育实用技术手册[M]. 北京：中国林业出版社．

高捍东．我国林木种苗产业化现状与对策[J]. 林业科技开发，2005，19(1)：7－9.

弓明钦，王凤珍，陈羽，等．2000. 西南桦对菌根的依赖性及其接种效应研究[J]. 林业科学研究，13(1)：8－14.

郭素娟．1997. 林木扦插生根的解剖学及生理学研究进展[J]. 北京林业大学学报，19：64－69.

国际种子检验协会．1994. 乔灌木种子手册[M]. 高捍东，等译．南京：东南大学出版社．

国家林业局．2007. 中国林业发展报告[M]. 北京：中国林业出版社．

国家林业局．关于加快林木种苗发展的意见．2004－7－29.

国家林业局国有林场和林木种苗工作总站．2001. 中国木本植物种子[M]. 北京：中国林业出版社．

韩嵩，刘俊昌，胡明形．2006. 我国苗木产业发展存在的问题及对策[J]. 林业调查规划，31(3)：126－128.

韩玉库．2008. 辽宁国有苗圃现状及发展对策[J]. 农业经济，(4)：95.

韩玉林．2008. 现代园林苗圃建设需重视解决的几个问题[J]. 安徽农学通报，14(17)：153－154.

何军，马志卿，张兴．2006. 植物源农药概述[J]．西北农林科技大学学报(自然科学版)，34(9)：79－85.

侯远瑞，邓艳，林莹，等．2004. 根瘤菌浸根对相思苗木接种的效应初报[J]．广西林业科学，33(2)：88－89.

侯远瑞，邓艳．2002. 根瘤菌拌种培育马占相思苗木试验[J]．广西林业科学，31(4)：204－205.

胡晋．2006. 种子生物学[M]．北京：高等教育出版社．

花晓梅，骆贻颛，刘国龙．松树 Pt 菌剂育苗菌根化研究[J]．林业科学研究，1995，8(3)：258－265.

花晓梅．1999. 菌根应用新技术[M]．北京：科学普及出版社．

黄成名，高登梅，祁万宜．2004. 湖北省林业示范苗圃发展现状与对策[J]．湖北林业科技，(1)：56－59.

黄枢，沈国舫．1993. 中国造林技术[M]．北京：中国林业出版社．

焦月玲，周志春，金国庆，等．2007. 低温引发处理过程中三尖杉种子生理变化及产地差异[J]．浙江林学院学报，24(2)：173－178.

金铁山．1985. 苗木培育技术[M]．哈尔滨：黑龙江人民出版社．

康丽华，李素翠．1998. 相思苗木接种根瘤菌的研究[J]．林业科学研究，11(4)：343－349.

孔祥峰，何向阳，王太春．2007. 浅谈国有苗圃的改革与发展[J]．中国林业，(10B)：47.

李二波，奚福生，颜慕勤，等．2003. 林木工厂化育苗技术[M]．北京：中国林业出版社．

李合生．2002. 现代植物生理学[M]．北京：高等教育出版社．

李思文，赵峰，张连翔，等．1991. 静电处理刺槐种子对其萌发和苗木生长的影响[J]．林业实用技术，(4)：17－18.

李铁华，文仕知，喻勋林，等．2008. 楠木种子活力变化机制的研究[J]．中国种业，(8)：49－51.

李霆．1985. 当代中国的林业[M]．北京：中国社会科学出版社．

凌世瑜，董愚得．1983. 水曲柳种子休眠生理的研究[J]．林业科学，19(4)：349－358.

刘红，胡春姿，陈英歌，等．2002. 我国林木种苗发展形势、问题与对策[J]．林业经济，(2)：23－25.

刘宏轩，石亚娟．2005. 柠条覆沙育苗技术[J]．宁夏农林科技，(6)：95.

刘勇．1995. 中国北方主要造林树种苗木质量的研究(IV)——苗木形态与造林成活及初期生长的关系[J]．北京林业大学学报，17(4)：16－21.

刘勇．1999. 苗木质量调控理论与技术[M]．北京：中国林业出版社．

刘勇．2000. 我国苗木培育理论与技术进展[J]．世界林业研究，13(5)：43－49.

吕成群，黄宝灵，韦原莲，等．2003. 不同相思根瘤菌株接种厚荚相思幼苗效应的比较[J]．南京林业大学学报(自然科学版)，27(4)：15－18.

马大浦，黄宝龙，黄鹏．1981. 主要树木种苗图谱[M]．北京：中国林业出版社．

毛子军，袁晓颖，祖元刚，等．2003. 西伯利亚红松与红松种子形态、种皮显微构造的比较研究[J]．林业科学，39(4)：650－653，图版 I 和图版 II.

孟繁荣，汤兴俊．2001. 山杨苗木的菌根类型及其对苗木促生作用的研究[J]．菌物系统，20(4)：552－555.

孟繁荣．1996. 林木菌根学[M]．哈尔滨：东北林业大学出版社．

牛西午．2003. 柠条研究[M]．北京：科学技术出版社．

潘百江．2007. 国营苗圃的可持续发展对策[J]．安徽农业科学，35(22)：6977－6979, 7018.

彭幼芬．1994. 种子生理学[M]．长沙：中南工业大学出版社．

齐鸿儒．1991. 红松人工林[M]．北京：中国林业出版社．

齐明聪．1992. 森林种苗学[M]．哈尔滨：东北林业大学出版社．

齐涛，刘勇，何茜．2006. 中国国有苗圃改革理论分析[J]．山东林业科技，(5)：67－69.

强胜．2001. 杂草科学面向生物科学时代的机遇与挑战[J]．世界农业，(4)：37－39；(5)：42－43.

桑红梅，彭祚登，李吉跃．2006. 我国林木种子活力研究进展[J]．种子，25(6)：55－59.

森下义郎，大山浪雄．1988. 植物扦插理论与技术[M]．李云森，译．北京：中国林业出版社．

沈国舫．2001. 森林培育学[M]．北京：中国林业出版社．

史玉群．2008. 绿枝扦插快速育苗实用技术[M]．北京：金盾出版社．

宋福强，杨国亭，孟繁荣，等．2005. 丛枝菌根(AM)真菌对大青杨苗木根系的影响[J]．南京林业大学学报(自然阿科学版)，29(6)：35－39.

宋松泉，程红焱，江孝成．2008. 种子生物学[M]．北京：科学出版社．

宋自力，廖登文，刘帅成．2002. 种苗的地位与现状及其发展策略[J]．湖南林业科技，29(2)：34－37.

苏金乐．2003. 园林苗圃学[M]．北京：中国农业出版社．

苏少泉．1993. 杂草学[M]．北京：农业出版社．

孙时轩．1981. 造林学[M]．北京：中国林业出版社．

孙时轩．1985. 林木种苗手册(上册、下册)[M]．北京：中国林业出版社．

孙时轩．1992. 造林学[M]．第2版．北京：中国林业出版社．

唐先韦，邢世岩，李士美，等．2006. 老化处理对喜树种子活力的影响[J]．山东林业科技，(5)：20－21.

汪民，和敬章．2008. 苗圃经营与管理[J]．河北林业，(5)：9－12.

王成．1996. 兴安、长白、华北、日本落叶松种子苗木鉴别体系的研究[D]．东北林业大学图书馆．

王军辉，张建国，张守攻，等．2007. 几种因素对川西云杉扦插繁殖生根的影响[J]．南京林业大学学报(自然科学版)，31(1)：15－18.

王丽娜，杨传平，刘关君．2006. 我国林木良种基地面临的问题及对策[J]．中国种业，(12)：12－14.

王明庥．2001. 林木遗传育种学[M]．北京：中国林业出版社．

王清民，彭伟秀，吕保聚，等．2006. 核桃试管不定根的组织学研究[J]．西北植物学报，26(4)：719－724.

王涛．1989. 植物扦插繁殖技术[M]．北京：中国林业出版社．

王印肖．2005. 林木种苗与林业可持续发展[J]．中国林业，(6A)：42－43.

王元贞，潘廷国，柯玉琴，等．1995. 外生菌根菌接种马尾松和相思树幼苗的研究[J]．应用生态学报，6(2)：186－189.

文亚龙．2006. 华北落叶松容器育苗技术[J]．陕西林业，(6)：38.

武维华. 2004. 植物生理学[M]. 北京：科学出版社.

郗荣庭. 1997. 果树栽培学总论[M]. 第3版. 北京：中国农业出版社.

谢耀坚，彭幼芬. 1991. 板栗种子失水过程中胚根细胞的亚显微结构变化[J]. 中南林学院学报, 11(1): 76-78, 图版I, II.

邢朝斌，沈海龍，井出雄二. 2002. ヤチダモ(*Fraxinus mandshurica* L.)の無菌発芽法[J]. 東京大学演習林報告, 108: 37-45.

熊大桐. 1995. 中国林业科学技术史[M]. 北京：中国林业出版社.

徐淑杰，刘清林. 2008. 我国园林苗圃及苗木种类网上调查初报[J]. 现代园林，(5): 58-63.

阎秀峰，王琴. 2002. 接种外生菌根对辽东栎幼苗生长的影响[J]. 植物生态学报, 26(6): 701-707.

颜启传. 2001. 种子学[M]. 北京：中国农业出版社.

杨文化，孙志虎，等. 2002. 土壤水分供应梯度对银中杨扦插生根及苗木生长的影响[J]. 东北林业大学学报, 30(4): 125-128.

姚敦义. 1994. 植物形态发生学[M]. 北京：高等教育出版社.

叶能干. 1988. 种子植物幼苗的形态特征[J]. 生物学通报, (9): 6-8.

叶要妹，王彩云，史银莲. 1999. 对节白蜡种子休眠原因的初步探讨[J]. 湖北农业科学, 4: 45-47.

于景利，徐绪双. 1989. 红松苗木分级造林10年效果研究[J]. 辽宁林业科技，(6): 11-13.

余运辉，张素菊，戴铭. 1988. 毛白杨插条苗先生根原基形成的解剖学研究[J]. 河北林学院学报, 3(2): 11-16.

俞新妥. 1997. 杉木栽培学[M]. 福州：福建科学技术出版社.

喻方圆，周景莉，洑香香. 2008. 林木种苗质量检验技术[M]. 北京：中国林业出版社.

翟明普. 2001. 森林培育学[M]. 北京：中国广播电视大学出版社.

张承林，郭彦彪. 2006. 灌溉施肥技术[M]. 北京：化学工业出版社.

张东林，束永志，陈薇. 2003. 园林苗圃育苗手册[M]. 北京：中国农业出版社.

张钢民，杨文利，贾玉彬，等. 1999. 矮紫杉插条生根的解剖研究[J]. 园艺学报, 26(3): 201-203.

张虎平，樊新民，王华. 2008. 聚乙烯醇渗调对沙棘种子活力和出苗的影响[J]. 西北农业学报, 17(1): 226-228.

张华. 2007. 浅谈林业苗圃档案的标准化与信息化管理[J]. 江苏林业科技, 34(4): 42-43.

张慧，余永昌，黄宝灵，等. 2005. 接种根瘤菌对直杆型大叶相思幼苗生长及土壤营养元素含量的影响[J]. 东北林业大学学报, 33(5): 47-50.

张建国，彭祚登，丛日春，等. 1998. 林木育苗技术研究[M]. 北京：中国林业出版社.

张蕾. 2002. 加拿大林木种苗基地建设与管理[J]. 林业科技管理，(3): 45-49.

张连第，阎德仁，刘永军，等. 1991. 稀土浸种对油松种子活力及其物质代谢的影响[J]. 林业实用技术, (5): 17-19.

张鹏，沈海龙. 2008. 水曲柳种子次生休眠的预防和解除[J]. 植物生理学通讯, 44(6): 1149-1151.

张鹏，孙红阳，沈海龙. 2007. 温度对层积处理接触休眠的水曲柳种子萌发的影响[J].

植物生理学通讯，43(1)：21－24.

张绮纹，李金花．2003. 杨树工业用材林新品种[M]. 北京：中国林业出版社.

张霞，邓必建，姚新花，等．2006. 不同温度条件下 PEG 引发梭梭种子对其幼苗生理生化的影响[J]. 种子，25(12)：5－7.

赵忠．2003. 现代林业育苗技术[M]. 陕西杨陵：西北农林科技大学出版社.

郑郁善，王舒凤．2001. 林木种子超干贮存研究现状与进展[J]. 江西农业大学学报，23(4)：244－547.

中国树木志编委会．1983. 中国主要树种造林技术[M]. 北京：中国林业出版社.

中国树木志编委会．1993. 中国主要树种造林技术[M]. 北京：中国林业出版社.

周德本．1983. 东北园林树木栽培[M]. 黑龙江科学技术出版社.

周学权．1989. 落叶松属种子的鉴别[J]. 种子，(1)：59－62.

周政贤．1993. 中国杜仲[M]. 贵阳：贵州科学技术出版社.

周政贤．2001. 中国马尾松[M]. 北京：中国林业出版社.

Asakawa S. 1956. Studies on the delayed germination of *Fraxinus mandshurica* var. *japonica* seeds[J]. Bull Gov For Exp Station, Tokyo, 83 (1)：19－28.

Bailey P C *et al.*. 1999. Genetic map locations for orthologous Vpl genes in weat and rice[J]. Thror Appl Genet, 98(20)：281－284.

Baskin C C, Baskin JM. 1998. Seeds：Ecology, Biogeography, and Evolution of Dormancy and Germination[M]. San Diego：Academic Press.

Baskin J M, Baskin C C. 2004. A classification system for seed dormancy[J]. Seed Science Research, 14：1－16.

Baskin J M, Baskin C C. The annual dormancy cycle in buried weed seeds：A continuum[J]. BioScience, 1985, 35：492－498

Borthwick H A, Hendricks SB, Parker M W, *et al.*. 1952. A reversible photoreaction controlling seed germination[J]. Proceedings of the National Academy of Sciences of the United States of America, 38：662－666.

Crocker W. 1916. Mechanics of dormancy in seeds[J]. Amer. J. Bot., 3：99－120.

Davidson H, Mecklenburg R, Peterson C. 2000. Nursery Management Administration and Culture [M]. 4th edition. New Jersery：Prentice Hall Inc.

Duryea D L, Landis T D. 1984. Forest Nursery Manual：Production of Bareroot Seedlings[M]. The Hague：Martinus Nijhoff/Dr W. Junk Publishers.

Finch-savage W E, Clay H A. 1997. The influence of embryo restraint during dormancy loss and germination of *Fraxinus excelsior* seeds[J]. In：Ellis RH, Black M, Murdoch AJ, Hong TD. Basic and Applied Aspects of Seed Biology. Kordrecht：Kluwer Academic Pub, 245－253.

Fishel D W, Zaczek J J, Preece J E.. 2003. Positional influence on rooting of shoots forced from the main bole of swamp white oak and northern red oak[J]. Canadian Journal of Forest Research, 33(4)：705－711.

Harper J L. 1957. The ecological significance of dormancy and its importance in weed control [J]. Proceedings of the international congress on crop protection (Hamburg), 4：415－420.

Hartmann H T, Kester D E, Davies F T, *et al.* 2006. Plant propagation principles and Practices [M]. seventh edition. New Jersey：Prentice Hall Inc.

Khan A A, Zeng G W. 1984. Compensatory energy processes controlling dormancy and germination[J]. Plant Physiology, 75 (1): 68.

Landis T D, Tinus R W, Mcdonald S E, Barnett James. The Container Tree Nursery Manual [M]. USDA Forest Service: Agriculture handbook 674, Vol 1, 1990; Vol 2, 1990; Vol 6, 1998; Vol 7, 2008.

Lang G A, Early J D, Martin G C, *et al.*. 1987. Endo-, para-, and ecodormancy: Physiological terminology and classification for dormancy research[J]. Hort Science, 22: 371 -377.

Lang G A. 1987. Dormancy: A new universal terminology[J]. Hort Science, 22, 817 -820.

LeBude A V, Goldfarb B, Blazich FA, *et al.*. 2006. Container Type and Volume Influences Adventitious Rooting and Subsequent Field Growth of Stem Cuttings of Loblolly Pine[J]. Southern Journal of Applied Forestry, 30(3): 123 -131.

LeBude A V. 2005. Adventitious rooting and physiology of stem cuttings of loblolly pine[D]. North Carolina State University, USA.

Mullin R E, Svaton J. 1972. A grading study with White spruce nursery stock[J]. Commonw. Forestry Review, 51(1): 62 -69.

Nikolaeva M G. 1969. Physiology of deep dormancy in seeds[M]. Leningrad: Izdatel'stvo 'Nauka'. (Translated from Russian by Z. Shapiro, National Science Foundation, Washington, DC.)

Nikolaeva M G. 1977. Factors controlling the seed dormancy pattern[M]. In Khan, A. A. (Ed.) The physiology and biochemistry of seed dormancy and germination. Amsterdam: North Holland. 51 -74.

Nikolaeva M G. 2001. Ecological and physiological aspects of seed dormancy and germination (review of investigations for the last century) [J]. Botanicheskii Zhurnal, 86, 1 -14.

Preece J E, Bates S A, Sambeek J W. 1995. Germination of cut seeds and seedling growth of ash (*Fraxinus* spp.) in vitro[J]. Canadian Journal of Forest Research, 25: 1368 -1374.

Raquin C, Jung-Muller B, Dufour J, *et al.*. 2002. Rapid seedling obtaining from European ash species *Fraxinus excelsior* (L.) and *Fraxinus angustifolia* (Vahl.) [J]. Ann For Sci, 59: 219 -224.

Roberts E H. 1969. Seed dormancy and oxidation processes[J]. Symposium of the Society for Experimental Biology, 23: 161 -192.

Rosier C L, Frampton J, Goldfarb B. 2006. Improving the Rooting Capacity of Stem Cuttings of Virginia Pine by Severe Stumping of Parent Trees[J]. Southern Journal of Applied Forestry, 30(4): 172 -181.

Shen T Y, Oden P C. 1999. Activity of sucrose synthase, soluble acid invertase and fumarase in germinating seeds of Scots pine (*Pinus sylvestris* L.) of different quality[J]. Seed Science and Technology, 27(3): 825 -838.

Simpson G M. 1990. Seed Dormancy in Grasses[M]. Cambridge: Cambridge University Press.

Smith H. 1975. Phytochrome and Photomorphogenesis[M]. In: An introduction to the Photocotrol of Plant development, London: McGraw-Hill.

Steinbauer G P. 1937. Dormancy and germination of *Fraxinus* seeds[J]. Plant Physiol, 2 (6): 813 -824.

Stenvall N, Haapala T, Aarlahti S, *et al.*. 2005. The effect of soil temperature and light on sprouting and rooting of root cuttings of hybrid aspen clones[J]. Canadian Journal of Forest Research, 35(11): 2671 -2678.

Thompson K, Ceriani RM, Bakker JP, *et al.*. 2003. Are seed dormancy and persistence in soil related? [J] Seed Science Research, 13: 97 - 100.

Tinus R W. 1982. Effects of dewing, soaking, stratification, and growth regulators on germination of green ash seed[J]. Canadian Journal of Forest Research, 12: 931 -935.

Villiers T A, Wareing P F. 1964. Dormancy in Fruits of *Fraxinus excelsior* L. [J]. Jour Exp Bot, 15: 359 -367.

Wagner J. 1996. Changes in dormancy levels of *Fraxinus excelsior* L. embryos at different stages of morphological and physiological maturity[J]. Trees, 10: 177 - 182.

Whitehill and Schwabe. 1975. Vegenetative of *Pinus sylvestris*[J]. Physiol Plant. 35: 66 - 71.

Zaczek J J, Steiner K C, Heuser Jr C W, *et al.*. 2006. Effects of serial grafting, ontogeny, and genotype on rooting of Quercus rubra cuttings[J]. Canadian Journal of Forest Research, 36(1): 123 - 131.

Zalesny Jr R S, Don E Riemenschneider, Hall RB.. 2005. Early rooting of dormant hardwood cuttings of *Populus*- analysis of quantitative genetics and genotype × environment interactions[J]. Canadian Journal of Forest Research, 35(4): 918 -929.